에너지설비개론

김미승 · 이승요 · 이철직 공저

도서출판 태영문화사

머 리 말

우리 인간 생존에 있어서도 음식에 포함된 에너지가 화학반응과 분해에 의하여 생체 활동에너지로 변화하여 생존을 할 수 있고, 가정과 직장, 국가 및 지구상의 모든 활동함에 있어 에너지는 물, 공기와 같이 당연히 있는 것이라 생각되어 그 고마움을 모르지만, 빛, 바람, 소리, 따스함과 차가움 등 모든게 에너지이고, 실생활에서 화석에너지, 열에너지, 위치에너지, 운동에너지, 회전에너지, 전기에너지의 에너지간 변환만 있을 뿐 에너지 속에서 생활하고 있는 바, 실상 에너지가 고갈 될 경우, 우리는 단 하루를 살아가기 힘들게 되었다.

인간이 불(火)이라는 에너지를 이용하기 시작 할 때부터 문명이 시작되었고 1, 2차 세계대전 같은 잘못된 에너지 사용으로 후퇴 할 때도 있었지만 산업혁명이후 부단한 에너지 개발과 이용으로 지금까지의 현대문명을 이루게 되었다.

그러나, 산업혁명이후 가파른 에너지 사용 증가로 이제는 지구의 환경이 변하고 있다. 에너지 사용으로 인한 온실가스로 지구의 평균온도가 상승하고 있어, 최근 지구상 여러 지역에서 지구환경 변화로 인한 자연재해와 피해를 받고 있다.

그래서, 에너지 자원이 부족한 우리나라의 필요에 의한 에너지 절감을 떠나, 우리 후손에게 물려주어야 할 지구환경을 위하여서도 에너지의 효율적인 사용과 절감이 절실히 필요한 시대가 되었다.

에너지를 잘 사용하면 그 고마움과 혜택은 이루 말할 수 없지만 잘못 사용하면 치명적인 인명 손상과 재산상의 피해를 가져오며, 에너지 고갈로 인한 생활의 불편함은 이루 말할 수 없고, 생존까지 위협을 받게 될 것이다.

이런 피해나 손실을 최소화 하고 에너지 이용을 효율적으로 하기 위해서는 에너지설비의 특성을 잘 이해하고 산업계의 제조설비 및 건축물 설계, 시공, 설비 제작함에 있어 각 공정, 건축, 기계, 전기, 계측분야 등 모든 분야의 융합된 기술로 에너지 절감과 효율 향상 방향으로 건설하여야 하며, 설비 운용 측면에서도 에너지 절약 운용과 관리가 절실히 필요하다 할 수 있겠다.

이 책은 산업현장에서 건축물의 냉·난방에 이르기까지 주요 에너지 사용설비와 에너지의 특성, 사용 에너지의 제 요소들을 파악하고 이해할 수 있도록 하였으며 산업현장에서 실제 적용되는 분야설비, 자연에너지 이용 발전방식(지면관계로 신재생에너지 일부 제외 및 축소), 온실가스 추세와 규제 등과 현재 시행되는 에너지-온실가스-신재생에너지 관련법에 대한 내용도 기술된 바, 전기분야 전문가 외, 에너지와 온실가스에 관심을 가지고 있는 타 분야 전문가에게도 도움이 되도록 하였다.

책의 내용이 부족한 부분이 없지 않을 것으로 예상되지만 아무쪼록 이 책이 에너지 사용과 이용, 온실가스 감축, 신재생에너지에 많은 관심을 갖는 모든 분들에게 조금이라도 참고가 된다면 저자로서 더 이상 바랄 것이 없겠으며, 부족한 점에 대해서는 독자 여러분들의 기탄없는 편달을 바라는 바입니다.

끝으로 이 책을 출판함에 있어서 여러 가지로 애써주신 도서출판 태영문화사의 무궁한 발전을 기원하오며 사장님 이하 임직원 여러분들께 깊은 감사의 뜻을 표하는 바입니다.

저자 씀

차 례

제1장 에너지 개요

제2장 온실가스와 에너지

제3장 화력발전

제4장 원자력발전

제5장 자연에너지 발전방식

제6장 산업 전동력 사용설비

제7장 산업 전력 사용설비

제1장

에너지 개요

1.1 에너지란

요즈음 에너지를 절감하기 위하여, 저탄소 녹색성장 기본법, 에너지 이용 합리화법, 에너지법, 녹색 건축물 조성 지원법, 집단에너지 사업법, 자원의 절약과 재활용 촉진에 관한 운영지침, 온실가스-에너지 목표관리 등에 관한 운영지침 등, 에너지에 관련된 많은 법률이 존재하고 있으며, 실생활에서도 우리는 에너지를 사용하여 살아가고 있고, 에너지가 공급 중단될 경우 모든 사회생활을 할 수 없는 상황이며, 이제는 세계적으로도 지구 환경보전 차원에서 에너지로 인하여 발생되는 온실가스를 규제하고 있는 상황이다.

자원이 부족한 우리나라에서는 자원이 풍부한 국가에 비하여 에너지 자원의 확보와 절감, 이용합리화, 자원의 절약과 재활용 등의 중요성이 큰 에너지에 대하여 알아보자.

1.1.1 에너지 의미

에너지(enengy)란 과학백과사전에 “일을 할 수 있는 능력”으로 표시되고 일(work)이란 물체에 일정한 힘(F)를 가하여 그 힘의 방향으로 거리 S만큼 이동한 것을 말하고 있고, 다른 내용으로 “변화를 일으키는 능력”으로서 모든 생물의 생명을 유지시켜 주는 원천인 동시에 인류문명의 원동력이라 표현하고 있다.

그리고, 힘(F)은 물체의 모양을 변형시키거나, 물체의 운동상태를 변화시키는 원인이 되는 것으로 뉴턴의 제2법칙으로 유도되며, 질량 곱하기 가속도를 말한다.

$$F = m[\mathrm{kg}] \times a[\mathrm{m/s^2}] = 1[\mathrm{N}](=\text{뉴턴}) \tag{1-1}$$

$$W = F[\mathrm{N}] \times d[\mathrm{m}] = [\mathrm{N} \times \mathrm{m}] = [\mathrm{J}](=\text{뉴턴}-\text{미터}=\text{줄}) \tag{1-2}$$

물론, 현대물리학에서 힘, 일에 대하여는 빛의 속도와 같이 빠르거나(상대론), 속도가 매우 작은 영역(양자역학)에서는 아인슈타인의 상대성이론과 양자역학으로 뉴턴의 이론 일부를 대체하였지만, 대부분 운동과 에너지 분야에서는 뉴턴의 이론을 사용하는 바, 일은 미터단위로 뉴턴-미터[N · m]라 하고, 또는 줄[J]이라 하는데 에너지의 기본단위로 사용된다.

POWER(동력)는 **일률**, 즉 "단위시간에 일을 하는 비율"로 정의되는데, 자동차나 발전기의 엔진의 출력을 가지고 말하면, 운동에너지 또는 발전한 일의 양을 일을 하는데 사용된 시간으로 나눈 것을 말한다.

$$P = \frac{W}{t} = [\frac{J}{s}] = [\mathrm{W}](=\text{와트}) \qquad (1\text{-}3)$$

우리는 일률을 일반적으로 동력[kW]으로 말하며, 전기엔지니어는 전동기와 조명의 용량으로만 사용한다고 생각하고 있으나, 이제부터는 동력은 전력을 포함한 열, 화학, 역학에너지의 전달비율로 생각해야 하며, 에너지의 사용량은 초당 에너지의 전달비율로, 얼마만큼 사용한 것으로 생각하여야 한다.

빛도 전기에너지, 열에너지, 역학(운동, 위치)에너지, 화학에너지 등과 같이 입자와 전자파로 방출하는 복사에너지로 볼 수 있으며, 조명에서도 단위시간에 어느 면을 통과하는 복사에너지의 양을 복사속이라 정의하고, 그 단위를 와트[W]라 하여 힘과 거리의 곱으로 사용하는 운동에너지의 전달비율과 같은 단위를 사용한다.

1.1.2 운동과 에너지

운동은 고전물리학의 역학에, 에너지는 열역학에 포함되었으나, 운동에너지와 위치에너지의 사전적 의미에는 힘과 가속도, 일(wok)과 연관된 분야이므로, 고전적 의미에서의 운동과 에너지에 대하여 알아보면, 운동(運動, motion)은 "정지하였던 물체의 위치가 시간의 경과와 더불어 변하는 현상으로 속도, 가속도, 각속도, 각가속도, 진동수, 힘 등을 이용하여 운동을 표현한다" 라고 요약되어지며, 운동에는 직선(straight line motion : 直線-병진(translational motion : 竝進)운동, 회전운동 등으로 구분된다.

일(work)이란 물체에 일정한 힘(F)를 가하여 그 힘의 방향으로 거리 S만큼 이동한 것을 말한다.

이탈리아 과학자 갈릴레이로부터 시작되어 아이작 뉴턴에서 정립된, 뉴톤의 세가지 운동법칙과 만유인력의 법칙을 포함하는 물체의 운동에 관한 법칙은 운동을 지배하는 자연법칙의 근원이 된다.

물리학은 물질과 그들 상호작용의 기본적인 특성에 대한 연구를 말하며, 우리가 일반적으로 물리학의 주된 분야를 말할 때, 역학(힘과 운동에 관한 연구), 열역학(온도, 열, 에너지에 관한 연구), 전자기학(전기력, 자기력, 전류에 관한 연구), 광학(빛에 관한 연구), 원자물리학(원자들의 구조와 거동에 관한 연구), 핵물리학(원자의 핵에 관한 연구), 입자물리학(쿼크(quark) 등 소립자에 관한 연구), 응집물질물리학(고체와 액체상태의 물질에 관한 연구)으로 구분하는데, 주된 분야에서 역학, 열역학, 전자기학, 광학을 **고전물리학**으로 분류하고, 원자물리학, 핵물리학, 입자물리학, 응집물질물리학을 **현대물리학**이라고 분류하기도 한다.

그리고, 라이프니치에서 위치에너지 및 운동에너지는 열, 즉 열에너지와 같은 맥락임을 증명하였다.

1.1.3 에너지원과 에너지

에너지원의 사전적 의미로는 에너지로 사용할 수 있는 자원을 의미하며, 열에너지, 빛에너지, 운동에너지를 얻을 수 있는 화석연료와 핵연료, 수력, 태양에너지, 풍력에너지 등과 같은 신재생에너지를 말한다고 풀이하며, 다른 한편으로는 동력의 원천이 되는 자원인, 유연탄, 무연탄, 석유, 전기, 천연가스 등을 말하는 것으로 설명하고 있다.

에너지원외 다른 에너지원으로 비고갈에너지원(non-depletable energy source)은 태양력이나 풍력, 조수 등과 태양광, 태양계의 인력 및 지구 내부열에 의한 에너지원을 말한다.

(1) 항성의 에너지원

별은 질량과 화학구성에 따라 중심핵에서 서로 다른 핵융합 과정이 발생한다. 이 과정에서 융합된 분자핵의 총질량은 융합되어지는 구성 성분의 총질량보다 적다. 이 손실된 질량은 아인슈타인의 상대성 이론에서 등장한 $E=mc^2$공식에 따라 에너지로 바뀌는 것이다.

(가) 수소 핵융합 과정

수소 핵융합 과정은 온도에 민감하기 때문에, 중심핵의 온도가 조금만 올라가도 핵융합의 강도는 막대하게 증가한다. 태양과 같은 별의 주요 에너지원은 수소 핵융합반응일 것으로 생각되며, 중심핵에서 수소가 헬륨으로 바뀜에 따라 평균 분자량이 변하여 별의 모형도 바뀌게 된다.

(나) 중력수축

천문우주지식정보(2010.7.1, 한국천문연구원)에 의하면, 중력수축이란 중력에 의하여 수축하는 현상을 말하며, 이는 중력에 대항하는 내부압력에 의한 힘이 중력보다 약해질 때 발생한다. 이때 생기는 중력위치에너지는 운동에너지로 전환될 수 있다. 그리고 운동 에너지의 한 가지 형태가 '열'이다. 매우 천천히 수축하고 있는 별을 가정해 볼 때 항성 내부의 열에너지는 자신의 중력에 맞서 별을 지탱하는 압력에 힘을 더해 준다. 이때의 압력은 가스 입자의 무질서한 운동 때문에 생긴다. 별이 수축하면서 반지름이 줄어들고, 자신의 중력은 증가된다.

따라서 항성 내부의 압력 또한 정유체 역학적 평형을 유지하기 위해서 증가되어야 한다. 그리고 이 계의 총 에너지가 보존되려면 위치에너지 변화량의 절반 정도가 외부로 복사되어야 하는데, 이것은 별의 광도로서 나타난다. 이러한 결과는 일반적으로 적용되는 것으로 "비리얼 정리(Virial Theorem)"라고 불린다. 이 정리는 질량이 중력 수축하면 중력 위치 에너지의 절반은 열에너지로, 나머지 절반은 복사에너지로 전환됨을 알려주고 있다.

(다) 태양에너지

태양을 비롯한 대부분의 항성들은 지금으로부터 수억 년 또는 수십억 년 전에 태어났으며, 오늘날까지 계속 빛을 발하고 있다. 태양과 항성에너지원에 대한 두산백과사전에 의하면, 태양의 경우는 매초당 3.90×1033erg(용어설명 참고)라는 막대한 양의 에너지를 방출하고 있는데, 태양은 약 50억 년의 연령을 가지고 있다. 이와 같이 장기간에 걸쳐 막대한 에너지를 발생시킬 수 있는 근원은 통상적인 화학에너지나 열에너지가 될 수 없음이 분명하다.

이 경우 비리얼 정리에 의하면 중력위치에너지 변화량의 절반 가량이 공간으로 복사되어 항성의 광도로 나타나게 된다. 이와 같은 중력수축 이론을 태양에 적용하여 보면, 태양의 현재 광도로는 1500만 년 정도밖에 지속될 수 없다. 그러나 태양은 적어도 수십억 년 동안 오늘날과 같은 안정상태를 유지해 왔는데, 이를 설명하기 위해서는 다른 에너지원의 존재가 필요하다. 사실상 중력수축은 항성진화의 몇 몇 단계에서는 중요한 역할을 한다. 1938년과 1939년에 걸쳐 독일의 C.F.바이츠제커와 미국의 H.A.베테는 오랜 시간에 걸쳐 지속되는 항성의 에너지원이 열핵융합반응에 의한 것임을 최초로 밝혔다.

이 에너지원의 이론적 배경은 A.아인슈타인에 의해 그의 특수 상대성이론으로부터 유도된 질량-에너지 등가원리에 있다. 열-핵융합반응에서는 가벼운 원자핵들이 고온·고밀도의 조건 아래 서로가 충돌하여 무거운 원자핵으로 합쳐지는데, 이때 약간의 질량결손(質量缺損)이 생긴다. 이것이 다음의 아인슈타인의 질량 - 에너지 등가공식에 의해 복사에너지로 진화된다.

$E=mc^2$에서 c는 광속도이고, m은 질량결손의 양이다. 항성의 에너지원에 이용되는 핵융합반응에는 여러 가지 종류가 있으나 p-p 연쇄반응(陽性子-陽性子連鎖反應), CNO 순환반응, 3중 a과정 등을 말한다.

(2) 지구상의 에너지 자원

우리가 살고 있는 지구상의 에너지원에 대하여 여러 분류가 있지만, 먼저 지구 자연적 에너지에 대한 에너지양을 비교하면, 태양에너지는 86,000[TW](테라와트)이고, 바람 870[TW], 지열 32[TW], 전세계 소비량은 15[TW]로 태양에너지가 전체 에너지의 99[%] 이상을 차지하고 있다.

에너지원에 대하여 석유, 석탄, 가스 등의 화석에너지와 수력, 태양력, 풍력, 바이오, 해양, 지열 등의 재생에너지, 우라늄 등의 원자력에너지로 구분하며 장·단점은 다음과 같다.

(가) 화석에너지

석유는 액체로서 취급이 용이하나, 자원의 심한 지역적 편재와 부존량의 한계가 있으며, 석탄은 부존량이 풍부하고, 가격이 저렴한 장점은 있으나 취급이 불편하고, 공해대책과 수송시설이 필요한 단점이 있고, 가스는 불순물이 거의 없고, 연소장치가 간단한 장점은 있으나, 가격이 비싸고, 거액의 투자가 필요한 단점이 있다.

(나) 자연 및 재생(바이오, 폐기물)에너지

수력은 발전원가가 저렴하고, 무공해의 장점은 있으나, 지역적, 지형적으로 자원이 편재 및 제한 되어 있고, 그 외 태양력, 풍력, 바이오, 해양, 지열 등은 무공해의 장점과 고비용과 지역적, 지형적의 제약의 단점이 있다.

(다) 원자력에너지

우라늄을 자원으로 사용하고, 발전 및 의료 등 여러 분야에서 사용되고 있으며, 풍부한 자원과 비축 및 수송이 편리한 장점이 있는 반면에, 방사성 물질 등에 의한 안정성과 방사성 물질 처리에 대한 환경적인 문제점이 상존한다.

1.1.4 법 및 제도권 에너지 사용단위

국내에서 에너지 사용량에 대한 사용단위는 에너지법, 에너지이용 합리화법 등의 에너지관리 관련분야와 녹색건축물 조성지원법상 건축물 에너지효율 등급기준상에서 여러 단위를 사용하고 있다.

(1) 에너지관련분야

에너지이용 합리화법 제31조에 의하여 일정 이상(2014년 경우 2,000[toe] 이상)의 에너지를 사용하는 사업자는 에너지관리공단에 에너지 사용량을 신고할 의무가 있는데, 여기에서 사용되는 에너지 단위는 주로, [toe](에너지의 양을 나타내는 단위로 석유환산톤(tonnage of oil equivalent))이라고 하며 원유(석유) 1톤을 연소하였을 때 발생하는 열량으로 1[TOE]는 41,860,000[kJ](=10,000,000[kcal])에 해당한다. 여기서 참고로, 에너지원의 단위는 석유는 배럴, 석탄은 톤, 가스의 단위는 갤런 등으로 사용하는데, 가장 보편적이고 사용량이 많은 석유의 원유를 기준으로 배럴과 [kWh]단위를 사용하고 있다. 여기서 간략하게 에너지 사용량 신고에서 사용하는 적용계수에 대한 지침를 보면

① 에너지 열량 환산 기준표에 없는 에너지원이거나, 외부에서 구입한 연료 외에 생산공정에 사용한 원료에서 나온 에너지(폐목, 부생가스, 폐가스, 메탄가스 등)를 이용하여 열로 사용할 경우에는 열량을 [toe](석유환산톤)으로 계산하여 기재한다.

② 왕겨, 톱밥, 목탄, 볏집 등 신탄은 목재로 합하여 기재하며 1[ton]당 석유환산 0.45[toe]로 적용하여 계산한다.

③ 증기 1[ton]당 석유환산 0.0539[toe]를 적용한다.

④ 온수 1[Gcal]당 석유환산 0.1[toe]를 적용한다.

⑤ 수전전력 : 한전에서 구입한 전력사용량과 한전 이외의 타업체(공업단지 열병합발전소 등)에서 구입한 전력량 및 석유환산톤[toe]을 기재한다.

⑥ 자가발전 : 당해 업체에서 발전기 또는 열병합발전으로 생산한 전력량 및 석유환산톤[toe]을 기재한다.

⑦ 판매전력 : 당해 업체에서 발전기나 열병합발전으로 생산된 전력을 타업체에 판매할 경우 판매 전력량 및 석유환산톤[toe]을 기재한다.

(2) 건축물 에너지효율 등급기준

녹색건축물 조성지원법상 건축물 에너지효율 등급기준상 [별표10] 건축물 에너지효율등급 인증등급은 건축물에서 연간 1차 에너지 소요량으로 인증을 하고 있으며, 1차 에너지는 전력사용량과 연료에너지(주로 LNG) 사용량을 포함하여[kWh/m^2 · 년] 단위를 사용한다.

표 1-1 건축물 에너지효율 등급 인증등급

등급	주거용 건축물 연간 단위면적당 1차 에너지 소요량 [kWh/m^2 · 년]	주거용 이외의 건축물 연간 단위면적당 1차 에너지 소요량 [kWh/m^2 · 년]
1+++	60 미만	80 미만
1++	60 이상 90 미만	80 이상 140 미만
중 략	중 략	중 략
7	370 이상 420 미만	610 이상 700 미만

(3) 용어 설명

(가) 이론적 1차 에너지와 2차 에너지

1차 에너지란 자연으로부터 또는 우주로부터 얻을 수 있는 에너지로서 가공되지 않은 최초의 자연상태에서의 에너지를 의미하며, 예를 들어, 석탄, 석유, 천연가스(NG)와 같은 화석에너지와 태양열, 태양광, 지열, 조력, 파력, 풍력, 수력 등을 말한다. 2차 에너지란 1차 에너지를 변형 또는 가공하여 사용하기 편리하게 만든 에너지를 말하며 열에너지 사용목적으로는 도시가스(LNG), LPG, 등유, RPF, RDF 등을 말하고, 열과 운동 에너지, 화학에너지 사용을 위한 전기를 말한다.

(나) 1 erg(에르그)

1 에르그는 CGS단위계로의 일의 단위, 일은 힘(F)과 거리이고, 힘은 질량과 가속도이므로($F=m[\text{kg}]\times a[\text{m/s}^2]=1[\text{N}]$), 일은 질량곱하기 거리의 제곱 나누기 시간의 제곱으로 표시된다.

반면에 일의 MKS단위는 줄[J]로써 $1[\text{J}]=1\frac{[\text{kg}\times\text{m}^2]}{[\text{s}^2]}$, $1[\text{erg}]=1\frac{[\text{g}\times\text{cm}^2]}{[\text{s}^2]}$

1 에르그는 $1[\text{erg}]=1\times\frac{(0.001[\text{kg}])\times(0.01[\text{m}])^2}{[\text{s}^2]}=1\times10^{-7}[\text{J}]$

$W=F[\text{N}]\times d[\text{m}]=[\text{N}\times\text{m}]=[\text{J}]$(=뉴턴-미터=줄)

1.2 국내 에너지 현황

1.2.1 2013년 국가 Energy Balance Flow

에너지 경제연구원에서 발표한 2014 에너지통계 연보에 의하면, 우리나라의 에너지 수입 의존도는 95.7[%]이며, 공급된 1차 에너지 대비 전환손실은 25[%]이다.

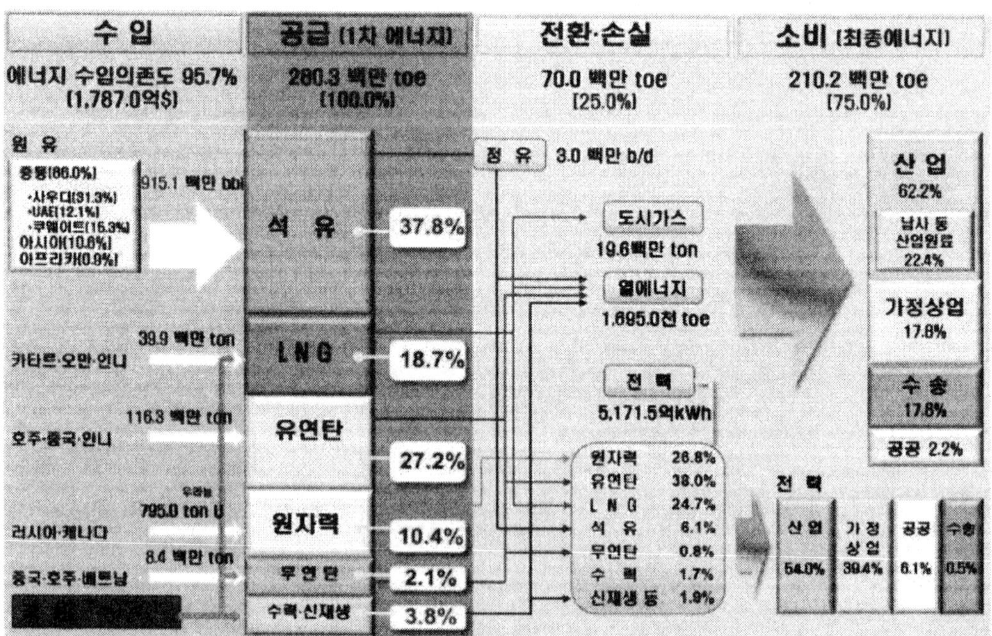

그림 1-1 2013년 에너지 수요-공급-소비(출처 : 에너지경제연구원 자료 : 2015.1월)

(1) 용어 설명

국가에너지 통계연보(에너지경제연구원 작성)에서 1차 에너지, 최종 에너지, 에너지 전환의 의미는 이론적 의미에서는 같으나, 실제적인 내용은 아래와 같이 다르다.

(가) 1차 에너지

① 생산, 수출입 및 재고 증감에 의해 국내 공급된 에너지이며, 타 에너지로 전환되기 위해 투입되는 에너지와 산업, 수송, 가정, 상업용으로 소비되는 최종 에너지의 합으로 계산한다.

② 현행 국가에너지 밸런스에서는 원유의 투입과 석유제품의 생산에 해당하는 석유정제를 전환 통계로 보지 않고, 대신 생산된 석유제품을 1차 에너지 수입으로 간주하여 작성한다.

(나) 최종 에너지

① 산업, 수송, 가정 및 상업부문 등 최종 에너지 소비부문에서 사용하는 에너지로, 최종 소비자가 직접 사용한 1차 에너지와 전환과정을 거친 2차 에너지가 여기에 해당한다.

② 현 국가통계에서 전력과 열에너지는 한전 및 지역난방 사업자가 공급하는 양만 최종 에너지 소비에 포함한다.

③ 자가생산자가 생산한 전력과 열에너지는 생산부문 및 업종의 연료소비로 최종 소비에 포함되나, 전력거래소에 판매된 자가발전은 전력으로 최종 소비에 포함한다.

(다) 에너지 전환

① 에너지 전환은 사용하기 편리한 에너지로 변환하는 과정을 말하며 발전, 석유정제, 지역난방, 가스제조 등이 해당한다.

(2) 국내 에너지생산

국내에서 사용하는 에너지중 국내에서 생산하는 비중은 4.3[%]로 수력과 신재생에너지는 3.8[%]이고, 나머지는 무연탄 일부와 LNG이다.

(3) 수입에너지

국내에서 사용하는 에너지중 수입하는 에너지는 95.7[%]이며, 그중 석유가 37.8[%], LNG 18.7[%], 유연탄은 호주, 중국에서 수입되는데, 그 양은 27.2[%], 원자력은 10.4[%]로 우라늄을 러시아와 캐나다에서 수입하고 있다.

(4) 도시가스와 열에너지 사용

공급되는 도시가스(19.6백만톤)와 열에너지(1.695천[toe])는 산업부분에서 62.2[%]를 사용하고, 가정-상업부분에서 17.8[%], 수송 17.8[%]를 사용하고 있다.

(5) 전력 사용

전력은 5,171.6억[kWh]가 공급되는데, 산업부분에서 54[%]를 사용하고, 가정-상업부분에서 39.4[%], 공공 6.1[%]를 사용하고 있다.

1.2.2 에너지원별 1차 에너지 공급량 추이

2014년 에너지 통계핸드북에 의하면, 2012년에 석탄 29[%], 석유 38[%], LNG는 1990년 3[%]에 비하여 18[%]로 증가하였다.

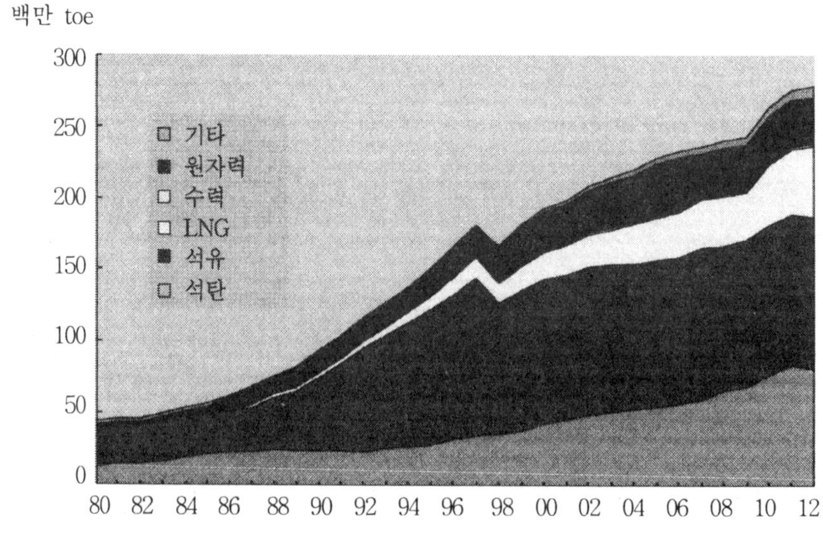

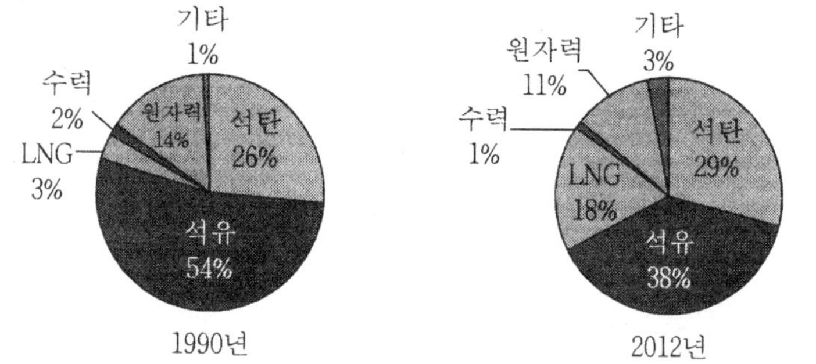

그림 1-2 에너지원별 공급량 추이(출처 : 2014 에너지통계 핸드북)

1.2.3 부문별 최종 에너지 소비량 추이

1990년 산업부분 51.7[%]에서 2012년 61.7[%]로 증가하였고, 상대적으로 가정-상업부분이 24.0[%]에서 18.2[%]로 감소하였다.

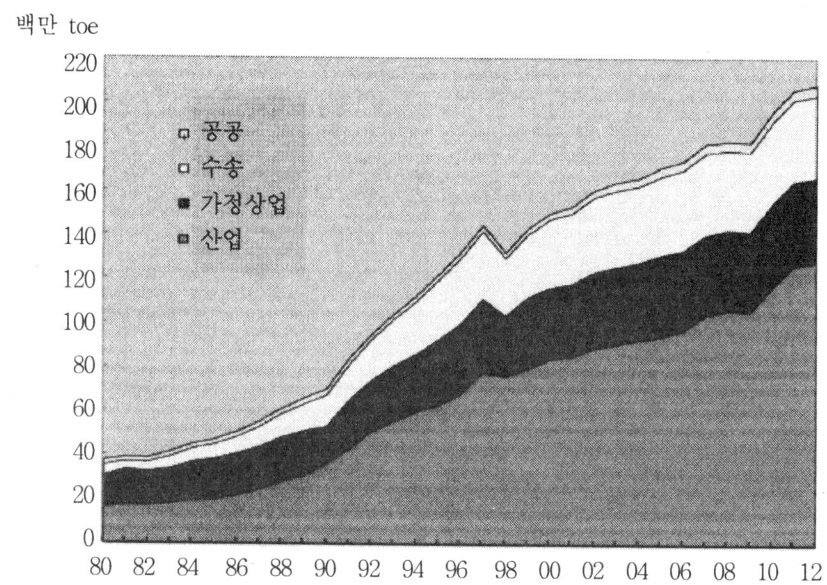

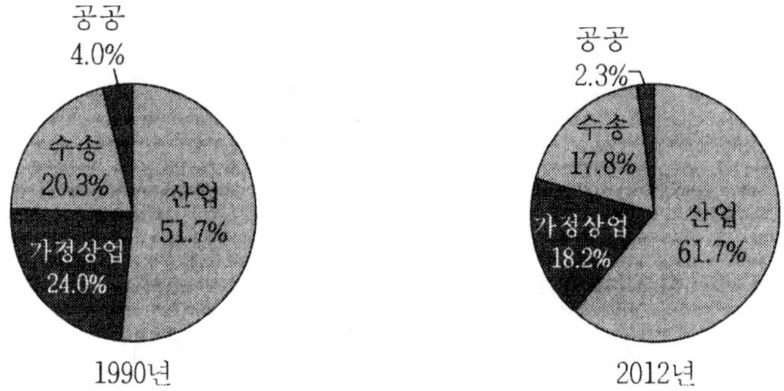

그림 1-3 부문별 최종 에너지 소비량 추이
(출처 : 에너지통계 핸드북, 자료 : 2015.1월)

1.3 에너지의 구분

에너지를 대별하면, 지구와 태양에 의한 자연적 에너지를 말하면

① 태양에너지(태양광, 태양열)
② 생물자원을 변환시켜 이용하는 바이오에너지
③ 풍력
④ 수력
⑤ 해양
⑥ 지열
⑦ 수소에너지

을 들 수 있고, 산업화에 의한 에너지를 분류 할 경우, 외부에너지(운동에너지와 위치에너지), 내부에너지(열로 인한 물체나 공기 등의 분자 운동에너지 증가에 따른 온도 상승), 열에너지, 기계적에너지(증기기관처럼 열에너지를 기계적에너지로 변환) 등으로 할 수도 있으나, 에너지는 독립 되지 않고 변환하므로 여기서는 실생활에 밀접한 역학에너지, 화학 및 열에너지, 전기에너지, 빛 에너지, 핵에너지, 기타 에너지로 구분하여 설명한다.

1.3.1 역학(운동, 위치)에너지

역학에너지에는 운동에너지와 위치에너지로 대별되고, 운동에너지에는 전동기 및 발전기등의 회전운동에너지, 원자라는 입자들이 진동을 하게 되면서 갖게 되는 입자의 운동에너지, 기체분자의 옆으로 움직이는 병진(竝進 : translation) 운동에너지, 진동(振動) 운동에너지 등이 있으며, 위치에너지에는 중력 위치에너지, 스프링 또는 금속 탄성과 같은 탄성 위치에너지, 소리에너지 등 많은 호칭의 에너지가 상존하고 있다.

(1) 운동에너지(kinetic energy, 기호 ; KE)

질량 m인 물체가 속도 v로 운동하고 있을 때 발생하는 에너지를 말하며, 뉴톤 역학적 직선운동에너지는 아래와 같이 질량과 속도의 제곱의 반을 말하며, 강체 또는 전동기 등에 사용하는 회전운동하는 물체의 회전 운동에너지는 관성모멘트(J)와 각속도(ω)의 제곱의 반에 비례한다.

$$E=\frac{1}{2}\times m\times v^2(\text{직선 운동에너지}) \tag{1-4}$$

$$E=\frac{1}{2}\times J\times \omega^2(\text{회전 운동에너지}) \tag{1-5}$$

운동에너지에 대하여 확대를 하면, K(볼츠만 상수)$=1.38\times10^{-23}$, 몰수 n과 절대온도 T에 비례하는 열을 가진 기체의 평균분자 운동에너지도 있으며,

$$E=\frac{3}{2}\times n\times R\times T=\frac{3}{2}\times K\times T(\text{기체 운동에너지}) \tag{1-6}$$

물체의 속도가 빛의 속도일 경우에 적용하는 상대론적 역학에서는 정지질량(m_0)인 물체가 속도 v로 운동하고 있을 때, c를 광속도라 할 경우 상대론에서는 질량이 에너지로 변환되기 때문에 물체의 에너지는

$$E=\frac{m_0\times c^2}{\sqrt{1-(v/c)^2}} \tag{1-7}$$

로 표시되며, 여기서 속도가 0일때의 값을 빼주면 운동에너지는

$$E=\frac{m_0\times c^2}{\sqrt{1-(v/c)^2}}-m_0\times c^2=m_0\times c^2\left(\frac{1}{\sqrt{1-(v/c)^2}}-1\right) \tag{1-8}$$

가 되며, 단, 속도가 광속도에 비해 충분히 작을 경우에는 뉴톤 역학에서의 식을 사용한다.

(2) 위치에너지(potential energy, 기호 ; PE)

위치에너지란 정전기력이나 중력 등 보존력이 작용하고 있는 공간에서 물체가 물체의 중량과 기준점에서 해당 위치까지의 높이차(Δh) 만큼의 에너지를 해당 위치에서 잠재적 또는 내부에너지와 같이 물체에 저장되며 다른 형태 에너지로 변환이 가능한 에너지를 말한다.

일반적 역학에서 위치에너지는 중력에 의한 위치에너지와 물체 탄성력에 의한 위치에너지로 아래와 같이 구분되고, 기타 위치에너지로는 정전기력에서는 전하의 위치에너지 전위(v)로, 강한 핵력이나 약한 핵력에서는 핵 위치에너지 분자력에 대한 일은 분자간 위치에너지라고 한다.

(가) 중력에 의한 위치에너지

위치에너지를 다른 목적인 운동에너지와 압축에너지로 변환하는 과정을 설명하면, 건축신축시 낙하 해머형 항타기(杭打機)는 건물기초빔이나 말뚝을 때려박는 기계로 증기압, 공기압, 유압 등의 동력을 사용하여 해머를 지상에서 올려 위치에너지를 저장하였다가, 낙하시킴으로써 해머가 중력와 중력가속도에 의한 운동에너지로 변환하면서 말뚝을 박는다.

$$PE = m \cdot g \cdot \Delta h \qquad (1\text{-}9)$$

수력발전은 물의 양(量)과 위치에너지를 발전기 터빈의 운동에너지로 변환시켜 전기에너지를 발전하는 방식으로 발전형식에는 수로식, 댐식, 양수식으로 구분되는데, 모든 방식은 물의 위치에너지를 이용한다. 특히 양수식은 원자력에서 발전된 심야시간(23시~09시)의 전력을 사용하여 저수지의 물을 양수하여 물에 위치에너지를 저장하였다가, 주간 피크시간에 발전하는 방식이다.

(나) 탄성 위치에너지

활이나 용수철에서 당기거나 압축하여 발생된 활시위나 용수철에 탄성 위치에너지가 늘어나거나 압축된 길이 x의 제곱과 최종 탄성력 $K \cdot x$의 1/2만큼 저장된다.

$$PE = \frac{1}{2} \times K \times x^2 \text{(탄성 위치에너지)} \qquad (1\text{-}10)$$

$$F = -K \times \Delta x \text{(탄성력)} \qquad (1\text{-}11)$$

1.3.2 화학에너지(chemical energy)

화학에너지와 열에너지는 우리 일상생활에서 항상 접하는 에너지로, 화학에너지를 예를 들면 식물이 빛에너지와 이산화탄소로 광합성 작용하여 탄수화물을 만들어 인간이 섭취하고, 이를 신체 내에서 화학에너지를 운동, 체온, 소리에너지로 변환하고 있으며, 화석연료인 석탄, 석유, 천연가스에 저장된 화학에너지가 열을 발생하여 열에너지를 변환하여 가정의 냉·난방을 하며, 음식을 조리 할 경우에 열에너지를 이용한다.

(1) 화학에너지(chemical energy)

화학에너지란 화석연료인 석탄, 석유, 천연가스 등을 비록한 각종 물질의 분자내 원자간의 결합에너지 및 위치에너지를 말하며, 연소 또는 다른 화학반응을 통하여 에너지수준 변화에 따라 발열반응, 흡열반응으로 에너지 이동수단인 일(W)과 같은 맥락의 열(Q)이라는 에너지 이동형태로 열에너지를 발생하거나, 1차 전지(건전지), 2차 전지(축전지)와 같이 직접 전기에너지로 변환하는 등 여러가지 에너지로 변환되는 에너지를 말한다.

(2) 연료별 성분 조성

LNG, LPG, 등유, 경유, B-C유의 성분조성을 비교한 결과이며, 표 1-2와 같이 LNG나 LPG, 등유, 경유 등 모든 연료에는 탄소성분이 존재하고, 보일러에 연소용 공기를 공급하는 터보송풍기에 의하여 공급되는 공기중 산소와 탄소가 반응하여 열에너지를 발생한다. 참고로 LNG나 LPG는 성분조성 중 회분, 유황분이 없는 연료로서 연소배출가스의 환경처리가 별도로 필요없는 청정연료임을 알 수 있다.

표 1-2 주요 연료별 성분 조성

구분		기체(vol%)		액체(wt%)		
		L.N.G.	L.P.G.	등유	경유	B-C유
성분	CH_4	89				
	C_2H_6	9	1			
	C_3H_8	1.5	96.9			
	C_4H_{10}	0.5	1.9			
	C			85.2	85.6	84.4
	H			14	13.2	10.7
	O					0.5
	N					0.4
	S			0.5	0.1	1
	회분					0.5
	기타		0.2	0.3	1.1	2.5

(3) 연소방정식

탄소(C)와 수소(H)로 구성된 탄화수소계 가연성가스에 대한 연소방정식은 일반적으로 다음과 같이 나타낼 수 있다.

$$CmHn+(m+\frac{n}{4})O_2 \rightarrow mCO_2+\frac{n}{2}H_2O \qquad (1\text{-}12)$$

가연성가스인 CmHn은 완전연소 시키면 이산화탄소(CO_2)와 물(H_2O)이 발생되나 공기의 양이 부족하면 불완전연소하여 일산화탄소(CO)가 발생된다. 아래와 같이 탄화수소계 가연성가스의 완전연소시 연소현상을 보면

① 부탄(C_4H_{10}) : $C_4H_{10}+6.5O_2 \rightarrow 4CO_2+5H_2O+687.64$[kcal]

② 프로판(C_3H_8) : $C_3H_8+5O_2 \rightarrow 3CO_2+4H_2O+530.60$[kcal]

③ 메탄(CH_4) : $CH_4+2O_2 \rightarrow CO_2+2H_2O+21.80$[kcal]

상기와 같이 액화천연가스의 주성분인 메탄이 연소할 때에는 2몰, 부탄은 6.5몰, 프로판은 5몰의 산소가 필요한데 프로판이나 부탄이 연소할려면 메탄보다 2~3배의 산소가 더 필요한 것을 알 수 있다.

1.3.3 열에너지(Thermal energy)

열에너지는 석탄, 석유, 천연가스 등의 화석 연료에너지가 연소에 의하여 열에너지를 발생하거나, 전기에너지가 히터의 전열작용, 핵에너지의 핵분열반응에 의한 열에너지 등 1차 에너지로부터 변환되어 난방, 산업생산에 이용되는 2차 에너지 성격도 있으나, 태양에너지 또는 지열에 의하여 발생하는 1차 에너지로 분류 할 수 있다.

(1) 열에너지의 기초

열에너지란 물체의 온도나 상(액체를 기체로, 얼음(고체)를 액체로 변화)을 변화시키는 에너지를 말하며, 에너지 이동수단으로 온도의 변화에 의해 흐르는 에너지 이동량으로 단위로는 줄[J]과 칼로리[cal]를 사용하는데 국제적으로는 SI단위계인 줄[J]을 권장하고 있다.

(가) 비열과 열용량

비열(比熱)이란 물체 1[kg]을 온도 1[℃] 상승시키는데 필요한 열량 Q[J]이며 기호는 c, 단위는 [J/kg · ℃]를 사용하고, 어떤 물체의 무게가 M[kg]일 때 이 물체를 온도 θ[℃]만큼 상승시킬 경우에 필요한 열량 Q[J]는 식 (1-13)으로 나타낼 수 있다.

$$Q = Mc\theta\,[\mathrm{J}] \tag{1-13}$$

여기서 Mc는 물체 1[kg]을 온도 1[℃] 상승시키는데 필요한 열량이므로 열용량(熱容量) C[J/℃]로 나타낸다.
물체의 밀도 ρ[kg/m^3], 체적을 V[m^3]일 때, 중량 M은 $M = \rho V$[kg]이므로 열용량 C는 식 (1-14)와 같다.

$$C = Mc = \rho Vc\,[\mathrm{J/℃}] \tag{1-14}$$

그러므로 열량 Q는 열용량 C와 온도차 $\theta(=\theta_2 - \theta_1)$의 곱이므로 식 (1-14)는 식 (1-15)로 나타낼 수 있다.

$$Q = C\theta = c\rho V\theta\,[\mathrm{J}] \tag{1-15}$$

$c\rho$는 비열 c[J/kg · ℃]와 밀도 ρ[kg/m^3]를 곱한 것으로 이것은 단위체적당의 열용량으로 이것을 체적비열이라 한다.

또한 열량 Q는 전력 P[kW], 시간 t[h], 효율 η와는 식 (1-16)과 같은 관계를 가지고 있다.

$$Q = Mc\theta = 860 Pt\eta \text{[J]} \tag{1-16}$$

(나) 비체적, 밀도, 압력, 온도

① 비체적(specific volume) : 단위 질량당 체적, $v = \frac{V}{m}$[m³/kg]

② 밀도 : 단위 체적당 질량, $\rho = \frac{m}{V}$[kg/m³], $\rho = \frac{1}{v}$

③ 압력 : 단위 면적에 작용하는 힘의 수직 성분, $P = \frac{F}{A}$

㉠ 1[Pa] : 1[m²]의 면적에 1[N]의 힘이 작용할 때의 압력, 1[Pa]=1[N/m²]

㉡ 1[bar]=100[kPa]=0.1[MPa], 1[atm]=101.325[kPa]

㉢ 절대 압력 : 완전진공의 상태를 "0"으로 하여 측정한 압력(계기압력+대기압)

㉣ 계기 압력 : 압력계와 진공계로 측정하는(절대 압력과 대기압 사이의) 압력차

㉤ 마노미터를 이용한 차압의 측정 : $\Delta P = \rho L g$, $g = 9.80665$[m/s²]

(다) 열 량

물질의 무게 m[kg]을 θ[℃] 정도의 온도로 상승시키는 경우, 이에 소요되는 열량 Q[J]은 식 (1-17)로 나타낼 수 있다.

$$Q = mc\theta \text{[J]} \tag{1-17}$$

식 (1-17)에서 mc는 어떤 물질을 온도 1[℃] 상승시키기 위한 열량(thermal capacity) Q[J]로서 물질의 열용량이며, 단위는 [J/℃]를 사용한다.

표 1-3 열단위 환산표

항목 \ 단위계	SI계	kcal계
열 량	4.186[kJ]	1[kcal]
	1[kJ]	0.24[kcal]
열 류	1.163[W]	1[kcal/h]
	1[W]	0.86[kcal/h]
열전도율	1.163[W/m · ℃]	1[kcal/m · h · ℃]
	1[W/m · ℃]	0.86[kcal/m · h · ℃]
열 용 량	4.186[kJ/℃]	1[kcal/℃]
	1[kJ/℃]	0.24[kcal/℃]
비 열	4.186[kJ/kg · ℃]	1[kcal/kg · ℃]
	1[kJ/kg · ℃]	0.24[kcal/kg · ℃]

(2) 열역학

열에너지란 물체의 온도나 상(액체를 기체로, 얼음(고체)를 액체로 변화)을 변화시키는 에너지를 말하며, 에너지 이동수단으로 온도의 변화에 의해 흐르는 에너지 이동량으로 단위로는 줄[J]과 칼로리[cal]를 사용하는데 국제적으로는 SI단위계인 줄[J]을 권장하고 있다.

(가) 열역학0법칙

온도평형법칙으로 A와 B가, B와 C가 열적평형상태이면 A와 C는 열평형상태를 의미한다.

(나) 열역학1법칙

계가 열을 흡수하거나 외부에서 일을 받으면 내부에너지는 증가하고, 계가 열을 방출하거나 외부로 일을 하면 감소한다는 의미로 일과 열은 변환이 가능하고, 이를 열의 일당량, 일의 열당량이라 한다.

열역학1법칙에서 엔탈피가 도입되었으며, 열역학1법칙의 특수한 경우로 단열 팽창/단열압축, 자유팽창, 등적, 등온과정 4가지가 있다. 그리고 자유에너지를 무한히 뽑아쓰는 1종 영구기관은 없다.

(다) 열역학2법칙

총 엔트로피 변화는 절대 감소하지 않고, 일정하거나 증가한다는 의미로, 이 의미는 높은 에너지원에서 얻은 열에너지는 손실이 없이 낮은 온도로 전달되거나, 일로 변환 할 수 없다는 것으로 제2종 영구기관으로 효율 100[%]기관은 없다.

(라) 열역학3법칙

엔트로피의 기본 개념과 관련된 내용으로 절대온도에서 엔트로피는 "0"이 된다는 의미로 다른 표현으로는 계는 절대 "0"도에 도달 할 수 없다.

1.3.4 원자력에너지

원자에너지 또는 핵에너지라고도 하는데, 원자핵의 분열(원자력발전 등)과 융합(태양에너지) 또는 방사성 원소 자연붕괴시 방출되는 방사선 에너지도 넓은 의미의 원자력에너지라 할 수 있다. 우주를 지배하는 4가지 힘중 강한 핵력은 아인슈타인의 에너지－질량 등가원리인 $E=m\times c^2$로 설명되는 핵자(양성자와 중성자)의 결합에너지를 말하는데, 핵자당 결합에너지는 원자량이 작은 수소($^{1.008}_{1}H$)에서 가장 크고, 점차 감소하다가 원자량이 55.8이 되는 철($^{55.8}_{24}Fe$)에서 최소가 된 후, 원자량이 증가함에 따라 다시 증가하는데, 이는 원자핵 입자 결합력인 강한 핵력과 양성자 사이에 작용하는 전자기적 척력에 의해서 발생되어 원자량이 큰 우라늄($^{238}_{92}U$)은 핵자수가 적은 물질로 핵분열성질이 있고, 원자량이 작은 수소($^{1.008}_{1}H$)는 핵융합으로 핵자수가 큰 물질로 변할려는 성질이 있다.

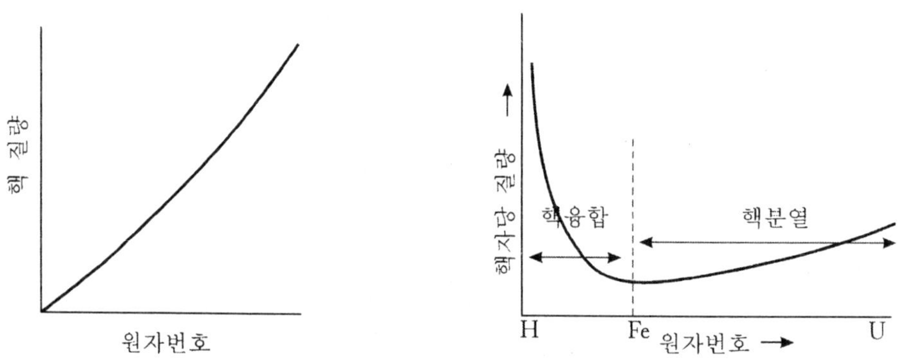

그림 1-4 원자번호와 핵질량 - 핵자당질량

원자핵의 인위적인 핵분열과 핵융합으로의 원자핵변환으로 발생하는 에너지를 말한다. 현재는 전 세계적으로 핵분열 에너지를 사용하고 있으나, 핵융합 에너지를 사용 한다면, 저렴하고 지속가능한 무한에너지와 온실가스 저감과 경제성을 가질것으로 판단된다.

현재 우리나라는 핵분열에너지로 경수로식과 중수로식 원자로 21기가 가동되고 있고, 발전량 점유율은 32[%], 한국형 원자로를 수출하는 세계 5대 원전강국으로 되어 있다.

핵융합분야에서는 서울대학교 핵융합로 공학선행센타에서 세계 최초로 초전도자석 사용, 토카막방식인 KSTAR(한국형 핵융합장치-자기 핵융합 초전도장치)를 건설하였다.

1.3.5 전기에너지

전기에너지는 낙뢰 또는 정전기 현상일 경우에는 1차 에너지라 할 수 있고, 화학에너지, 핵에너지, 물의 위치에너지와 운동에너지를 이용한 발전기에서 발생하는 전기에너지는 2차 에너지라 할 수 있다.

전기에너지는 조명(빛), 가열, 전동력 사용 외에도 송신안테나에 빛과 같이 전파로서 사용하는 전자기파라고 알고 있다. 즉, 전기에너지는 전기장과 자기장으로 구성되는데, 전기장(E)은 전하, 쿨롱의 법칙, 낙뢰, 정전기력, 전위차(V)와 연관되는데, 전류는 단위시간에 흐르는 전하량과 기전력(즉, 전위차)을 곱할 경우 단위시간당 사용하는 전기에너지 단위를 전력이라 한다.

다른 하나인 자기장(H)은 자속밀도(V), 에르스테드의 흐르는 도선에 작용하는 자기력과 방향(오른손 법칙), 자기력=쿨롱의 법칙, 렌츠의 법칙과 플레밍의 오른손 법칙에 의한 발전기와 패러데이의 전자기유도에 의해서 1차 코일의 전류의 변화에 의해 2차 코일에 전압이 유도되는 변압기로 설명된다.

전기에너지 사용에서는 크게 ① 발전소에서 생산된 전력을 사용하는 장소까지 이송하는 것을 송-변-배전(送-變-配電)이라 하고, ② 이송된 전력을 사용목적에 맞게 조명, 난방, 환기, 냉방 목적에 많게 사용하느냐로 대별된다.

(1) 정전(靜電)에너지

$$W = \frac{1}{2}QV = \frac{1}{2}CV^2 = \frac{1}{2}\frac{Q^2}{C} \quad (1\text{-}18)$$

(1개의 도체가 존재시 정전에너지)

$$W = \frac{1}{2}\int_{\tau}^{\varepsilon_0} E^2 d\tau \quad (1\text{-}19)$$

(전하가 연속적으로 분포되어 있을 때 정전에너지)

(2) 자계(磁界)에너지

자계는 도선에 전하가 흐를경우에 자계가 발생되며, 자장(磁場) 또는 자계(磁界)는 H[A/m], 자속밀도(磁速密度 또는 磁氣誘導) $B = \mu_0 H$[Wb/m^2]로 투자율 $\mu_0 = 4\pi \times 10^{-7} = 1.257 \times 10^{-6}$이고, 도선 주위 자계를 적분하였을 경우, 암페어 주회법칙에 의하여 $\int_0^{2\pi a} H \cdot dl = \int_0^{2\pi a} \frac{I}{2\pi a} \cdot dl = I$로 표현된다.

$W = \int_0^B H \cdot dB$ (자성체내의 자속밀도를 0에서 B까지 증가시킬 때)

$$W = \frac{1}{2}\int_0^B \mu_0 H^2 dB = \frac{1}{2}\mu_0 H^2 \quad (1\text{-}20)$$

1.3.6 빛(전자기파, 광자)에너지

빛은 波動性으로서 전자기파와 粒子性로서의 광자(光子, Photon)라는 이중성을 가지고 있는데, 이는 아인슈타인의 빛은 전파되는 동안 불연속적인 에너지 다발이 존재한다는 광량자설(光量子設)로 제안하면서이다.

먼저 광자로서는 전하(電荷)와 정지질량을 갖지 않는 전자기장의 운반자로 볼 수 있다. 양자에 의하여 질량을 가지고 있지 않는 빛, X선, 감마선 등은 광자에너지를, α-선, β-선 등의 입자는 질량-등가법칙과 같은 전자볼트[MeV]단위를 사용하며, 임의 장소, 면적, 시간에 통과하는 광자나 입자의 총 에너지를 방사선에너지라고도 한다.

$$E = h \times v = h \times (c/\lambda) \tag{1-21}$$

(h : 플랑크상수$=6.62\times10^{-34}$[J/S], v : 진동수 λ : 파장 c : 진공중의 광속)

빛의 회절과 간섭은 파동성으로 설명되고, 광전효과는 입자성으로 설명된다.

또한, 빛에너지는 전자기파로 에너지를 방출하며, 단위시간에 어느 면을 통과하는 복사에너지의 양을 복사속이라 정의하고, 그 단위를 와트[W]라 한다. 그림 1-5와 같이 전자파는 파장에 따라 방송파, 적외선, 광선, 자외선, X선 및 γ선 등으로 구별한다.

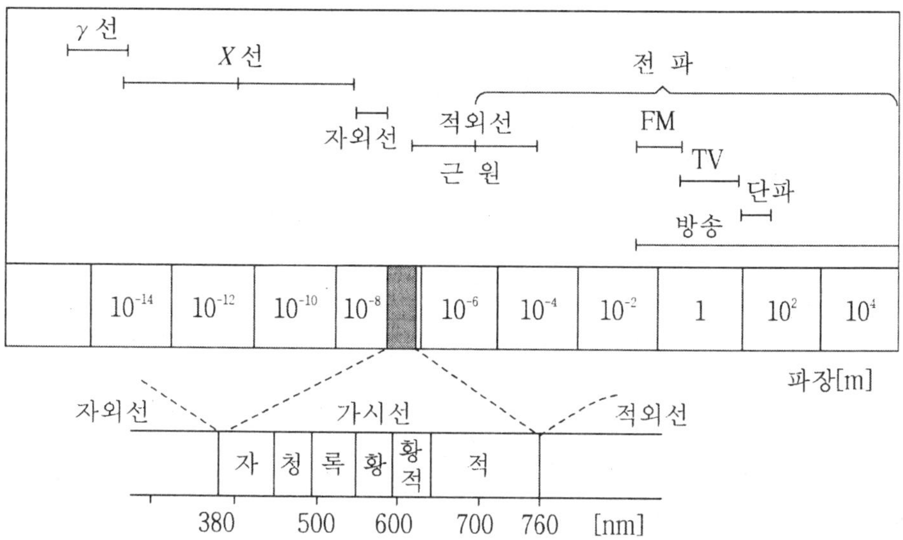

그림 1-5 복사 스펙트럼

이 전자파 중에서 눈에 감지되는 가시광선의 파장은 380~760[nm] 범위이다. 380[nm] 보다 짧은 파장의 자외선은 화학, 살균 및 형광작용 등으로 활용하며, 파장이 긴 760[nm]~1[mm]의 범위의 적외선은 온열효과로 활용하고 있다.

빛의 파장영역도 전자파의 일부이다. 빛의 파장에 따라 사람이 느끼는 빛의 감각이나 감수성에 차이는 있지만, 일반적으로 긴 파장영역으로 갈수록 적색, 짧은 파장영역으로 갈수록 청색의 색감을 느낀다.

빛의 스펙트럼 분포에 따르면, 빛의 파장이 555[nm]일 때 가장 밝게 느끼며, 파장 555[nm]를 기준으로 파장이 짧거나 또는 길수록 밝기의 감각은 줄어든다.

전자파로 전달되는 에너지의 양을 복사속(輻射束)이라 하였지만 이를 방사속(放射束)이라고도 한다. 그림 1-6과 같이 단위 시간당 단위 면을 통과하는 방사 에너지의 양을 방사속(radiant flux : ϕ)이라 하며, 단위는 와트[W]를 사용한다.

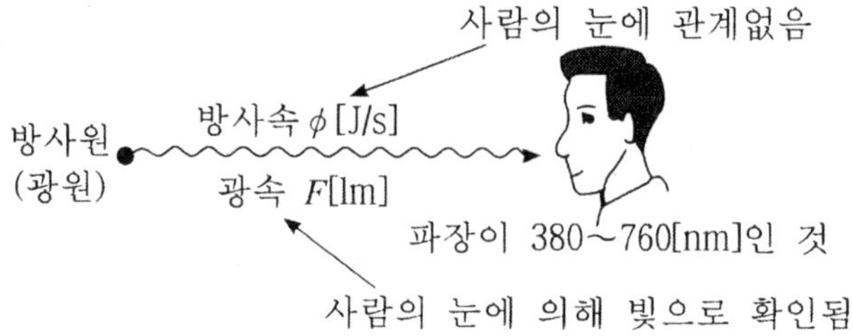

그림 1-6 방사속과 광속

1.3.7 기타 파동, 음파(소리), X선 에너지

해변에 부서지는 파도는 사실 복잡한 파동현상으로 파동운동의 일반적인 성실을 보여주며, 빛, 소리, 라디오파와 기타줄 위의 파동은 해변에서 관찰되는 파동과 많은 공통점을 가지고 있다.

파동의 대표적인 예로는 음파, 전기장과 자기장과 관련된 전자기파도 일종의 파동이라 볼 수 있으며, 기타 X선 에너지, 자외선도 에너지라 할 수 있다.

1.4 에너지의 형태에 따른 분류

1.4.1 에너지 발산

에너지 발산의 대표적인 사례는 태양에너지라 할 수 있고, 식물의 광합성도 태양과 공기중의 이산화탄소를 흡수하고, 산소를 배출하는 것도 하나의 에너지 발산이라 할 수 있다.

태양 빛을 받는 사막에서 태양의 직접광과 열 이외에 사막의 모래가 태양에너지를 흡수하지 못하고, 발산하는 것도 에너지 발산이라 한다.

기계적 부품으로는 기계나 장치의 충돌 등에 의해 가해지는 에너지를 흡수하여 열과 같은 에너지로 발산하는 댐퍼(damper)를 말할 수 있는데, 자동차의 쇼크업소버나 댐퍼 및 스프링의 특성을 동시에 갖는 방진고무를 말한다.

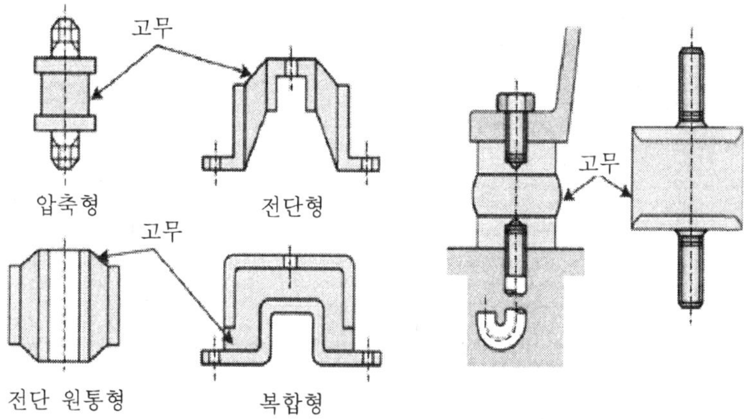

그림 1-7 방진고무의 형상과 설치 예

1.4.2 에너지 저장

에너지 저장은 운동에너지를 크랭크 축에 전달되는 운동에너지를 저장해서 크랭크축의 회전운동을 안정적으로 지속시켜 주는 역할수행하는 플라이휠 또는 스프링 등의 복원력의 탄성에너지와 위치에너지 저장과 발전분야에서 양수발전에서 저렴한 전기요금시 심야에 양수하여 높은 고지의 저수지에 양수하여 주간에 발전하는 것들은 에너지 저장이라 할 수 있다.

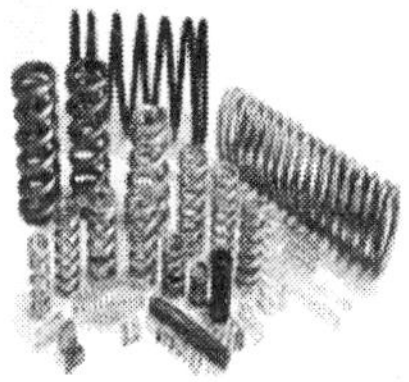

(a) 코일 스프링

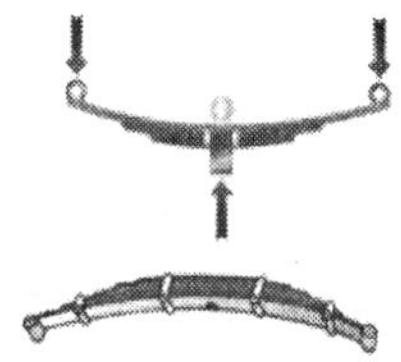

(b) 판 스프링

(c) 인벌류트 스프링

(d) 태엽 스프링

(e) 디스크 스프링

(f) 토션바 스프링

그림 1-8 위치와 탄성에너지 저장하고 있는 스프링의 종류

1.4.3 에너지 변환

에너지변환은 수많은 사례를 들 수 있고, 근본적으로 우리는 태양에너지를 가지고, 인간에 적합한 에너지로 변환하여 생활을 영위한다고 볼 수 있는데, 이를 분류하면,

① 회전에너지를 병진에너지로 변환하거나,

② 기계적 회전에너지를 유체에너지로 변환,

③ 화학적에너지를 열에너지로 변환,

④ 열에너지를 기계적 회전에너지로 변환하여 사용하고 있다.

(1) 회전에너지를 병진에너지로 변환하는 기계 부품

변환하는 기계기구는 랙-피니언(rack-pinion)기구로 회전 또는 병진 기계에너지를 회전에너지로 변환하는 기구를 들 수 있다.

랙-피니언 기구은 자동차의 조향장치, 컴퓨터 저장 드라이브의 입출력 헤드의 위치선정, 산악열차 바퀴 등에 사용된다.

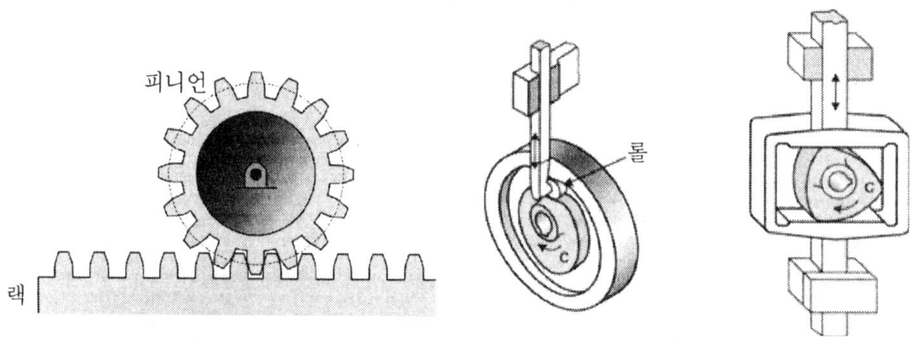

(a) 랙 - 피니언(병진→기계) (b) 캠(회전→병진)

그림 1-9

(2) 기계적 회전에너지를 유체에너지로 변환하는 설비

기계적 회전에너지를 지하수를 고가수조를 펌핑시 사용하는 펌프와 환기를 위하여 실외의 공기를 강제로 실내로 송풍하는 송풍기 등을 말한다.

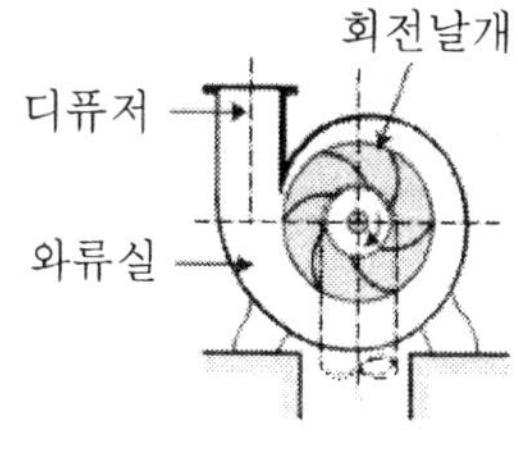

(a) 벌류트 펌프

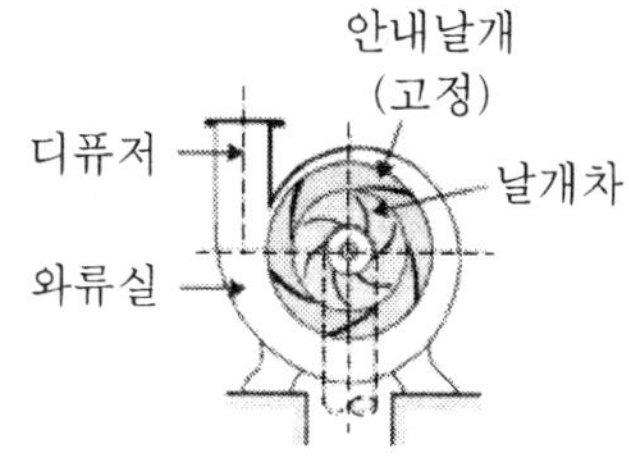

(b) 터빈 펌프

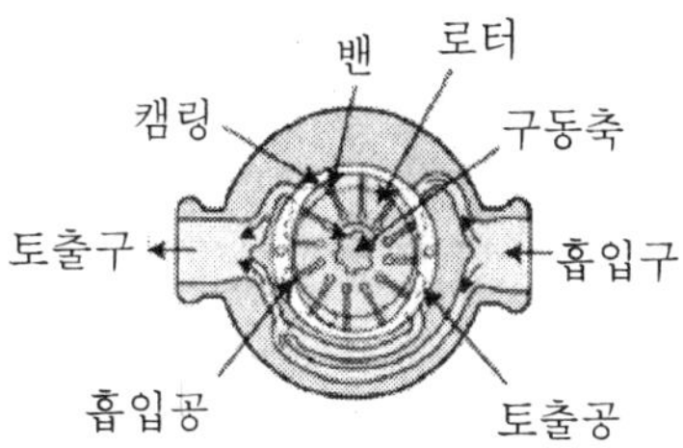

(c) 베인 펌프

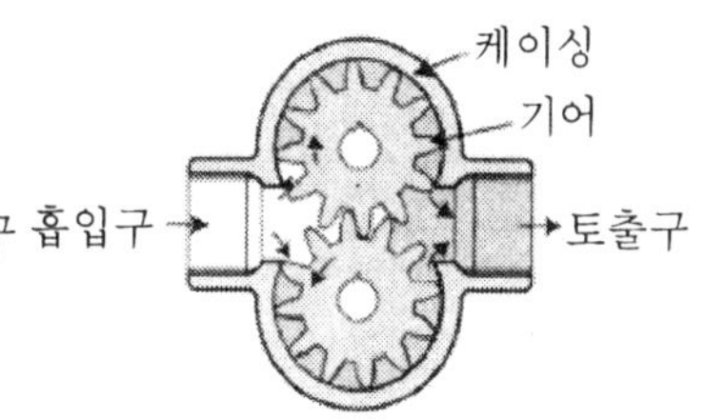

(d) 기어 펌프

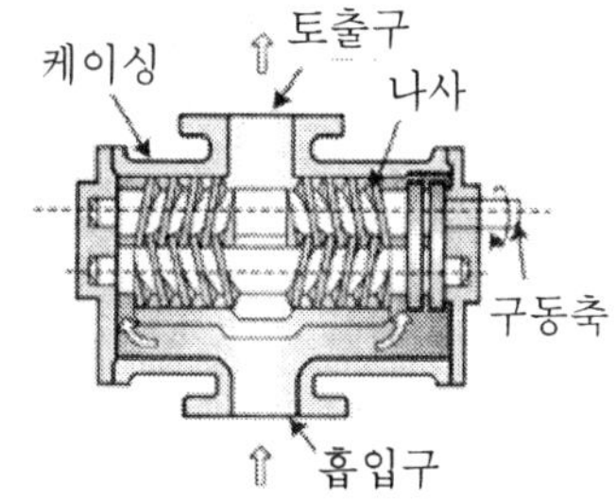

(e) 나사 펌프

그림 1-10 회전 운동에너지를 유체의 위치에너지로 변환하는 펌프류

(3) 화학적에너지를 열에너지로 변환하는 설비

석탄이나 가스, 나무 등을 연소시켜 발생된 열을 물로 전달하여, 요구하는 온도와 압력의 열에너지를 갖는 수증기를 발생하는 것을 말하며, 보일러에는 원통보일러, 수관보일러, 주철제보일러 등이 있으나, 그림 1-11에서는 원통보일러에 일종인 노통-연관식 보일러이다.

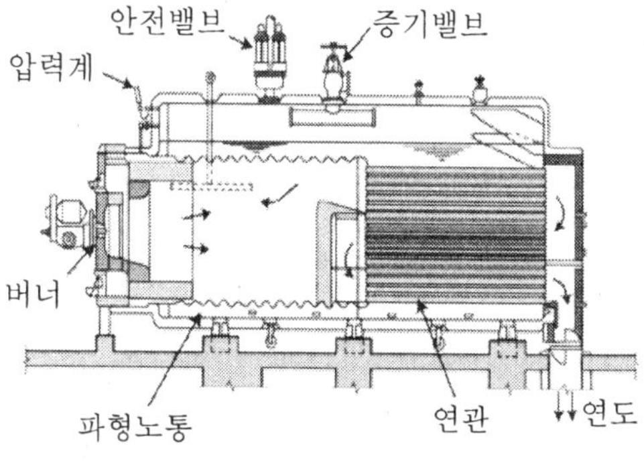

그림 1-11 화학(화석)에너지를 열에너지로 변환하는 노통연관식 보일러

(4) 열에너지를 기계적 회전에너지로 변환하는 설비

연료의 연소에 의한 열에너지가 피스톤 또는 터빈 블레이드 등에 작용하여 회전에너지로 변환하는 것을 말하며 내연기관으로는 가스관, 석유기관, 가솔린기관, 디젤기관을 말한다.

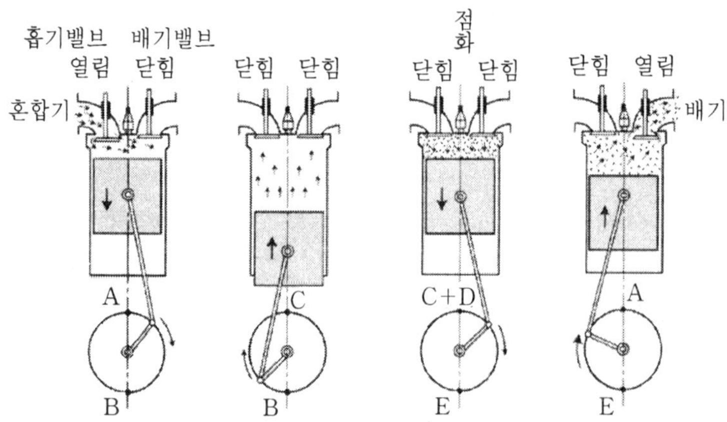

그림 1-12 화학(화석)에너지를 열에너지로 변환하는 노통연관식 보일러

1.5 에너지 관련법 및 용어

1.5.1 에너지법

에너지법은 안정적이고 효율적이며, 환경친화적인 에너지 수급 구조를 실현하기 위한 에너지 정책 및 에너지 관련계획의 수립시행에 관한 기본적 사항을 정하는 목적으로 에너지법 제2조(정의)에서 에너지란 연료·열 및 전기를 말하며, 연료란 석유·가스·석탄, 그 밖에 열을 발생하는 열원(熱源)을 말한다. 단, 제품의 원료로 사용되는 것은 제외한다라고 규정 되어 있다.

1.5.2 에너지이용 합리화법

에너지이용 합리화법은 에너지의 합리적이고 효율적인 이용을 증진하고 에너지 소비로 인한 환경피해를 줄임으로써 국민경제의 건전한 발전 및 국민복지의 증진과 지구온난화의 최소화를 목적으로 한다.

1.5.3 집단에너지사업법

집단에너지사업법은 집단에너지공급을 확대하고, 집단에너지사업을 합리적으로 운영하며, 집단에너지시설의 설치 운용 및 안전에 관한 사항을 정함으로써 「기후변화에 관한 국가연합 기본협약」에 능동적으로 대응하고 에너지 절약을 목적으로 집단에너지사업법 제2조(정의)에서 집단에너지란 많은 수의 사용자를 대상으로 공급되는 열 또는 열과 전기를 말하는 것으로 되어 있다.

1.5.4 신에너지 및 재생에너지 개발·이용·보급 촉진법

신에너지 및 재생에너지 개발 · 이용 · 보급 촉진법에서 신재생에너지란 “기존의 화석연료를 변환시켜 이용하거나, 햇빛 · 물 · 지열(地熱) · 강수(降水) · 생물유기체 등을 포함하는 재생 가능한 에너지를 변환시켜 이용하는 에너지”라 정의하고 있으며 아래 항목의 어느 하나에 해당하는 것을 말하는데, 재생에너지로는

① 태양에너지(태양광, 태양열)
② 생물자원을 변환시켜 이용하는 바이오에너지
③ 풍력
④ 수력
⑤ 해양
⑥ 지열
⑦ 폐기물에너지(소각장 등)

등 태양에너지를 태양광과 태양열로 구분하여 8개분야를 말하며, 신에너지로는

⑧ 연료전지
⑨ 수소에너지
⑩ 석탄액화 · 가스화

로 신에너지 3개 분야와 재생에너지 8개 분야를 합하여 신 · 재생에너지라 한다.

국내 신 · 재생 에너지 점유율은 대략 폐기물에너지 70.92[%], 수력 11.56[%], 바이오 에너지 11.01[%], 태양광 2.42[%]를 점유하고 있으며, 점차 태양광과 지열의 점유율은 증가하는 추세이다.

1.5.5 대체에너지

1970년대 석유파동 당시에 화석연료(석유, 석탄, 천연가스 등)를 대체 할 에너지로 대체에너지(alternative energy)를 말하였으나, 최근에는 신재생에너지 용어를 사용하고 있으며, 그린에너지(green energy)란 화석연료를 사용함에 따라 발생하는 온실가스 감축 및 환경보호를 위한 친환경에너지로 태양에너지, 바이오에너지, 풍력, 수력, 해양에너지 등을 말한다.

대체에너지는 화석연료 고갈과 자동차용 대체연료로 확대 할 수 있으며, 자동차용 대체연료로는 알코올, 식물성 기름, 콩기름, 해바라기유, 팜유 등을 들 수 있으며, 특히 미국의 오일셰일(oil shale, 석유혈암)과 석탄액화유 등이 자동차 대체연료로 사용 할 수 있을 전망이다.

1.5.6 에너지 경영시스템

에너지 경영시스템이란 "최고경영자를 포함하여 조직 구성원 존체가 에너지 절약 및 효율개선과 관련된 일련의 활동을 체계적으로 계획하고 지속적으로 이행하는 것을 규정하는 에너지관리 표준화"로 정의되어 있으며 즉, EnMS 국제표준 ISO 50001은 미국이 의장국으로써 한국 등 총 42개국이 참여하고 있으며, 산업, 건물, 수송 부문 등 모든 형태 조직 및 규모에 적용가능하며, 타 ISO경영시스템(환경 · 품질 등)과 병용 가능하며, 에너지 성과 개선에 중점을 두고, 에너지검토, 베이스라인 설정, 목표수립, 개선과제로 구성되고, 에너지 성과개선에 대해서는 검증을 요구하도록 되어 있다.

우리나라는 2011.6.28 기술표준원 고시 제2011-0172호와 2011.10.4일 KS A ISO5-0001로 제정고시 되었다.

1.5.7 에너지보존법칙(law of energy conservation)

에너지보존법칙이란 물리학의 기본법칙이자, 열역학 제1법칙으로 발생되어진 운동에너지, 위치에너지, 복사에너지(빛 에너지), 열에너지, 소리에너지, 전기에너지, 화학에너지 등 많은 형태의 에너지는 서로 다른 에너지로 변화가 될 뿐, 에너지의 총합은 보존되는 것을 말한다.

에너지보존법칙은 1840년대 독일의 율리우스 마이어의 열에너지와 운동에너지관련 논문에서 증기기관과 발전기 등과 같이 열에너지와 운동에너지 변환, 우주 전체의 에너지 보존에 대하여 거론하였으며, 고전물리학에서 말하는 에너지보존법칙은 역학적 에너지보존법칙으로 물체가 보존력을 받고 움직이면서 속도와 위치가 바뀌면서 운동에너지와 위치에너지가 서로 변환되지만, 그 물체의 운동에너지와 위치에너지의 합은 일정하게 유지된다는 것으로 말한다. 그러나 비보존력인 마찰력이 발생시에는 역학적 에너지는 감소하는데 이때 역학적에너지 중에서 감소되는 양은 열에너지로 바뀐다.

그 후 에너지보존법칙은 아인슈타인의 상대성이론에 의하여 질량이 에너지이므로($E=mc^2$) 질량도 동시에 생각하게 되었다.

질량보존법칙은 화학분야의 정략분석의 기본법칙으로 실험오차 범위내에서 화학반응 전후에서 반응하는 물질의 전체 질량과 생성되는 물질의 전체 질량은 변하지 않는다는 법칙으로 아인슈타인의 상대성이론과는 배치되나, 태양이나 원자핵반응 등과는 달리, 보통 화학반응계에서는 성립한다.

우리의 생활주변에서 에너지변환의 예를 살펴보면, 증기기관은 증기의 열에너지를 실린더와 피스톤 작용에 의하여 운동에너지로 변환하게 되거나, 전동기의 경우에는 전기에너지가 운동에너지로 변환시켜 사용하며, 장대 높이뛰기 선수가 장대를 넘게되는 과정에서 에너지변환을 생각해보면 선수는 음식(식물)에 포함한 태양에너지를 섭취하여 근육에 저장하였던 화학에너지를 달려가며 운동에너지로 변환하고, 장대 도착지점에서는 운동에너지 일부가 장대의 탄성 위치에너지로 저장되며, 올라가면서는 중력 위치에너지로 변환이 되어 장대의 꼭대기 점 근처에서 휘어진 장대의 탄성 위치에너지가 중력 위치에너지로 변환되면서 높이의 정점에서는 운동에너지는 "0"이 된다.

1.5.8 내부에너지(internal enery)

내부에너지란 물체의 운동에너지 이외의 형태로 내부에 축적되는 에너지로 역학에서의 의미와 열역학의미에서 내부에너지의 의미가 다르다. 고층빌딩에서 공을 지면으로 떨어뜨릴 경우, 공에는 지면에서 고층빌딩 높이차의 위치에너지가 내부에 축적되었다가 중력에 의해 운동에너지로 나타나는 것이므로 위치에너지가 역학에서의 내부에너지이며, 열역학에서 계와 주위 사이에 서로 일(W)과 열(Q)을 주고받으면 계의 내부에 어떤 형태로든 에너지가 존재하게 되는데 열역학 제1법칙(에너지보존법칙)

$$\delta q = du + pdv \tag{1-22}$$

에서 $du = \delta q (= Q) - pdv (= W)$로써 운동에너지외 화학에너지, 진동에너지 등 운동에너지 이외의 에너지를 내부에너지(U)라 하며, 일(W)과 열(Q)에너지는 과거 상태의 경로에 관계되지만 내부에너지의 변화(du)는 상태간 경로에는 무관하여 열역학에서 압력, 온도, 밀도, 엔탈피, 엔트로피와 함께 상태량이라 하고, 일과 열은 비상태량이라 한다.

열역학에서 내부에너지는 물체의 압력(P), 온도(T), 부피(V) 중 두값에 따라서 결정되며, 내부에너지 증가는 물체가 받은 일과 얻은 열량을 말하는데, 열역학에서는 열에 의해 상태가 변한 잠열(융해열(얼음 → 물)과 기화열(물 → 수증기))과 역학에서는 기준점에서 이동한 높이차 거리만큼 이동물체에 저장되는 위치에너지를 내부에너지라고 한다.

1.5.9 엑서지(Exergy)

엑서지는 ex(=외부)+erg(=일)의 합성어로 독일의 Rant에 의해 Avail Work, Work Capacity 의미로 주어진 상태로부터 기준 환경조건과 평형을 이룰때까지 발생하는 이론 최대 유효일로 정의된다.

에너지시스템 평가시 기존 열역학1법칙에 의한 유용하지 않는 에너지도 엔탈피로서 표현되므로 해당 시스템에서 에너지를 절감 할 수 있는 한계를 알 수 없는 문제를 극복하고자, 엑서지는 물리적에너지, 속도에너지, 위치에너지를 먼저 계산후, 화학엑서지는 각 원소의 성분별로 깁스(Gibbs) 자유에너지를 사용하여 계산하여 최종 엑서지효율(ε)를 구한다.

$$\varepsilon = \frac{E_{pro-avail}}{E_{fuel}} = 1 - \frac{E_d + E_l}{E_{fuel}} \tag{1-23}$$

$E_{pro-avail}$: 공정에서 생산되는 유용한 생성물 에너지
E_{fuel} : 투입되는 에너지
E_d : 유용한 엑서지 소모
E_l : 유용한 엑서지 손실

1.5.10 중력법칙

중력(gravity, 重力)이란 우주를 지배하는 기본적인 4가지 힘인 중력, 전자기력, 강한 핵력(强한 核力, 소립자와 관련된 강한 핵력), 약한 핵력(弱한 核力 소립자와 관련된 약한 핵력)중 가장 약한 힘을 말한다

① 중력 : 지구와 지구상 물체 사이에 미치는 만유인력과 지구 자전에 의한 원심력의 합을 말한다.

② 전자기력(electromagnetic force, 電磁氣力) : 정전기, 번개, 전하, 쿨롱법칙, 정전기력으로 유도되는 E(電氣場, electric field) 전기장과 전하가 운동하는 전류, 자석, 시간에 따라 변하는 전기장에 의해 발생되는 자기력, 자속, 패러데이법칙(전자기유도), 로렌츠법칙에 의해서 유도되는 B(magn etic field, 磁氣場) 자기장에 미치는 힘을 말한다.

③ 강한 핵력(强한 核力) : 원자핵 내부에 양성자, 중성자, 기타 베리온(baryons)과 메존(mesons)소립자 사이에 작용하는 힘으로 정전기적 반발력(척력)보다는 크나 핵의 크기내에서만 작용한다.

④ 약한 핵력(弱한 核力) : 전자, 전자중성미자, 뮤온, 뮤온중성미자 등과 같은 랩톤(leptons)소립자간 상호 작용하는 힘으로 현대물리학에서는 전자기력과 약한 핵력을 통합하여 전기적 약력이란 기본적인 힘을 정의하고 있다.

뉴톤의 중력법칙은 만유인력법칙이라고도 하며, 두 물체간 작용하는 중력은 각 물체의 질량에 비례하며, 이들 질량의 중심 사이의 떨어진 거리의 제곱에 반비례하는 것을 말하는데 여기서 G는 상수이고, 이를 미터단위계를 사용하면 $G = 6.67 \times 10^{-11}[N \cdot m^2/kg^2]$이다.

지구상에 사람이 받는 중력이 무게이고, 힘($F = G \cdot m \cdot me/r^2$)이므로, 뉴턴의 제2법칙상 힘($F = mg$)이라 할 수 있고, 이 두 힘이 같으려면 중력가속도 g와 만유인력상수 G는 같아야 하므로, $g = G \cdot me/r^2$관계를 가진다.

1.5.11 중력 가속도

우리는 물리학에서 속력, 속도, 가속도, 평균 가속도, 등가 속도, 순간 가속도, 중력 가속도를 배웠다. 그 중 중력 가속도는 운동에너지와 위치에너지 즉, 역학적에너지와 불가분의 관계가 있고, 전동기를 사용하는 엘리베이터, 에스컬레이터 등의

역학적 에너지를 동력으로 사용하는 경우가 있어 중력 가속도에 대하여 알아보면, 중력 가속도는 뉴턴 제2법칙에 의한 물체의 단위시간당 속도변화량, 가속도는 지표면에서 낙하하는 물체의 경우와 같이 중력의 영향아래에서 생성되는 운동 가속도를 말한다.

일반적으로 9.8[m/s^2]로 하는 것이 많지만, 정확하게는 위도나 표고(標高)에 따라 달라진다. 지구상 중력 가속도의 국제표준값은 9.80665[m/s^2]를 사용하며, 달은 지구의 중력 가속도의 1/6으로 적고, 떨어지는 물체의 경우 중력 가속도는 질량에 무관하다.

1.5.12 보존력(conservative force, 保存力)

보존력(保存力反)란 경로와 무관하게 두점 사이의 역학적 에너지가 보존되는 힘을 말하며, 위치에너지와 관련한 만유인력(중력), 용수철의 탄성력, 전자기력중의 쿨롱 힘(정전기력) 등을 보존력이라 하고, 공기 마찰력, 공기저항, 로렌츠 힘(자기력) 등을 비보존력이라 한다.

1.5.13 탄성력(elastic, 彈性力)

물체에 외부의 힘이 가해졌을 때 변형된 물체가 힘이 가해지기 전 형태로 되돌아갈려는 성질을 탄성이라 하고, 이 힘을 탄성력이라 한다. 용수철, 공, 활 등을 탄성체라 하며, 돌이나 납처럼 되돌아 가지않는 것을 비탄성체라 한다.

탄성력의 크기와 방향은 용수철 상수(용수철 탄성계수)에 늘어난 길이를 곱한 값으로 방향은 변형된 방향과 반대이다.

$$F = -K \times \Delta x \tag{1-24}$$

상기 관계식을 훅크 법칙이라 하고, 참고로 용수철의 탄성 위치에너지는 용수철 상수에 원래의 길이에서 늘어나거나, 압축되었을 경우의 길이의 곱과 평균 힘이 압축되거나 늘어났을 경우 최종 힘 Kx의 반이 되는 이유로 1/2을 곱하는 것을 말한다.

$$PE = \frac{1}{2} \times K \times x^2 \text{(탄성 위치에너지)} \tag{1-25}$$

1.5.14 단진동(simple hamonic oscillation, 單振動)

단진동 또는 단조화운동이라 하는데, 한쪽 끝이 고정된 지지대에 묶여있는 용수철에 벽돌을 묶고서 용수철을 잡아늘였다가 놓았을 경우에 벽돌은 평형점을 중심으로 하여 진동하게 되는데, 평형점을 중심으로 벽돌의 변위가 위치에너지와 운동에너지가 변환되면서 사인함수 또는 코사인함수적으로 변하는 진동을 말한다.

단진동에서 진폭, 단위시간당 진동의 수를 진동수 f라 하고, 진동수의 단위는 헤르츠(hertz)인데, 초당 한번의 순환으로 정의되며, 주기(T)의 역수로도 구할 수 있다.

1.5.15 구심 가속도와 구심력

줄에 공을 매달아서 원운동을 하게 하였을 때, 원운동을 지속하기 위하여 곡선상의 임의 한 점, 한 점에서의 운동방향의 직각인 힘이 필요하며, 속도벡터의 변화를 관련한 가속도를 **구심 가속도**(求心加速度, centripetal acceleration)라고 부른다. 구심 가속도는 항상 속도벡터와 수직이며 곡선의 회전중심방향을 향한다.

구심 가속도는 원운동 물체의 속력 증가, 속력 증가시 속도벡터 변화 증가, 원운동 반지름 감소시 속도변화율 증가의 3가지 효과를 고려하여

$$a_c = \frac{v^2}{\gamma} \qquad (1\text{-}26)$$

로 표현되며, **구심력**(求心力)이란 원운동하는 물체가 구심 가속도를 가질 수 있도록 물체에 영향을 주는 마찰력, 중력 등의 하나 또는 여러 힘의 합력을 말한다.

1.5.16 질량과 무게

질량(質量)이란 "장소나 상태에 따라 달라지지 않는 물질의 고유한 양"으로 정의되고 단위로는 [kg, g, mg] 등을 사용한다. 또 다른 정의로 운동의 변화에 대한 저항을 갈릴레이에 따라 **관성**(慣性)으로 표현하면 "질량은 물체의 관성운동의 변화에 저항을 일으키는 성질을 정량적으로 표현한 것"으로도 정의되기도 한다. 그러면 질량의 단위기준은 밀도가 가장 크며, 부피가 적은 물 4[℃]의 1[cm^3]의 질량을 [g](그램)기준으로 프랑스 국립도량형국의 백금-이리듐 합금으로 제작한 국제원기를 1[kg](킬로그램)으로 하기로 1875년 5월 미터협약에 의해 국제기준화 되었다.

무게(weight, 重量)는 질량에 지구의 중력가속도가 가해진 힘의 크기를 말하는 것으로 일상생활에서 무게는 질량이 아닌 9.8[m/s^2] 중력가속도가 포함된 것으로 물리학적, 에너지적으로는 질량과 무게의 단위를 구분하기 위하여 60[kg]은 질량이고, 60[kgf]는 무게의 단위로 실제적으로는 질량에 9.8[m/s^2]을 곱한 것을 말한다.

무게는 힘이므로 힘의 단위를 가지며, 이는 지구중심을 향하는 벡터로 낙하하는 물체에서는 중력은 질량에 비례하지만, 뉴턴의 제2법칙에 따라 가속도는 질량에 반비례하므로 중력가속도는 질량과 무관하게 된다.

$$a[\mathrm{m/s^2}] = \frac{\text{무게(힘)}}{\text{질량}} = \frac{mg}{m} = g(=\text{뉴턴}) \qquad (1\text{-}27)$$

참고로 비행기에서 낙하한 스카이다이버는 초기에는 공기저항이 적어 가속되지만 공기저항과 중력의 크기가 같아지는 160[km/h]~190[km/h] 종단속도가 되면 일정속도로 낙하하게 된다.

1.5.17 국제단위계(SI단위계)

국제단위계란 영국과 프랑스에서 시작된 국제적으로 사용될 단위를 정하기 위한 노력으로부터 시작하여 질량과 초기 자오선 4분원 길이의 1000만분의 1로 정의하면서 미터법의 기원이 되었으며, 1875년 5월 "미터협약"에 세계 20개 정부 대표자와 과학자의 공식적 조인에 의하여 "국제도량형위원회"가 미터와 킬로그램의 원기를 승인하면서 시작된 국제단위계를 말한다.

온도는 한국, 일본, 유럽에서는 섭씨[℃]를 사용하나, 영국과 미국은 화씨(F)를 사용하고 있으며, 열역학적 온도는 켈빈[K]을 사용한다.

압력(壓力)이란 유체(기체 또는 액체)가 단위면적에 미치는 수직방향의 힘을 말하고, 압력의 SI단위는 1[m^2]당 1[N]의 힘이 작용할 때를 기준으로 하여 1[Pa, 파스칼]를 사용하도록 되어 있다.

압력단위는

$$1[\mathrm{Pa}] = 1[\mathrm{N/m^2}] = 1[\mathrm{kg \cdot (m/s^2)/m^2}] = 1[\mathrm{kg/(m \cdot s^2)}] \qquad (1\text{-}28)$$

$$1[\mathrm{Pa}] = 1[\mathrm{N/m^2}] = 1[\mathrm{N \cdot m/m^3}] = 1[\mathrm{J/m^3}] \qquad (1\text{-}29)$$

$$1[\mathrm{Pa}] = 1.020 \times 10^{-5}[\mathrm{kgf/cm^2}] \qquad (1\text{-}30)$$

표 1-4 SI 기본단위

기본량	이름 (기호)	정 의
길이	미터 [m]	1미터는 빛이 진공에서 1/299,792,458초 동안 진행한 경로의 길이를 말한다.
질량	킬로그램 [kg]	1킬로그램은 질양의 단위이며 국제 킬로그램 원기의 질량과 같다.
시간	초 [s]	1초는 온도가 0[K]인 세슘-133원자의 바닥 상태에 있는 두 초미세 준위 사이의 전이에 대응하는 복사선의 9,192,631,770주기의 지속이다.
전류	암페어 [A]	1암페어는 무한히 길고 무시 할 수 있을만큼 작은 원형 단면적을 가진 두개의 평행한 직선 도체가 진공중에서 1미터간력으로 유지될때 두 도체 사이에 미터당 2×10^{-7}뉴턴의 힘을 생기게 하는 일정한 전류를 말한다.
온도	켈빈 [K]	열역학적 온도의 단위인 켈빈은 물의 상중점의 열역학적 온도의 1/273.16을 말한다.
물질량	몰 [mol]	1몰은 정지된 바닥상태에서 비속박(非束縛)된 탄소-12의 0.012킬로그램에 있는 원자의 개수와 같은 수의 구성요소를 포함한 어떤 계의 물질양이다. 몰을 사용 할 때는 구성요소를 반드시 명시해야 하며 이 구성요소는 원자, 분자, 전자, 기타 입자 또는 이 입자들의 특정한 집합체가 될 수 있다.
광도	칸델라 [cd]	1칸델라는 진동수 540×10^{12}헤르츠 단색광을 방출하는 광원의 복사도가 어떤 주어진 방향으로 스테라이안당 1/683와트일때 이 방향의 광도이다.

제2장 온실가스와 에너지

2.1 기후변화

2.1.1 온실효과란

적외선 복사열을 흡수하거나 재방출하여 온실효과를 유발하는 가스상태의 물질. 이산화탄소와 같은 온실가스는 태양으로부터 지구에 들어오는 짧은 파장의 태양 복사에너지는 통과시키는 반면 지구로부터 나가려는 긴 파장의 복사에너지는 흡수하므로 지표면을 보온하는 역할을 하여 지구 대기의 온도를 상승시키는 작용을 하는 효과를 말한다.

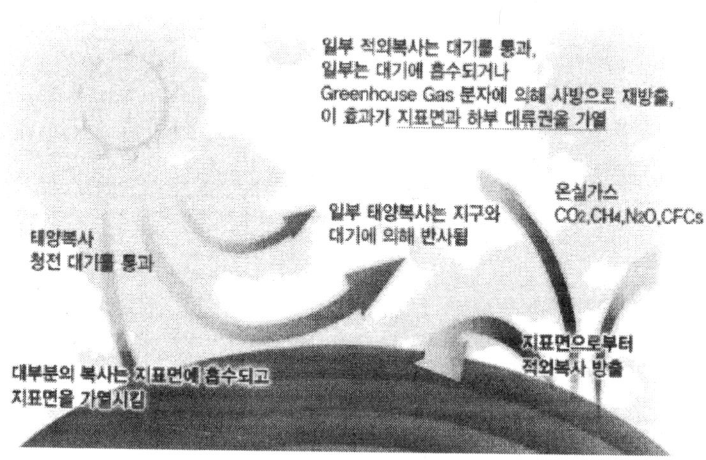

그림 2-1 온실가스 발생개념(출처 : 기상청 기후변화 정보센터)

2.1.2 온실효과와 기후변화

기후변화 원인 및 현상은 북극 및 남극지대 기온상승, 빙하감소, 홍수, 가뭄 및 해수면 상승 등 이상기후 현상에 의한 자연재해로 인하여 기후변화가 발생한다.

(1) 빙하 감소

지난 20세기 동안 북극지대 대기온도는 약 5도 증가로 인하여 빙하 감소 : 북극지역에 있는 거의 모든 산지 빙하는 지난 20세기 동안 감소하고 있으며, 북반구 극지방에서는 1960년대 이후로 눈 두께가 10[%]나 감소했다.

(2) 홍 수

지구온난화의 영향으로 전 지구적으로 집중호우와 폭풍우에 의한 홍수가 빈발한다.

(3) 가뭄 및 사막화

홍수와 더불어 가뭄현상도 지구 온난화의 중대한 영향이며, 전체 이용가능한 물의 양이 감소. 연평균 강수량이 감소함으로써 사막화현상이 가속화되고 있다.

(4) 해수면 상승

지난 20세기 동안에 해수면은 평균 10~20[cm] 상승되었고, 지속적인 해수면 상승이 예상되어 바닷물 범람에 의한 심각한 피해가 우려된다. 특히 몰디브와 같은 작은 섬나라는 완전히 사라지게 될 위기를 초래 할 뿐더러, 해수면 상승은 수십억 인구가 사용하는 물을 오염시킬 뿐만 아니라 대규모 인구의 이주를 유발한다.

(5) 생태계 변화

지구온난화로 인하여 나무의 조기 개화, 새들의 조기 산란, 곤충 식물 및 동물 서식지 변화, 연안 지역의 백화현상 증가, 생물 다양성 감소 등 자연 생태계가 변화한다.

2.1.3 온실가스관련 주요 용어

(1) 온실가스-에너지 목표관리제 운영 등에 관한 지침

제2조(「저탄소녹색성장법」(이하 "기본법"이라 한다), 「온실가스 배출권의 할당 및 거래에 관한 법률」(이하 "법"이라 한다))

① "공정배출"이란 제품의 생산 공정에서 원료의 물리·화학적 반응 등에 따라 발생하는 온실가스의 배출을 말한다.

② "기준연도"란 온실가스 배출량 등의 관련정보를 비교하기 위해 지정한 과거의 특정기간에 해당하는 연도를 말한다.

③ "모니터링 계획"이란 온실가스 배출량 등의 산정에 필요한 자료와 기타 온실가스·에너지 관련 자료의 연속적 또는 주기적인 감시·측정 및 평가에 관한 세부적인 방법, 절차, 일정 등을 규정한 계획을 말한다.

④ "목표관리 계획기간"이란 이 지침에 따라 법 제42조 제5항의 관리업체별로 목표가 설정된 이후 목표의 이행·달성을 관리하는 연도를 말하며, 목표를 부여받은 다음 해 1월 1일부터 12월 31일까지가 된다.

⑤ "목표 설정"이란 부문별 관장기관이 이 지침에서 정한 원칙과 절차 등에 따라 관리업체와 협의하여 온실가스 감축 및 에너지 절약 등에 관한 목표를 정하는 것을 말한다.

⑥ "배출 허용량"이란 연간 배출 가능한 온실가스의 양을 이산화탄소 무게로 환산하여 나타낸 것으로서 부문별, 업종별, 관리업체별로 구분하여 설정한 배출 상한치를 말한다.

⑦ "벤치마크"란 온실가스 배출 및 에너지 소비와 관련하여 제품생산량 등 단위 활동자료당 온실가스 배출량(이하 "배출집약도"라 한다) 등의 실적·성과를 국내·외 동종 배출시설 또는 공정과 비교하는 것을 말한다.

※ 영 제12조(배출권 할당의 기준 등) ① 주무관청은 법 제12조 제2항 각 호의 사항 및 다음 각 호의 사항을 고려하여 할당대상업체별 배출권 할당량을 결정한다.

(2) 온실가스 배출권의 할당 및 거래에 관한 법률(2013.3.23)

① "배출권"이란 기본법 제42조 제1항 제1호에 따른 온실가스 감축 목표(이하 "국가온실가스 감축목표"라 한다)를 달성하기 위하여 제5조 제1항 제1호에 따

라 설정된 온실가스 배출허용 총량의 범위에서 개별 온실가스 배출업체에 할당되는 온실가스 배출허용량을 말한다.

※ 기본법 제42조(기후변화대응 및 에너지의 목표관리)

① 정부는 ~중략~ 다음 각 호의 사항에 대한 중장기 및 단계별 목표를 설정하고 그 달성을 위하여 필요한 조치를 강구하여야 한다. ~중략~ 1. 온실가스 감축 목표

※ 기본법 제2조(정의)

① "저탄소"란 화석연료(化石燃料)에 대한 의존도를 낮추고 청정에너지의 사용 및 보급을 확대하며 녹색기술 연구개발, 탄소흡수원 확충 등을 통하여 온실가스를 적정수준 이하로 줄이는 것을 말한다.

※ 제5조(국가 배출권 할당계획의 수립 등)

① 정부는 ~중략~ 계획기간별로 다음 각 호의 사항이 포함된 국가 배출권 할당계획(이하 "할당계획"이라 한다)을 매 계획기간 시작 6개월 전까지 수립하여야 한다.

② "계획기간"이란 국가온실가스 감축목표를 달성하기 위하여 5년 단위로 온실가스 배출업체에 배출권을 할당하고 그 이행실적을 관리하기 위하여 설정되는 기간을 말한다.

③ "이행연도"란 계획기간별 국가온실가스 감축목표를 달성하기 위하여 1년 단위로 온실가스 배출업체에 배출권을 할당하고 그 이행실적을 관리하기 위하여 설정되는 계획기간 내의 각 연도를 말한다.

(3) 온실가스 관련 용어

① 그랜드파더링(Grandfathering) : 배출권 할당대상업체에 배출량 할당시 과거년도 배출량을 기초 실적으로 배분하는 방식을 말한다. 즉, 과거실적방식이다.

② CDM(Clean Development Mechanism : 청정개발체제)사업 : 지구 온난화 현상으로부터 환경을 보호하기 위하여 선진국(Annex Ⅰ국가)와 개도국(Non Anne-x Ⅰ국가)이 공동으로 추진하는 온실가스감축사업을 말한다.

③ 감축실적 크래딧(Certified Emission Reductions) : "CERs"이라 하며, 예를 들어, CDM사업을 하여 온실가스를 감축한 만큼, 온실가스를 할당받거나, 배출할 수 있는 권리를 말한다.

④ 교토매커니즘 : 교토의정서에 의해 선진국(Annex Ⅰ국가)의 온실가스 감축을

위하여 비용 효과적인 방법으로 고안된 제도로 공동이행제도(JI : Joint Implementation), 청정개발체제(CDM : Clean Development Mechanism), 배출권거래제(ET : Emission Trading)를 말한다.

⑤ 공동이행제도(JI : Joint Implementation) : Annex I 국가들 간에 감축사업에 투자하여 온실가스감축분을 서로의 약정에 의해 감축량을 감축실적으로 인정하는 제도를 말한다.

⑥ 배출권 거래제(ET : Emission Trading) : JI나 CDM사업에 의해 감축되었거나, 의무감축량을 초과 달성시 초과분과 감축분을 다른 온실가스 감축국가와 거래 할 수 있는 제도를 말한다.

⑦ VCS(Verified Carbon Standard : 국제자발적 탄소표준협회) : IETA 등 기관에서 기금을 출자한 협회로 유엔이외 민간단체 등의 승인에 의해 발행된 배출권으로 VCS, CFI, GS-VER 등이 있다. "CERs"에 비해 VER(Verified Emission Reduction)는 상대적으로 신뢰성이 낮은 대신에 가격이 싸고, 유엔에서 승인하지 않는 다양한 유형의 배출감축사업으로 가능한 장점이 있다.

⑧ 국내상쇄제도 : 자발적 온실가스감축사업, 사회공헌형 산림탄소상쇄제도, 농업・농촌자발적 온실가스감축사업 등이 있다. 상쇄배출권의 제출한도는 배출권의 100분의 10이내의 범위에서 할당 할 수 있다.

⑨ 자발적 온실가스감축사업(KVER) : 국내에서 추진 중인 온실가스 감축사업 중 연간 온실가스 감축량이 100[t] CO_2 이상인 사업을 대상으로 자발적으로 실행한 온실가스 감축사업의 감축실적을 인증해주는 제도이다.

⑩ 교토의정서 관련 배출권 : 교통의정서 관련 배출권으로 AAU(할당된 배출권), CER(CDM 감축사업인증서), ERU(JI 감축인증서)이 있고, EU 배출권 거래시장에 EUA가 있는데 CER과 ERU는 EUA로 전환가능하다.

⑪ 교토의정서 당사국총회(COP/MOP) : 기후변화협약을 비준하고, 교토의정서를 비준한 국가들의 모임으로 CDM사업관련 최고 의사결정기관이다.

2.2 온실가스

2.2.1 온실가스 종류와 특성

현재까지 국제적으로 지구 온난화방지를 위해 규제하고 있고, 배출권거래에 포함되는 온실가스 종류는 6가지로 각 온실가스마다 온실효과를 유발하는 효과가 다르므로, 이를 통일된 단위로 만들기 위하여 환산계수(=GWP)를 만들었다. 즉, 배출한 메탄 1[kg]이 온실효과에 미치는 영향은 CO_2 1[kg]보다 21배가 되므로 CO_2 이외 온실가스는 배출량에 해당 환산계수(=GWP)를 곱하여 CO_{eq}로 환산하여 산정하여야 한다. 실예로 CO_2, CH_4, N_2O만 배출 될 경우는 총 배출량 $CO_{eq} = 1 \times CO_2 + 21 \times CH_4 + 310 \times N_2O$이다.

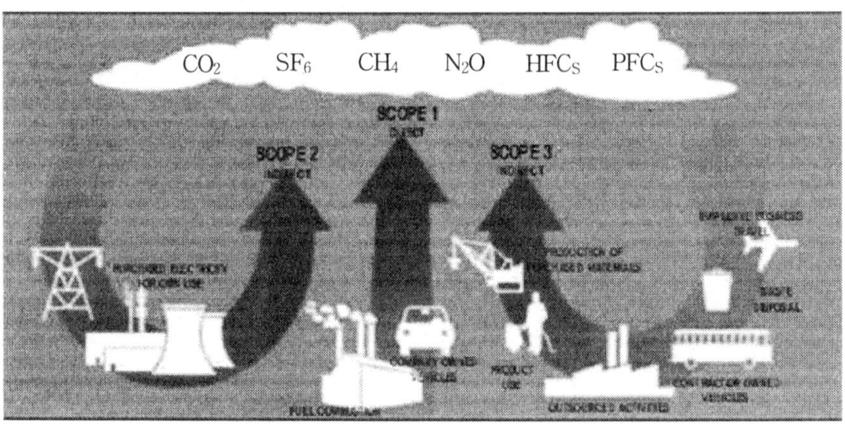

그림 2-2 온실가스 종류(출처 : WRI / WBCSD)

(1) 온실가스 종류

① 이산화탄소(CO_2) : GWP=1이고 배출원은 화석연료 사용

② 메탄(CH_4) : GWP=21이고 배출원은 폐기물, 농업, 축산에서 발생

③ 아산화질소(N_2O) : GWP=310이고 배출원은 산업공정, 비료사용시 발생

④ 수소불화탄소(HFCs) : GWP=140~11,700이고 배출원은 반도체 생산, 발포제 사용시 발생

⑤ 과불화탄소(PFCs) : GWP=6,500~9,200이고 배출원은 반도체, 전자제품 등의 세척시 발생

⑥ 육불화황(SF_6) : GWP=23,900이고 배출원은 가스차단기, 전기제품, 변압기, GIS에서 사용시 발생

(2) 온실가스 특성

(가) 이산화탄소(CO_2)

대기 중 농도가 인간 활동에 의해 가장 크게 좌우되고 보통 다른 온실가스들과의 비교 기준이 된다(지구온난화지수 GWP 1). 주로 화석연료의 연소를 통해 대기 중으로 배출된다. 탄소 방출은 또한 산림파괴나, 바이오매스 연소에 의해서도 많이 발생되고 시멘트 생산처럼 에너지와 관련이 적은 분야에서도 이루어진다. 이산화탄소의 대기중 농도는 산업화 이전에 비해 약 30[%] 이상 증가되었고 연간 약 0.5[%]의 증가추이를 보이고 있다. 주요 온실가스로 전체 배출량의 약 80[%]를 차지한다.

(나) 메탄(CH_4)

메탄은 쓰레기 매립지에서의 혐기성 분해과정, 동물성 폐기물의 분해, 천연가스와 석유 생산, 유통과정, 동물 소화과정, 석탄채굴, 화석연료의 불완전연소 등을 통해 발생된다. 메탄의 대기 중 농도는 연간 0.6[%] 비율로 증가하고 있고, 대기 중 메탄의 증가율은 거의 안정화 된 상태이다. 지구온난화 지수는 21이다.

(다) 아산화질소(N_2O)

아산화질소의 주된 방출원은 토양경작과정, 특히 상업적, 유기화학 비료의 이용하는 대규모 경작, 화석연료의 연소, 질산생성과정, 바이오매스 연소과정이다. 100년 동안의 지구온난화지수는 310이다.

(라) 수소불화탄소(HFCs)

불연성 무독성 가스로 취급이 용이하며 화학적으로 안전하여 냉장고 및 에어컨의 냉매, 발포, 세정, 반도체 에칭가스 등으로 다양하게 사용되는 것으로서 몬트리올 의정서에 의해 사용이 규제된 CFCs, HCFCs의 대체 물질임. 국내에서 소비되는 HFCs의 99[%]는 냉매인 HFC-134a임. HFCs는 인공적으로 만들어지는 것이며 주로 산업공정의 부산물로서 방출되거나 대량생산체제에 쓰인다.

(마) 과불화탄소(PFCs)

탄소와 불소로만 이루어져 있는 인공 화합물로 주로 HFCs와 함께 오존의 대체 물질로 쓰인다. 산업공정의 부산물로써 생기거나 대량생산과정에서 사용되며, 우리나라의 경우는 반도체 공정시 주로 사용한다.

(바) 육불화황(SF_6)

상온에서 무색, 무취, 무독의 기체로 500 이상의 열에서도 안전하나 불순물이 들어가면 분해되어 유독하며 반도체 생산공정과 가스절연개폐기 및 가스 절연변압기에 사용됨. 지구온난화 지수는 23,900인 인간에 의해서만 만들어지는 산업 기체이다.

2.2.2 온실가스 배출활동

온실가스 배출활동에는 대별하여 직접배출과 간접배출로 구분되며, 간접배출은 해당 기업 또는 사업장에서 직접 배출하지 않고, 에너지를 제조한 다른 장소에서 배출한 활동을 말하는데, 대부분 전력사용과 지역냉난방 열에너지를 말한다.

직접배출은 대별하여 고정연소, 이동연소, 공정배출로 구분되는데, 고정연소는 열에너지를 사용하기 위하여 화석연료를 사용하여 가동되는 보일러 또는 소각로 등을 말하며, 이동연소는 사업활동을 위하여 사용하는 승용차, 화물차 등에 사용되는 연료에 대한 배출을 말한다.

공정배출은 생산품 및 제품 생산과정에서 발생되는 배출을 말하는데, 철강-금속, 전기-전자, 화학, 광물, 폐기물로 구분된다. 여기서는 대표적으로 철강-금속업종 공정배출을 소개한다.

(1) 직접배출

직접배출에는 고정연소, 이동연소, 공정배출로 구분되는데, 일반 산업체에서는 주로 간접배출과 직접배출의 고정연소배출활동의 점유율이 크다.

(가) 고정연소

고정연소에는 고체연료(유연탄, 점결탄 등) 연소공정, 액체(경유, B-C유 등) 및 기체(LNG, LPG)연료 연소공정으로 구분하여 산정되며, 주요 배출시설에는 화력발전시설, 열병합발전시설, 보일러시설, 대기오염물질방지시설 등이 있다.

(나) 이동연소

이동연소는 수송용 내연기관에 의한 연소로, 기차, 선박, 항공기, 도로 등 수송차량에서 자체소비를 목적으로 동력이나 전기를 생산하는 시설에서 발생하는 온실가스를 말하는데, 주요 배출시설에는 항공, 도로, 철도, 선박과 건설기계, 농기계 등 비도로 차량에 의한 온실가스 배출 또한 별도의 구분 없이 지침에서 정하는 방법에 의해 배출량을 산정한다.

(다) 공정배출

공정배출에는 철강-금속, 전기-전자, 화학, 광물, 폐기물 공정배출이 있고, 그 중 철강-금속의 업종은 철강생산업종, 합금철생산, 아연공정이 있는데, 그 중에서 철강생산업종을 예를 들면, 세부공정인 ㉠ 제선공정 : 철광석에서 선철을 제조하는 공정, ㉡ 제강공정 : 선철을 이용하여 용강을 제조하는 공정, ㉢ 연주공정 : 액체형태의 용강이 주형에 주입되고 연속주조기를 통과하면서 냉각, 응고되어 슬래브, 블룸, 빌릿 등 중간소재로 만드는 공정, ㉣ 압연공정 : 중간소재(슬래브, 블룸, 빌릿)를 늘리거나 얇게 만드는 공정 등에서 발생하는 온실가스 배출을 말한다.

(2) 간접배출

해당 산업체, 건물에서 연간 사용한 전력사용량에 대하여 산정하는데, 전력사용량에 전력사용량을 온실가스량으로 환산하는 환산계수를 곱하여 산정한다.

2.2.3 에너지 사용량과 온실가스 배출량 관계

온실가스 배출량 계산 기본식은 에너지 사용량이 기본 사용데이터가 되고, 각 에너지 연료별(휘발유, 등유, 경유, LNG, LPG 등)의 발열량과 연료별 온실가스 배출계수(순발열량 대비 CO_2 배출량), 각 온실가스종류(CO_2, CH_4, N_2O 등 8개 관리가스)별 CO_2 등가계수($CO_2=1$, $CH_4=21$, $N_2O=310$)를 적용하여 산출한다.

$$\text{온실가스 배출량} = \text{사용량} \times \text{연료 발열량} \times \text{연료 배출계수} \times CO_2 \text{ 등가계수}$$

직접배출에는 고정연소(고체연료), 이동연소, 탈루 배출활동 등이 있고, 간접배출에는 전력사용, 스팀사용 등의 배출활동이 있지만, 여기서는 고정연소(고체연료)와 간접배출인 전력사용 배출활동에 대해서 알아보면, 고정연소의 경우에는 에너지 사용시, 즉 연소시 CO_2, CH_4, N_2O가 발생하여 CO_2 등가계수($CO_2=1$, $CH_4=21$, N_2O

=310)를 곱하지만, 간접배출의 외부에서 공급된 전기사용시에는 CO_2, CH_4, N_2O가 발생하지 않지만, 전기를 생산하기 위하여 발전소에서 CO_2, CH_4, N_2O가 발생하기 때문에 CO_2 등가계수를 곱한다.

(1) 고정연소(고체연료)

고정연소에는 고체, 액체, 기체 연료가 있고, 그 중 고체연료 연소란 특정 시설에 열을 제공하고 이를 열 혹은 기계적인 일(mechanical work)로 공정에 제공하거나 장치로부터 멀리 떨어져 이용하기 위해 설계된 장치 내에서 무연탄, 유연탄, 갈탄, 코크스와 같은 고체 화석연료의 의도적인 연소로부터 발생되는 온실가스 배출을 말한다. 동 활동에서는 CO_2와 CH_4, N_2O가 발생한다.

(가) 보고 대상 배출시설

고체연료 연소의 보고대상 배출시설은 아래와 같다.

① 화력발전시설
② 열병합 발전시설
③ 발전용 내연기관
④ 일반보일러 시설
　㉠ 원통형 보일러 ㉡ 수관식 보일러 ㉢ 주철형 보일러
⑤ 공정연소시설
　㉠ 건조시설 ㉡ 가열시설 ㉢ 용융·용해시설 ㉣ 소둔로 ㉤ 기타로
⑥ 대기오염물질 방지시설
　㉠ 배연탈황시설 ㉡ 배연탈질시설

(나) 보고 대상 온실가스

표 2-1 고정연소 보고대상 온실가스와 산정방법론

구분	CO_2	CH_4	N_2O
산정방법론	Tier 1, 2, 3, 4	Tier 1	Tier 1

(다) 배출량 산정방법론

고체연료는 연료종류 및 생산지에 따라 탄소함량, 회분함량, 수분 및 휘발분 함

량 등 각각에 대해 불균질성이 있고, 특히 유연탄 등 석탄류와 같이 수분 및 휘발분을 다량 함유한 연료의 경우 채탄 후 연소 전까지 보관기간에 따라 이들 성분이 대기 중으로 휘발되어 함량 변화가 심하기 때문에 연료의 분석이 온실가스 배출량 산정에 매우 중요하다.

① Tier 1~3

$$E_{i,j} = Q_i \times EC_i \times EF_{i,j} \times f_i \times F_{eq,j} \times 10^{-6}$$

$E_{i,j}$: 연료(i)연소에 따른 온실가스(j)별 배출량(tCO_2eq)

Q_i : 연료(i) 사용량(측정값, ton-연료)

EC_i : 연료(i)별 열량계수(연료 순발열량, MJ / kg-연료)

$EF_{i,j}$: 연료(i)별 온실가스(j)의 배출계수(kg-GHG / TJ-연료)

f_i : 연료(i)별 산화계수

$F_{eq,i}$: 온실가스(CO_2, CH_4, N_2O)별 CO_2 등가계수

(CO_2=1, CH_4=21, N_2O=310)

② Tier 4

연속측정방식(CEM)을 사용한다.

(2) 외부에서 공급된 전기사용

관리업체가 소유 및 통제하는 설비와 사업활동에 의한 전력사용으로 인해 발생하는 간접적 온실가스 배출은 연료연소, 원료사용 등으로 인한 직접적 온실가스 배출과 함께 관리업체의 온실가스 배출량에 포함되어야 한다. 단, 관리업체의 조직경계 내에 발전설비가 위치하여 생산된 전력을 자체적으로 사용할 경우에는 간접적 온실가스 배출량 산정에서 제외하도록 한다. 이는 발전설비에서 전력 생산으로 인해 배출된 직접적 온실가스가 해당 관리업체의 배출량으로 이미 산정되었기 때문이며, 자체 생산한 전력의 자체 사용에 따른 간접적 온실가스 배출량을 포함할 경우 직접적 온실가스 배출량과 함께 중복산정을 초래하기 때문이다.

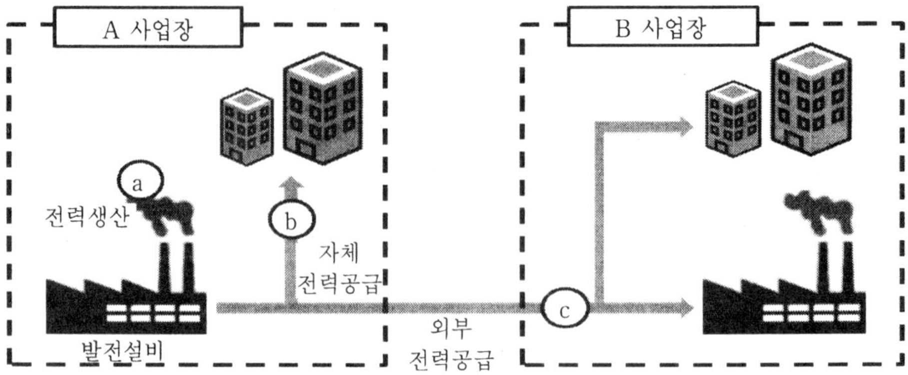

그림 2-3 외부 전기사용항목 간접배출(출처 : 목표관리제 지침)

ⓐ : A 사업장 내에 위치한 발전설비에서의 전력생산에 따른 직접 온실가스 배출량 (A 사업장의 직접적 온실가스 배출량으로서 보고)

ⓑ : A 사업장에서 생산한 전력을 A사업장 내에서 자체적으로 공급한 경우 (전력사용에 따른 간접적 온실가스 배출량 산정에서 제외)

ⓒ : A 사업장에서 생산한 전력을 B 사업장에 공급한 경우 (B 사업장의 간접적 온실 가스 배출량으로서 보고)

(가) 보고 대상 배출시설

외부에서 공급된 전기 사용에 따른 간접배출량의 산정·보고 범위는 배출시설 단위가 아닌 사업장 단위로 정한다. 다만, 제품생산 용도가 아닌 업무용 건물, 폐기물처리시설, 전력 다소비 시설인 전기아크로에 대해서는 전기사용량과 이에 따른 간접배출량을 구분하여 산정·보고하여야 한다. 기타 전력량계(법정계량기 및 내부관리용 계량기를 포함한다)가 부착되어 있는 배출시설의 경우 배출시설별로 전기사용량 등을 구분하여 보고할 수 있으며 이 경우 각 배출시설별 전력사용량의 합계는 사업장 단위 총 사용량과 일치하여야 한다.

(나) 보고 대상 온실가스

표 2-2 간접배출(외부공급전기) 보고대상 온실가스와 산정방법론

구분	CO_2	CH_4	N_2O
산정방법론	Tier 1	Tier 1	Tier 1

(다) 배출량 산정방법론

① Tier 1

$$CO_2eq\ Emissions = \sum_j (Q \times EF_j \times F_{eq,j})$$

CO_2eq Emissions : 전력사용에 따른 온실가스 배출량(tCO_2eq)

Q : 외부에서 공급받은 전력 사용량(MWh)

EF_j : 전력 간접배출계수(tGHG / MWh), j : 배출 온실가스 종류

$F_{eq,j}$: 온실가스(j)의 CO_2 등가계수(CH_4=21, N_2O=310)

② 배출계수 : 전력간접배출계수는 표 2-3에서 제시된 기준연도에 해당하는 2개년도('07~'08년) 평균값을 적용한다. 배출계수는 3년간 고정하여 적용하며, 향후 한국전력거래소에서 제공하는 전력간접배출계수를 센터에서 확인·공표하면 그 값을 적용한다(이 경우 과거 제출한 명세서는 제52조에 따라 새로운 전력간접배출계수를 적용하여 해당부문을 재산정한 후 전자적 방식으로 제출한다).

표 2-3 국가 고유 전력배출계수('07~'08년 평균)

구 분	CO_2 (tCO_2/MWh)	CH_4 ($kgCH_4$/MWh)	N_2O (kgN_2O/MWh)
2개년 평균('07~'08)	0.4653	0.0054	0.0027

(3) 연료별 국가 고유 발열량(에너지법 시행규칙 별표)

표 2-4 연료별 국가 고유 발열량

연료명	단 위		총발열량	순발열량
	에너지법 시행규칙상	TJ로 환산시		
원유	MJ/kg	TJ/Gg	44.9	42.2
휘발유	MJ/l	TJ/1000m^3	32.6	30.3
등유	MJ/l	TJ/1000m^3	36.8	34.3
경유	MJ/l	TJ/1000m^3	37.7	35.3
B-A유	MJ/l	TJ/1000m^3	38.9	36.4
B-B유	MJ/l	TJ/1000m^3	40.5	38.0
B-C유	MJ/l	TJ/1000m^3	41.6	39.2
프로판	MJ/kg	TJ/Gg	50.4	46.3
부탄	MJ/kg	TJ/Gg	49.6	45.6
나프타	MJ/l	TJ/1000m^3	32.3	30.3
용제	MJ/l	TJ/1000m^3	33.3	31.0
항공유	MJ/l	TJ/1000m^3	36.5	34.1
아스팔트	MJ/kg	TJ/Gg	41.5	39.2
윤활유	MJ/l	TJ/1000m^3	39.8	37.0
석유코크	MJ/kg	TJ/Gg	33.5	31.6
부생연료1호1	MJ/l	TJ/1000m^3	36.9	34.3
부생연료2호2	MJ/l	TJ/1000m^3	40.0	37.9
천연가스(LNG)	MJ/kg	TJ/Gg	54.6	49.3
도시가스(LNG)	MJ/Nm^3	TJ/1,000,000Nm^3	43.6	39.4
도시가스(LPG)	MJ/Nm^3	TJ/1,000,000Nm^3	62.8	57.7
국내무연탄	MJ/kg	TJ/Gg	18.9	18.6
수입무연탄	MJ/kg	TJ/Gg	24.7	24.4
유연탄(연료용)	MJ/kg	TJ/Gg	25.8	24.7
유연탄(원료용)	MJ/kg	TJ/Gg	29.3	28.2
아역청탄	MJ/kg	TJ/Gg	22.7	21.4
코크스	MJ/kg	TJ/Gg	29.1	28.9
전력(발전기준)	MJ/kWh	TJ/GWh	8.8	8.8
전력(소비기준)	MJ/kWh	TJ/GWh	9.6	9.6

(4) 2006 IPCC 국가 인벤토리 가이드라인 기본 배출계수(일부발췌)

표 2-5 기본배출계수

(단위 : kgGHG/TJ)

연료명		국내에너지원 기준	CO_2	CH_4				N_2O	
				에너지 산업	제조업 건설업	상업 공공	가정 기타	에너지산업 제조업 건설업	상업공공 가정 기타
Ⅰ. 액체연료									
원유		원유	73,300	3	3	10	10	0.6	0.6
오리멀젼		-	77,000	3	3	10	10	0.6	0.6
천연가스액		-	64,200	3	3	10	10	0.6	0.6
가솔린	자동차용 가솔린	휘발유	69,300	3	3	10	10	0.6	0.6
	항공용 가솔린	-	70,000	3	3	10	10	0.6	0.6
	제트용 가솔린	JP-8	70,000	3	3	10	10	0.6	0.6
제트용 등유		JET A-1	71,500	3	3	10	10	0.6	0.6
기타 등유		실내 등유 보일러 등유	71,900	3	3	10	10	0.6	0.6
혈암유		-	73,300	3	3	10	10	0.6	0.6
가스/디젤 오일		경유, B-A	74,100	3	3	10	10	0.6	0.6
잔여 연료유		B-B, B-C	77,400	3	3	10	10	0.6	0.6
액화석유가스		LPG	63,100	1	1	5	5	0.1	0.1

2.3 온실가스관련 정부 시행제도

2.3.1 목표관리제

목표관리제는「저탄소 녹색성장 기본법」 제42조 및 같은 법 시행령 제26조의 온실가스·에너지 목표관리제 운영 등에 관한 세부사항과 절차를 정하는 것을 목적으로 한다.

온실가스를 다량으로 배출하고 많은 에너지를 소비하는 대규모 사업장에 대해 온실가스 감축과 에너지 절약 목표를 부과하고 관리하는 제도이다.

국가 배출량의 69[%]에 해당하는 다량 배출업체를 대상으로 매년 배출 허용량을 부여하고, 이의 이행 여부를 평가하는 제도이며, 배출권 거래제를 위한 준비단계 성격으로 온실가스 배출량 검인증 체계 확립 및 업체 배출량 DATA 확보에 기여하는데 목적이 있다.

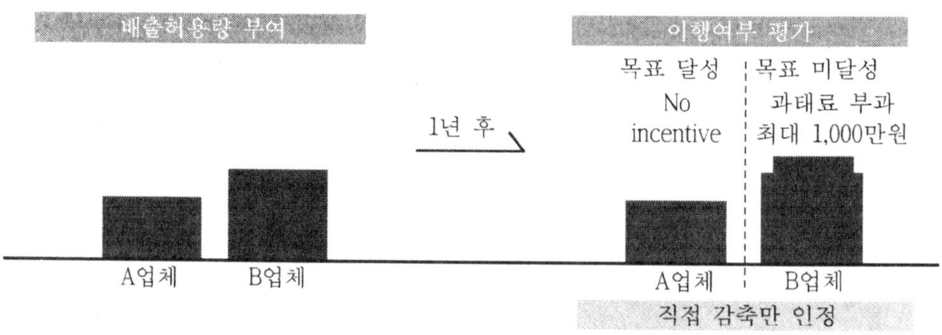

그림 2-4 목표관리제 시행목적(출처 : 환경부(2014))

2.3.2 배출권 거래제

Annex1 그룹 내에서 온실가스 배출을 감축해야 할 의무를 지고 있는 당사국들에게 해당하는 메커니즘으로써 교토의정서 제17조에 규정되어 다른 당사국들과 그들의 방출 허용치를 거래할 수 있도록 하는 것이다. 이 매커니즘의 목표는 프로토콜을 이행하는데 있어서 총괄적인 "유연성을 증가시키고, 배출량을 감축하는데 경제적인 효과를 가져오기 위해 만들어진 것이다. 이러한 거래는 각국 내부의 감소노력에 보조적인 것이어야 한다.

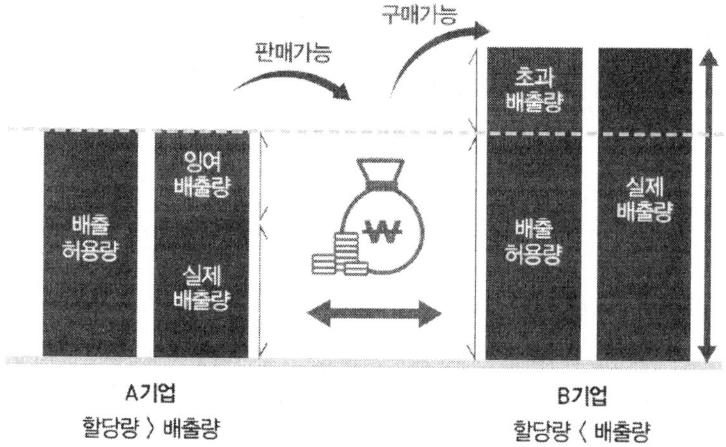

그림 2-5 배출권 거래제 개념(출처 : 환경부(2014))

제3장 화력발전

3.1 발전설비 개요

우리나라의 에너지원별 1차 에너지 공급량은 그림 3-1과 같이 2014년 에너지통계 핸드북에 의하면, 석유(38[%]), 석탄(29[%]), LNG(18[%]), 원자력(11[%]), 기타(3[%]), 수력(1[%]) 순으로 공급하고 있으며, 1990년대와 비교하여 석유의 비중은 감소하고, LNG의 점유율이 증가되고 있음을 알 수 있다.

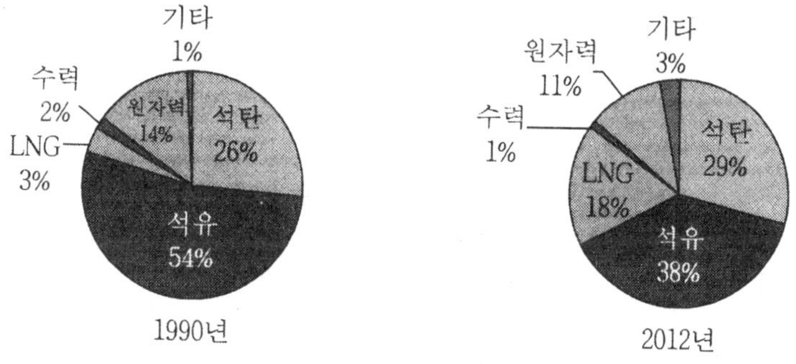

그림 3-1 에너지원별 1차 에너지 공급량 추이(2014년 기준)

에너지 전문가들은 "50년 후면 석유가 상당히 고갈될 것"이라며 "태양광 · 풍력 · 매립가스 발전 등 대체에너지 개발에 박차를 가해야 한다."고 주장하고 있다. 그러나 활발한 국내 대체에너지 개발을 위해서는 낮은 기술수준, 전문 인력 부족, 투자규모의 미흡 등의 문제를 시급히 해결해야 할 것으로 지적되고 있다.

3.1.1 국내 설비용량 현황 및 발전운영실적

그림 3-2와 같이 발전설비용량에서는 LNG 32.2[%], 석탄 27.9[%], 원자력 22.3[%]이나, 발전량에서는 발전원가부분에서 경제성이 있는 석탄 38.1[%], 원자력 28.1[%], 가스, 복합 26.1[%]순으로 가동하고 있다.

(1) 국내 발전사별, 에너지원별, 발전설비용량

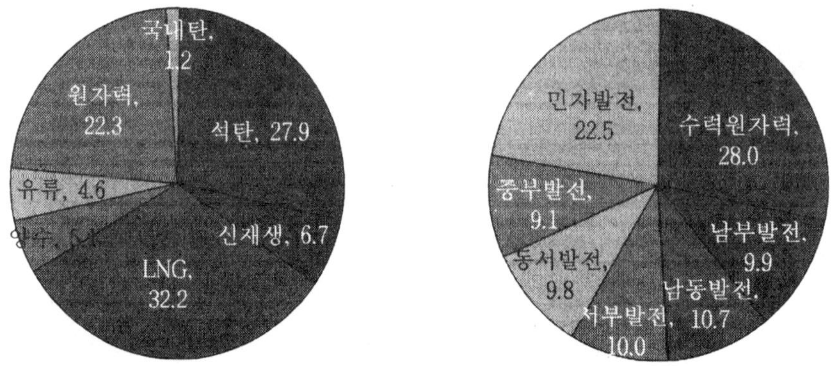

그림 3-2 에너지원별, 발전사별 발전설비용량(2014년11월 기준)

표 3-1 발전방식별 설비용량과 비율

구 분	대수	설비용량(만[kW])	비율[%]
원자력	23	2,071.6	22.3
석 탄	64	2,591.1	27.9
국내탄	6	112.5	1.2
유 류	236	425.5	4.6
LNG	208	2,989.8	32.2
양 수	16	470.0	5.1
신재생(수력 포함)	9,971	624.1	6.7
합 계	10,524	9,284.5	100.0

(2) 에너지원별 발전량

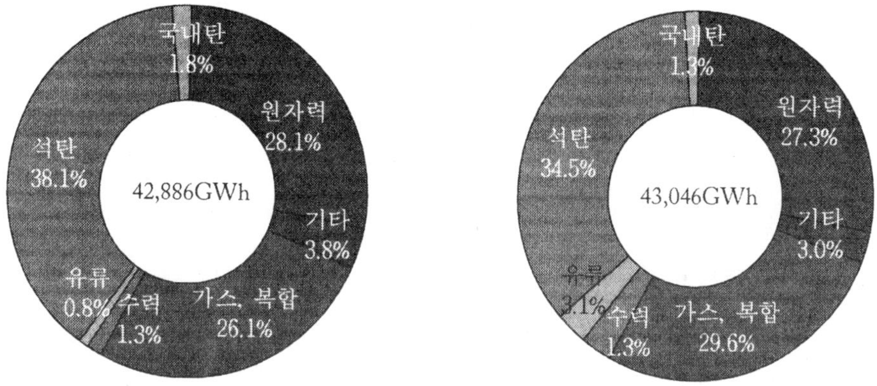

(a) 발전량('14년 11월) (b) 발전량('13년 11월)

그림 3-3

3.1.2 발전방식의 종류

현재 자연계에 존재하는 에너지원은 매우 다양하다. 그러나 발전용 자원으로서 경제성 있는 전력을 풍부하고, 신뢰성 있게 확보 할 수 있는 영역은 몇 가지로 한정된다.

(1) 국내 발전방식 개요

근래의 발전기술 수준 및 경제적인 이용측면을 고려하여 발전용으로 이용될 수 있는 주요 에너지 발생 방식별로 구분하면 다음과 같다.

① 수력(위치에너지) : 상대적으로 높은 위치에 놓여 있는 물이 가지고 있는 위치에너지를 이용하거나, 조석 간만의 차에 의한 해수의 낙차를 이용하는 조력의 위치에너지를 이용한다.

② 화력(열에너지) : 화력발전은 석탄, 석유, 가스 등의 연료물질을 연소시켜서 여기서 발생하는 열에너지를 이용하거나, 지각 내부의 열에너지를 이용하는 방식으로 에너지를 발생하는 방식과 이용방법에 의하여 발전을 전용으로 하는 **발전 전용방식**과 발전과 열을 사용하는 **열병합발전방식**으로, 보일러와 증기터빈을 이용하는 랭킨사이클의 **기력발전**과 1차적으로 가스터빈 사이클인 Brayton Cycle을 이용하여 발전을 하고, 2차적으로 가스터빈으로부터 대기 중으로 배출

되는 배기가스(500도씨 이상)에 남아있는 많은 열량의 일부를 회수하기 위한 방안으로 배기가스를 배열회수보일러(HRSG : Heat Recovery Stem Generator)로 보내 증기를 생산하여 증기터빈(Ranking Cycle)을 돌려 발전하는 방식 복합화력발전으로 구분 할 수 있다.

③ 원자력(열에너지) : 핵분열 혹은 핵융합에 의해 발생하는 핵에너지를 이용한다.

④ 기타 : 파력, 해류 속도에너지, 풍력 등

그림 3-4는 자연계에 존재하는 에너지원으로 전력을 생산할 수 있는 발전 방법과 에너지 변환과정을 나타낸 것이다. 위의 발전 방식 중 직접적인 온실가스를 배출하는 부분은 화석연료를 연소시키면서 이산화탄소를 배출시키는 증기터빈 발전, 가스티빈 발전, 내연기관 발전 방식이 해당된다. 이 발전 과정은 발생한 변환에너지를 이용하여 터빈이나 내연기관에 운동 에너지를 전달하여 전력을 생산하는 방식을 가지고 있다.

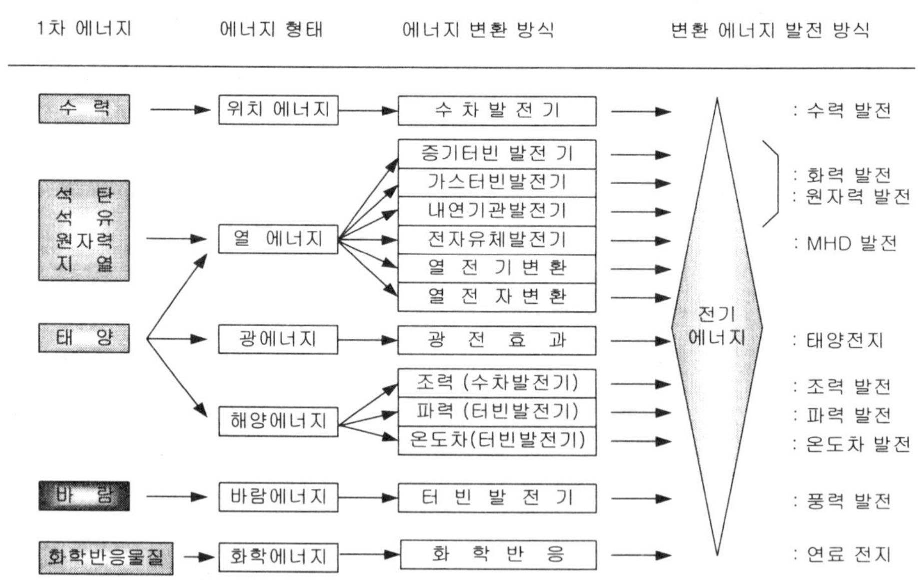

그림 3-4 에너지원 및 발전방식

상기 발전방식중 자연에너지(신재생에너지)에 의한 발전은 다음에 설명을 하고, 본 장에서는 신재생에너지를 제외한 국내 발전방식에 대하여 설명한다.

3.2 발전소 주요 설비계통

국내 발전의 많은 점유율을 가진 기력발전으로 설명하면, 기력발전은 보일러에서 연료를 태워서 얻은 열에너지로 물을 가열하여 증기를 만들고 그 증기로 증기터빈을 돌려 터빈에 연결된 발전기로 전력을 만드는 발전방식으로 사용연료의 종류에 따라 구분하면, 중유발전소, 가스발전소, 석탄발전소로 구분하며, 그 중 발전계통에서 가장 많은 점유율을 가진 석탄(유연탄)화력 기력발전을 가지고 분류하면 다음과 같다.

① 연료계통 : 석탄의 경우 유연탄 접안설비, 저탄장과 저탄조, 보일러 투입을 위한 미분탄기를 말한다.

② 보일러계통 : 물을 증기로 만들기 위한 설비로 석탄의 탄소와 공기중의 산소를 반응시켜 연소작용으로 열을 만들기 위한 노즐과 공기중의 산소를 투입하기 위한 압입송풍기 설비, 발생된 증기를 고온고압의 증기를 만들고, 발전효율을 증가시키기 위한 과열기, 재열기, 절탄기 등의 열과 증기와의 열교환기로 구성된 설비를 말한다.

③ 터빈계통 : 고온・고압의 증기에너지를 기계적 회전운동에너지로 변환시키는 설비를 말한다.

④ 발전기 및 변압기계통 : 터빈의 기계적 회전운동에너지를 전력에너지로 변환시키는 발전기와 전력계통과 송전계통의 전력손실을 감소하기 위한 필요 전압으로 변압하는 변압기설비, 전력운용을 위한 차단기 등의 부대설비를 말한다.

⑤ 복수 및 급수계통 : 복수 및 급수계통이란 발전전용의 경우에는 복수기, 열병합발전설비의 경우에는 열에너지 저장설비 및 급수계통을 말하며, 저압터빈 최종단에서 배출되는 증기가 복수기에서 물로 응축되어 펌프 등 각종 설비를 거쳐 보일러로 들어가는 과정을 말하다.

⑥ 환경오염방지계통(집진장치 포함) : 환경오염방지계통이란 배기가스에서 발생하는 황성분을 제거하기 위한 탈황설비, 배기가스의 먼지를 제거하기 위한 집진장치, 배기가스중 질소산화물을 제거하기 위한 배연탈질설비 등을 말한다.

⑦ 수질오염방지계통 : 발전소에서 발생하는 폐수의 수질오염을 방지하기 위한 폐수처리시설인 응집조, 침전조, 탈수기, 유수분리기, 여과 및 흡착탑, PH조정조 등을 말한다.

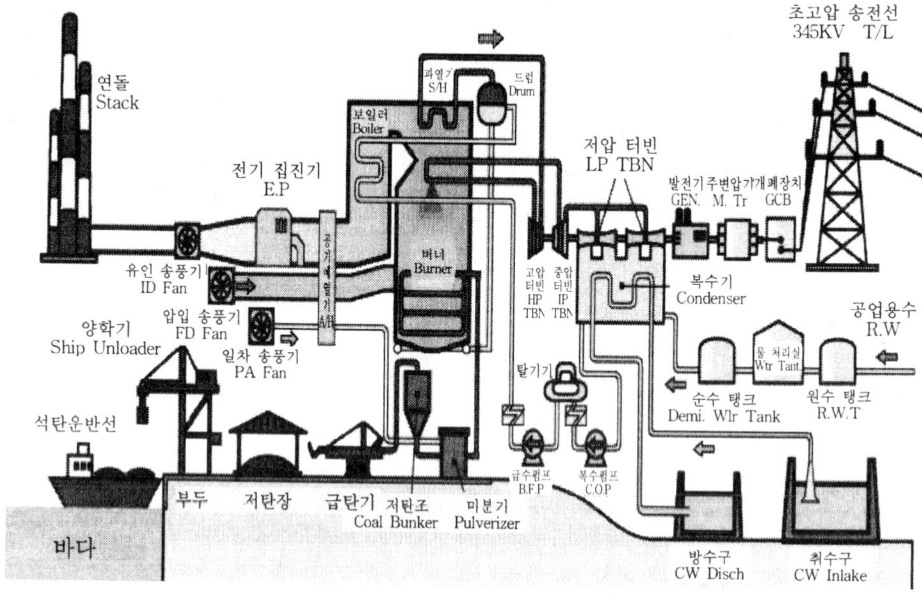

그림 3-5 유연탄 사용 기력 발전전용방식(출처 : 중부화력발전 홈페이지)

3.2.1 연료계통

선박으로 싣고 온 석탄을 하역하고 저탄조까지 석탄을 운반한 뒤 미분기에서 석탄을 잘게 부수어 보일러에서 잘 연소될 수 있도록 하는 설비를 말한다.

① 원탄저장조 : 각 미분기마다 1개씩 설치되어 있다.

② 석탄 흐름 감지장치 : 석탄 배관에 설치된 장치로 석탄의 흐름을 방사성 동위원소를 이용하여 조기에 감지하여 중앙 제어실에 경보를 발생하도록 한다.

③ 원탄 급탄기 : 저장조에 저장된 석탄을 미분기에 공급한다.

④ 미분기 : 석탄을 연소에 적합한 크기로 분쇄하는 설비를 말한다.

⑤ 미분탄 분리기 : 입자의 크기별로 분리하여 큰 것은 다시 미분기로 보낸다.

⑥ 미분탄 저장조 : 미분탄을 저장하는 설비로 4시간 정도 사용할 수 있는 분량을 저장한다.

⑦ 미분탄 급탄기 : 벤튜리 혼합기를 통하여 미분탄을 버너로 이동시킨다.

3.2.2 보일러계통

발전용 보일러는 연료의 연소열을 이용하여 터빈이 필요로 하는 증기를 발생시키는 장치라고 정의되며, 이런 증기 발생장치에는 과열기, 재열기 및 절탄기를 포함하는 보일러 본체와 연료를 저장 공급하고 이를 연소시켜 열을 발생시키는 연료연소설비, 연료의 연소에 소요되는 공기를 공급하고 연소 후 생성된 배기가스를 배출시키는 통풍설비, 보일러에 물을 공급하기 위한 급수설비, 보일러 부하 변동에 따른 연료공기 및 급수를 자동적으로 조정하는 자동제어장치 및 기타의 부속설비로 구성된다.

(1) 일반적 보일러 구조에 따른 분류

보일러를 구조에 따라 구분하면 원통식 보일러와 수관식 보일러로 대별 할 수 있으며 특수 보일러를 첨가하여 분류 할 수 있는데, 기력발전에서는 수관식 보일러와 폐열회수 보일러(배열회수 보일러)를 주로 사용하지만 먼저 원통형 보일러에 대해 설명하면, 원통형 보일러는 설치방식에 따라 다시 분류하면 입형 보일러와 횡형 보일러로 구분하나, 일반적으로 본체의 구조에 따라 분류하여 노통 보일러, 연관 보일러 및 혼식 보일러로 분류한다.

① 노통 보일러 : 노통 보일러는 연소가스가 노통(원형)내를 통과하고 다시 보일러통 양 측면을 가열하여 굴뚝으로 배기되는 형식으로 노통이 1개인 것을 cor-nish 보일러와 두 개인 것을 lancashire 보일러라 한다.

② 연관 보일러(smoke tube boiler) : 보일러통 안에 다수의 가는 연관(smoke tube)을 장치하여 그 속에 연소가스를 통하게 한 비교적 소형의 보일러를 말한다.

③ 혼식 보일러 : 노통 보일러와 연관 보일러를 조합하여 서로의 장점을 이용한 것으로 케와니 보일러, 기관차 보일러, 선박용 보일러 등이 있다.

④ 특수 보일러 : 주철제 보일러, 특수 유체 보일러, 폐열회수 보일러 등이 여기에 속하는데, 주철제 보일러에는 증기를 발생치 않고 난방용의 고온의 물을 만드는 온수용과 극히 저압(0.3~0.7[atg])으로 난방에만 널리 쓰이는 증기용 보일러를 말하며, 수은 보일러(특수 보일러)는 수은증기와 수증기를 병용하는 2유체 사이클용 설비에서 수은의 포화압력과 비중량이 큰 점을 이용한 보일러를 말한다.

폐열회수 보일러는 복합발전에서 설명하고, 수관식 보일러는 다음과 같다.

(2) 수관식 보일러

수관식 보일러에는 드럼(물을 액체와 증기 즉, 기체로 만드는 과정에서 급수와 수증기가 혼재 · 발생 · 저장하고 있는 설비)의 유무에 따라 드럼 보일러와 관류 보일러로 대별되는데, 드럼 보일러는 보일러 내에서 보일러수의 순환이 중력에 의한

자연 순환력(물의 온도에 의한 밀도차이)에 의해 행해지는 자연순환 보일러와 자연 순환력으로는 보일러수 순환이 불충분하여 강제로 보일러수를 순환시키는 강제순환 보일러로 나누어진다.

자연순환형 보일러란 급수는 절탄기를 거쳐 드럼으로 유입되는데, 절탄기에서 유입된 급수와 드럼에서 기수 분리된 포화수는 강수관, 하부헤더를 거쳐 수냉벽에서 노 내부의 복사열을 흡수한다.

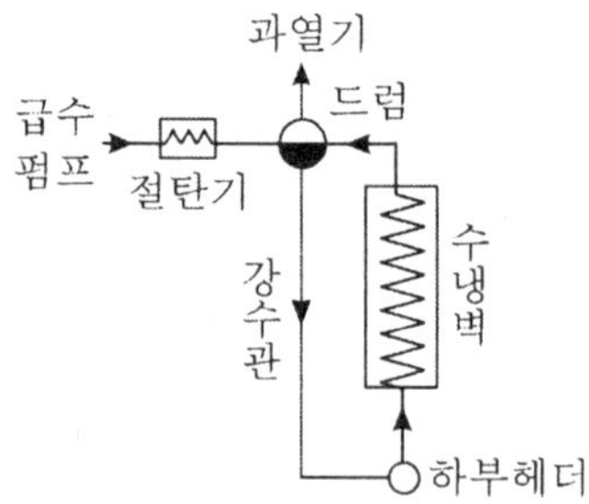

그림 3-6 자연순환형 보일러

보일러수의 순환은 그림 3-7과 같이 수냉벽 속의 기수(포화증기와 포화수)혼합물의 밀도와 강수관으로 흐르는 물의 밀도차에 의해서 이루어지는데, 보일러의 사용압력이 증가하면 물의 물리적 성질에 의하여 포화수의 밀도는 감소하고 포화증기의 밀도는 증가한다.

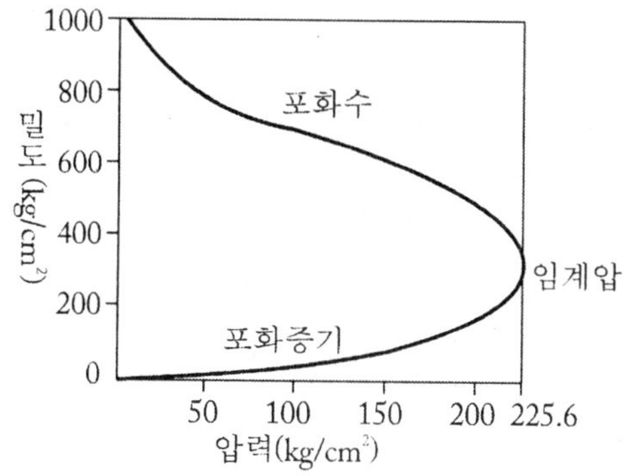

그림 3-7 포화수와 포화증기의 비중과 밀도 변화

이로서 사용압력이 높은 보일러수의 순환력을 보강하기 위하여 보일러수 순환펌프(bwcp)를 설치한 것을 **강제순환 보일러**라 한다.

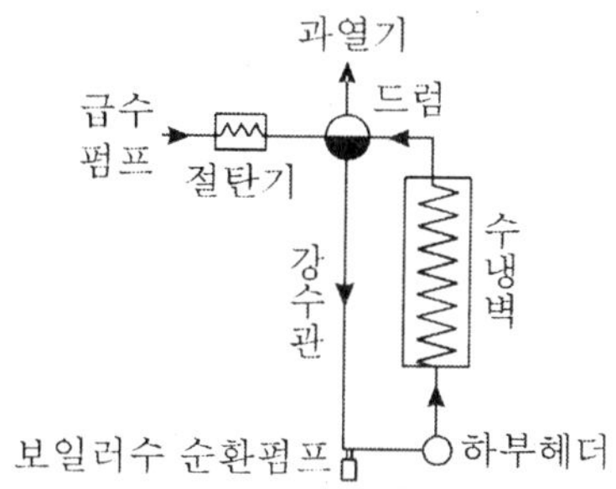

그림 3-8 강제 순환 보일러

또, **관류 보일러**는 보일러수의 저장을 위한 드럼이 없으며 보일러수가 일정하게 배열된 관을 따라 흐르면서 가열된다. 이 보일러는 물이 전열면을 1회 통과하는 벤슨 보일러와 전열면을 재순환하는 복합 순환 보일러 및 슐쳐 보일러로 구분된다.

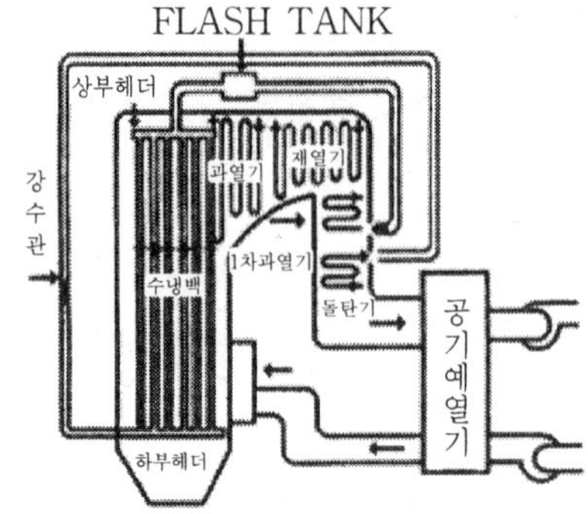

그림 3-9 관류 보일러중 벤슨 보일러

초임계압 관류보일러(Supercritical Pressure Boiler : 한전 표준석탄화력 발전소의 보일러 기준)는 초임계압 영역에서 발전하는 보인러이며 중간부하운전(일일 기동정지 및 주기운전)용 유연탄 화력으로, 빈번하고 신속한 기동정지 및 높은 부하 변동율, 안정된 저부하운전 및 기동손실의 최소화, 높은 열효율, 수명유지를 위한 열응력 감소 및 고도의 제어기술 적용 등이 요구되는 곳에 적용된다.

3.2.3 터빈계통

증기의 정적(靜的)인 고온·고압에너지를 증기의 운동에너지로 바꾸고(노즐), 회전날개에 부딪치게 함으로써 충동(衝動)작용, 반동(反動)작용, 또는 양 작용에 의하여 날개에 동력을 전하고 회전날개를 회전시켜서 터빈 회전축과 연결된 발전기에 회전 운동에너지를 발생시키는 설비를 말한다.

① 케이싱(Casing) : 터빈 회전체를 덮고 있는 기밀실로서, 쉘(Shell) 및 실린더(Cylinder)라고도 한다. 증기가 일을 하기 위한 공간을 제공한다.

② 로터(Rotor) : 케이싱 내부로 유입된 증기의 작용으로 증기의 열에너지를 기계적 에너지(회전력)로 변환시켜 발전기에 전달하는 부분이다. 로터는 축과 회전날개로 구성되며 회전하는 부품 전체를 말한다.

③ 베어링(Bearing) : 터빈 베어링에는 로터를 지지하는 저널(Journal) 베어링과 축 방향 이동을 막아주는 추력(Thrust) 베어링이 있다.

④ 밸브(Valve) : 터빈 밸브의 동작은 고압유(高壓油)에 의해 열리고 스프링 힘으로 닫히며 고압 터빈에 공급되는 증기를 제어하기 위해 사용된다.

⑤ 터닝기어 : 터빈 정지 후 축을 그대로 두면 터빈 내부 잔열의 대류 현상에 의

한 상·하부 온도차가 생길 뿐만 아니라, 축 자중에 의한 변형이 일어나므로 이를 최소화하기 위하여 터빈 기동전, 또는 정지후 저속으로 돌려준다.

⑥ 노즐 : 증기가 가진 열에너지를 속도에너지로 바꾸는 설비로 노즐과 터빈날개의 한 조를 터빈의 단(段)이라고 하는데, 증기터빈은 이러한 단을 여러 개 나란히 배열하여 구성된다. 보일러로부터 보내온 고압증기는 조절밸브를 통하여 증기실로 들어가고, 여기서 팽창하면서 각 단을 통과하여 배기실로 빠져 나가면서 터빈의 회전터빈이 회전하게 된다. 노즐은 각 단마다 설치되는 칸막이 판속에 고정되어 있다.

3.2.4 발전기

발전기는 터빈에서 발생된 기계적 회전운동에너지를 전기적에너지로 변환시키는 설비로 전력원에 따라서 교류발전기와 직류발전기로 구별되고, 발전기에 에너지를 주는 설비 즉, 원동기의 종류에 따라 수차발전기, 엔진발전기, 터빈발전기로 분류된다.

발전기 원리는 도체와 자속(자석에서 나옴)이 상대 운동을 하여 도체가 자속을 끊으면 도체에는 플레밍의 오른손 법칙에 따르는 방향으로 기전력이 발생된다.

상대운동 대상에 따라 회전 전기자형과 회전 계자형으로 분류되며 우리나라에서는 회전계자형을 쓰고 있다.

(1) 발전기의 분류

상수에 의한 분류에는 단상기와 다상기로 분류된다.

① 단상기(single phase winding)는 한 쌍의 자극에 한 개의 권선 군을 가진 구조로 되어 있으며, 단상 교류전력을 발생하는 기기를 말한다.

② 다상기(poly phase winding)는 한 쌍의 자극에 대해 2개 이상의 권선 군을 가진 구조로 되어 있다.

2상 이상의 교류 전력을 발생하는 발전기로 일반적으로 3상 발전기가 사용된다. 3상 발전기는 1쌍의 자극에 3개의 권선 군이 각각 120°간격으로 배치되어 있는 것으로 매끄러운 파형을 얻을 수 있고 또 단상기와 같은 크기의 고정자에 많는 권선을 감을 수 있어 경제적인 발전기를 만들 수 있다.

3상 발전기에서 상간 접속을 $Y-\Delta$ 어느 것으로나 할 수 있으나 Y결선은 중성점을 접지 가능하여, Δ결선에 비해 높은 선간전압을 얻을 수 있는 장점이 있다.

(가) 회전자에 의한 분류

동기발전기의 고정자와 회전자는 전기자 또는 자극의 역할을 할 수 있는데, 전기자는 철심에 코일을 감은 것으로 자속을 끊어 코일에 전압을 발생시키는 역할을 하며 자극은 철심에 코일을 감아 전기를 흘려 전자석으로 만들어 자계를 형성하거나, 영구자석을 사용하기도 한다.

① 회전 전기자형(revolving armature type) : 자극이 고정되어 있고 전기자가 회전하는 구조로 되어 있으며 소용량 저전압 발전기에 한정된다. 직류기에서는 전동기와 발전기는 회전측이 전기자라 하는데, 전기자 외부에서는 직류, 내부에서는 교류이며, 그 사이에 정류라는 동작을을 거쳐야 하기 때문에 직류기의 고정부는 직류로 여자된 자극이다.

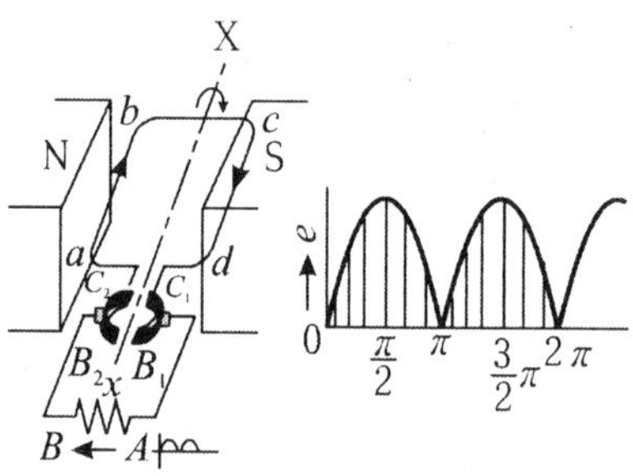

(a) 회전전기자형 개념

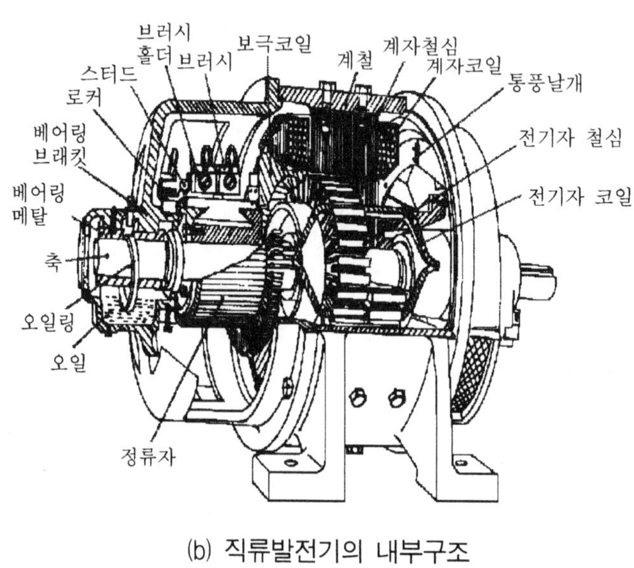

(b) 직류발전기의 내부구조

그림 3-10

② 회전 계자형(revolving field type) : 계자권선(界磁捲線)이란 발전기에서 전압을 올리는데 필요한 자속을 발생시키기 위한 기자력을 계자석에 주는 권선을 말하며, 직류기에서는 고정자 측에, 동기기 즉, 교류에서는 회전자 측에 설치한다.

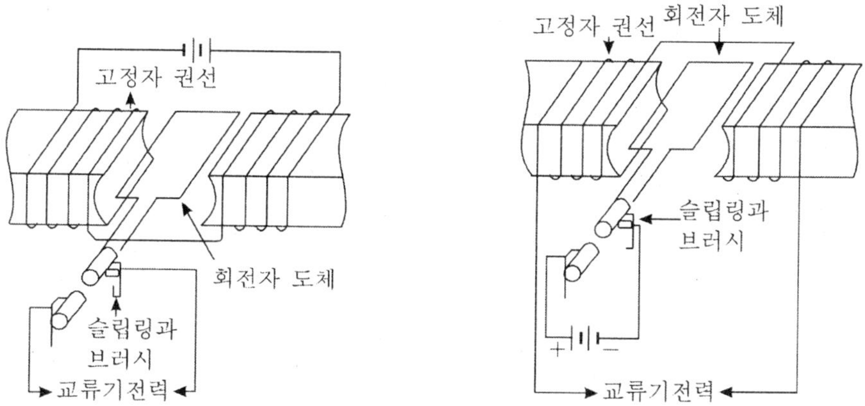

(a) 회전 전기자법 (b) 회전계자법

그림 3-11 교류전력을 발생하는 두가지 방법

(나) 냉각방식에 의한 분류

냉각방식에는 공기를 냉각매체로 이용(소형기, 중형기, 대형 저속기에 사용 됨)하는 공기 냉각형과 수소를 냉각매체로 이용(대형 고속기에 사용됨)하는 수소냉각형, 물을 냉각 매체로 이용(대형 고속기에 사용 됨)하는 수냉각형으로 분류된다.

(2) 발전기 구조

일반적으로 대형 발전기는 회전 계자형을 채택하며, 고정자 및 회전자로 구성되어 있다. 고정자는 틀, 고정자 철심 및 고정자 권선으로 되어 있고, 회전자는 축, 회전자 권선 및 권선단부 호환으로 구성되어 있다. 그 외 수소냉각기, 베어링, 밀봉장치, 단자 부싱, 냉각가스 통풍구조물, 계자전류 공급장치, 온도 검출소자 등으로 구성되어 있다.

(가) 고정자와 고정자 철심

고정자 후레임은 고정자 철심 지지물, 그랜드 밀봉, 베어링 지지대, 단자함, 수소냉각기 함 등을 지지하며 수소가스를 수용하는 원통형 격납 용기의 기능이 있으며,

후레임 내부는 회전자축 원주방향으로 여러개의 원형 링(ring)과 스프링 바(bar), 버팀대(brace)로 보강되어 갑작스런 부하변동이나 3상 단락 및 수소가스의 폭발에도 견딜 수 있도록 견고하게 제작되어 있다.

고정자 후레임의 주요기능은 진동절연, 기밀유지, 냉각을 위한 통풍로 구성 및 부속장치이다.

(a) 발전기 고정자(터빈측) (b) 발전기 고정자 권선

그림 3-12

고정자 철심은 주 자속의 통로가 되며 또 고정자 권선을 지지하는 역할을 한다. 고정자 철심의 제작은 와전류손과 히스테리시스손을 줄이기 위해 얇은 규소강판을 부체꼴로 만들고 슬롯(slot)을 파고 절연바니스를 칠해 건조시키며, 통풍 홈을 만들어 냉각매체가 지나갈 수 있도록 한다.

고정자 철심단부는 누설자속에 의한 표류 부하손을 경감하는 구조로 되어 있다.

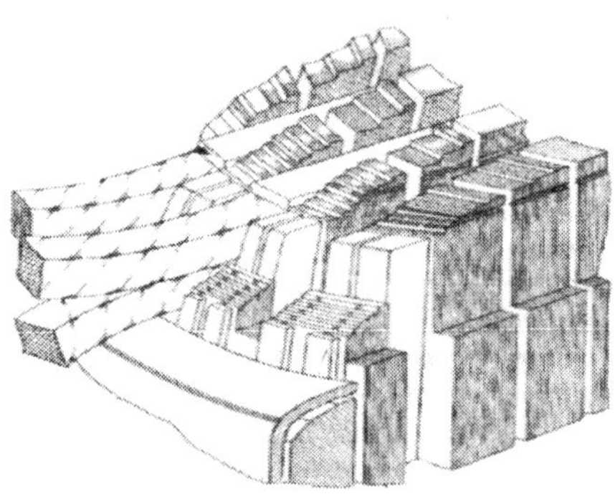

그림 3-13 고정자 철심 입체 단면도

(나) 회전자

회전자는 자극의 형태에 따라 돌극형과 원통형으로 구분되며, 일반적으로 수차발전기나 엔진발전기, 여자기 등 저속기에는 돌극형이 사용되며, 터빈발전기와 같은 고속기에는 원통형이 사용된다.

그림 3-14 발전소 발전기 회전자

(3) 주요 부속기기

대형발전기에 채용되는 회전계자형중 저속발전기에 적용되는 돌극형 계자와 고속발전기에 채용되는 원통형 계자권선에, 자계를 형성 할 수 있도록 직류를 공급하여 발전기 전압이나 무효전력을 조정하는 여자기와 부하변동에 따라 발전기 출력변화가 있을 때 발전기 전압을 일정하게 유지하기 위해 여자기 여자전류를 자동으로 조정하는 장치인 자동전압조정기(AVR), 발전기 고정자 권선에서 만들어진 전력을 인출하기 위해 발전기 케이싱과 절연시키면서 고정자 권선과 상분리 모선을 연결시키는 단자부싱, 회전자 권선 및 고정자 철심에서 발생되는 열을 효과적으로 냉각하기 위한 냉각시스템, 축밀봉장치 등이 있는데 여기서는 여자기와 자동전압조정기에 대하여 설명한다.

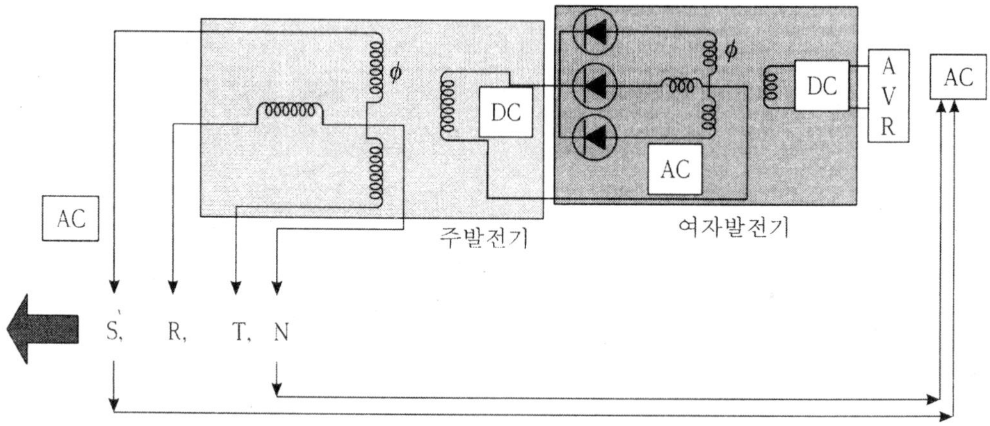

그림 3-15 발전기와 여자기, 자동전압조정기

(가) 여자기

동기발전기 전압이나 무효전력을 조정하기 위하여 필요한 여자전류를 조정하는 장치를 말하며 자동전압조정기가 자동인 상태에서 전기적 발전기 출력이 증가하면 전압이 떨어지고, 증가된 전기자 반작용을 극복하기 위하여 여자전류를 자동으로 증가된다.

이와같이 여자장치의 출력이 발전기 전압을 일정하게 제어하도록 자동적으로 조정되어 발전기 전압이 자동조정이 된다.

여자방식의 종류에는 직류 여자방식과 교류 여자방식 등이 있다.

(나) 자동전압조정기

자동전압조정기는 부하계통에 따라 발전기 출력변화가 있을 때 발전기 전압을 일정하게 유지하기 위해 여자기 여자전류를 자동으로 조정하는 장치로서 그 원리는 발전기 출력전압을 일정하기 위하여 미리 정해진 기준전압과 실제 검출한 발전기 단자전압을 비교하여 전압편차가 있으면 그 편차를 구하여 증폭기에서 증폭된 조작량으로 발전기의 계자전류를 조정하여 기준전압과 발전기 단자전압이 같아지도록 한다.

3.2.5 변압기

변압기는 발전기에서 생산한 전력을 송·배전선을 통해 부하에 공급하는 과정에 있어서 전압을 승압 또는 강압하는 전기기기이다.

발전소에서 사용하는 변압기에는 그 용도에 따라 발전기에서 생산한 전력을 송전전압으로 승압(22[kV] → 345[kV])하는 주변압기, 소내 보조기용 전원을 수전하는 소내변압기(22[kV] → 6.9[kV]), 저압보조기용 동력을 수전하는(6.9[kV] → 480[V]) 저압동력용 변압기 등이 있다.

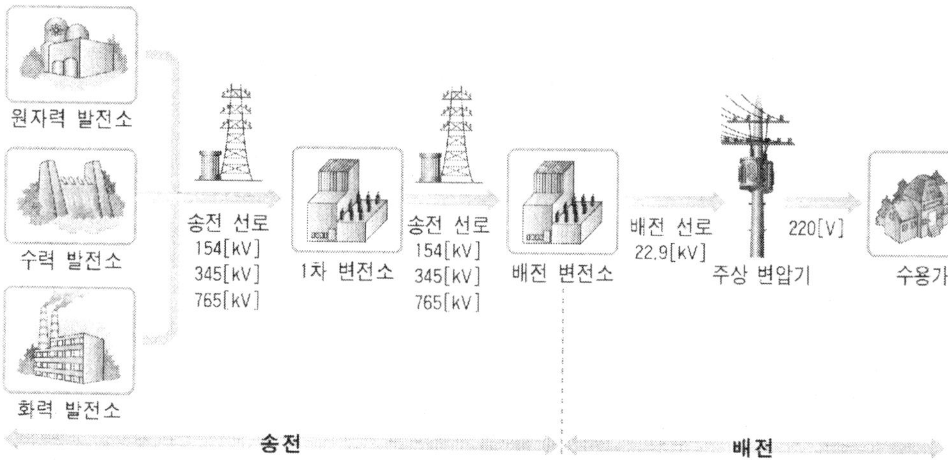

그림 3-16 발전 → 승압 → 송전 → 변전 → 배전 → 강압 → 전력공급(출처 : zum백과)

(1) 변압기 원리

변압기는 1차측에서 유입한 교류전력을 받아 전자유도작용에 의해서 전압 및 전류를 변성하여 2차측에 공급하는 기기로써, 1차 권선에 주파수 f의 전압 V_1을 인가하면 1차 권선에 여자전류 I_0가 흘러 철심중에 교번자속 $\phi = V_1/4.44fn_1$이 생기고, 이 교번자속에 의해서 2차 권선에 유기전압 $V_2 = 4.44fn_2\phi$를 발생시켜, 1차 및 2차 권선비에 의해 2차 전압 V_2를 변경하게 된다.

다음으로 2차측에 부하를 연결하였을 때에 흐르는 전류를 I_2라고 하면 n_2I_2라고 하는 기자력이 발생되고, 이 기자력을 상쇄하기 위하여는 1차측에 $n_1I_2 = n_2I_2$를 만족시키게 되는 전류 I_1이 흐르게 된다.

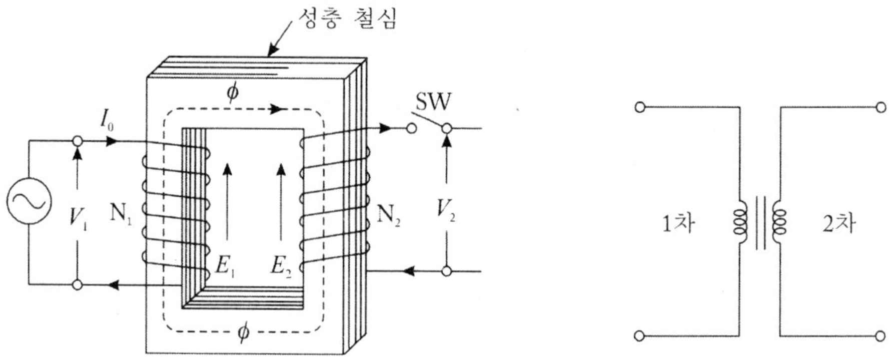

그림 3-17 변압기 원리와 기호

변압기는 1882년에 프랑스의 고라와 영국의 집스라는 사람에 의해서 발명되었는데, 그 원리는 패러데이가 발견한 전자유도의 법칙을 응용한 것이다.

이와 같이 변압기의 기본 원리는 패러데이의 전자유도법칙(Faraday's law of electromagnetic induction)과 렌츠의 법칙(Lenz's law)으로 설명될 수 있다. 전자유도법칙으로 유도 기전력이 발생하며, 렌츠의 법칙은 유도 기전력의 방향을 결정한다.

(2) 변압기 구성 요소

변압기 구성 요소는 철심과 권선 도체로 대별된다.

(가) 철심의 종류와 특성

코일 속을 텅빈 공간으로 두기보다는 무엇인가 철과 같은 것을 넣으면 자속이 증가하여 인덕턴스가 커지게 된다. 그래서 대부분의 코일은 자심을 중공(中空)으로 하지 않고 다음과 같은 것을 코일속에 넣어서 자속 밀도가 높아지도록 하고 있다.

철심의 종류로는 ① 규소강판, ② 퍼멀로이(pemalloy), ③ 압분자심(壓分磁心), ④ 페라이트(ferrite), ⑤ 비정질 자성 재료(amorphous metal) 등이 있다.

(나) 권선 도체

전력용 변압기의 권선에 흐르는 전류가 커서 도체 단면적도 큰 것이 요구되나, 도체 두께나 폭의 제곱에 비례하여 교류손도 증가한다.

이러한 교류손은 표피 효과로 인한 저항 증가 때문에 발생하는데, 이를 줄이기 위해 도체를 여러 가닥으로 분할하여 병렬로 사용한다. 그러나 도체를 분할해도 각각의 분할된 소선이 전위(transposed)가 되지 않으면 그 소선들 사이에 누설자속의 불균등 분포로 인한 순환 전류가 흐르므로 도체를 분할한 효과를 볼 수 없게 된다. 따라서 용량이 큰 변압기 권선에 사용하는 도체는 작게 분할하여 각 소선을 절연지로 절연하고, 소선에 분포되는 누설자속이 비슷하도록 전위를 시킨다.

(3) 변압기 분류와 용도

변압기는 철심과 2개 또는 그 이상의 권선을 가지고 전자유도작용에 의하여 전압 또는 전류를 변성하여 입력측에서부터 출력측에 같은 주파수의 전력을 전달하는 기기라 하며, 분류방법에는 구조별 분류와 용량별 분류, 용도별 분류로 대별한다.

(가) 구조별 분류

변압기는 분류에 있어, 전력에너지를 사용하는 용도가 크고, 사용범위가 넓어 여러 가지 종류가 있는데, 그 구조별 분류에는 다음과 같다.

① 상수로 단상과 삼상변압기 및 단/삼상변압기 등으로 분류되고,
② 내부구조별로는 내철형 변압기와 외철형 변압기,
③ 권선수로는 2권선, 3권선, 단권변압기 등
④ 냉각방식으로는 유입 자냉식, 송유 풍냉식, 송유 수냉식 등
⑤ 탭절환방식으로는 부하시 탭 절환방식, 무전압 탭 절환방식
⑥ 절연유 열화방지 방식으로는 콘서베이터 취부 변압기, 질소 봉입 변압기 등
⑦ 절연의 종류로는 A종 절연 변압기로부터 H종 절연 변압기 등
⑧ 냉각매체로는 유입 변압기, 수냉식 변압기, 가스절연식 변압기 등으로 많은 종류를 사용하고 있다.

(나) 용도별 분류

변압기의 용도별 분류로는 다음과 같다.

① 전력용 변압기 : 발-변전소 또는 배전용 변압기 등
② 절연변압기 : 복수의 계통간을 절연 할 목적으로 사용
③ 이동용 변압기 : 긴급대비용으로 차량에 적재하여 이동하는 변압기
④ 접지 변압기 : 접력계통에 중성점을 설치하여 직접 또는 적당한 임피던스를 통하여 접지 할 목적으로 사용

⑤ 전기로용 변압기 : 전기로에서 아크로 용해, 유도용해를 위한 변압기로 대부분 2차측은 대전류

⑥ 반도체 전력변환 장치용 변압기 : 정류기, SCR 등의 전원변압기

⑦ 누설변압기 : 네온관 등의 방전관, 아크 용접 등 부저항 특성을 가진 부하에 공급하는 전원에 사용

(4) 변압기 손실

전기적으로 1차쪽에서 2차쪽으로 에너지를 100[%] 옮기는 것은 불가능한 일이다. 그러나 현재 많은 에너지를 옮기는 기술이 발전되어 있는데, 일반적으로 변압기의 손실은 권선에서 발생하는 부하손과 철심에서 발생되는 무부하손으로 대별된다.

부하손은 도체의 저항(R)과 부하 전류(I)에 따라 다르게 발생되고($P_c = I_2 R$), 무부하손은 부하 사용의 대소에 관계없이 변압기에 전원을 인가할 때부터 정격용량의 100[%]를 사용하여도 동일한 손실을 발생한다.

(가) 무부하손

무부하손은 철심이 자화되면서 발생하는 손실로 크게 히스테리시스손과 와전류손으로 구분된다.

$$P_l = P_h + P_e \ (P_h : \text{히스테리시스손} \ P_e : \text{와전류손}) \qquad (3\text{-}1)$$

① 히스테리시스 손실 : 코일에 전류가 흐르면서 자계의 변화와 자속밀도 변화와의 사이에 어긋남이 생기는 것을 히스테리시스라고 한다.
이 어긋남 때문에 여분의 에너지가 소비되게 된다. 좋은 자심 재료는 이 어긋남이 작으므로 손실이 적어진다.

② 와전류(맴돌이 전류) 손실 : 철심 속을 교류자속이 통과하면 자속의 변화에 의해서 기전력이 생겨서 전류가 흐른다. 전류는 저항이 가장 작아지도록 원처럼 흐르기 때문에 맴돌이가 된다.
이 맴돌이 전류는 철심의 저항에 의해서 열로 되어 버리는데, 변압기의 철심은 이 맴돌이 전류를 작게 하기 위해서 얇은 규소강판을 절연해서 겹쳐 쌓는 모양을 하고 있다. 또 페라이트와 같이 재료를 산화시켜서 전류가 흐르기 어렵도록 하고, 맴돌이 전류의 발생을 억제하고 있는 것도 있다.

(나) 보조기기손

보조기기손은 변압기에서 발생하는 열부하을 냉각시키기 위한 펌프, 팬, 블로워 등을 총칭하는 손실을 말하며, 이 손실은 변압기 전체손실의 수10분의 1정도를 차지하고 있다.

(다) 부하손

부하손은 전기장에서 발생하는 손실로 권선에 전류가 흐를때 권선저항에서 발생하는 저항손으로 변압기 부하전류의 2승에 비례하여 발생하고, 무부하손과 부하손의 점유율에 따라 변압기 자체 역율에 영향을 준다. 더불어 표유부하손은 권선 전류에 의하여 발생하는 누설자속이 변압기 철심과 외함 등의 구조물과 쇄교함으로써 발생하는 손실로 손실 크기는 부하손의 1/2.5~1/5정도이다.

$$P_c = I^2 \cdot R + P_l (I^2 \cdot R : \text{저항손}\ P_l : \text{표유부하손}) \tag{3-2}$$

(라) 전부하손

변압기 손실은 전기장 크기 즉 권선의 크기를 나타내는 부하손과 자기장 크기를 나타내는 철심의 크기와 용량에 비례하는 무부하손과 일반적으로 변압기 냉각을 위한 팬류 또는 변압기와 관련된 보조기기손을 들 수 있다.

$$P = P_l + K^2 \cdot P_c + P_a (P_l : \text{무부하손}\ P_c : \text{동손}\ P_a : \text{보조기기손}) \tag{3-3}$$

(5) 변압기 효율

변압기의 효율은 아래와 같이 무부하손, 부하손, 표유부하손, 보조기기손에 의하여 변하게 되는데, 손실저감을 위하여는 철심의 자속밀도, 도체의 전류밀도 저감, 권선도체 단면적 증가 등의 여러 가지가 있다.

$$\eta = \frac{K \cdot P \cdot \cos\theta}{K \cdot P \cdot \cos\theta + P_l + K^2 \cdot P_c} \times 100 \tag{3-4}$$

(6) 변압기 손실비와 효율

변압기의 손실비는 부하손/무부하손의 비율을 말하는데, 소용량에서 유입변압기의 손실비는 몰드변압기의 손실비에 비하여 적기 때문에 최고 효율로 운전하기 위해서는 변압기 이용율이 50~60[%]정도에서 운영이 되어야 하고, 중용량(1000[kVA]) 이상에서는 유입변압기의 손실비가 몰드변압기의 손실비에 비하여 크기 때문에 최고 효율로 운전하기 위해서는 변압기 이용률이 40[%]~50[%]정도에서 운전해야 한다. 최근 무부하손 저감을 주로한 아몰포스 변압기는 무부하손은 저감되기 때문에 손실비가 커지고, 더불어 최대 효율 부하율점이 낮아지고, 부하손 저감을 주로한 자구미세화 변압기의 최대 효율 부하율점은 높아진다.

3.2.6 복수 및 보일러 급수·송풍계통

복수 및 급수계통은 저압터빈 최종 단에서 배출되는 증기가 복수기에서 물로 응축되어 그림 3-18과 같이 각종 설비를 거쳐 보일러로 들어가는 과정을 말하다.

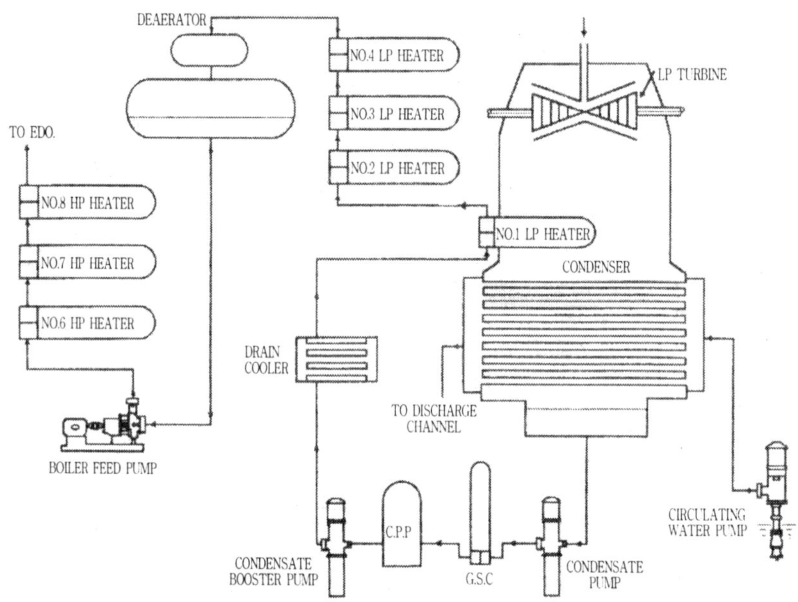

그림 3-18 발전전용 발전소에서의 복수 및 급수계통

(1) 복수계통 설비

(가) 복수기(Condenser)

터빈에서 배출되는 증기를 냉각, 응축시켜 물로 회수하는 장치를 복수기라 한다. 복수기의 종류에는 증기와 냉각수가 직접 접촉하는 혼합 복수기와 전열면을 통해 열교환을 하는 표면 복수기가 있다.

(나) 복수펌프(Condensate Pump)

복수기에서 응축된 물을 보일러 급수로 재사용하기 위하여 복수기에서 탈기기(Deaerator)로 보내는 펌프를 복수펌프라고 한다. 펌프가 고장 날 경우 보일러 급수에 지장이 있고 운전에 중대한 장애를 줄 가능성이 있으므로 반드시 예비 펌프를 1대 설치한다. 펌프 대수는 대체로 250[MW]급 이상이 되면 통상 50[%] 용량 3대로 하여 정상운전 중 2대의 펌프가 균등한 부하분담으로 병렬운전을 한다.

(다) 복수탈염 장치(Condensate Polishing Plant)

복수기에 유입되는 증기, 보급수 등에는 계통 내 금속의 부식 생성물은 철, 동 등의 금속산화물, 복수기 튜브 누설시 유입되는 불순물 등이 함유되어 있다.

이와 같은 불순물을 드럼 보일러에서는 증기 연속 취출장치를 통해 배출이 가능하나, 관류보일러에서는 배출이 불가능하므로 복수탈염장치를 설치하여 수질을 고순도로 유지하고 있다. 근래에는 대용량 드럼형 보일러에서도 급수를 요구하므로 이 장치를 설치하는 추세이다.

(2) 급수계통 설비

(가) 탈기기(Deaerator)

급수 가열기 중 직접 접촉식에 해당하는 탈기기는 스프레이로 분사되는 증기와 급수가 혼합되며 이론상 증기가 가지고 있는 열은 물이 흡수한 열량과 같기 때문에 탈기기 종단온도차는 제로가 되어 효율이 대단히 좋다.

탈기기를 설치하는 목적은 급수 중에 포함되어 있는 가스(산소, 탄산가스 등)를 분리하고 급수의 가열 및 저장에 있다.

(나) 보일러 급수펌프(Boiler Feed Water Pump)

보일러 급수펌프는 탈기기에서 탈기된 급수를 가압하여 고압 급수가열기와 절탄기를 거쳐 보일러에 공급하는 펌프로서 보일러가 운전 중일 때는 언제나 급수를 공급하여야 한다. 따라서 보일러 급수 펌프는 화력발전소에 있어서 대단히 중요한 기기의 하나로 신뢰도가 커야 한다.

(3) 통풍(송풍)계통

연돌의 통풍력에 의하여 공기 및 열 Gas를 유동시키는 방식의 자연통풍과 기계적인 힘 즉, Fan에 의하여 연소에 필요한 공기와 연소 후 생성물을 배출시키는 강제통풍이 있다.

(가) 강제 통풍설비(F/D FAN)

미분기에서 분쇄된 미분탄을 연소하기 위하여 보일러 연소실로 분출시키기 위한 F/D(Forced Draft) Fan으로 공기를 공급하는 송풍기

(나) 배기[ID(=Induced) : 흡입] Fan 송풍기

보일러 연소실의 압력조절과 연소실에서 연소되고, 배기되는 배기가스의 절탄기를 통하면서, 열을 빼앗기고, 차거워진 수분을 제거하기 위한 송풍기로 중대형 보일러에 사용된다.

(다) 냉각 송풍기

영월화력은 미분기 계통의 순환공기 대신에 보일러 하부의 고온 연소가스를 취출하여 사용하고 있다. 이 경우 고온가스를 미분기 계통에 그대로 공급하게 되면 온도가 너무 높아 화재 위험이 있으므로 미분기 계통내 순환가스의 온도를 적절하게 유지시키기 위해 대기로부터 찬 공기를 공급하는 송풍기를 냉각 송풍기(Cold Air Fan)이라 한다.

3.2.7 환경오염방지계통

환경오염방지설비란 발전소 가동에 있어서 보일러의 배기가스 등에 의한 **대기오염방지설비계통**과 발전소에서 발생하는 폐수의 수질오염을 방지하기 위한 **수질오염방지계통**으로 구분된다.

(1) 배연탈황설비

배연탈황기술로서 습식법과 건식법으로 분류되고, 현재 실용화되어 있는 방식은 **습식탈황시설로**, 석회를 함유한 액체에 황산화물을 함유한 가스를 통과시켜 제거하는 처리방식으로 기술적 및 신뢰성 면에서 가장 우수하다고 알려져 있다. 하지만, 초기 투자비가 크고, 넓은 부지를 필요로 하며 폐수처리 및 장치의 부식문제가 있다.

건식법은 일반적으로 초기 투자비 및 에너지 소모율이 낮고, 부산물의 처리비용

도 상대적으로 적은 장점이 있지만, 제거 효율이 낮고 대형시설에 대해서 아직 그 적용성이 검증되지 않았다.

습식 석회석 석고 탈황시설의 효율은 탈황효율이 90[%] 이상이고 상기 반응식을 축약하면 다음과 같다.

$$SO_2 + 2H_2O + CaCO_3(\text{석회석}) + 1/2O_2 \rightarrow CaSO_4 \cdot 2H_2O(\text{석고}) + CO_2 \quad (3\text{-}5)$$

이때 발생하는 부산물인 석고는 순도 95[%] 이상이다.

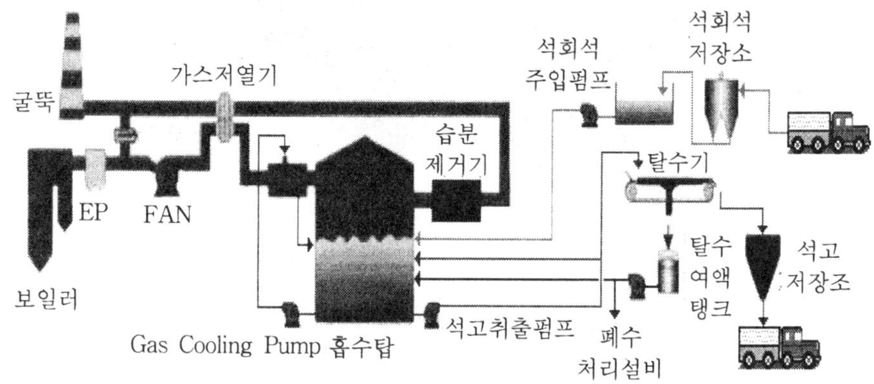

그림 3-19 배연탈황공정

(2) 배연탈질설비

질소산화물의 저감수단으로는 연료 중 질소성분을 탈질하는 방법, 연소단계에서 질소산화물이 적게 생기도록 공정을 개선하는 방법 및 배연탈질을 들 수 있다.

배연탈질기술 중 현재 건식법이 상용화되어 있으며 이는 선택적 촉매환원법(SCR, Selective Catalytic Reduction)과 선택적 비촉매환원법(SNCR, Selective Non-Catalytic Reduction)으로 구분할 수 있다. 이중 선택적 촉매환원법(SCR)에 대하여 설명하면 다음과 같다.

$$4NO + 4NH_3(g) + O_2 \rightarrow N_2O + 6H_2O \quad (3\text{-}6)$$

발전용 배연탈질설비로는 NOx 제거효율이 높은 SCR(선택적 촉매환원법) 설비가 많은 선진국에서 설치 운용되고 있다. SCR 설비는 배기가스온도 350[℃] 전후에 설치된 촉매 층에서 암모니아를 주입하여 질소산화물을 질소와 물로 환원하여 제거한다.

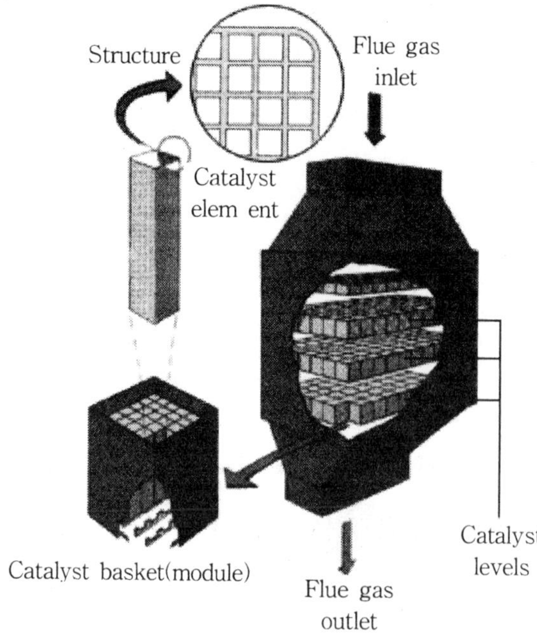

그림 3-20 배연탈질설비(SCR)

(3) 전기집진기

연료중에 함유되어 있는 회분이 연소후에 먼지로 변하게 되는데 화력발전소에서는 고성능 전기집진기로 포집(99.8[%] 이상)하고 있다. 초기 발전소에서는 1950년대에 석탄화력에 기계식 집진기를 설치·운영하였으나, 이후 준공되는 석탄화력 모두 고성능 전기집진기를 설치 가동하고 있는데, 주로 발전소에서는 집진 효율이 높고 많은 양의 배기가스 처리가 가능한 전기집진기를 많이 사용하고 있다.

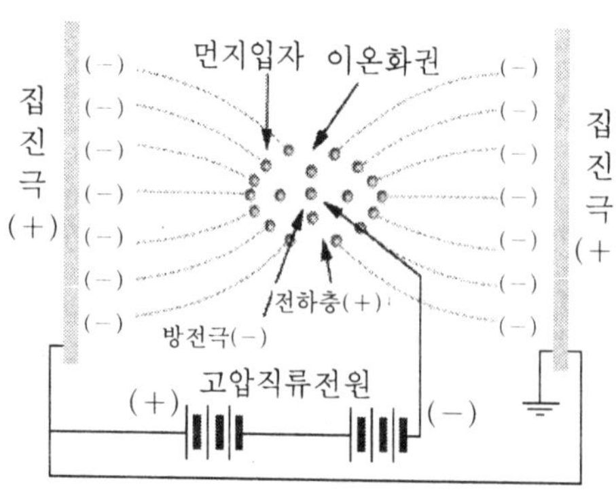

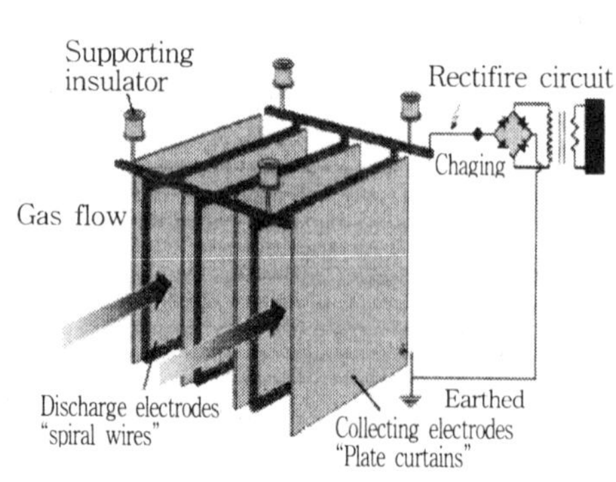

그림 3-21 전기집진기 원리

전기집진기 원리는 그림 3-21과 같이 가스의 유속이 1~2[m/s]로 유속분포가 균일한 집진기 내에 10인치 정도의 간격으로 집진극과 방전극을 수직으로 배열시켜 이 전극에 DC 30~70[kV]정도의 고전압을 가하여 방전을 시킨다. 이때 분진이 함유된 배기가스를 통과시키면 방전극 부근에서 가스분자의 충돌로 분진은 이온화되고 (−)전하를 띠게 되어 (+)극인 집진극에 유인되어 포집이 이루어진다.

전기집진기는 집진실(Collecting Chamber), 방전극(Discharging Electrode), 집진판(Collecting Electrode), 추타장치(Rapping Devices), 고압하전장치(High Voltage Power Supply), 가스정류장치(Distributor), 애자(Insulator), 애자실(Insulator Chamber), 호퍼(Hopper) 등으로 구성되어 있다.

집진 매커니즘은 분진의 비저항 값이 104~1010[Ω・cm]일 경우 일반적인 DC 하전으로 정상적인 집진이 가능하고, 높은 비저항 값을 갖는 분진에 대해 집진효율을 높일 수 있는 효과적인 방법은 다음과 같다.

① 습식 전기집진기를 이용하여 집진판에 부착된 분진 층을 물을 분사하여 완벽히 제거
② 분진의 저항값을 조정
③ 분진층의 전류를 제어

전기집진기의 전원장치는 주로 DC 하전장치가 사용되었으나, 고비저항 분진의 역전리에 의해 발생되는 집진효율 저하를 방지하고, 집진 효율을 증가, 에너지 절감(Energy Saving) 효과가 뛰어난 마이크로 펄스 하전장치(Micro Pulse Energizat-ion System, MPS)를 사용한다.

일반적인 마이크로펄스 하전방식 전원장치의 전기회로 방식은 3상 교류 전압을 사이리스터로 위상각 제어하여 고전압으로 승압한 후에 고전압단에서 반도체 스위치를 스위칭하여 고전압 펄스를 만들고, 제어된 직류 고전압을 정류하여 펄스전압과 중첩하여 부하인 전기집진기에 인가하도록 되어 있다.

(4) 수질오염방지설비

일반 공업용수를 불순물이 전혀 없는 순수로 만들어 발전용수로 이용하는 과정에서 발생되는 일반폐수와 발전과정에서 발생되는 함유 폐수 등을 한곳에 모아 유수분리, 중화, 응집, 침전, 여과, 흡착설비로 구성된 종합 폐수처리설비에서 처리하고 있으며, 처리된 물은 재사용하거나 방류하게 된다.

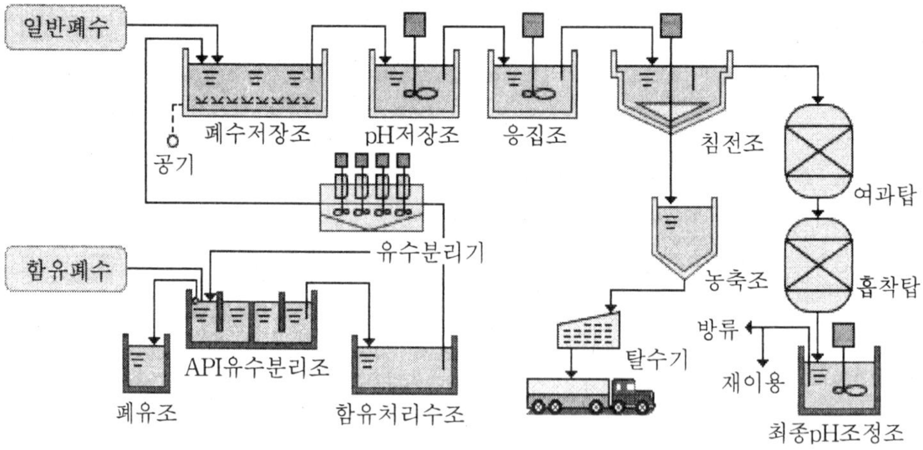

그림 3-22 일반적 수질오염방지 처리설비 공정도

발전소 냉각수로 사용된 바닷물은 취수온도보다 약간 따뜻하게 되며, 주변해역에 온배수의 영향을 최소화하기 위하여 심층취수하고, 온배수는 겨울철 이상기온 상승시 이외에는 인접해역에 미치는 영향은 거의 없으며, 영동화력에서는 온배수를 이용하여 고급어패류의 양식사업을 시행하고 있다.

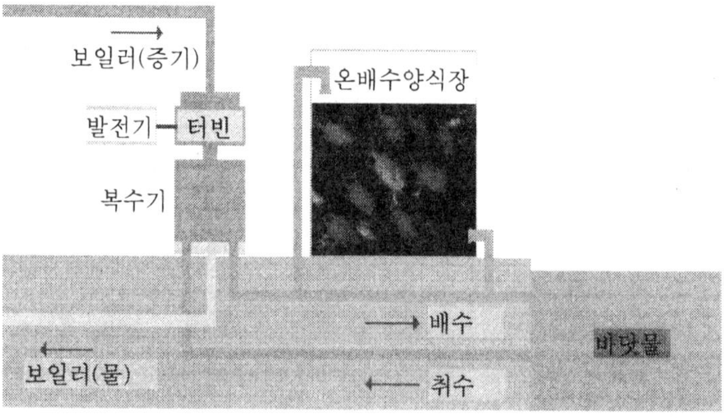

그림 3-23 발전소 복수기와 냉각수

3.3 증기동력시스템

3.3.1 물과 증기의 성질

물은 그림 3-24와 같이 고체(얼음)와 액체, 기체로 상태 변화하는데, 상태변화하는 온도는 대기압 일 때 물의 온도가 100[℃] 이상일 경우에는 기체로 변하고, 물의 온도가 0[℃] 이하 일 경우에는 고체가 된다.

액체가 기체가 되는 것을 증발(기화)이라 하고, 기체가 액체로 되는 반대현상을 응결(액화)이라 하며, 물이 얼음이 되는 것을 응고라 하고, 반대현상을 융해라 한다. 고체가 기체로, 기체가 고체로 액화를 거치지 않고 변화하는 것을 승화라 한다.

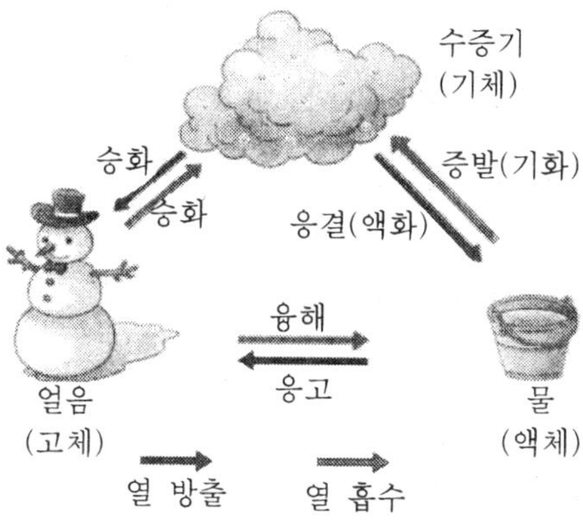

그림 3-24 물의 상태변화

대기압일 경우 그림 3-24와 같이 물을 가열하여 온도를 높혀 100[℃]까지를 현열이라 하며, 비등이 시작되면 물의 온도는 상승하지 않고 물이 없어질 때까지 일정한 온도가 계속된다. 즉 이 동안에 가해진 온도의 상승에는 이용되지 못하고 상태의 변화에 이용되며 이것을 기화잠열 또는 기화열이라고 한다. 물의 기화열은 539 [kcal/kg]이다.

비점과 같이 대기압하에서 물이 얼어 얼음이 될 때의 온도를 0[℃]로 정하고 이것을 빙점이라고 한다. 또 대기압하에서 얼음이 물로 될 때의 온도를 융점이라 하고 80[kcal/kg]이다.

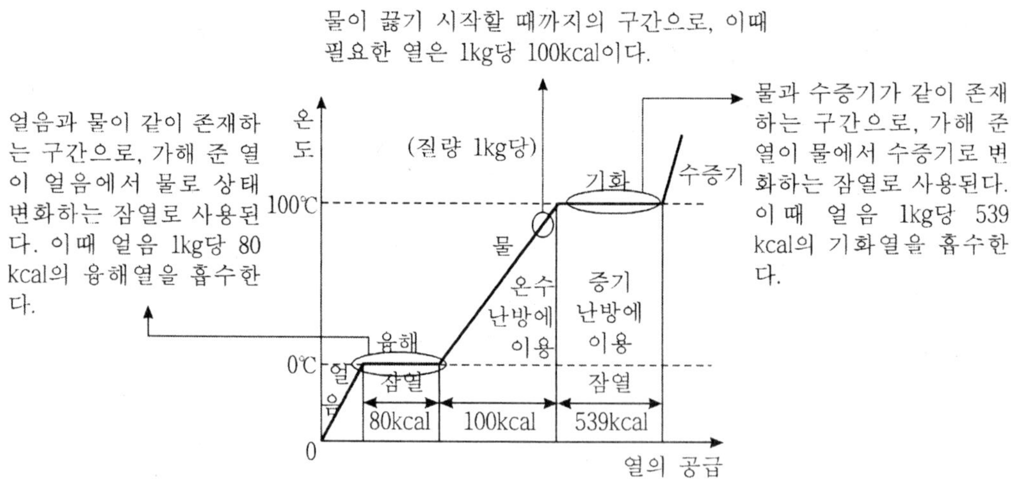

그림 3-25 현열과 잠열

잠열이란 어떤 물체가 온도의 변화없이 상태가 변할 때(고체→액체 또는 액체→기체) 방출하거나 흡수하는 열을 말하며, 잠열의 종류에는 그림 3-25와 같이 기화열(액체→기체), 액화열(기체→액체), 융해열(고체→액체), 응고열(액체→고체), 승화열(고체↔기체)로 구분되고, 일반적인 잠열이용방법에는 수증기가 액화할 때 방출하는 잠열은 증기 난방이나 증기터빈 등에 이용되고, 냉매가 기화할 때 흡수하는 잠열은 냉장고의 냉각현상에 이용된다.

주위의 기압이 내려가면 물의 비점은 변한다. 물은 760[mmHg]하에서 100[℃]에서 비등하지만 6[mmHg]하에서는 3.8[℃]에서 비등한다. 그리고 액체에서 기체로 변하면 기화열을 필요로 하는데 이 기화열이 야채의 진공냉각에 이용된다.

(1) 증기의 열적 특성

요로를 제외한 대부분의 열사용처에서 필요로 하는 온도는 300[℃]를 초과하는 곳이 드물다. 따라서 건조, 증발, 농축, 증류, 난방과 같이 가열온도가 낮은공정에서는 연료를 직접연소시키면 적정온도 관리가 어렵기 때문에 연료의 연소열을 열사용처에 전달하는 매체로서 증기를 많이 사용하고 있다. 증기는 물을 가열하여 기체 상태화한 것으로 값이 싸고, 구입이 용이하며, 누설시에도 오염이 없고 보유열량이 크기 때문에 적은 배관으로 많은 열을 수송할 수 있으며 제어도 용이하기 때문에 널리 사용되고 있다.

(가) 증기 사용

증기는 주로 잠열을 이용하게 되나 가열온도가 높게 되면 증기압력이 높아져 설비구조가 견고해야 하기 때문에 가열온도에 제약이 따른다. 일반 산업체에서는 가열온도가 250[℃]를 초과하게 되면 증기압력이 40[ata] 이상의 고압이 필요하기 때문에 증기대신 열매체를 사용하고 있으나 발전전용 발전소에서는 500~600[℃] 이상 100[ata] 이상의 고압증기를 만들어 고압가스터빈에 공급하여 발전하고 있고 있다.

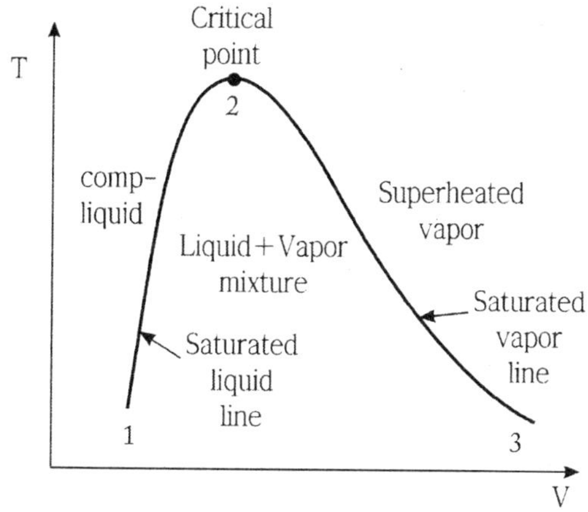

그림 3-26 물의 $T-V$선도(증기와 포화수선과 포화증기선)

포화수선과 포화증기선이 서로 만나는 점을 임계점이라 하는데, 임계점은 포화증기가 가질 수 있는 최대의 엔탈피 점, 즉, 온도 235[℃] 압력 31.24[kg/cm^2], 엔탈피 2,805.6[kJ/kg](=670.1[kcal/kg])이다.

발전소 효율향상을 위하여 초임계압 영역에서 가한 열은 물을 증발시키는데 소요되는 증발잠열이 없으므로 초임계압 보일러를 가동하여 사용한다.

(나) 증기압력별 포화온도 간이계산법

증기압력별 포화증기는 증기표를 보아야 정확하게 알수 있으나 현장에서 증기압력별 포화온도를 판단할수 있는 방법으로는 게이지압력에 1을 더하여 절대압력으로 고친 후 루트를 두 번 씌우고($\frac{1}{4}$승) 여기에 100을 곱하면 증기의 포화온도와 대략 일치한다. 실제예로서 증기압력 3[kg/cm · g]인 포화증기에 대하여 위방식을 적용하면 3[kg/cm · g]증기의 포화온도는 141.4[℃]정도로 산출되며 이 온도는 증기표상의 실제증기포화온도인 142.9[℃]와 비교할 때 온도차가 1.5[℃]에 불과하므로 현장에서 개략적인 증기압력별 포화온도 판단에 큰 무리가 없다.

(2) 증기의 건도

증기는 물을 가열시켜 증발시킨 상태이기 때문에 엄밀히 말하면 물과 증기의 혼합물로 볼 수 있으며 물이 많이 포함되면 증기의 질이 저하되기 때문에 열사용처에 장애가 발생한다. 증기의 질을 나타내는 단위로 증기건도를 사용하며 건도에 의해 증기를 구분하면 ① 건도 0일 때는 포화수라고, ② 건도 1일 때를 건포화증기, 건도가 1보다 클 때를 과열증기, 건도가 0보다 크고, 1보다 적을 때를 습증기라 한다.

3.3.2 증기선도

증기표를 기준으로 하여 만든 증기터빈 등이나 냉동기의 사이클 계산용 선도로 작동유체의 상태량들 중에서 2가지를 알면 나머지 상태량들을 알 수 있으며 P-V 선도, T-S 선도, H-S 선도, P-H 선도 등의 종류가 있다

유체의 상태로써 압력(P), 온도(T), 비체적(비체적 : V), 내부에너지(U), 엔탈피(H), 엔트로피(S) 중에서 두 가지를 알면 다른 상태량을 알 수 있는데, 두 상태량을 좌표축으로 하는 선도중에서 포화증기의 성질을 표현한 것으로 특히 증기선도라고 하며, 다음과 같은 것이 있다.

① T-S 선도 : 그림 3-27과 같이 상태 변화중에 수수한 열량을 선도의 면적으로 표시 할 수 있은 특성(변화 곡선에 둘러싼 넓이가 열량을 나타내기 때문에)이 있으며, 주로 이론적인 해석에 쓰이고, 증기의 경우에는 H-S 선도가 주로 사용된다.

그림 3-27은 수증기의 T-S 선도이다. 각 온도에서의 포화한계선을 그리고, 포화한계선내의 등온등압선들을 각각 등분하여 각 점을 이으면 등건조도선이 얻어진다.

또한, 습증기의 등온선은 수평선이고, 등엔트로피선은 T축에 평행인 선으로 표시된다. 등압선의 경우, 액체에 대해서는 포화액선과 거의 일치하고, 포화증기에 대해서는 수평선이 되며, 과열증기는 그 압력에 대한 온도와 엔트로피와의 관계를 증기표로부터 그 값을 찾아서 그린다.

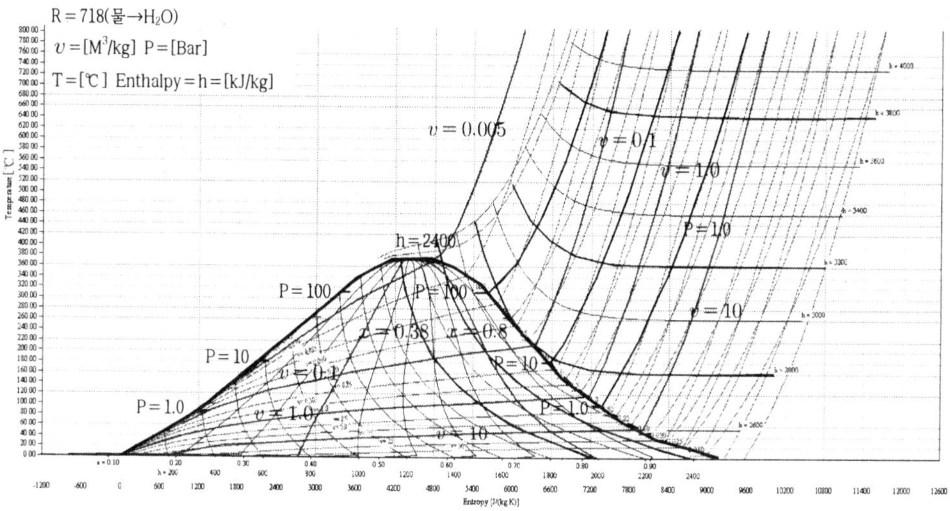

그림 3-27 증기의 T－S 선도

② H－S 선도 : 가스터빈이나 증기터빈의 사이클 계산에 많이 사용하며, 몰리에르 선도(Mollierdiagram)라고도 한다.

그림 3-28은 수증기의 H－S 선도로 종축에 엔탈피 H와 횡축에 엔트로피 S를 취하여 등압선, 등온선, 등건조도선, 등비체적 등으로 구성되어 있는 선도로서, 독일의 몰리에르에 의해 고안되었으므로 몰리에르선도라고 한다.

이것은 일정한 증기의 엔탈피를 여러가지 압력 하에서 각각 다른 조건의 엔트로피에 대해서 그것으로 충분한 커다란 축척으로 그릴 경우에 증기표 대신 사용 할 수 있다.

이 선도에서는 포화수선과 포화증기선이 서로 만나는 점인 임계점이 정상에 있지 않으며, 이 곡선의 정점은 포화증기가 가질 수 있는 최대의 엔탈피 점, 즉, 온도 235[℃], 압력 31.24[kg/cm^2], 엔탈피 2,805.6[kJ/kg](=670.1[kcal/kg])이다.

이 선도에서 단열변화에 따르는 엔탈피의 변화가 직선의 길이로 구해지므로 증기터빈의 설계와 성능계산 등 실제상의 용도에 편리하다.

등온선은 습증기의 영역에서 등압선과 일치하고, 과열증기의 영역으로 되면, 포화한계선 방향으로 급하게 구부러지고, 등압선은 등비체적선과 비슷하게 표시되며, 액체영역에서는 포화액선과 거의 일치하게 된다.

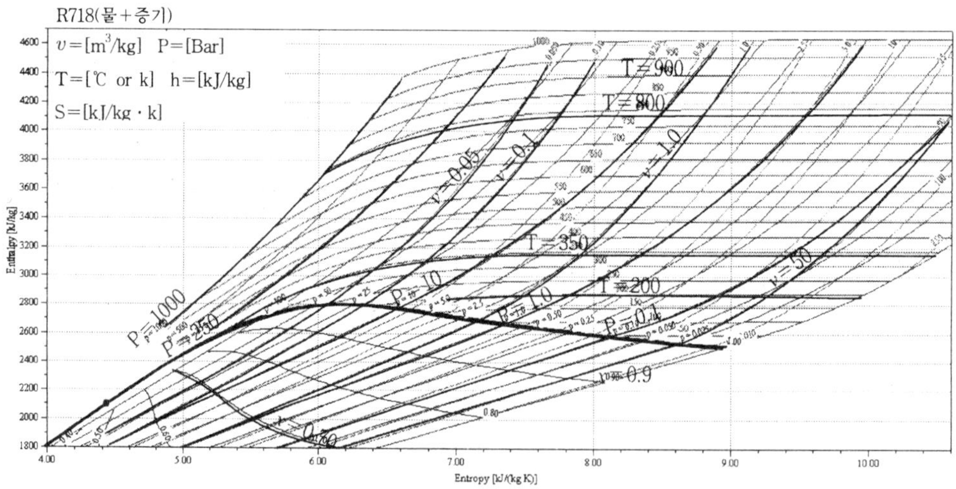

그림 3-28 증기의 H-S 선도

③ 초임계압 : 물의 포화액선(Saturated Liquid Line)과 포화증기선(Saturated Vapor Line)이 만나는 점을 **임계점**이라 하며 이때의 압력, 임계압 이상의 압력을 말한다. 초임계압 영역에서 가한 열은 물을 증발시키는데 소요되는 증발잠열이 없으므로 항상 온도상승을 수반하고, 포화수와 포화증기의 비중량이 같아 임계압의 드럼형 보일러에서 물의 밀도차에 의한 순환현상이 임계압력 이상에서는 없다.

3.3.3 증기 동력 사이클

열역학적 동력 생산 사이클로는 작동매체에 따라 기체 동력 사이클과 증기 동력 사이클로 크게 구분된다. 기체 동력 사이클로는 오토사이클(가솔린 엔진)과 디젤 사이클(디젤엔진), 브레이튼 사이클(항공기 가스터빈)과 같이 공기와 연료가 연소하여 만들어진 연소기체를 대상으로 하는 것을 말한다. 증기 동력 사이클은 이상적인 열기관 및 냉동기에 적용하는 카노사이클에 가깝고, 일반적으로 기체사이클보다 효율이 높은데 증기터빈발전에 사용되는 사이클은 랭킨사이클이다.

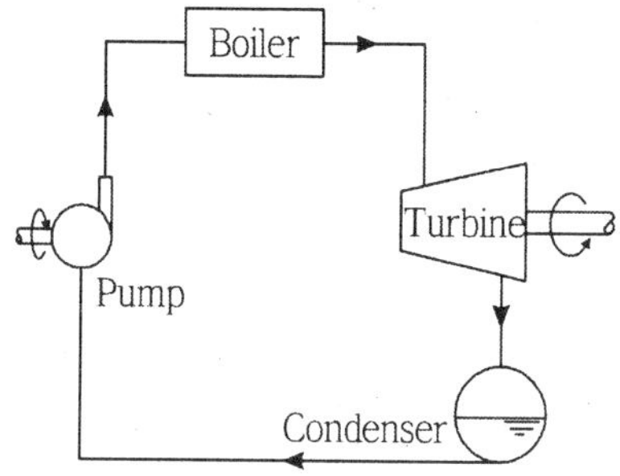

그림 3-29 증기동력 시스템

(1) 랭킨사이클

영국의 공학자 랭킨(J.M.Rankine : 1820~1872)이 1854년에 창안 한 증기원동소의 기본 사이클로 카노 사이클의 습증기의 단열압축과 과열증기의 등온팽창을 물의 단열압축 및 증기의 등압 가열로 개선한 증기 동력 사이클이다. 펌프를 사용하여 압축한 물을 등압상태에서 가열, 보일러에서는 압축액체가 포화온도까지 가열되어 등온의 상변화과정을 거쳐서 포화증기 그리고 나아가서 과열증기가 되는 과정을 겪게 된다. 터빈내에서 수분 응축을 피하기 위하여 증기를 보일러 안에서 포화온도 이상으로 과열(superheat)시키고, 복수기에서는 완전히 액체가 되도록 냉각시킨다. 한편 복수기에서는 등압상태에서 응축되며 따라서 등온상태의 열방출이 일어난다.

랭킨사이클은 4개의 주요 구성요소(즉 펌프, 보일러, 터빈, 복수기)로 이루어지며 이상적인 랭킨 사이클에서는 다음과 같이 가정한다.

① 1 → 2 펌프에서 가역・단열(등엔트로피) 압축

② 2 → 3 등압과정에서 열의 흡수

③ 3 → 4 터빈에서 가역・단열(등엔트로피) 팽창

④ 4 → 1 등압(및 등온) 응축과정에서 열의 방출

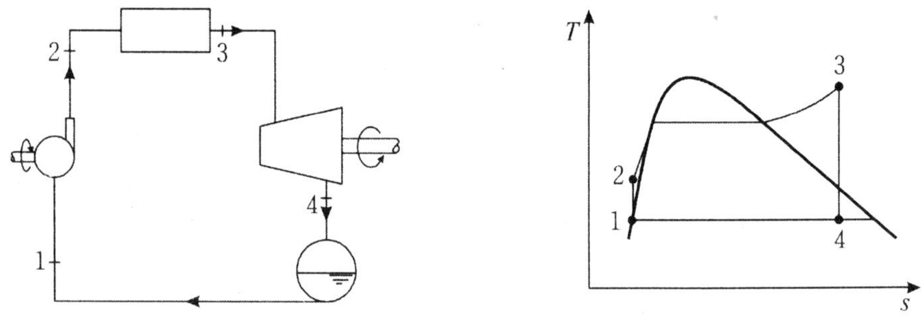

그림 3-30 랭킨사이클

증기 동력 사이클에서 열효율(η_t, t : thermal)은 투입된 열량(q_{in})에 대하여 순수하게 생산한 동력(w_{net})의 크기를 비교한다. 즉

$$\eta_t = \frac{w_{net}}{q_{in}} \tag{3-7}$$

한편 전 사이클을 포함한 시스템은 정상상태를 유지하는 연속 운전 장치이며, 에너지 보존으로 부터 다음과 같은 관계식이 성립한다. 즉 보일러의 열입력(q_b)과 응축기의 열방출(q_c)의 차이만큼 터빈의 일(w_t)과 펌프의 일(w_p)과의 차이이다.

$$q_b - q_c - w_t + w_p = 0 \tag{3-8}$$

여기에서 순수하게 생산한 동력은 터빈의 출력에서 펌프내 필요한 동력을 뺀 값이 된다. $w_{net} = w_t - w_p$, $q_b = q_{in}$, $q_c = q_{out}$으로 표시하여

$$\eta_t = 1 - \frac{q_{out}}{q_{in}} \tag{3-9}$$

(2) 개선된 재열사이클(Reheat Cycle)

전력(동력)생산을 주 목적으로 하는 랭킨사이클에서는 효율 향상과 동력 발생의 최대화가 큰 이슈사항으로 사이클의 열효율과 직접적 연관요소는 최고 작동온도는 재료특성 등에 의해 제한을 받는다. 열효율과는 별도로 랭킨사이클에서 초온과 배압이 결정되면, 초압을 높임으로써 열효율이 좋아지나 터빈 출구에서 증기의 습도가 증가하게 되어 터빈날개를 부식시키게 된다. 그래서 이것을 방지하기 위하여 팽창 중의 증기를 뽑아서 재열기로 보내 재 가열하여 과열도가 높아진 증기를 다시

터빈으로 보내 재 팽창시켜 습분에 의한 손실을 방지하기 위한 사이클이 재열(再熱 : reheat) 사이클이다.

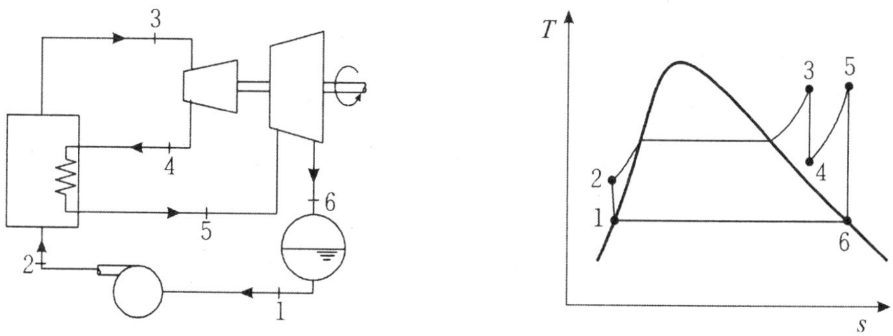

그림 3-31 재열시스템과 재열사이클선도

① 1→2 등엔트로피 압축
② 2→3, 4→5 등압 열입력
③ 3→4, 5→6 등엔트로피 팽창
④ 6→1 등압 열방출

(3) 개선된 재생(Regeneration)사이클

랭킨사이클 또는 재열사이클은 복수기에 배출하는 열량이 많기 때문에 손실이 크다. 이 손실 열을 감소시키기 위하여 단열 팽창의 도중에서 사이클 밖으로 버려지는 열량의 일부를 사이클 내에 회수하여 열효율의 향상을 도모한 것이 재생(再生 : regeneration)사이클이다.

이 경우 일의 출력은 감소하나 보일러에서의 열입력도 감소하여 그 결과 약간의 효율 상승효과가 있다.

터빈을 통과하는 증기는 단계별 터빈 날개군을 지나면서 차츰 압력이 떨어진다. 이들 도중의 적절한 단에서 증기를 꺼내어 급수의 가열용으로 쓰게 된다. 이것을 증기의 추기(推氣 : steam bleeding)라고 부르며 이 고온의 증기를 급수가열(給水加熱 : feedwater heating) 및 탈기(脫氣 : deaeration)의 목적으로 활용한다.

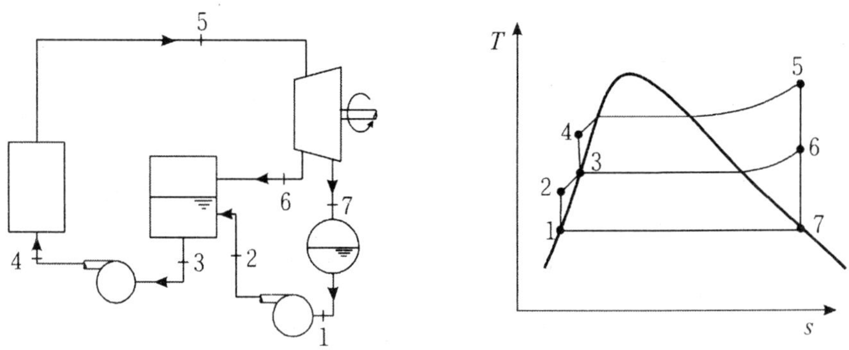

그림 3-32 재생시스템과 재생사이클선도

(4) 실제 증기터빈의 랭킨사이클

랭킨사이클은 개선하여 실제 동력 생산장치에 적용할 때에는 흔히 과열, 재열, 재생을 복합적으로 모두 동원한 증기사이클을 구성한다.

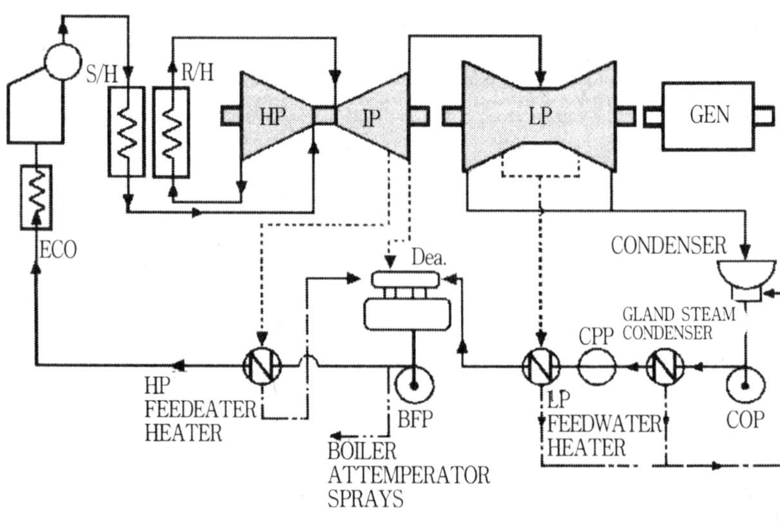

그림 3-33 실제 사이클(과열-재열-재생사이클 적용) 출처 : 한국전력거래소

3.4 기력-화력발전 개요

화력발전소는 연료의 화학적 에너지를 전기에너지로 변환시키는 거대한 에너지 변환기구(Conversion Mechanism)로 국내 발전량과 설비용량의 67[%]를 차지하고 있는 발전방식으로, 화력발전소 발전원리는 물을 끓여서 나오는 증기로 발전기를 돌려 전기를 발생시킨다. 보일러는 물을 증기로 바꾸는 장치인데, 주전자에 물을 넣고 난로에 올려 물을 끓인다면, 주전자 주둥이(노즐 : Nozzle)로부터 분출하는 증기가 터빈을 회전시키고 터빈에 연결된 발전기(Generator)에서 전기를 발생시킨다. 일반적으로 화력발전이라 함은 기력발전을 말하는데, 기력발전소의 발전과정을 살펴보면, 중유나 석탄, 기체연료 등을 이용하여 연료의 화학에너지를 연소시켜 발생한 고온-고압의 증기인 열에너지로 발생시키고, 이를 증기터빈에 보내어 터빈을 회전시켜, 회전에너지로 변화시키면, 증기터빈의 회전축에 연결된 발전기로 전기에너지로 변화시켜 발전하게 된다.

회전속도(rpm)은 매분 1800 또는 3600회전하며, 발전기 출력은 용량 최대 600~700[MW]정도이며, 발전기 전압은 메이커에 따라 12~22[kV] 전기에너지를 발전한다.

기력발전은 보일러에서 연료를 태워서 얻은 열에너지로 물을 가열하여 증기를 만들고 그 증기로 증기터빈을 돌려, 터빈에 연결된 발전기로 전력을 만드는 발전방식으로, 사용연료의 종류에 따라 중유발전소, 가스발전소, 석탄발전소 등으로 나누어지며 그 중 국내에서 가장 큰 점유율을 가진 발전방식이 유연탄 발전방식이다.

화력발전(thermal power plant, 火力發電)이란 기력발전(汽力發電), 내연력발전(內燃力發電), 가스터빈발전(gas turbine generation)의 총괄개념이며, 가스터빈발전은 복합화력에서 기력발전(증기터빈발전)의 전 단계(前 段階)로 가동하는 발전방식으로 기력발전에 비하여는 출력 한계가 대략 100[MW] 이하이고, 주로 비상용 전원으로 사용된다. 내연력발전(internal combustion power generation)은 디젤기관과 같은 내연기관을 이용하여 발전하는 방식으로 가스터빈발전과 같이 2~10[MW] 비상용전원으로 사용된다.

3.4.1 증기터빈설비 종류

터빈이란 증기, 가스와 같은 압축성 유체의 흐름을 이용하여 충동력 또는 반동력으로 회전력을 얻는 기계장치라 말 할 수 있고, 여기서 증기터빈이란 보일러에서 물을 증기로 바꾼 열에너지를 열낙차를 이용하여 기계적 에너지로 변환시키는 장치를 말하고, 발전기는 터빈에서 변환된 기계적 에너지를 전기적 에너지로 변환시키는 기계장치를 증기터빈발전이라 한다.

(1) 출구 증기 상태에 의한 분류

① 복수터빈(condensing turbine) : 터빈을 통과한 증기를 물로 응축시키기 위하여 터빈의 출구측에 복수기(condenser)를 설치한 형식의 터빈을 말한다.

② 배압터빈 : 보일러에서 발생한 고온 고압의 증기가 터빈에 공급되어 터빈의 각 단에서 팽창하면서 그 열낙차로 전력을 생산하고, 터빈에서 배출되는 저압 증기를 공정용에 사용하는 방식을 말한다.

(2) rotar 배치에 의한 분류

① 직렬형(tandem compound arrangement t.c) 터빈 : 1개 이상의 터빈 로타가 직선으로 이어져 있고 이로 1개의 발전기를 돌리는 방식을 말한다.

② 병렬형(cross compound arragement c.c) 터빈 : 1개 이상의 터빈 로타가 2열로 배치되어 있고 2개의 발전기를 돌리는 방식을 말한다. 이 방식은 정격속도를 2종류를 할 수 있고 저압터빈에서 연결된 발전기는 4극기를 채용하므로 최종단 날개를 크게 할 수 있어 대용량화(1000[MW] 이상)가 가능하다.

(3) 증기 팽창에 의한 분류

① 충동터빈(impulse turbine) : 증기가 노즐에서만 팽창하여 압력은 낮아지고 속도는 증가되며, 회전날개에서는 압력은 일정하고(팽창하지 않는 의미임) 속도만 감소된다. 주요 특징으로는 단면이 좌우 대칭인 회전을 사용하고 회전날개 전, 후의 압력차이가 없어 축 추력이 발생치 않는다. 저부하시 노즐 조속이 가능하므로 교축손실이 적다. 종류로는 단단터빈, 속도 복식터빈, 압력 복식터빈 등이 있다.

② 반동터빈 : 증기가 회전날개에서 팽창할 때 반동력을 이용한 것으로 증기가 고정날개 및 회전날개 모두에서 팽창되어 충동력과 반동력으로 회전한다. 고정날개에서 증기 압력은 감소하고 속도는 증가되어 충동력으로 회전날개을 돌리며, 동시에 회전날개에서도 압력에너지가 속도에너지로 변환되면서 발생하는 반동력이 회전날개를 돌린다. 반동터빈의 특징은 단면이 비대칭형인 회전날개을 사용하고 압력차이로 인하여 추력(thrust)이 발생하므로 추력베어링 및 복

류형 터빈으로 추력을 방지한다.

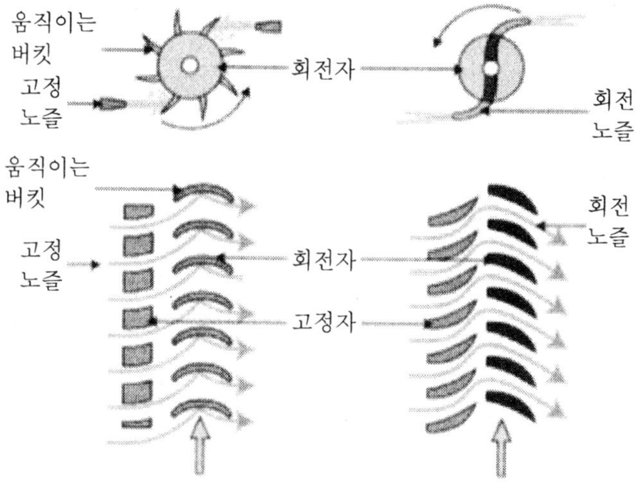

(a) 충동터빈　　(b) 반동터빈

그림 3-34

3.4.2 증기터빈의 구조

증기터빈의 주요 구조는 케이싱, 로타, 노즐과 다이아프램, 날개로 되어 있다. 케이싱은 터빈 회전체의 외부를 덮고 있는 기밀실로서 증기가 일을 하기 위한 공간을 제공하며 내부에 다이아프램 및 패킹이 조립되어 있다. **로타**는 케이싱 내부로 유입된 증기의 작용으로 증기의 열에너지를 기계적 에너지로 변환시켜 발전기에 전달하는 부품을 말하는데, 축과 회전날개로 구성되며 충분한 강도를 가지고, 진동이 발생되지 않도록 제작해야 하는데, 여기서, **임계속도**(critical speed)란 회전날개를 포함한 로타 전체의 고유진동수와 회전속도에 따른 진동수가 일치하는 지점의 회전속도를 말한다. 기동, 정지 및 운전 중 이 지점에 도달하면 공진현상으로 진동이 급격히 증가하므로, 운전원은 신속히 임계속도를 통과시키거나 정지후 재 시동시켜야 한다. 임계속도는 정격속도에서 ±15~20[%] 이상 떨어져 있어야 한다.

노즐은 증기의 열에너지를 속도에너지로 바꾸는 작용을 하며 래비린스 패킹(Labyrinth Packing)을 설치하여 증기누설을 방지한다.

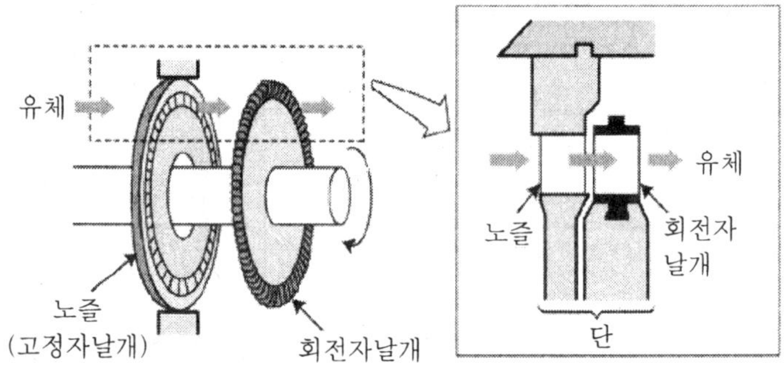

그림 3-35 터빈 구조 개념도

고정날개는 움직이지 않으므로 압력에너지의 감소는 속도에너지의 증가를 가져오고 속도가 증가된 증기는 많은 운동에너지를 회전날개에 전달한다. 다이아프램은 회전날개 열과 함께 단(stage)을 형성하고, 각 단의 기밀을 유지하는 역할을 하며 상, 하 2분할 구조이다. **회전날개**는 축에 심어진 비틀림 날개로서 노즐로부터 나온 증기의 속도에너지를 직접 회전력으로 변환되는 부분이고, 고정날개는 회전날개에서 유출되는 증기의 운동방향을 바꾸어 다음 회전날개로 유효하게 분출시키는 역할을 한다.

3.5 복합-화력설비 개요

복합화력이란 LNG, 경유 등의 연료를 사용하여 가스터빈으로 발전하고, 1차 발전의 배열을 이용하여 2차로 증기터빈용 보일러와 발전에 활용함으로 발전소 종합효율을 향상시키는 목적으로 발전하는 방식으로 기존 화력보다 열효율이 10[%]정도 높고, 공해가 적고 재가동 시간이 짧은 장점이 있다.

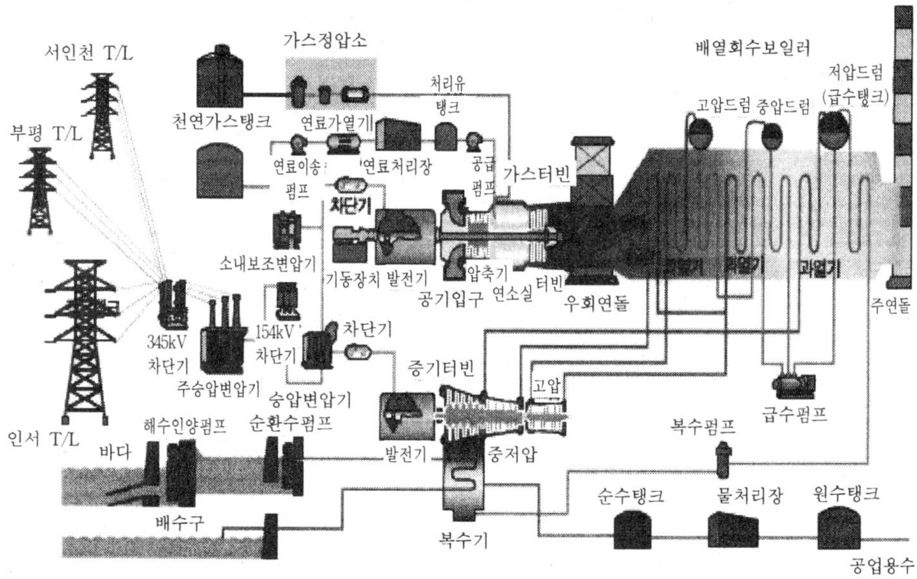

그림 3-36 복합화력 개략 계통(출처 : 서부 복합화력)

3.5.1 복합화력 구성요소

(1) 배열회수(排熱回收)보일러

배열회수보일러(HRSG : Heat Recovery Stem Generator)는 복합발전플랜트에 있어 가스측 발전과 증기측 발전을 연결하는 점에 위치하여 Gas Turbine 배가스의 열에너지를 증기의 열에너지로 변환시키는 중요한 기기이다.

배열회수보일러의 형식에는 조연장치 유무(배기가스 중 공기를 이용 추가 연소하는 장치)에 따라 조연형(助燃形)과 비조연형(非助燃形)으로 구분되고, 증기의 사용압력에 따라 單壓과 複壓으로 구분되는데, 최근에는 gas turbine 고온화 기술의 발달에 따라, 배열회수보일러의 열원이 되는 가스터빈 배기가스도 고온화의 경향이 있어 최근에는 조연장치를 갖지 않는 배열회수형이 일반적으로 사용되고 있다.

배열에너지의 유효회수를 목적으로 단압형(單壓形)은 단일의 압력레벨(고압)의 주증기계통을 갖는 보일러를 말하고 복압형(複壓形)은 두 개의 압력레벨을 확보함으로 플랜트 효율이 좋아진다.

배열회수보일러의 구조로는 강제순환보일러와 자연순환보일러와 같이 드럼을 가지고 있고, 배기가스는 복압식의 경우 과열기→고압 제2 증발기→脫硝裝置→고압

제1 증발기→고압절탄기→저압증발기→저압절탄기로 배기된다.

(2) 공기압축기

대부분 축류압축기를 사용한다. 축류압축기는 흡입된 공기에 운동에너지를 가하고 이를 압력으로 변환시키며, 압축과정은 공기가 축방향으로 흐르면서 이루어진다. 축류압축기는 회전부분인 로터와 고정부분은 스테이터로 구성되며 스테이터와 로터에는 각각 고정날개와 회전날개가 취부된다. 회전날개는 공기를 압축하는데 필요한 힘을 주고 고정날개는 뒷단의 회전날개에 압축공기를 적절한 각도로 안내하는 역할을 한다.

(3) 연소기

연소기는 다식원통형, 원환형, 혼합형, 사일로형으로 구분되며, 연소기 구조는 크게 나누어 연료노즐, 공기 선회날개, 회염통(flame tube), 공기 케이싱으로 구성되고, 화염통은 실제연소가 이루어지는 라이너 부분과 연소가스 속도를 증가시켜 터빈으로 안내하는 트랜지션 피스부분으로 나누어진다.

① 1차 공기와 2차 공기 : 1차 공기란 연소에 사용되는 공기를 말하며, 연소기 유입공기의 25~30[%]정도를 차지한다. 2차 공기란 연소실을 냉각하고 연소가스와 혼합하여 연소가스 온도를 내리는데 이용되는 과잉공기를 말한다.

② 라이너 냉각 : 연소기벽을 냉각하기 위하여 원주상의 작은 공기구멍을 통하여 공기를 주입시켜 연소실 내벽에 냉각공기의 막을 형성시켜 주는 방법을 사용한다.

③ 화염 전파관(cross fire tube) : 다식원통형 및 혼합형 연소기에서는 몇 개의 화염통에서만 점화가 이루어지고 나머지 화염통은 화염 전파관을 통해 점화된다.

④ 노즐 : 단식노즐은 소형 가스터빈에서 사용되고, 그외 복식노즐, 이중노즐, 다중노즐 등이 있다.

⑤ 점화기 : 두 개의 연소실에 인접하여 점화기를 설치하며, 점화기의 방전불꽃에 의해 연료/공기혼합체를 점화하는 역할을 한다.

⑥ 화염검출기 : 화염존재여부를 제어계통에 전달하기 위하여 화염검출기가 연소기에 취부되어 있다.

(4) 가스터빈부

가스터빈은 증기터빈과 같이 작동유체가 팽창하면서 에너지를 얻어내는 원리는 같으나 작동유체가 다르다. 즉, 증기터빈은 작동유체가 증기이고 가스터빈은 연료를 연소함으로서 생성되는 연소가스로서 그 온도는 980~1260[℃]에 달한다.

가스터빈도 압축기와 같이 원심터빈과 축류터빈으로 구분되나 최근에는 거의 전부가 축류터빈만을 사용한다.

가스터빈은 일반적으로 2~5단 정도가 이용되고 있는데, 터빈단수가 압축기 단수보다 적은 이유는 1개 단의 터빈이 여러 단의 압축기를 작동 할 수 있는 출력이 가능하기 때문이다.

(5) 기동장치

가스터빈은 연료 연소로 발생된 연소 가스가 터빈에 공급되어 팽창하면서 회전력이 발생되는 것으로 연료가 점화되어 충분한 연소 가스가 발생되기까지는 회전할 수 없다. 만일 터빈이 정지된 상태에서 연료를 연소시켜 회전력을 얻으려면 상당한 시간이 소요된다. 이러한 결점을 보완하기 위해 기동시 보조장치를 이용하여 터빈 축에 회전력을 주어 빠른 시간내에 기동이 가능하게 한다.

기동장치의 종류에는

① 공기모터를 이용한 기동장치로 압축공기를 이용하여 회전력을 얻는 방법으로 소형 가스터빈에 사용되고,

② 디젤엔진을 이용한 기동장치는 중형 가스터빈에 사용되고 축전지 전원으로 기동되므로 전력계통 정전시에도 시동 가능한 특성을 가지고 있으며,

③ 유도전동기를 이용한 기동장치는 주로 대형 가스터빈을 기동하는데 사용하는데, 전력계통 정전시에는 시동이 불가능한 단점이 있다.

④ 동기전동기를 이용한 기동장치는 터빈 발전기를 기동시 전동기로 사용하여 가스터빈을 기동하는 방식으로 발전기를 전동기로 이용하기 때문에 별도의 기동기가 필요하지 않다. 그러나 기동시 기동토크와 속도를 제어하기 위해 전원 주파수를 변화시켜 동기 전동기에 공급해주는 장치가 필요하다. 그래서 기동된 가스터빈이 점화되어 2400[rpm]까지 가속되었을 때 정지형 주파수 변화기에서 공급되는 전원이 차단된다.

3.5.2 가스터빈의 구성요소와 종류

증기터빈이란 보일러에서 물을 증기로 바뀐 열에너지를 열낙차를 이용하여 기계적 에너지로 변환시키는 장치를 말하고, 가스터빈이란 공기 또는 가스 등의 연료를 압축기로 압축한 후 동작 유체의 내부 또는 외부에서 연소시켜 동작유체에 열에너지를 준 다음 고압, 고온의 가스를 만들어서, 이것을 터빈에 공급함으로써 직접 회전 할 수 있게 한 원동기를 가스터빈이라 한다.

터빈은 압축기를 구동하고 나머지 동력은 출력으로 발전기, 프로펠러 등과 같은 부하를 구동한다. 이 출력은 따라서 정격출력 또는 유효출력 이하이며 대체로 가스터빈의 최대출력의 경우, 터빈출력의 약 2/3정도가 압축기용 동력으로 사용되고 나머지 1/3정도가 가스터빈의 정격출력이 된다.

가스터빈의 주요 구성요소는 압축기, 연소실, 터빈으로 압축기는 대기를 흡입하여 압력을 상승시킨 후 연소기로 보낸다. 연소에 필요한 산소를 공급하는 역할을 하며, 단열압축 과정이므로 출구 공기온도가 상승한다.

연소기에 유입된 압축공기를 연료와 혼합, 연소시켜 높은 에너지의 연소가스를 만든다. 등압가열 과정으로서 연소가스 온도를 터빈 메탈이 견딜 수 있는 온도까지 상승시키는 역할을 하고, 터빈은 연소기에서 나온 고온, 고압의 연소가스가 팽창하면서 터빈의 회전날개에 충동, 반동력을 주어 기계적인 에너지로 변환시킨다.

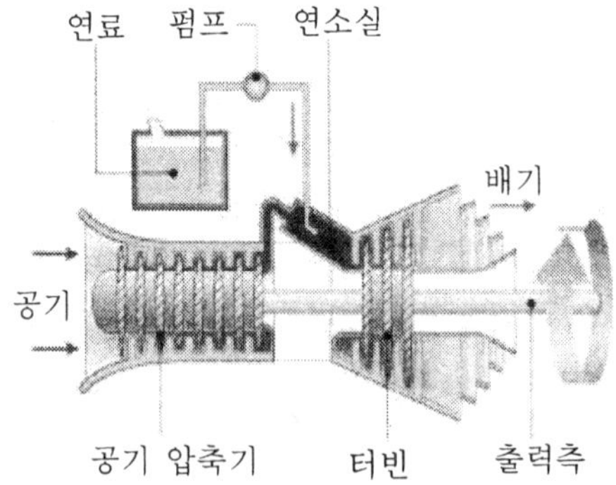

그림 3-37 가스터빈

터빈에서 얻은 기계적 에너지는 압축기에서 공기를 압축하는데 필요한 에너지로 공급되며 나머지는 발전기를 구동하는데 이용되어 전력을 생산한다. 단열팽창 과정으로서 가스압력, 온도가 떨어지며, 배기가스는 대기로 방출되거나 배열회수 보일러로 들어간다. 압축기에서 소모되는 동력이 터빈출력의 60[%]를 차지하고 높은 온도의 배기가스가 대기로 방출되므로 가스터빈 자신만의 효율은 대용량 증기터빈에 비해 비교적 낮다.

(1) 가스터빈 형식에 따른 분류

가스터빈 자체의 분류로서는 축류터빈과 폭류터빈으로 구성된다. 일반적으로 가스터빈의 터빈은 축류터빈이 이용되는데, 전면 면적당의 처리 가스량이 크고 단을 겹쳐서 임의 압력강하를 얻을 수 있을 뿐만 아니라 터빈 효율이 좋기 때문이다.

축류터빈은 축류압축기와 마찬가지로 정익열과 이것을 지지하는 케이싱, 동익열과 이것을 지지하는 터빈원판 및 축과 베어링, 시일 등으로 구성된다. 터빈 정익은 노즐 또는 베인이라 부르고 한 장씩, 또는 주조된 수매의 조합으로 외측 케이싱에 지지된다. 터빈 동익은 바켓(bucket)이라고도 부르며 고온하에서 높은 응력을 받으므로 설계, 제조에는 고도의 기술을 필요로 한다. 폭류 터빈은 축류터빈보다 제작하는데 값이 싸고 단순한 소출력에 사용된다. 이러한 터빈은 자동차용이나 소화 펌프 등 운반이 가능한 장치나 특히 왕복동 내연기관의 과급용과 같이 매우 작은 가스터빈에 널리 사용된다.

(2) 시스템 구성상 분류

시스템 구성으로서 분류로는 일축형, 2축형, 2중 스풀형으로 구분된다.

(가) 일축형 가스터빈

압축기, 터빈, 발전기가 하나의 축에 연결된 형식이며, 터빈축의 회전속도는 출력과는 무관하게 항상 동기속도로 회전하므로 저부하 운전시 효율저하가 큰 단점이 있다. 구성이 단순하고 견고하나 크기가 크고 산업용으로 설계된 가스터빈은 대부분 이 형식이다. 일축형 가스터빈의 경우 터빈과 발전기 사이에 감속기어를 설치하기도 한다.

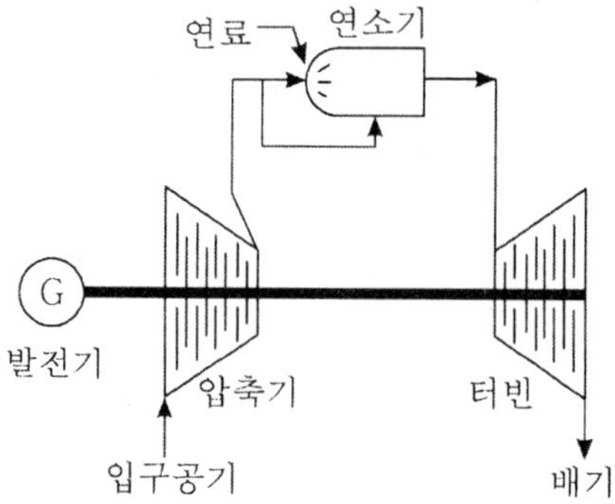

그림 3-38 일축형 가스터빈

(나) 2축형 가스터빈

터빈을 두 개로 분할한 형식으로, 고압 및 저압터빈은 각각 압축기와 발전기를 구동하며, 각각 다른 축을 가지고 있다. 발전기를 구동하는 동력터빈은 동기속도로 구동하나, 압축기터빈은 발전기 출력에 따라 변속하기 때문에 부분부하에서 효율저하가 적을 뿐만 아니라 압축기를 소형화, 고속화 할 수 있어 압축기 소모동력을 줄이고 설비비를 절감 할 수 있는 이점이 있다. 그러나 구조가 복잡하고 설비가 취약하여 장시간 연속운전에 부적합하다.

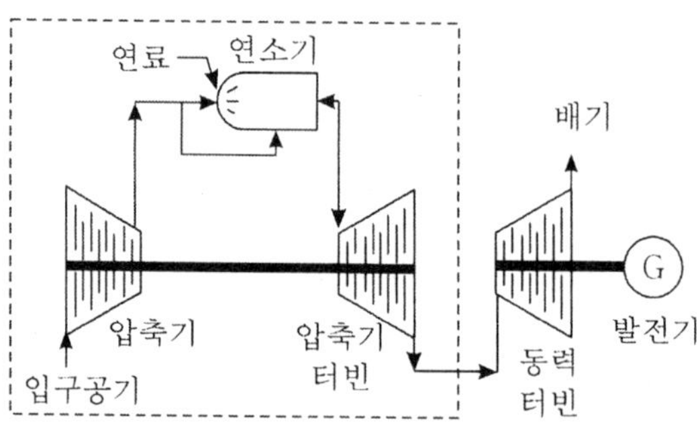

그림 3-39 2축형 가스터빈

(다) 2중 스풀형(twin spool G/T)

두 개의 압축기와 두 개의 터빈으로 구성되며, 고압압축기 구동축 내부에 저압압축기축이 관통한다. 압축기를 고, 저압으로 분리하여 각각 다른 속도로 구동하도록 설계한 이유는 압축효율을 높이고, 압축기 서어징 방지를 위함이다. 산업용으로 개조할 때는 발전기 구동용 동력터빈을 별도로 설치한 경우와 발전기를 저압터빈

축에 직접 연결하는 형식이 있다.

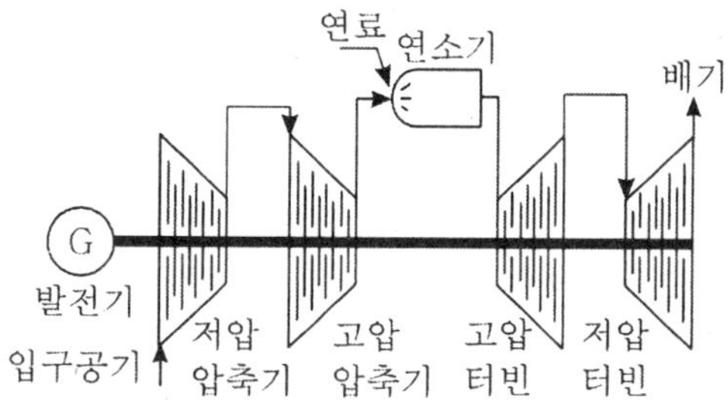

그림 3-40 이중 스풀형 가스터빈

(3) 터빈 사이클 형식상 분류

터빈 사이클 형식으로서 분류로는 단순개방형, 재생형, 중간냉각 재열 재생형, 폐쇄형으로 구분된다.

(가) 단순개방형

가스터빈의 기본형이며 압축기, 연소기, 터빈으로 구성된다. 배열회수 보일러에 도입하여 복합사이클로서 운전할 수 있다. 설비는 간단하나 단순사이클 효율은 비교적 낮다.

(나) 재생형

단순개방형에 배열회수 열교환기를 추가한 설비이다. 가스터빈 배기가스의 여열을 이용하여 압축기 출구공기를 가열하는 방식으로 열소비율은 약간 감소한다.

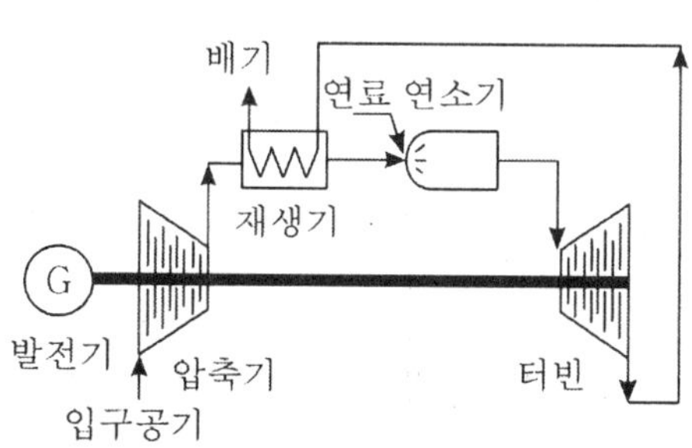

그림 3-41 재생형 가스터빈

(다) 중간냉각 재열 재생형

재생형에 중간냉각기, 재열기를 추가한 설비로서 가스터빈 출력과 효율이 재생형에 비해 높다. 중간냉각기는 저압압축기에서 1차 압축시킨 공기를 냉각시켜 비체적을 감소시킨 후 고압압축기에서 재압축하도록 하여 압축과정에 소요되는 일량을 경감하는 역할을 한다. 한편 재열기는 고압터빈에서 1차 팽창시킨 배기가스에 추가 연료를 분사, 연소시켜 열낙차를 높인 후 저압터빈에서 재팽창시켜 축출력을 향상시킨다.

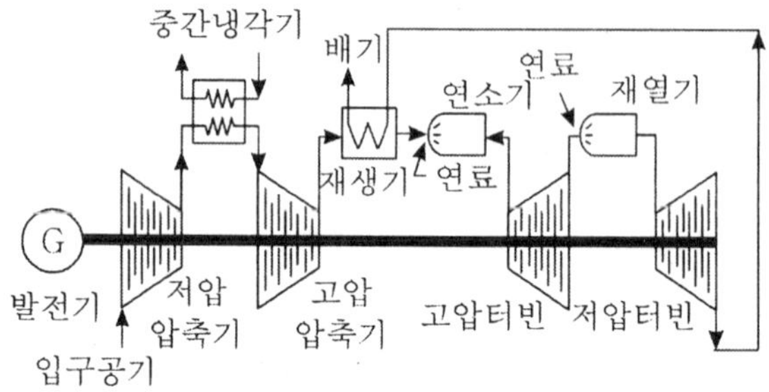

그림 3-42 중간냉각 재열 재생형 가스터빈

(라) 폐쇄형(CLOSED CYCLE)

작동유체와 연소용 공기는 별개로서 작동유체가 폐회로를 재순환하는 형식이며 사용가능한 작동유체는 공기, 헬륨, 수소 등이 있다. 특징으로는 작동유체의 압력을 높임에 따라 압축기 및 터빈의 소형화가 가능하며 터빈부품이 연소가스와 직접 접촉하지 않기 때문에 구성부품의 오염, 부식, 침식에 대해 안전하나 대형 공기가열기 및 냉각기가 필요하게 된다.

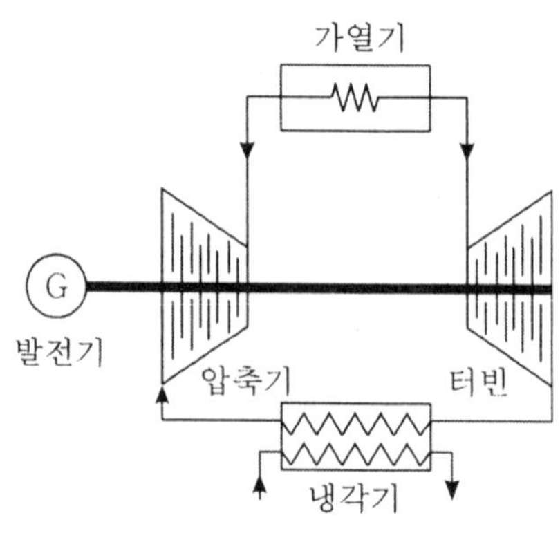

그림 3-43 폐쇄형 가스터빈

3.5.3 복합화력사이클

복합발전방식은 가스, 증기복합방식에 대해서는 가스터빈과 증기터빈의 조합방식에 따라 가스터빈이 주체가 되는 배열회수사이클과 배기조연사이클이 있고 증기터빈이 주체가 되는 배기재열사이클과 과급보일러, 급수가열사이클이 있다.

연료에서 본 복합발전은 천연가스를 이용한 복합발전, 석탄을 이용한 복합발전, 연료전지 발전방식 등으로 분류 할 수 있다.

복합발전의 특징은 다음과 같다.

① 일반 화력에 비해 초기 투자비가 낮고 열효율이 높아 열병합설비로 널리 이용된다.

② 증기터빈은 필요에 따라 배압터빈, 추기 배압터빈, 추기 복수터빈 및 배압터빈과 복수터빈의 조합방식 중 하나를 선택 할 수 있다.

③ 설비는 복잡하나 다양한 운전방식 선택이 가능하다.

④ 지역난방용 열병합 설비나 수도권에 위치한 산업체의 경우 청정연료 사용으로 연료단가가 비싸진다.

(1) 배열회수사이클

이 사이클은 가스터빈의 배기가스를 배열회수 열교환기를 도입하여 그 열회수에 의하여 증기를 발생시켜 증기터빈을 구동하는 방식이고 복합발전사이클중 가장 간단한 시스템이다. 그 특징은 다음과 같다.

① 가스터빈의 출력비가 크다.

② 가스터빈이 고온화될수록 열효율 상승비율이 크다.

③ 기동시간이 짧다.

④ 증기터빈의 단독운전은 불가능하다.

⑤ 플랜트출력에 비해 온배수량이 적다.

⑥ 기설플랜프 대체에 적당하다.

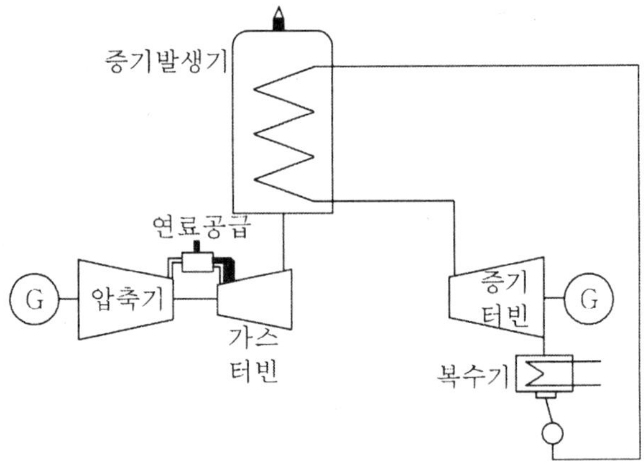

그림 3-44 배열회수사이클

(2) 배기조연식 사이클

이 사이클에서는 가스터빈 배가스를 배열회수 열교환기에 도입하여 연도내에서 조연을 행함으로써 증기조건을 향상시켜 증기터빈의 출력을 증가시키는 방식으로 플랜트 구성은 약간 복잡하게 된다.

이 방식의 특징은 다음과 같다.

① 조연량이 많아질수록 증기터빈 출력비가 증대한다.

② 가스터빈 배기가스 온도에 의해 최적 조연량이 있고, 가스터빈이 고온화될수록 최적 조연량이 적어진다.

③ 기동시간은 비조연형에 비하여 약간 길어진다.

④ 증기터빈의 단독운전은 불가능하다.

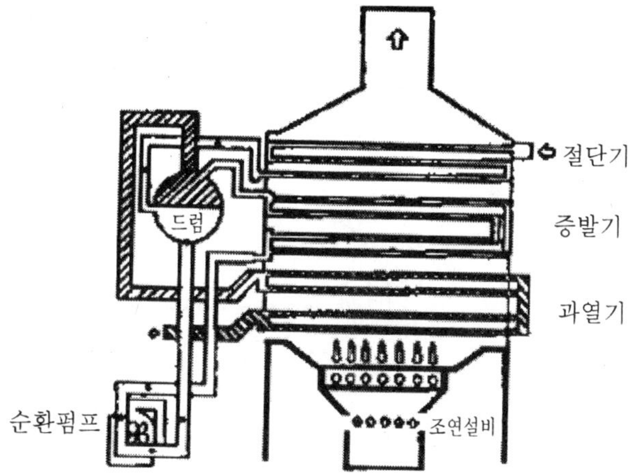

그림 3-45 배기조연식

(3) 배기재열식 사이클

이 사이클에서는 가스터빈 배가스를 보일러 연소용 공기로 이용하여 폐열에너지의 회수를 행하는 것과 더불어 가스중의 잔존산소로 재연소시키는 방식이다.

이 방식의 특징은 다음과 같다.

① 운전제어계가 복잡하다.

② 증기터빈의 출력비가 크다.

③ 보일러에 사용하는 연료는 가스터빈과 무관하게 선정된다.

④ 열효율은 가스터빈 배가스를 최대로 이용하는 증기터빈용량으로 할 경우에 최고로 된다. 그러나 가스터빈의 고온화에 따라 배가스의 잔존산소량이 적어지므로 괄입 통풍기로서 보일러 연소공기를 보충할 필요가 있다.

(4) 과급보일러 사이클

이 사이클에서는 가스터빈 compressor를 이용하여 보일러에서 가압연소하고 그 배가스를 가스터빈에 도입하여 일을 시킨 후에 또다시 배가스의 열회수를 가스 쿨러의 급수가열에 의해 행하는 방식이고, 가압보일러이므로 열 전달율이 양호하고 전열면적이 감소하여 소형화되지만 내압구조가 필요하게 되어 운전제어계가 복잡하게 된다.

이 방식의 특징은 다음과 같다.

① 증기터빈 출력비가 약간 크다.
② 보일러 사용연료는 가스터빈에 의하여 제약을 받는다.
③ 증기터빈의 단독운전은 불가능하다.

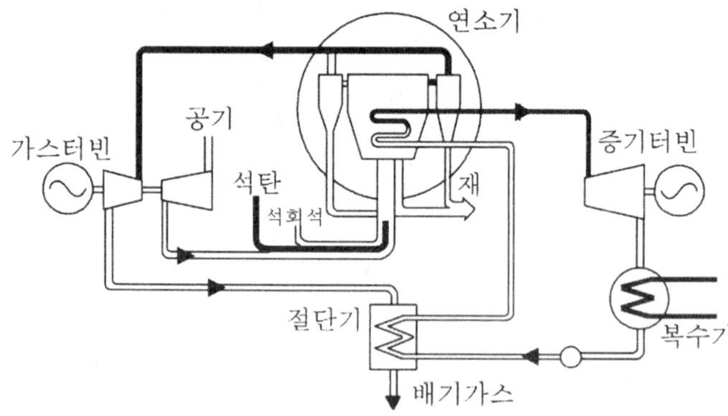

그림 3-46 과급보일러방식(가압유동층보일러-고온터빈)

3.5.4 천연가스(LNG)를 이용한 복합발전

발전용 화석연료은 석탄, 석유, 가스유 등 여러 가지가 사용되나, 복합발전설비는 에너지의 효율적인 이용 및 경제성 관점에서 계획, 설계하게 된다. 천연가스 등과 같은 청정연료는 가스터빈에서 직접연소가 가능하다.

그러나 석탄 및 중유 및 경유 등과 같이 저질연료의 경우는 연료를 가스화하여 사용하여야 한다. 그래서 천연가스를 발전용 연료로 사용하는 경우 복합발전방식으로 채용하는 경향이 있는데 그 이유로는 천연가스와 같이 양질의 연료의 경우 복합발전으로 하는 것이 열효율이 높고 환경 보전성, 경제성이 우수하기 때문이다.

실제로 복합발전의 경우 1,100[℃]급 가스터빈을 사용할 경우 열효율은 42[%]~44[%]로 되어 열효율 향상이 이루워진다.

3.5.5 석탄가스화 복합발전(IGCC)

가스터빈에 있어서는 석탄을 직접 연소시키는 것이 곤란하므로 석탄을 가스화하여 탈황, 정제한 후 가스터빈의 연료로 사용하며, 가스터빈 배열을 회수하여 증기터빈을 구동하는 발전방식을 석탄가스화 복합발전이라 한다.

Integrated Gasification Combined Cycle(IGCC) 기술은 먼저 석탄을 가스화하여

연료가스로 전환하고 고온에서 연료가스 중 부식성 가스인 유화수소(H_2S)와 미반응 석탄 및 분진 등 입자를 제거한 후, 연소하여 Gas Turbine을 구동시키고, 고온의 배가스에서 스팀을 회수하여 스팀터빈을 구동시킨다. 이 기술은 발전효율이 현재 42[%]에서 향후 연료전지와 연계하였을 경우 60[%]까지 기대하고 있는 발전기술이다.

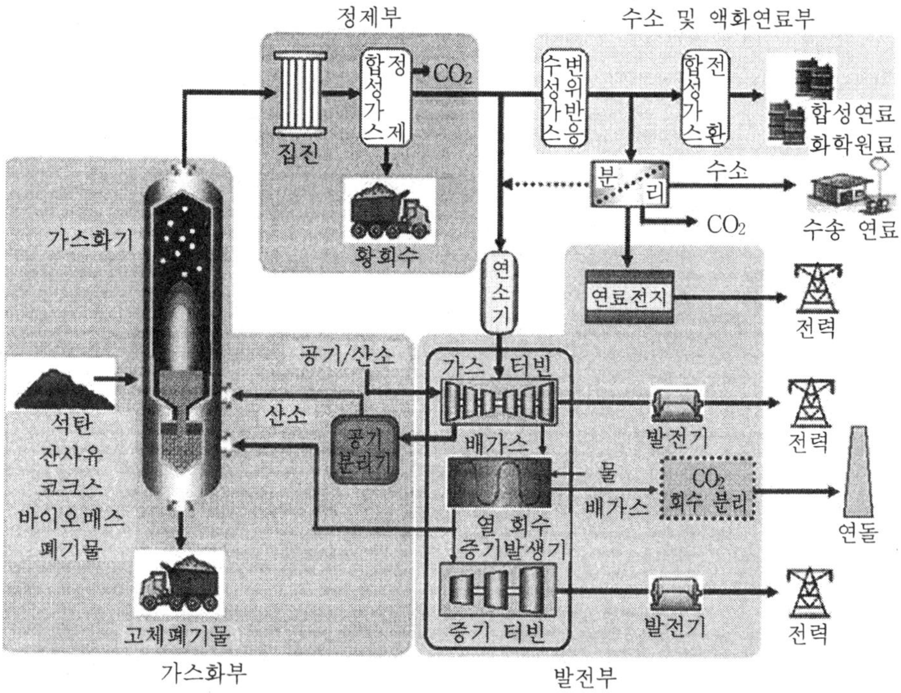

그림 3-47 석탄가스화 복합발전(출처 : 한국서부발전 태안)

3.5.6 가압유동층 석탄연소 복합발전(FPBC-CC)

유동층 연소보일러를 가압용기 안에 설치하여 운전하면, 유동층의 장점과 가압시의 장점을 동시에 얻는 발전시스템을 얻을 수 있는 발전시스템으로 석탄 처리량이 운전압력 만큼 증가하고, 층 높이도 상압시 보다 3~5배정도 증가시킬 수 있으며, 열전달 특성과 탈황율이 우수하고 반응속도도 증가한다. 또 보일러에서 발생하는 열로 스팀을 생성, 스팀터빈을 구동하고, 고온 고압하의 연소배가스로 가스터빈을 구동하는 복합발전이 가능하다는 것으로, 현재 발전효율은 39~42[%]를 얻을 수 있으며, 70[MWe] 규모의 산업용 보일러가 보급되고 있다.

유동층의 최적 운전온도는 최적의 탈황과 질소산화물 발생억제를 위하여 850~

950[℃]정도이다. 가스터빈의 발전효율은 조업온도와 밀접한 관련이 있으며, 온도를 상승시키는 것이 전체의 발전효율을 상승시킨다. 연소가스의 온도를 상승시키기 위하여 topping 연소기에서 천연가스나 석탄가스를 이용하여 발전하는 것이 1.5세대 및 2세대의 발전기술이며, 석탄가스를 제조하는 카보나이저는 조업온도가 일반 가스화기보다 훨씬 낮은 900[℃]정도이다.

또 석탄의 전량을 가스화할 필요가 없으며, 미반응 char를 가압순환 유동층에서 연소하며, 이때 발생되는 연소가스로 topping연소기를 가열한다. 카보나이저에서의 탈황은 석회나 석회석을 주입하여 CaS형태로 전환시키며, 이것을 char연소기에서 석고형태로 산화시킨다. 2세대 가압유동층 복합발전은 효율 45[%]~50[%]를 기대하고 있으며, 연료전지와 연계할 경우 58[%]를 기대하고 있다.

3.6 열병합발전 개요

에너지를 효율적으로 이용하기 위해 동일 연료로 열과 전기를 동시에 사용하여 공급하는 시스템을 열병합발전(CHP : Combined Heated and Power)이라 한다. 한편 열병합발전의 또 다른 공학적 정의는 열을 효율적으로 이용하기 위하여 높은 에너지를 가능한 한 낮은 열 에너지로 방출하고자 고안된 시스템이라고 할 수 있다.

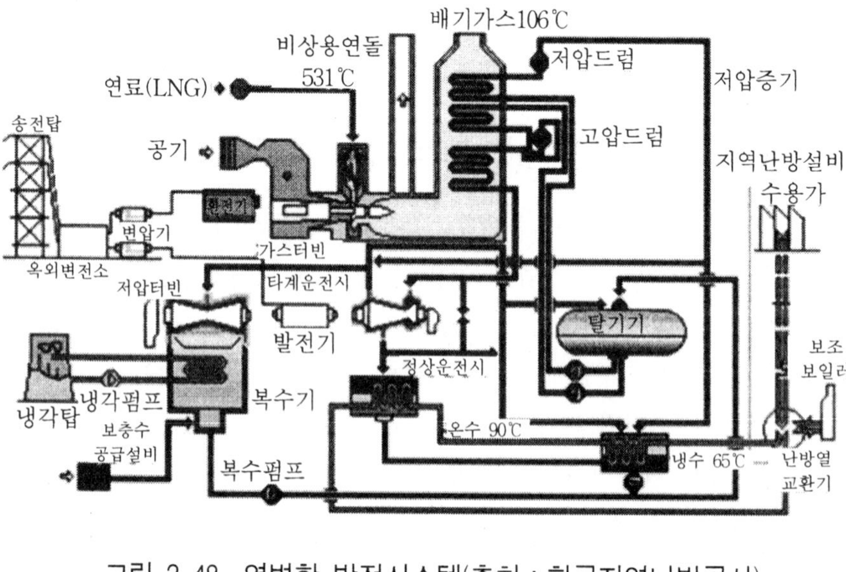

그림 3-48 열병합 발전시스템(출처 : 한국지역난방공사)

이러한 열병합 발전은 생성된 에너지를 어떻게 이용하는냐에 따라 토핑(topping cycle)사이클과 버터밍(bottoming cycle)사이클로 구분되는데, **토핑사이클**은 일반적으로 국내에서 많이 이용하는 사이클로서 연료를 연소시켜 고온, 고압의 증기 또는 가스를 생산하여 일차적으로 전기를 생산하는 목적으로 이용한 후, 그 여열 또는 일부의 열을 이용하여 산업체의 생산공정용 열이나 지역난방의 난방 및 급탕용 열 등으로 이용하는 사이클을 말하고, **버터밍사이클**은 일반 산업체에서 산업체의 공정과정에서 발생하는 산업여열 또는 폐열을 이용하거나 폐기가스 등을 연료로 하여 생산된 고온, 고압의 증기 또는 가스로 전력을 생산하게 하는 사이클로서 주로 제철소에서 많이 채택하고 있다.

3.6.1 열병합발전과 발전 전용의 비교

복수식 발전방식은 에너지 열원으로부터 공급되면 보일러에서 10[%], 터빈발전기에서 3[%], 복수기에서 49[%]의 손실이 발생하므로 전력에너지를 38[%]만이 유효하게 이용되어 복수기를 통하여 유실되는 손실이 전체 공급열의 거의 절반을 차지함을 알 수 있다.

열병합발전의 경우는 보일러와 터빈발전기의 손실은 복수식과 거의 같으나 전력생산에 28[%]를 이용하고 지역난방에 59[%]의 에너지를 이용하므로 공급된 에너지의 87[%]를 유효하게 이용 할 수 있다.

표 3-2 열병합발전방식과 발전 전용방식 비교표

구 분	전 용 방 식		열병합발전
	발 전 전 용	열공급 전용	
발전 및 열생산방식	고압 복수터빈방식	저압보일러	배압, 추기배압, 추기복수, 복합사이클, 가스터빈 방식
효율 및 에너지 이용율(평균치)	38[%]	90[%]	87[%](전기 : 28[%], 열이용 : 59[%])
용 량	대용량	소용량	소용량
플랜트 운전 결정요소	급전계획	열부하	산업체 또는 지역 난방 열부하에 따라 운전
발전량 결정요소	전력수요	-	열부하
시설의 차이	발전소와 열생산 플랜트가 각각 독립된 설비		단일 플랜트에서 열과 전기를 동시에 생산

3.6.2 열병합발전 특징

열병합발전은 열과 전기가 동시에 생산되는 시스템으로서 배기 또는 추기를 이용하여 생산공정에 필요한 열로 이용하기 때문에 에너지 이용 효율을 높일 수 있고, 에너지 공급의 경제성을 제고시킨다.

터빈의 입구와 출구의 증기조건(압력, 온도)이 전용발전방식과 동일하다면 전용발전방식보다 열병합 발전의 열효율이 높다.

그러나 동일한 투입에너지(연료)량에서 열병합발전이 전용발전보다 반드시 양호하다고 단언 할 수는 없다. 그 이유는

① 열병합의 터빈－발전(복수기 제외) 효율은 전용 발전방식에 비하여 매우 낮다. 이는 전용 발전방식보다 터빈 입구의 압력과 온도가 낮으며 터빈출구의 압력이 높고 터빈손실이 크기 때문이다.

② 열병합발전은 열 수요와 전기 수요가 플랜트 성능과 부합되어야만 비로소 그 효능이 발휘되기 때문에 이론적인 열효율과 실제 운용상의 평균효율과는 수요 형태에 따라 상당한 차이가 있기 때문이다.

열 수요가 없어서 가동을 중지하거나 열 수요가 적어서 플랜트의 성능을 충분히 발휘하지 못한다면 설비의 효율 저하로 인하여 경제성이 크게 저하된다.

예를 들어 제지산업이나 석유화학 플랜트와 같이 열 수요가 많고 연속적으로 필요한 곳에서는 열병합발전의 에너지 이용 합리화 기여는 매우 높다.

그러나, 그림 3-49, 3-50과는 달리 열 수요가 없거나 적은 기계조립공장에서 열병합발전을 한다는 것은 비합리적이다.

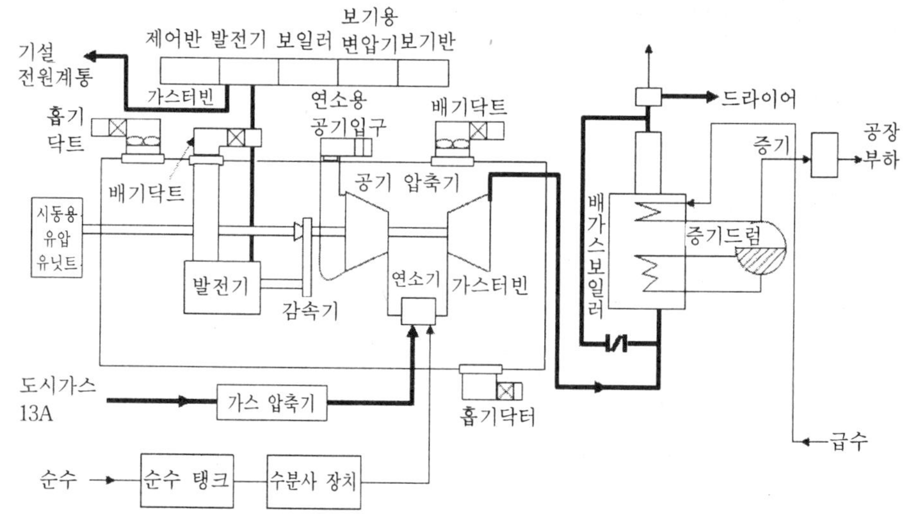

그림 3-49 일본 목재공장 가스엔진 열병합발전

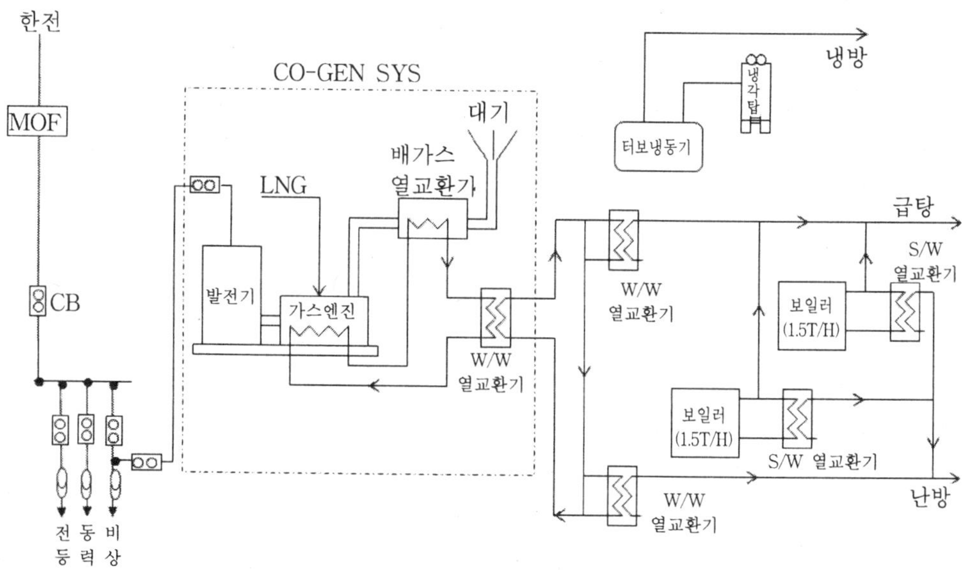

그림 3-50 일본 병원 가스엔진 열병합발전

3.6.3 열병합발전 도입과 열전비

산업체에 열병합발전 도입을 위한 검토조건으로는

① 산업체에서 필요한 년간 열 부하

② 열병합발전시 발전시설 가동율

③ 열병합발전시설 초기 투자비

④ 전력공급의 신뢰성

⑤ 사용가능한 사용연료를 말하며, 자체 사업장에서 발생하는 부생연료 등

⑥ 열전비(열과 전기사용비율)

외 발전소의 위치 등을 들 수 있다.

열전비란 열과 전기를 동시에 생산하는 집단에너지 발전시설(열병합발전소)에서의 열 생산용량에 대한 전력 생산용량의 비를 말한다.

$$\text{열전비} = \frac{\text{연료 사용열량}}{\text{전력량}} = \frac{\text{사용열량[kJ/h]}}{\text{발전량[kWh]}} \tag{3-10}$$

표 3-3 산업체 열병합발전 일반 - 기술적 적용 형식

열전비	발 전 방 식	이용효율[%]	대 상 산 업	소요 열특성
0~4	추기복수터빈, 복수터빈, 가스터빈, 디젤	33~63	판유리, 철강, 알미늄, 폴리에칠렌, 시멘트, 염화비닐	전력 사용량이 증기 사용량 보다 클때
4~9	배압터빈, 추기배압터빈, 추기복수터빈	47~87	제지, 석유정제 및 화학, 비료, 제염아크릴, 방직 등	전력과 증기 사용량이 비교적 균형을 이룰때
9이상	배압터빈, 추기배압터빈	77~87	제당, 식용유, 식품콤비나이트, 타이어, 고무	전력 사용량이 증기 사용량에 비하여 적을때

3.6.4 열병합발전 구성방식

열병합발전의 용량 및 운전방식에는 3가지가 있을 수 있다. 그것은 발전용량과 증기수요량을 어떻게 맞추어 조화시키는가에 따라 다르다.

용량의 결정은 시스템을 첨두부하에 맞추어 설비용량을 설정하고 남은 전력을 판매하는 방법, 사용자의 전력부하 중 최저부하를 기준으로 하는 방법, 전체 시스템을 전력회사와 별도로 독립시켜 운영하는 방법 등이 있을 수 있다. 각각의 방법은 장·단점이 있으므로 여러 가지 요인을 감안해야 한다.

(1) 배압터빈방식

보일러에서 발생한 고온·고압의 증기가 터빈에 공급되어 터빈의 각단에서 팽창하면서 그 열낙차로 전력을 생산하고, 터빈에서 배출되는 저압증기를 공정용 또는 지역난방용 열원으로 사용하기 때문에 종합 열효율을 올릴 수 있다.

열 수요의 연중변화가 적고 전력 수요와 열 수요가 일정하게 변할때나 열 수요의 의존도가 보조 보일러나 축열조 등에 의해 보충 될 수 있을 때 사용된다.

배압터빈식은 지역난방용 열병합설비로 이용시는 부하변동을 상쇄할 수 있는 열전용보일러의 설치로 부하율을 높여야 하고, 산업용 열병합설비로 이용시에는 공정열이 일정 할 때 가장 경제적인 형태라 할 수 있다.

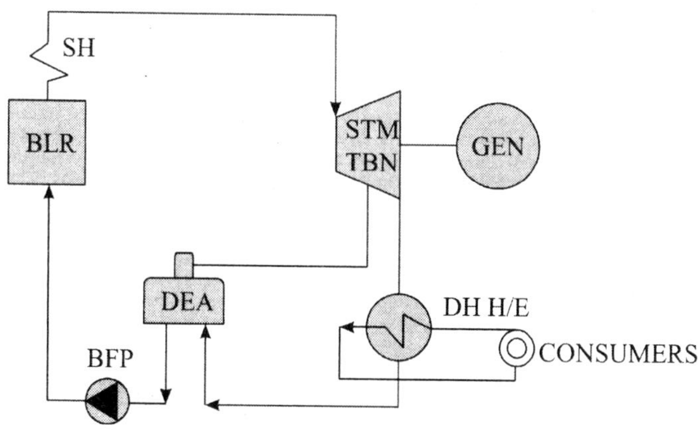

그림 3-51 배압터빈방식

(2) 추기배압터빈방식

배압터빈식의 또다른 형태로서 추기 배압터빈식이 있다. 이 방식는 열원으로 사용하는 증기의 압력기 2종 이상일 경우에 터빈에서 팽창되는 증기의 일부를 추기하여 이용하는 방식으로 추기량을 조절할 수 있기 때문에 추기하지 않는 배압터빈식에 비하여 열전비의 조절이 용이하다.

이 방식은 추기단수에 따라 1단 추기, 2단 추기 등으로 구분되어 추기를 많이하면 할수록 전력생산은 감소되고 운전이 복잡해진다.

경제성은 양호하나 부하율이 문제가 되며 산업체의 공정열 공급에 경제적이다.

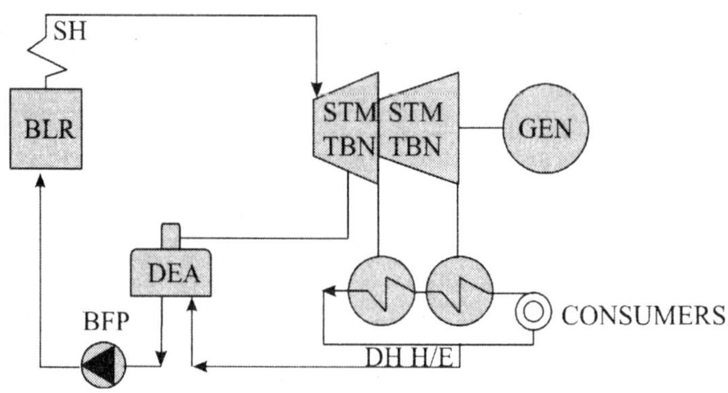

그림 3-52 추기배압터빈방식

(3) 추기복수터빈방식

복수터빈식은 전력생산 목적의 일반 발전방식과 동일한 방식으로 터빈에서 팽창된 증기를 응축시킬 때 냉각수에 전달되는 열 즉 폐열을 이용하여 지역난방 또는 생산공정용 열원으로 사용하는 방식이다.

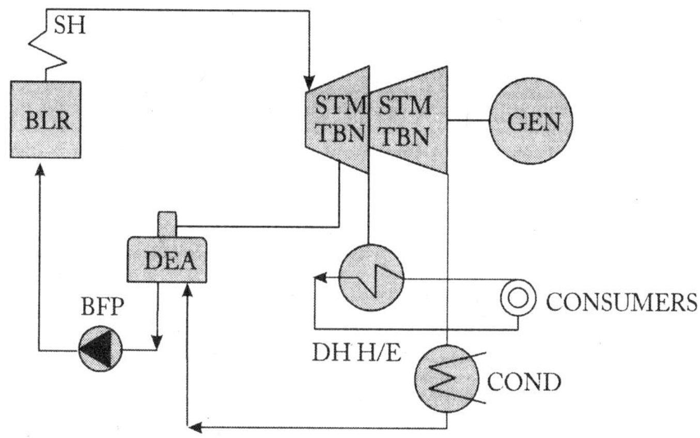

그림 3-53 추기복수터빈방식

그러나 이방식은 열병합 발전방식으로 거의 사용하지 않고 터빈에서 팽창하는 증기의 일부를 추기하여 증기의 일부를 추기하여 열원으로 사용하는 추기 복수터빈식을 채택하고 있다.

추기복수터빈식은 추기량과 복수량을 조절 할 수가 있으므로 전력과 열부하의 제어에 있어 매우 넓은 범위에 걸쳐 조절할 수 있는 이점이 있으나 배압터빈식에 비하여 효율이 낮으며 추기단수로 1, 2, 3단 등으로 하여 여러압력의 증기를 추출할 수 있어 각기 다른압력의 열원을 필요로 하는 여러 생산공정에 적합하다.

그러나 이 방식은 열효율이 높지않아 열전용 플랜트와 일반전기를 사용하는 경우와 비교하여 뚜렷하게 경제성이 있지않아 도입에 신중을 기하여야 하며 산업체 폐열이나 각종 폐기물을 이용하기 위한 목적으로는 사용가능한 방식이다.

(4) 배압터빈식과 복수터빈식의 조합방식

배압터빈과 복수터빈을 조합한 형태로서 배압터빈에서 일차적으로 전기를 생산하고 나온 증기의 일부를 열원으로 사용하고, 일부는 복수터빈으로 들어가서 전기를 생산하며 추기를 이용하여 또 다른 열원으로 이용하는 방식이다.

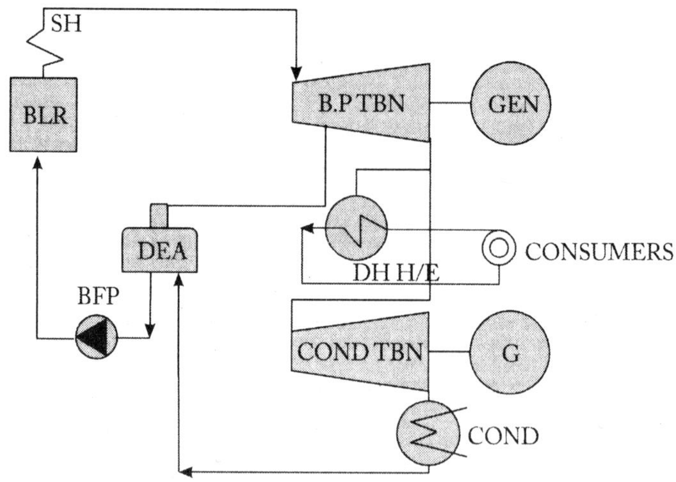

그림 3-54 배압터빈과 복수터빈방식의 조합

(5) 가스엔진방식

가스터빈은 근래에 와서 고온, 대형화 되고 있으며 냉각수가 거의 필요치 않아 열병합 발전으로서의 채택이 늘고 있는 추세이다.

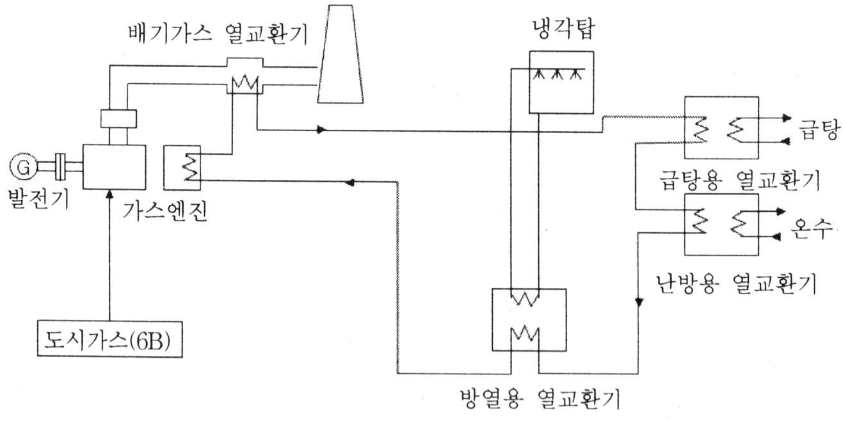

그림 3-55 가스엔진방식

가스엔진방식에는 개방사이클 계통방식과 밀폐사이클 계통방식이 있으나 일반적으로 장치가 간편하고 고온, 고압의 가스로 만들어 터빈을 돌린 다음 고온의 배기는 대기에 배출하게 되는데 이때의 65~75[%]정도가 되는 다량의 배기손실을 회수하여 증기 또는 온수를 생산하고 지역난방 또는 생산공정의 열원으로 이용하는 방식이다.

① 개회로 방식은 열부하가 적고 전력부하가 최대인 경우에 전력생산만 할 수 있으며 열부하가 최대인 경우 폐열보일러 및 보조버너를 이용하여 열생산을 많이 할 수 있다.

② 폐회로 방식은 어떤 연료를 사용해도 좋으며 원자력발전에 이용하도록 실용화 연구가 추진중이다.

(6) 디젤엔진방식

디젤엔진은 전기/증기비가 높기 때문에 전기수요가 열수요보다 상당치 많은 곳에서의 사용이 이상적이다.

최초의 디젤엔진 열병합방전 시스템은 자동차 엔진이나 추진기관으로부터 변형되어 채택되었다.

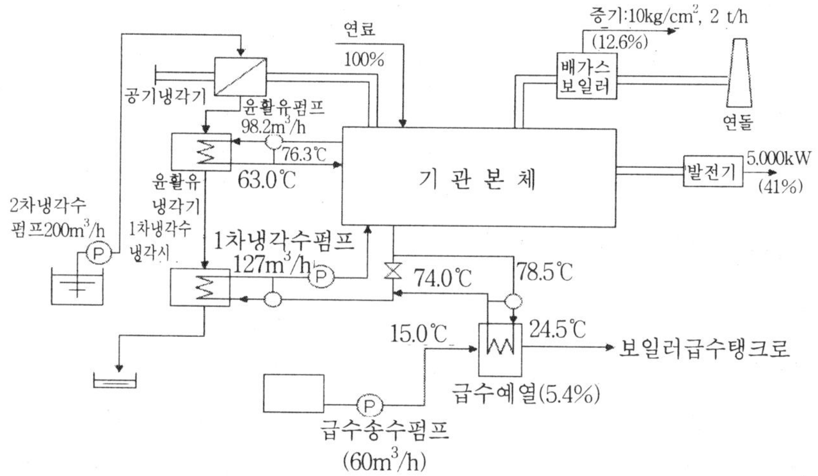

그림 3-56 디젤엔진방식

이 시스템은 디젤엔진, 열교환기, 열회수 증기발생기와 열펌프로 구성되어 있다. 디젤엔진 열병합발전시스템은 속도에 따라 현저하게 다르다. 현재 저속, 중속, 고속 디젤엔진이 모두 사용가능하다.

(가) 고속 및 중속 디젤기관용

주연료로는 주로 정제유가 사용되며 대체로 900[rpm]에서 1800[rpm]사이에서 운전되며 75[kW]에서 4[MW]사이의 발전용량을 갖는 4행정기관으고 중속 디젤엔진은 600[rpm]에서 1200[rpm]의 속도와 0.5[MW]에서 10[MW]의 발전용량을 가진다.

(나) 저속 디젤기관용

주연료로는 중유가 쓰인다. 저속 디젤엔진은 대략 120[rpm]에서 180[rpm]사이에서 작동하는 2행정기관이 주종을 이루고 발전용량은 2[MW]에서 30[MW]정도이다.

디젤엔진 열병합 발전시스템에서 열/전력 생산비율은 디젤기관 윤활유나 냉각수용 냉각기로부터의 열을 흡수하는 열펌프로서 조절이 가능하다. 열펌프에 의하여 발생되는 증기는 열회수 보일러로부터 발생되는 증기에 추가된다. 열펌프의 추가는 증기생산을 증가하고 또한 전력생산을 감소시킴으로서 열/전력비율을 향상시킨다.

디젤엔진은 항상 일정한 속도로 운전된다. 열펌프가 열과 전력생산량을 결정하고 열펌프용량은 엔진 자켓의 열 추출율에 의해 한정된다.

부분부하 적응성이 좋으나 연료가 제한되어 있다. 소형설비로 블록난방설비에 적합하며 짧은 배관망이므로 80[℃]정도의 낮은 온도로 난방 열공급이 가능하다. 또한 중·소 열소비지역의 임시용, 첨두부하용 열플랜트로 사용 할 수 있다.

3.6.5 열병합발전 운전방식

열병합발전 운전방식은 열부하 추종운전과 전기부하 추종운전으로 구분되는데, 열부하 추종운전(Heat Load Follows Operation)은 전기생산과 열 공급을 동시에 실시하는 것으로 열부하에 맞추어 운전되고, 주로 겨울철에 운전된다.

전기부하 추종운전(Electrical Load Follows Operation)은 열공급은 중단되고 전기만 생산하는 운전방식으로 주로 여름철에 운전된다.

(1) 열부하 추종방식

① 모드 I (normal operation mode) : 배열회수보일러에서 발생된 증기로 배압터빈을 구동하여 전기를 생산하고, 배기증기로 지역난방 열 공급을 담당하는 방식으로 복수터빈은 동기클러치로 분리시켜 운전하지 않는다. 열병합발전의 주종을 이루는 운전방법으로 연간 약 5,000~6,000시간 정도 운전된다.

② 모드 IV(steam turbine by-pass operation mode) : 배열회수 보일러에서 발생

한 증기를 전량 지역난방용 열로 공급하고, 증기터빈은 운전되지 않는다. 겨울철 혹한기에 열부하가 최대로 요구되는 경우에 배압터빈 추기 및 보조열원에 의한 열 공급으로 감당 할 수 없을 때 실시한다.

(2) 전기부하 추종방식

① 모드 Ⅱ(simple cycle operation mode) : 가스터빈 단독운전방식. 즉 전기만 생산하는 방식으로, 열부하가 없는 하절기에 증기터빈 고장시 또는 가스터빈 기동시의 운전이 이에 해당한다.

② 모드 Ⅲ(condensing mode) : 배압터빈과 복수터빈을 모두 운전하는 방식으로 주로 열부하가 없는 하절기에 적용되며 전기 생산이 최대로 된다. 연간 약 2,000~3,000시간 정도 운전된다.

3.6.6 발전플랜트 총 효율

그림 3-57은 추기 복수터빈식 발전시스템과 사이클로 5→7→2→4는 복수터빈식의 일반 발전 사이클이고, 5→6→3→4는 추기터빈식 발전 사이클로 그림 3-27과 그림 3-28과 같이 T-S선도는 온도가 종축이며, H-S선도는 엔탈피가 종축이고, 횡축은 엔트로피는 동일하고, 다만, 특성곡선이 다르다.

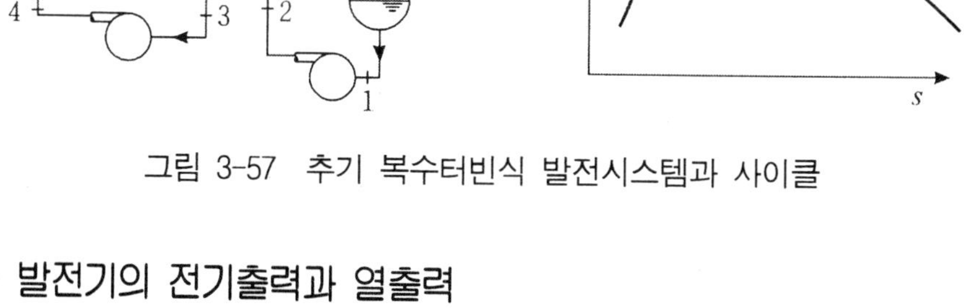

그림 3-57 추기 복수터빈식 발전시스템과 사이클

(1) 발전기의 전기출력과 열출력

발전기의 전기출력과 열출력은 다같은 에너지형태로 변환-환산이 되므로, G_e [kg/h]=추기량, G_c[kg/h]=복수량, $G=G_e+G_c$[kg/h] 터빈 유입 증기량, η_m[%]=

터빈 기계 효율, h[kcal/kg=kJ/kg]=엔탈피라 하면, 이론적으로 5의 증기가 60, 70으로 단열팽창하게 되나, 실제로는 6, 7로 팽창하게 되므로, 터빈 내부 효율은 식 (3-11)과 같다.

$$\eta_i = \frac{h_5 - h_6}{h_5 - h_{60}} = \frac{h_5 - h_7}{h_5 - h_{70}}[\%] = \text{터빈 내부 효율} \tag{3-11}$$

$$P[\text{kW}] = \{(G_e + G_c) \times (h_5 - h_{60}) + G_c(h_5 - h_{70})\} \times \eta_i \times \eta_m \times \frac{1}{860} \tag{3-12}$$

다시 정리하면, 식 (3-13), (3-14), (3-15)에 의하여 $P_{\text{합}} = P_e + P_c$[kW]가 된다.

$$P = G_e \times (h_5 - h_6) \times \eta_m \times \frac{1}{860} + G_c(h_5 - h_7) \times \eta_m \times \frac{1}{860} \tag{3-13}$$

$$P_e = G_e \times (h_5 - h_6) \times \eta_m \times \frac{1}{860} \tag{3-14}$$

$$P_c = G_c \times (h_5 - h_6) \times \eta_m \times \frac{1}{860} + G_c(h_5 - h_7)_i \times \eta_m \times \frac{1}{860} \tag{3-15}$$

터빈의 전체 유입증기량($G = G_e + G_c$[kg/h] 터빈 유입 증기량)중 일부가 추기가 됨으로써 추기량 엔탈피 감소로 출력 감소분 $\Delta P_{e(6-7)} = G_e \times (h_6 - h_7)$[kW]는

$$\Delta P_{e(h6-h7)} = G_e \times (h_6 - h_7) \times \eta_m \times \frac{1}{860} \tag{3-16}$$

(2) 발전 플랜트의 효율

발전 플랜트에서 보일러 효율이 (η_b[%])라면, 플랜트의 총 효율(η_{GP}[%])은

$$\eta_{GP} = \frac{\{G_e \times (h_5 - h_6) + G_c \times (h_5 - h_7)\} \times \eta_m + G_e \times (h_6 - h_3)}{\{G_e \times (h_5 - h_6) + G_c \times (h_5 - h_1)\} / \eta_b} \tag{3-17}$$

여기서, 추기량이 없을 경우, 배압터빈의 경우에는 분모가 감소하여 총 효율은 향상된다.

(3) 각 방식별 비교

표 3-4 발전방식별 비교

발전방식	전기출력 [%]	열공급 [%]	기계 및 전기손실 [%]	연돌 배기손실 [%]	기타 손실 [%]
배압터빈방식	28	57	3	12	-
추기배압터빈방식	28	57	3	12	-
추기복수터빈방식	30	20	3	12	복수기 35
가스터빈방식	28	50	4	18	-
복합사이클방식	38	40	4	18	-
디젤엔진방식	42	30	12	16	-

제4장 원자력발전

4.1 원자력발전 개요

원자력발전의 원자력에너지는 원자로에서 핵분열과 핵융합시 질량감소에 따라 발생하는 에너지를 이용하는 방식으로 화력발전과의 차이점은 발전터빈을 가동하기 위한 증기생산을 화력발전은 보일러에서 생산하고, 원자력발전은 원자로의 압력용기에서 발생하는 열에너지를 냉각재로 흡수하여 증기발생기에서 열 교환하여 증기를 발생한다.

원자력발전소(NPP : Nuclear Power Plant)는 국제적으로 온실가스로 인한 지구온난화 방지대책으로 온실가스배출규제를 하는 시점에 발전원별 발전량대비 이산화탄소(CO_2) 발생량이 적어 지구온난화에 미치는 영향이 적고, 저렴한 연료가격으로 큰 장점을 가졌으나, 스리마일 누출, 체르노빌(1986년), 동일본 대지진(리히터 규모 9.0) 등으로 우려가 있어 발전소 방호와 안전에 완벽을 기해야 한다.

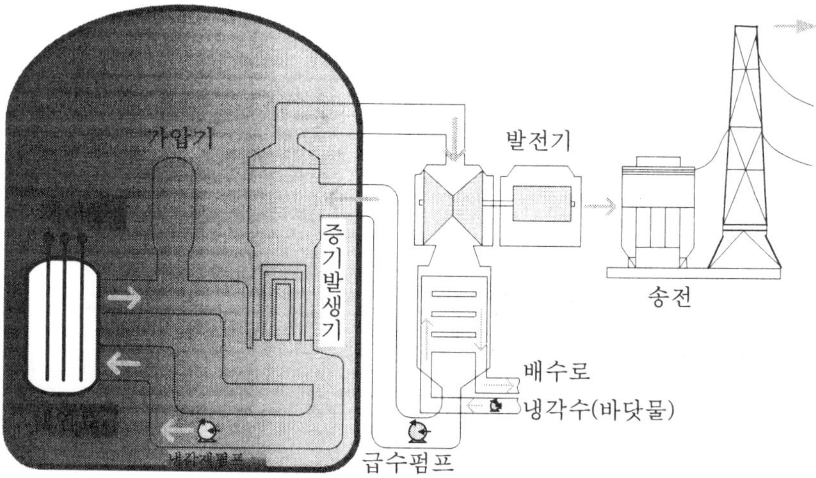

그림 4-1 원자력발전의 개념

4.1.1 원자력 관련 용어

(1) [MWth], [MWe]

[MWth]는 단위시간당 열에너지 일의 양(일률)을 말하고, [MWe]는 단위시간당 전기에너지 일의 양(일률)을 말하는데, 원자력발전소의 용량이라 함은 대부분 전기출력을 기준하게 되는데, 예를 들어 영광원자력 3, 4, 5, 6호기 1000[MW](메가와트)급이라 하면, 원자력 발전소의 발전소 전기에너지 정격용량 출력이 1,000[MWe]라는 의미이다.

(2) 원자력발전소 에너지손실과 효율

원자력발전소의 에너지손실과 효율에 대하여 측정(測定)에 의한 방법이 가장 정확하지만, [MWth]와 [MWe]로 에너지손실과 효율을 직관적(直觀的)으로 알 수 있다.

경수로식 원자력발전소의 전력생산과정을 보면, 노심에서 발생한 열에너지를 고온고압의 1차 계통측 냉각수에 의해 증기발생기로 열전달하고, 전달된 열에너지를 저온저압인 2차 계통에서 증기를 생산하여 터빈을 가동하여 터빈의 역학적 에너지를 변환하고, 터빈의 운동에너지로 터빈축과 연결된 발전기에서 전력을 생산하게 된다.

이와같이 노심의 열에너지([MWth])를 전기에너지([MWe])로 변환하기 위해서는 여러단계의 에너지변환과 여러 설비 및 공정을 거치는 동안 필연적으로 손실(=[MWth]−[MWe])이 발생하게 되고, 이로 인하여 열에너지와 전기에너지가 차이(=[MWth]−[MWe] : 손실)가 발생하므로 차이가 적으면 에너지손실이 적고 효율이 높게됨을 직관적으로 알 수 있게 된다.

(3) 핵연료

핵연료는 원자력발전소 형식에 따라 다른데, 중수로에서는 천연우라늄 U-238를 사용하는데, 실제 원자력발전소에서 필요한 U-235는 0.7[%]가 함유되어 있고, 경수로에서는 U-235우라늄이 3~5[%] 농축되어 있는 농축우라늄(그외는 U-238과 기타 물질) 핵연료를 말한다.

(4) 노심 장전

원자력발전소 형식에 따른 핵연료를 원자로 용기 내부에 장전하는 것을 말한다. 장전시 핵연료는 세라믹 형태의 알갱이(Pellet)로 제작하여 사용한다.

경수로에서는 핵연료 교체를 하기 위해서는 발전소 가동을 중지하여야 하므로 전기 생산능력에 따라 장전되는 핵연료의 노심 장전량이 달라져야 하는 반면에 중수로는 발전소 가동을 중지하지 않더라도 교체가 가능하여 수시로 교체가 가능한 장점이 있다.

(5) 핵연료 재장전

핵연료의 연소도(핵분열반응 정도)에 따라 주기적으로 핵연료를 신핵연료(新核燃料)로 교체하는 것을 말하는데, 교체방법은 핵연료의 경제성을 위하여 반응이 큰 노심 중앙부 부터 제거하고, 신핵연료는 가장자리로 밀어넣는 방법을 사용한다.

① 재장전 설비계통 : 핵연료 재장전시 핵연료와 제어봉 등을 취급 하기 위한 계통이다.

② 재장전기간 : 경수로의 경우 핵연료 교체후 설비 정기점검 기간을 말하는데, 일반적으로 보통 2개월 소요된다.

③ 원자로 운전주기 : 재장전기간과 기간사이를 말하며, 원자로 운전시간을 말한다.

(6) 임 계(臨界)

핵분열 연쇄반응이 일정비율로 유지되는 것을 말하는데, 이를 실효증배율이 1인 상태를 말하며, 보통 임계라고 하면 지발임계를 말한다.

(7) 임계사고

핵분열 연쇄반응을 일으키는 중성자가 일정하게 유지되도록 흡수되지 않거나 핵분열 반응정도가 커짐으로써 임계초과상태가 되어 방사선과 열에너지의 증가로 인한 사고를 말한다.

참고로 1999년 9월 일본 JCO 임계사고는 작업원 실수로 19[%]의 고농축 우라늄 용액을 규정 이상으로 투입하여 발생하였는데 국내 원자력은 3~5[%] 저농축 우라늄을 사용함으로써 임계사고 발생확률이 적다.

(8) 원자로 격납용기 및 건물

원자로 격납용기(Primary Containment)란 원자로 압력용기 및 1차 냉각수펌프 등의 부속설비를 수납하는 강판제 또는 콘크리트제의 밀폐용기를 말하고, 원자로 격납건물은 원자로 격납용기를 다시 방사능물질 배출을 방지하기 위한 건물을 말한다.

(9) 온배수

온배수(溫排水)란 원자력발전소의 발전터빈 출구에 있는 복수기에서 발전터빈 출구에서 나오는 수증기를 냉각, 응축시켜 다시 물로 바꾸는 목적으로 인근 해수(海水)를 사용하는데, 사용된 해수는 열전달에 의해 자연해수보다 수온이 7[℃]정도 상승되어 배출되는 해수를 온배수라 한다.

100만[kW]급 발전소 1기에 사용되는 해수의 양은 초당 약 50~60톤 정도이다.

(10) 5중벽

핵분열로 인한 방사능물질 누출방지와 사고방지를 방호하는 5차 방호대책을 말한다.

① 제1벽 : 연료 펠렛 - 산화우라늄 금속제

② 제2벽 : 피복관 - 지르코늄 합금

③ 제3벽 : 원자력 압력용기 - 강철 25[cm] 두께

④ 제4벽 : 원자로 건물 내부 철판 - 강철 6[cm] 두께

⑤ 제5벽 : 건물외벽 - 120[cm] 콘크리트

(11) 천연우라늄

우라늄($^{238}_{92}U$)은 주기율표상 원자번호 92, 기호 U, 질량수 238으로 천연원소 중에서는 원자번호가 가장 크며, 지각중에 널리 분포되어 100종 이상의 광물에 함유되어있다.

천연우라늄은 질량수 234, 235 및 238의 세 종류의 동위원소로 된 혼합물로 U-238은 높은 에너지의 중성자로만 핵분열하지만, U-235는 고속 중성자로부터 열중성자까지의 모든 에너지영역에서 핵분열한다.

(12) 우라늄 농축시설

천연우라늄에는 U-235가 약 0.7[%] 함유되어 있는바, 중수로에서는 천연우라늄을 사용하지만 경수로에서 사용하기 위하여 U-235를 3~5[%]로 농축하는 설비를 우라늄 농축시설이라 한다.

우라늄 농축법에는 원심분리법, 기체확산법, 화학교환법, 원자레이저법 및 분자레이저법 등의 방법이 있는데 주로 원심분리법으로 행하고 있다.

(13) 방사성물질, 방사능, 방사선

방사성물질은 세슘, 요오드, 플루토늄 등을 말하며, 방사능은 방사선을 방출하는 능력 의미와 1초당 붕괴수(dps : disintegration per second)를 나타내는 물리량으로 방사능의 세기 의미를 말한다.

방사선은 원자핵이 붕괴하면서 방출되는 알파선, 베타선, 감마선을 말하는데, 간단히 알파선은 약한 입자선이고, 베타선은 전자로 투과력이 약하지만, 감마선은 짧은 파장을 가진 빛으로 투과력이 강하여 공기에서도 10~20미터를 가며, 납이나 [cm]단위의 콘크리트로 방호 할 수 있다.

(14) 핵자와 원자질량 단위, 원자에너지, 동위원소

핵자(nucleon, 核子)란 원자핵을 구성하는 기본적인 입자를 말하며, 대별하여 양성자(proton)와 중성자(neutron)를 말한다.

원자질량 단위(atomic mass unit 기호는 U 또는 amu)는 근사적으로 1960년 원자번호 6 ^{12}C의 원자량의 1/12인 1.66057×10^{-27}[kg]을 사용하며, SI단위는 아니나 병용한다. 실예로 양성자의 질량은 1.00759[amu](atomic mass unit)이고, 중성자는 1.00898[amu]이다. 화학에서는 1몰의 아보가드로수 $6.022 \times 10^{23} (= N_A)$ 몰질량 12.011[g], 12[amu] 즉,

$$1[\text{amu}] = 1/N_A[\text{g}] = \frac{1}{6.022 \times 10^{23}}[\text{g}] \times \frac{[\text{kg}]}{1000[\text{g}]} = 1.66057 \times 10^{-27}[\text{kg}]$$

를 말한다.

원자, 원자핵에너지 등의 에너지는 전자-볼트(Electron Volt, 기호 [eV])를 사용하는데, 1[eV]는 전하가 1[V]의 전위차를 갖는 운동에너지를 말하며, 이는

$$1[eV] = 1.602 \times 10^{-19}[C] \times 1[V] = 1.602 \times 10^{-19}[J]$$
$$= 3.814 \times 10^{-20}[cal] \qquad (4\text{-}1)$$

아인슈타인의 상대성원리에 의하여 1[amu]의 질량을 에너지로 환산하면

$$E = m \times c^2 = (1.6603 \times 10^{-27}[kg]) \times (2.997 \times 10^8[m/s])^2$$
$$= 1.495 \times 10^{-10}[J] = 931.5[MeV] \qquad (4\text{-}2)$$

동위원소(isotope)는 원자번호는 같지만 질량수가 다른 원소를 말한다. 이는 곧 원자의 질량은 양성자와 중성자수의 합을 말하고, 원자번호는 양자수를 말하므로, 양성자수는 같으나 중성자수가 다른 원소를 말한다.

(15) 방사능 반감기

방사성원소 종류에 따라 방사성핵종의 원자수가 붕괴로 인해 원래 수의 1/2로 감소하는 시간이 다른 특성을 가지는데 붕괴속도와 관계없이 대부분 일정 시간마다 그 양이 반으로 감소하는 시간을 말한다.

(16) 준 위

단위시간당 방사선의 흡수량을 의미하며 시버트([Sv])단위로 측정되는데, 사용하는 단위로는 [nSv/h](1시간당 나노시버트), [mSv/h](1시간당 밀러시버트)가 있다.

(17) 핵분열 생성물질

U-233, U-235, Pu-239와 같은 질량수가 큰 방사성 원자가 핵분열후 남기는 물질을 말하며, 2개의 작은 생성물질로 분열하면서 열에너지와 방사선, 중성자를 방출한다.

원자로를 장시간 가동 할 경우 주요 생성물질로 금속 또는 산화 석출물, 불용성 기체와 고용성 핵분열 생성물이 생기게 되는데, 크립톤, 제논 등의 불용성 기체는 재처리 공정에서 대기중으로 방출되어 환경적 영향을 끼지고, 헬륨은 연료봉 내부의 열전도율을 저하시켜 내부온도를 증가시킨다.

(18) 핵분열(Nucler fission)

원자량이 큰 우라늄($^{235}_{92}U$)이 외부에서 들어온 중성자에 의하여 두개의 원자량이 작은 핵종으로 분리되면서 방사선과 에너지를 발생하는데, 원자핵내 결합에너지가

감소되면서 입자간 작용하던 쿨롱 반발력에 의하여 아래와 같이 2~2.5개의 고속중성자가 빛의 속도로 원자핵 밖으로 튕기게 되고, 질량 결손에 의한 에너지는 방사선(베타선, 감마선 등)과 분열후 생성물의 에너지로 발생되는 것을 말한다.

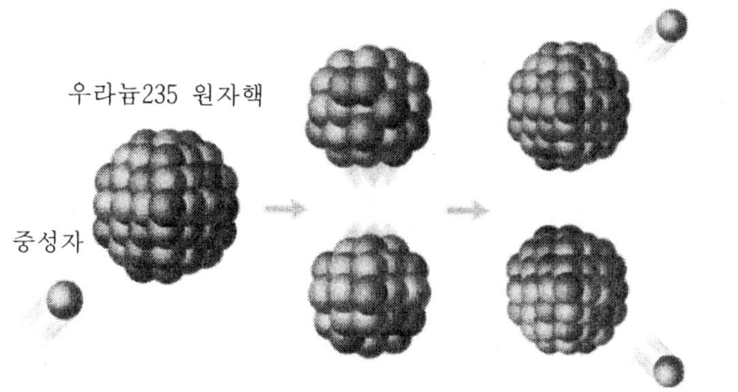

그림 4-2 우라늄 235 핵분열

$$^{235}_{92}\mathrm{U} + ^{1}_{0}\mathrm{n} \rightarrow ^{95}_{38}\mathrm{Sr} + ^{139}_{54}\mathrm{Xe} + 2^{1}_{0}\mathrm{n} + 200[\mathrm{MeV}] \tag{4-3}$$

$$\begin{aligned} E &= m \times c^2 = (1.6603 \times 10^{-27}[\mathrm{kg}]) \times (2.997 \times 10^8 [\mathrm{m/s}])^2 \\ &= 1.495 \times 10^{-10}[\mathrm{J}] = 931.5[\mathrm{MeV}] \end{aligned} \tag{4-4}$$

$$\begin{aligned} E &= \Delta m \times c^2 = [(235+1) - (95+139+2)] \times 931.5[\mathrm{MeV}] \\ &\fallingdotseq 200[\mathrm{MeV}] \end{aligned} \tag{4-5}$$

일반적으로 질량이 209 이상인 핵종에서는 원자핵 불안정으로 인한 핵분열 발생이 용이하나, 핵분열물질 선택은 자연계에 존재 유무와 핵분열 필요에너지 보다는 발생되는 에너지보다 큰 물질이어야 한다.

핵분열시 발생되는 고속중성자는 주변 원자핵과 충돌로 열중성자(Thermal Neutron)로 되는데, U-235에 흡수된 열중성자로 인하여 2차로 발생되는 수소와 원자핵 질량과 거의 같은 중성자에는 즉발중성자(卽發中性子)와 지발중성자(遲發中性子)로 구분되는데 즉발중성자는 연쇄반응 지속역할과 지발중성자는 전체 중성자의 활동시간을 연장시켜 운전을 지속시키는 역할을 한다.

핵분열형태에는 우라늄보다 큰 원소에서 발생하는 자발핵분열과 인공핵분열로 나누어지는데 원자력발전소는 인공핵분열을 이용하여 고속중성자를 열중성자로 감속하여 천연우라늄 $^{238}_{92}U$내에 있는 소량의 $^{235}_{92}U$에 흡수케 하고, 여기에서 발생되는 열을 냉각수로 열을 흡수하여 발전하는 방식을 말한다.

4.1.2 원자력발전과 화력발전 비교

전력생산 발전원가를 비교하면, 원자력발전은 기력발전에 비해 방사능 방호와 안전관리 목적으로 설비가 복잡하고, 안전-강화 재료 사용으로 건설비는 증가하나, 발전소의 건설부터 운영, 발전소 해체까지 포함한 전력생산의 평균비용인 균등화 발전원가는 연료의 수송 및 저장이 용이하고, 천연우라늄의 안정공급이 용이하며, 연료비 저렴, 연료의 수송 및 저장 용이하나 연료 교환주기가 화력은 연속적으로 공급하는데 비하여 원자력은 경수로식은 1년~2년에 1회 교체함으로써 발전소 생애주기로 보면 저렴한 특성을 가지고 있다.

발전운영계통을 비교하면, 화력발전은 급수 - 증기 - 복수시스템, 보일러 연소시스템, 터빈 - 발전시스템, 배기환경처리설비로 구분되나, 원자력발전은 노심이 포함된 압력용기, 냉각수펌프, 증기발생기, 가압기로 구성된 1차 계통과 터빈 - 발전기, 복수기 - 급수 - 열교환기로 구성된 2차 계통, 방사능 방호처리설비로 되어 있다.

열에너지 발생설비를 비교하면, 그림 4-3과 같이 화력발전은 보일러 연소시스템에서 발생하고, 원자력발전은 1차 계통에 포함되고, 핵연료다발이 들어있는 노심, 제어봉과 감속제, 반사체로 구성된 압력용기에서 열에너지를 발생시킨다.

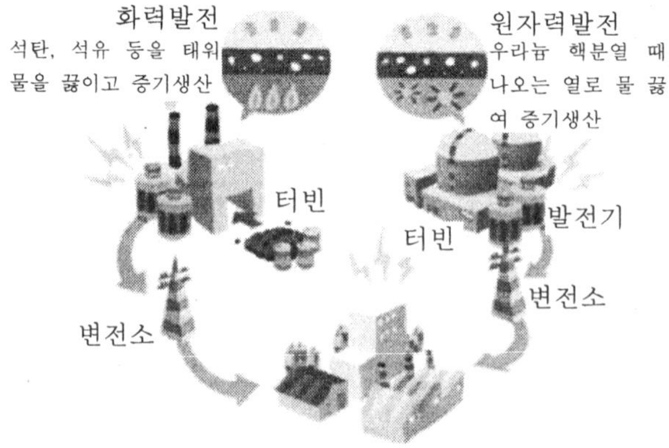

그림 4-3 원자력발전과 화력발전 개념 비교

주증기(主蒸氣)의 온도와 압력, 효율을 비교하면, 화력발전은 고온-고압증기로 약 520~540[℃], 240~250[kg/cm^2]을 사용하고, 원자력발전은 약 530~570[℃], 240~250[kg/cm^2]를 사용함으써 동일출력으로 비교하면 터빈 열효율은 화력발전은 38~40[%], 원자력발전은 33~35[%] 효율을 보인다.

기타 부대설비를 비교하면, 크게 보면 원자력은 방사능 방호대책, 화력발전은 보일러 배기가스의 집진설비 등의 환경설비가 차이가 있으며, 원자력발전은 주증기 온도와 압력이 화력발전보다 낮아 동일출력대비 주증기 수량, 복수기 냉각수량이 증가로 운전전력이 증가된다.

온실가스배출과 환경영향을 비교하면, 원자력발전은 화력발전에서 발생하는 분진, 유황(탈황설비로 처리), 질소산화물, 수질, 토양오염이 없으며, 온실가스배출량은 유연탄 화력발전에 비하여 단위발전량당 36~44배 정도 감소되며, 온실가스 배출량이 가장 적은 수력발전에 비하여 1.6~2배 정도 많다.

4.2 국내에너지와 원자력발전

원자력발전은 우라늄 1[kg]은 석유 9,000드럼, 석탄 3,000[ton]과 맞먹는 고밀도에너지를 방출하고, 지구 온난화에 미치는 온실가스 배출이 적어 타 발전방식에 비하여 생애주기로 균등화 발전원가가 저렴한 특성을 가지고 있다.

원자력에너지는 전 세계전력의 14[%]을 차지하고 있으며, 국가별 원자력발전량 비중은 프랑스(78[%]), 우크라이나(47[%]), 스웨덴(43[%]), 한국(34[%]), 일본(24[%])로써 국가별로 지구 자원고갈을 대비하여 노력을 하고 있다.

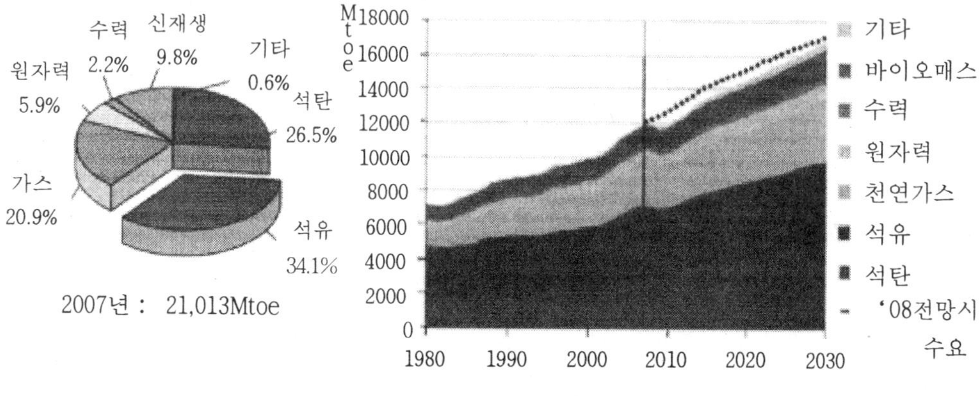

그림 4-4 국내 1차 에너지원 공급비율

(1) 에너지원으로써 국내 원자력발전

지구상 석유나 석탄과 같은 화석 에너지 자원은 멀지않은 장래에 고갈 될 것으로 예상되고, 특히 일부 국가에 편중되어 있는데 반하여, 원자력발전에 사용되는 우라늄도 수입은 하지만 전 세계적으로 골고루 분포되어 있는 이점이 있다.

원자력은 세계 전력의 약 14[%]를 공급하고 있고, 우리나라의 원자력의 전력생산규모와 발전소의 수는 세계 5위의 위치를 차지하고 있는 바, 자원이 부족한 우리나라에서는 고밀도에너지인 원자력발전이 필요하다.

또한 수력, 풍력 등과 같은 신재생에너지는 기후의 영향에 좌우되나, 원자력발전은 기후에 의존적이지 않는 안정적인 발전에너지로 지속적 측면에서 장점을 가지고 있다.

(2) 원자력발전과 온실가스

한국갤럽에서 시행한 원자력 국민인식 조사결과에서는 원자력발전이 지구온난화 방지에 부정적 응답이 많았으나, 아래와 같이 1992년 일본전기산업협회에서 비교한 발전원별 이산화탄소 배출량을 비교해보면 원자력발전이 수력다음으로 낮으며, 석탄발전에 비해서는 37배가 적을뿐더러, 우리나라에서도 2015년 배출권거래제가 시행되고, 전 세계적으로 온실가스 배출권에 대한 거래가 활성되는 상황에서는 원자력발전량 비중은 프랑스(78[%]), 우크라이나(47[%]), 스웨덴(43[%]), 한국(34[%]), 일본(24[%])으로 배출권거래에 이점이 있다. 참고로 발전량으로는 미국, 프랑스, 일본, 러시아, 우리나라 순으로 발전하고 있다.

실제로 원자력발전의 경우에는 전력생성과정에 이산화탄소 발생이 없으며, 우리나라 신재생에너지원에서도 폐기물에너지(쓰레기 소각장), 연료전지(LNG사용시), 석탄액화, 가스화 에너지원은 이산화탄소가 발생하고 있다.

표 4-1 발전원별 이산화탄소 발생량 비교 단위(g/kWh)

구 분	석탄	석유	LNG	태양광	조력	풍력	지열	원자력	수력
발생량	295	204	181	55	35	20	11	8	5

주) 1.발전설비의 건설 및 운영, 연료의 채광, 정제, 운송 등 전 과정에 걸쳐 필요한 에너지를 생산하는 과정에서 발생하는 CO_2 모두 포함
2. 원자력의 경우 방사성 폐기물 처리, 처분, 발전소 폐기 처분 과정 포함

표 4-2 발전원별 이산화탄소 발생량 비교

단위(g/kWh)

구 분	석탄	석유	LNG	태양광	풍력	원자력	수력
발생량	975	742	608	53	29	22	11

자료 : 일본 Central Reserach Institute of the Electric Power Industry, 2001

(3) 타 발전에너지 비용 대비 경제성

발전소의 건설부터 운영, 발전소 해체까지 포함한 전력생산의 평균비용인 균등화 발전원가는 석탄, 천연가스와 함께 발전소 전 생애주기로 비교 할 경우, 가장 저렴하며, 탄소배출비용까지 감안하하면 타 에너지비용이 저렴하다.

4.3 원자로와 원자력발전

원자력발전소의 원자로는 세계적으로 운전기수와 발전용량[MW] 점유율을 보면 가압수형 원자로(PWR) 275기(62.9[%]) 255,110[MW](68.1[%]), 비등수형 원자로(BWR) 81(18.5[%]) 75,958[MW](20.3[%]), 가압중수로 원자로(PHWR, HWR) 49(11.2[%]) 24,592[MW](6.5[%]) 점유율로 60[%] 이상 가압수형 원자로(PWR)가 가동되고 있다.

가압수형 원자로(PWR)의 운전은 핵연료 다발덩어리(집합체)가 탑재된 노심에 붕소나 카드륨 제어봉으로 제어하고 있고, 노심주위에 반사체, 핵 연료봉 사이에 감속제가 고속중성자를 감속시켜 $^{235}_{92}U$ 핵분열을 위하여 열중성자로 만들어 핵분열하게 하고 있다. 감속재로는 경수, 중수, 흑연, 베릴륨, 산화베릴늄을 사용하는데, 경수로에서는 경수(점유율 70[%])를 사용하고, 중수로에서는 중수(5[%]), 기체냉각원자로(GWR), 흑연감속 비등경수압력관식(RBMK)에서는 흑연(20[%])를 사용하여 운전하고 있다.

우라늄 자원사용 극대화를 위하여 개발한 고속 증식로는 열중성자를 사용하지 않기 때문에 열중성자 감속제가 없으며, 냉각제로 나트륨을 사용하고, MOX연료를 사용한다.

4.3.1 가압경수형 원자로(Pressurized-Water Reactor)

경수로(Light Water Reactor, 輕水爐)란 감속재를 경수(輕水, H_2O)를 사용하는 것으로 PWR 또는 LWR이라 말하며, 흑연감속로는 감속재로 흑연을 사용하는 것으로, 북한 영변의 원자로는 감속재－흑연, 냉각재－탄산가스를 사용한다. 가압경수로는 감속재와 냉각재를 경수(輕水, H_2O)를 사용하는데, 주요설비로는 콘크리트로 방호된 격납건물에 압력용기(노심과 제어봉, 열차폐 등으로 구성됨), 1차 냉각재 펌프(두개의 수직 단단계 축밀봉 펌프), 증기발생기(1차 약체상태의 냉각재, 2차는 급수가 증기상태로 변하는데 증기드럼부분과 증발기 부분으로 구성됨) 가압기(1차 냉각계통내 수위와 압력조정기능)가 설치되어 있고, 터빈과 발전기, 복수기, 해수나 호수의 물을 펌핑하여 진공상태의 증기를 물로 변환시키는 3차 순환수펌프로 되어 있다.

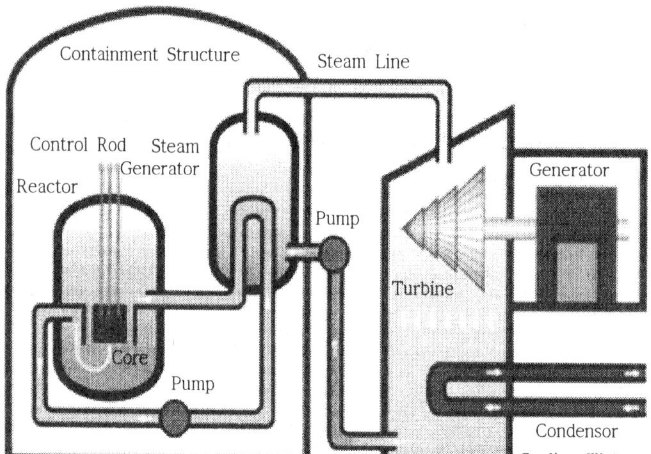

그림 4-5 가압경수로 발전개념

냉각계통은 크게 3개 냉각계통으로 구성되어 있는데, 1차 냉각계통과 2, 3차 냉각계통은 분리되어 있고, 증기발생기에서 노심 발생열을 150기압(atm)으로 가압된 1차 냉각재 경수(輕水, H_2O)가 진공발생기에서 2차 냉각계통에 열전달하여 급수(給水 : 물)을 증기로 발생하여 터빈에 돌리고, 발전기에 회전력을 전달하여 발전하게 된다. 3차 냉각계통(3차 순환수 펌프)에 의하여 2차 냉각계통에 다시 급수한다.

핵연료는 탄산가스화우라늄(UF_6)을 농축하여 약 3~5[%]로 농축된 이산화우라늄

(UO_2) 분말을 성형 가공하여 노심에 장전하거나 우라늄과 플로토늄($^{244}_{94}Pu$) 산화혼합물인 MOX(Mixed Oxide)를 장전하여 발전하며 전 세계적으로 원자력발전소의 전기출력의 약 64[%]의 점유율을 갖고 있으며, 열효율은 33[%]정도이다.

4.3.2 가압중수로형 원자로(Pressurized-Heavy Water Reactor)

중수로(Heavy Water Reactor, 輕水爐)란 감속재로 중수(重水, D_2O)를 사용하는 것으로 PHWR이라 말하며, 가압중수로형 원자로는 가압관식 중수로(CANDU)와 가압용기식 중수로로 구분되는데, 가압용기식 중수로는 소형 중수로에서만 사용되고, 가압관식 중수로는 PWR보다 낮은 100기압 정도로 유지된다.

PHWR은 PWR과 비교하여 냉각계통과 발전방식은 비슷하나, 핵연료는 $^{235}_{92}U$가 약 0.7[%] 함유된 천연우라늄 또는 1~2[%]로 농축된 핵연료를 사용하고, PWR에 비교하여 핵 교체주기가 빠르며, 운전을 정지시키지 않고도 핵연료 교체가 가능하다.

CANDU 원자로에는 노심의 평활 출력분포를 위한 21개의 조정봉과 B4C로 제조된 흡수봉 27개 등의 정지장치가 있다.

열전달계통은 Calandria 원통을 관통하는 압력관, 압력관의 배관이 모아지는 집중관, 증기발생기, 1차 냉각펌프, 압력조절기 등으로 구성되어 있고, 우리나라에서는 월성에 설치 가동되고 있다.

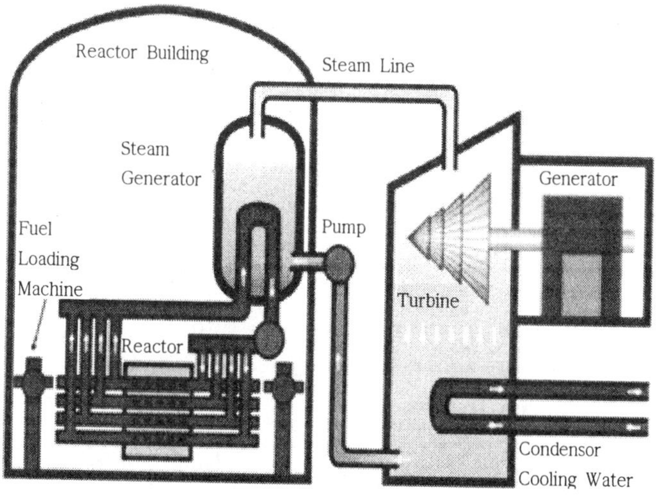

그림 4-6 가압중수로 발전개념

4.3.3 한국형 원자로

한국형 원자로는 국가 원자력분야의 기술자립 달성과 원전기술 수출국 위상정립 일환으로 개발하여 원전 독자모델을 확보하여 원전기술 선진국의 대열에 동참하였는데, 개발된 한국형 원자로 OPR1000과 APR1400이 개발되었다.

(1) OPR1000(Optimized Power Reactor)

OPR1000원자로는 현재 신고리 1, 2호기와 신월성 1, 2호기를 설계, 건설하고 있는데, 기존 원전에 비해 노심손상빈도가 기존발전소에 비해 약 1/10 이하로 감소되어 안정성이 크게 향상되었다.

OPR1000의 주요 설계특성을 보면 가압경수로(PWR)이며 용량은 1,000[MW]이고, 설계수명은 40년, 재상전주기 12~18개월, 부하추종능력은 일일 부하추종 운전이며, 원자로 냉각재 운전압력은 158[kg/cm^2], 원자로 입구온도 295.8[℃], 냉각재 출구온도 327.3[℃], 가압기 설계온도 및 압력 371.1[℃], 175.8[kg/cm^2], 증기발생기 1차/2차 압력 158.2/75.2[kg/cm^2], 열적여유도 8[%], 터빈 6유로, 직열형식, 1 Double Flow High Pressure/3 Double Flow Low Pressure, 1800[rpm]이며, 작업자 피폭선량 연간 100 Man-Rem, 발전기는 동기, 4극, 22[kV], 3상 60[Hz]로 되어 있다.

(2) APR1400(Advanced Power Reactor)

APR1400은 OPR1000원자로 후속모델로 UAE에 원전4기를 수출이 확정되었으며, 주요 설계특성을 보면 가압경수로(PWR)이며 용량은 1,400[MW], 열적능력 4,000[MWth]이고, 설계수명은 60년(40년), 미국원전의 80[%]가 0.2[g]로 운전되는데 비하여 내진설계값 0.3[g]리히터 규모 8.0의 내진능력, 재장전기간 18개월, 2차 압력 67.6[kg/cm^2], 발전기전압 24[kV], 열적여유도 10[%], 1 Double Flow High Pressure/3 Double Flow Low Pressure, Tandem Compound, 디지탈 계측제어방식, 작업자 피폭선량 연간 100 ManRem 특성을 가지고 있다. APR1400는 신고리 3, 4호기 이후 적용되고 있다.

제5장

자연에너지 발전방식

5.1 자연에너지와 신재생에너지

자연에너지란 신재생에너지 중 태양에너지, 풍력, 수력, 해양에너지, 지열에너지로 국한 할 수 있으며 신에너지 및 재생에너지 개발 · 이용 · 보급 촉진법에서 신재생에너지로 "기존의 화석연료를 변환시켜 이용하거나, 햇빛 · 물 · 지열(地熱) · 강수(降水) · 생물유기체 등을 포함하는 재생 가능한 에너지를 변환시켜 이용하는 에너지"라 정의하며, 재생에너지로는

① 태양에너지(태양광, 태양열)
② 생물자원을 변환시켜 이용하는 바이오에너지
③ 풍력
④ 수력
⑤ 해양
⑥ 지열
⑦ 폐기물에너지(소각장 등)

등 태양에너지를 태양광과 태양열로 구분하여 8개분야를 말한다. 신에너지로는

⑧ 연료전지
⑨ 수소에너지(연료전지로 수소에너지에 광의적으로 포함됨)
⑩ 석탄액화 · 가스화

로 신에너지 3개 분야와 재생에너지 8개 분야를 합하여 신재생에너지라 한다.

국내 신재생에너지 점유율은 대략 폐기물에너지 70.92[%], 수력 11.56[%], 바이오에너지 11.01[%], 태양광 2.42[%]를 점유하고 있으며, 점차 태양광과 지열의 점유율은 증가하는 추세이다.

5.1.1 자연 에너지원의 분류

신재생에너지의 정의에 따라 현재 공급하고 있는 총 8개의 자연 및 재생에너지원에 대한 세부 24개 분야는 표 5-1과 같다.

표 5-1 재생에너지 에너지원 분류

에너지원	세부분류	대상 설비분야
태양에너지	태양열	태양의 열에너지를 변환시켜 에너지원으로 이용하는 설비
	태양광	태양의 빛에너지를 변환시켜 전기를 생산하는 설비
풍력	바람에너지	바람의 에너지를 변환시켜 전기를 생산하는 설비
수력	물에너지	물의 유동에너지를 변환시켜 전기를 생산하는 설비(양수발전 제외)
해양에너지		해양의 조수, 파도, 해류, 온도차를 변환시켜 에너지를 생산하는 설비
바이오에너지	바이오가스	바이오가스를 연료로 전기 또는 열을 생산하는 설비 및 바이오가스를 생산/판매하는 업체
	매립지가스	매립지가스를 연료로 전기 또는 열을 생산하는 설비 및 매립지가스를 생산/판매하는 업체
	바이오디젤	바이오디젤을 생산/판매하는 업체
	우드칩	우드칩을 연료로 전기 또는 열을 생산하는 설비
	성형탄	성형탄을 생산/판매하는 업체
	임산연료	연료로 사용되는 흑탄, 백탄, 장작, 지엽의 생산량
	목재펠릿	목재펠릿을 연료로 전기 또는 열을 생산하는 설비
	폐목재	폐목재를 연료로 전기 또는 열을 생산하는 설비
	흑액	흑액을 연료로 전기 또는 열을 생산하는 설비
	하수슬러지 고형연료	하수슬러지 고형연료로 전기 또는 열을 생산하는 설비
폐기물에너지	폐가스	폐가스를 연료로 전기 또는 열을 생산하는 설비
	산업폐기물	산업폐기물을 연료로 전기 또는 열을 생산하는 설비
	생활폐기물	생활폐기물을 연료로 전기 또는 열을 생산하는 설비
	대형 도시쓰레기	대형 도시 쓰레기를 연료로 전기 또는 열을 생산하는 설비
	시멘트 킬른 보조연료	시멘트공장에서 폐기물(폐타이어, 폐합성수지 등)을 연료로 열을 생산하는 설비
	RDF/RPF/TDF	RDF/RPF/TDF를 생산/판매하는 업체
	정제연료유	정제연료유를 생산/판매하는 업체

5.1.2 신재생에너지원별 생산량 비중

일반적으로 폐기물 생산량의 점유율이 월등히 높고, 바이오, 수력, 기타 순서로 에너지 점유율을 나타내는데, 2013년에도 폐기물이 65.8[%]이고, 바이오 15.8[%], 수력 9.0[%], 기타 9.4[%] 점유율을 나타내었다. 특히, 폐기물, 바이오에너지가 전년 대비 증가폭이 크다.

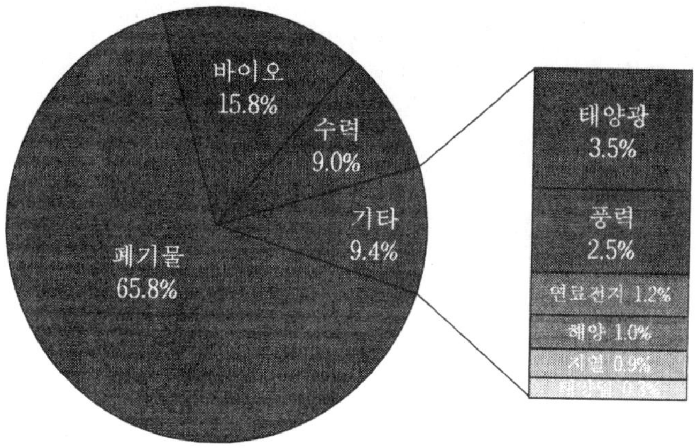

그림 5-1 2013년 신재생에너지원별 생산량 비중

5.1.3 신재생에너지 생산량 추이

그림 5-2로 보면 폐기물 생산량이 2001년에는 90[%] 이상의 점유율을 보이고 있고, 바이오, 수력, 기타 에너지 점유율을 거의 미미한 수준이었으나, 2002~2003년 수력의 증가는 대단위 수력과 소수력 포함여부로 인하여 증가하였고, 바이오에너지는 2009년 이후로 증가하여 2011년 부터는 수력에너지 점유율을 추월하였으며, 계속 증가추세이고, 이로 인하여 폐기물에너지의 점유율이 낮아지는 추세로 보인다.

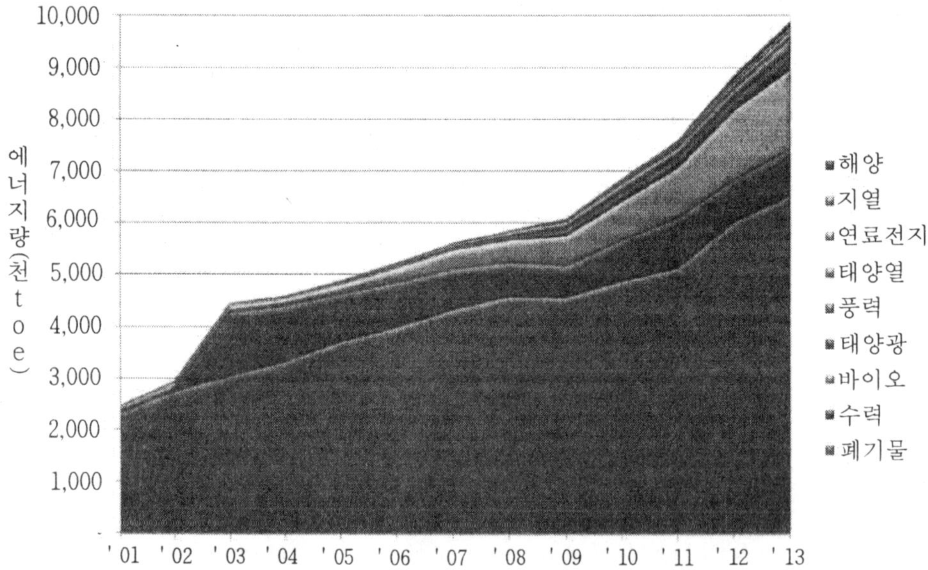

그림 5-2 신재생에너지 생산량 추이

(1) 용어 설명

(가) 바이오 에탄올(Bio ethanol)

사탕수수, 밀, 옥수수, 감자, 보리 등 주로 녹말작물을 발효시켜 차량 등의 연료 첨가제로 사용하는 바이오 연료로서 바이오 디젤과 함께 가장 널리 사용된다.

(나) 수소불화탄소(HFC_S)

불연성 무독성가스로 취급이 용이하며 화학적으로 안전하여 냉장고 및 에어컨의 냉매, 발포, 세정 등으로 다양하게 사용된다. 교토의정서에 의해 6대 온실가스로 분류되어 있다.

5.2 태양열에너지

태양에너지란 핵융합로와 같은 태양의 지구에서 받는 에너지를 말하는데, 태양에너지는 전파, 적외선, 가시광산, 자외선, X선, γ선과 미립자 흐름으로 구성되어 있다. 전체 태양에너지중 지구로 오는 것은 약 20억분의 1이고, 대기권에서 일부 반사가 되고, 지구표면 반사, X선, γ선의 대기권 흡수 등으로 지구 표면에서 받는 에너지는 태양에너지의 70[%]만 흡수된다. 흡수된 에너지는 세계 년간 에너지 소비량은 지상에서 받는 에너지의 1시간분에 불과한 만큼 막대한 에너지이다. 타대기권 밖에서 받는 태양상수는 (1,367[W/m^2])로 무공해로 신재생에너지로는 태양열과 태양광에너지로 구분된다.

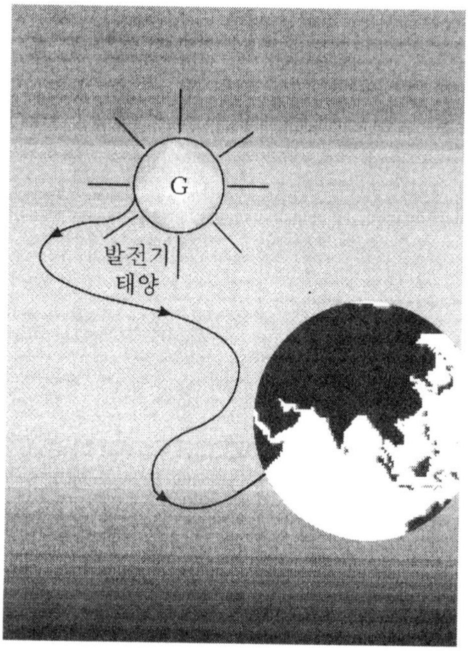

그림 5-3 태양에너지의 흡수 - 방출

> 태양상수(Solar constant ; 太陽常數)
> 지구 대기권 밖에서 받는 복사에너지를 말하고, 지구가 받는 태양에너지를 반지름이 r인 구의 면적 $4\pi r^2$으로 나눈 값을 말하고, 복사플럭스(복사속)과 같은 개념이다.

(1) 일사의 종류

태양으로부터 지표면에 도달하는 태양에너지는 저밀도 에너지인 최대 1,100[W/m^2] 이하로 지표면에 도달하는 일사에는 직달일사와 산란일사로 구분된다.

① 직달일사 : 태양으로부터 구름이나 안개, 먼지, 온실가스 등에 반사, 산란되지 않고 지표면에 직접 도달하는 복사에너지를 말한다.

② 산란일사 : 구름이나 안개, 먼지 등에 산란되어 지표면에 도달하는 복사에너지를 말한다.

(2) 태양에너지의 장 · 단점

(가) 장 점

① 무공해, 무제한 청정에너지원
② 기존의 화석에너지에 비해 지역적 편중이 적음
③ 다양한 적용 및 이용성
④ 저가의 유지보수비

(나) 단 점

① 밀도가 낮고, 간헐적임
② 유가의 변동에 따른 영향이 큼
③ 초기 설치비용이 다소 많음
④ 봄, 여름은 일사량 조건이 좋으나 겨울철에는 조건이 불리함

5.2.1 태양열(太陽熱 : Solar Thermal)에너지

태양광은 전파, 적외선, 가시광선, 자외선, X선, γ선을 총칭하여 말하는데, 태양의 전자기파중 가시광선과 적외선을 이용하는 것을 太陽熱에너지라 하는데, 적외선 등 광열학적 이용분야로 태양열의 흡수 · 저장 · 열변환 등을 통하여 건물의 냉난방 및 급탕 등에 활용하는 기술로 집열장치를 통해 난방용이나 온수용 열을 생산하는 태양열 설비, 요리를 하는 태양열 요리기, 접시 모양의 태양빛 응집기로 빛을 모아 수백도 이상의 열을 얻는 dish형 집열장치, 포물선 형태로 구부러진 길쭉한 반사막으로 빛을 모아서 이것으로 난방용, 공업용 열을 얻거나 폐수정화에 이용하는 장치, 거대한 태양열 응집기를 이용해서 천도 이상에 달하는 열을 집중하여 발전하는 태양열발전(solar poewer generation), 태양열 곡물 건조장치, 태양열을 이용한 냉방장치 등 다양한 이용분야가 있다.

(1) 태양열에너지 원리

태양열에너지란 태양에너지를 열에너지로 변환하여 이용하는 것으로 투명층을 통과한 직사광이나 산란광은 내부의 검은색(빛의 흡수율은 색이 어두울수록 높아

지는 이유)의 흡수판에 부딪치면, 일부는 반사되고, 흡수되는데, 흡수된 빛은 지구 온난화현상과 마찬가지로 유리나 플라스틱을 통과하지 못하여 적외선으로 변화되고, 변화된 적외선은 계속 에너지로 축적되어 집열판 내부는 최대 약 180도까지도 상승한다.

태양열의 효율은 집열판으로 들어온 태양복사에너지가 열에너지로 변환하는 비율인 집열판 효율과 열이 축적된 흡수장치의 열매체(에틸렌글리콜이나 프로필렌글리콜 같은 부동액이 첨가된 물)의 열전도율, 축열조로 열 전달을 위한 열교환기 효율로 결정된다.

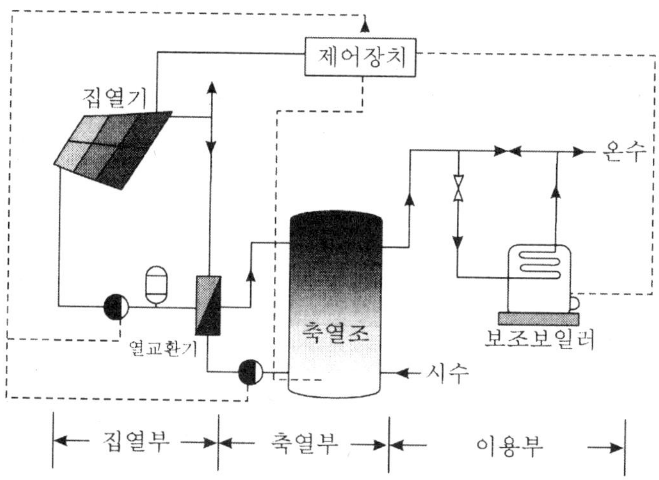

그림 5-4 태양열시스템 개략구성도

(2) 한국의 일사량과 일조율(추가필요 설치조건은 3.5시간 이상)

우선 일사율(ETR)이란 대기권 밖에서 측정된 태양복사에너지의 값에 대한 수평면 전일사량, 즉 실제로 대기를 통과하여 지표에 도달한 복사에너지 값의 비율이다. 따라서 대기 중에서 산란되어 태양광 발전에 쓰일 수 없는 복사에너지 손실정도를 추정할 수 있다. 일반적으로 총 복사에너지 중 대기에서 약 30[%]정도가 반사되거나 산란된다고 추정된다.

일조율은 일몰부터 일출까지의 시간 중 구름에 가리지 않고 실제로 태양이 미치는 시간의 백분율이다. 대략 전국의 연평균 일조율은 50.2[%]이다.

5.2.2 태양열 시스템 구성

태양열 이용시스템은 집열부(集熱部), 축열부(蓄熱部), 이용부(利用部)로 구성되는데, 이용부는 열을 이용하는 모든 설비에 해당되는데, 집열한 온도와 양에 따라서 다르게 된다. 태양열에너지는 에너지밀도가 낮고 계절별, 시간별 변화가 심한 에너지이므로 집열과 축열기술이 가장 기본되는 기술이므로 집열부와 축열부에 대해서만 설명한다.

(1) 집열부(集熱部:collector)

태양으로부터 오는 에너지를 모아서 열로 변환하여 집열하는 장치로 집열부의 가장 중요한 부분으로는 흡수장치(absorber)로, 모든 집열부에는 흡수장치가 설치되어 열을 흡수 집열하게 된다.

집열장치의 형태는 평판 집열장치(집열부), 진공관형 집열장치 등이 있다.

(가) 평판 집열장치

빛을 투과하는 상부 표면이 투명한 외부층(유리나 플라스틱)이 빛을 흡수하는 내부의 흡수장치를 덮고 있는 형태로 구성되어 내부에서 온실효과를 발생시킨다.

집열판의 하부와 측면은 열 방출이 적도록 단열재로 구성되고, 검은색 막이 씌워진 알루미늄판이나 구리판 또는 강철판에 열매체가 흘러가는 관이 부착된 형태로 검은색 금속판은 빛을 흡수판 위에 열매체 관에 열전달하는 형식이다.

(나) 진공관형 집열장치

진공에서 열 전달현상을 이용하여 햇빛의 흡수는 크고, 열 방출이 적은 방식으로 빛 흡수판과 열매체관이 담긴 진공관이 여러개 합쳐져서 구성된다. 진공관형은 빛의 변환효율은 양호하지만 제작비용이 높고, 설치면적 대비 흡수판 면적이 감소하는 단점도 있다.

(2) 축열부(蓄熱部)

열교환되어 이용처에 활용될 난방용 온수 등을 저장하는 부분으로 집열판 속에서 데워진 열매체는 축열조 속에 장치되어 있는 열교환기로 이동해서 열교환하게 되며, 축열조내 유체의 밀도에 의한 자연적 순환흐름을 이용하고, 도시가스나 전력히터, 단열재, 3방 밸브 등이 설치된다.

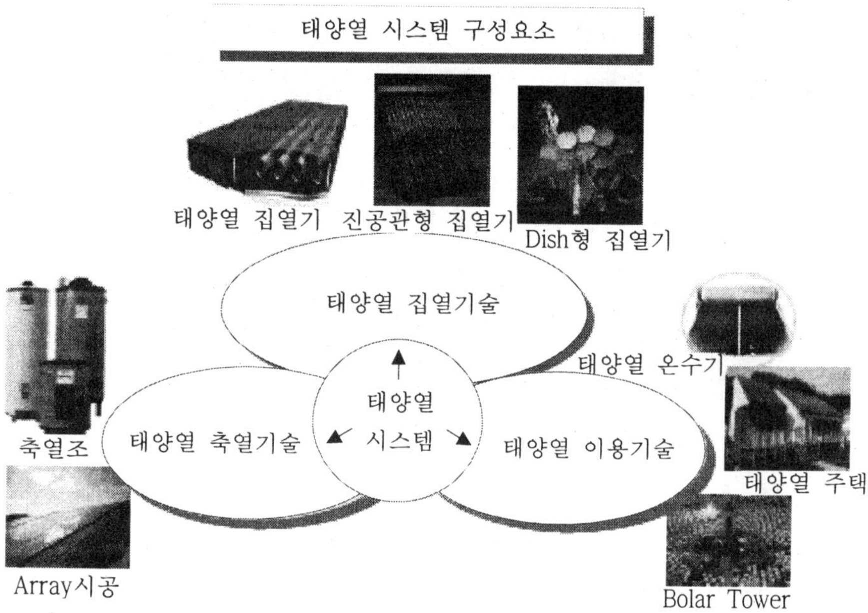

그림 5-5 태양열에너지 구성 개념도

5.2.3 태양열 이용기술의 분류

적용분야 및 활용온도에 따라 구분하고 일반적으로 자연형, 설비형시스템(저온용, 중온용, 고온용)으로 구분한다.

표 5-2 태양열시스템 이용기술 분류

<table>
<tr><th rowspan="2">구 분</th><th rowspan="2">자연형</th><th colspan="3">설비형</th></tr>
<tr><th>저온용</th><th>중온형</th><th>고온용</th></tr>
<tr><td>이용온도</td><td>60[℃] 이하</td><td>100[℃] 이하</td><td>300[℃] 이하</td><td>300[℃] 이상</td></tr>
<tr><td rowspan="3">집 열 부</td><td rowspan="3">자연형 시스템</td><td rowspan="3">평판형 집열기</td><td>진공관형 집열기</td><td>Dish형 집열기</td></tr>
<tr><td>PTC형 집열기</td><td>Power Tower</td></tr>
<tr><td>CPC형 집열기</td><td>태양로</td></tr>
<tr><td>축 열 부</td><td>공기, Tromb Wall</td><td>저온축열</td><td>중온축열</td><td>고온축열</td></tr>
<tr><td>적용분야</td><td>건물난방, 온실</td><td>건물난방 및 급탕, 농수산분야</td><td>건물 냉·난방, 산업 공정열, 폐수처리</td><td>열발전, 우주용</td></tr>
</table>

注) PTC(parabolic trough solar collector), 注) CPC(compound parabolic collector)

그림 5-6 10[MW]급 태양열 발전 시스템(미국 캘리포니아)

5.2.4 태양열 발전시스템 일반

태양열 발전은 일사된 태양복사에너지를 고비율로 집광하여 회수된 고온(250~1200[℃])의 열에너지를 이용, 발전설비를 구동하여 전기에너지를 얻는 것으로서, 대규모 태양열 발전설비는 기본적으로 집광, 흡소, 저장, 발전 시스템을 포함하고 있다.

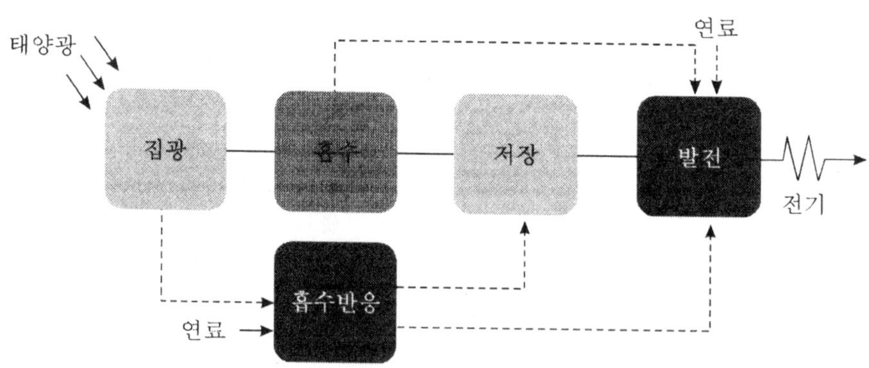

그림 5-7 태양열 발전 시스템 개략도

이때 전달된 고온의 태양에너지는 열에너지의 형태로 발전설비에 공급되어 직접 전기를 생산하거나 열 함량이 증가된 연료 혹은 수소 등의 화학에너지 생산을 위한 흡열반응의 열원으로 공급되어 발전을 위한 연료의 생산에 이용되기도 한다. 또한 발전방식 및 고온 태양열 연계방식에 따라 효과적이고 안정적인 발전을 위해 별도의 연료를 사용하는 복합시스템을 구축하기도 한다.

태양열에 의한 현재의 발전단가는 약 US$ 12~20/[kWh] 정도인데, 장기적으로는 약 US$ 5~10/[kWh] 정도의 발전단가를 형성할 수 있을 것으로 예상되어, 미래에 화석연료 발전과 경쟁할 수 있는 경제성 높은 신재생에너지 발전기술 중 하나로 여겨지고 있다.

(1) 태양열 발전시스템의 종류

태양열 발전시스템은 집열방식에 따라 집중형과 분배형으로 나누어지며, 집중형의 경우는 대규모 발전 플랜트에 적합하고 분배형은 중규모 이하 플랜트나 독립형 발전시스템에 적합하다.

에너지 전환 시스템으로는 발전기와 열방출 부설시스템이 부착된 열엔진(증기랭킨, 유기랭킨, 가스 브래이튼 또는 스터링)으로 구성되며, 열엔진에 따라 시스템 설계 및 구성이 변한다. 에너지 수송 및 저장은 기존 타열원 발전시스템과 유사하여 기술의 공유가 가능하다.

태양열 발전시스템의 개발과 더불어 운전기술의 확보는 시스템 최적화 및 효율 향상을 위해 필수적이며, 시스템의 성능 및 경제성 평가를 위한 측정 평가 기술도 필요하다.

집열기술에는 ① 홈통(PTC : Parabolic Trough)형 : 1축 태양추적, ② 파워타워(Power Tower)형 : Heliostat, ③ 파라볼라 접시(Dish)형 : 2축 태양추적 등으로 분류된다.

(2) 태양열 복합발전

태양에너지는 일조시간 및 기후조건에 따른 자원활용의 시간적 한계를 가지고 있다. 이러한 약점을 보완할 수 있는 방법은 크게 두 가지로 볼 수 있다.

첫째는 태양에너지를 일정한 저장매체를 통하여 저장하고 야간이나 기후조건이 좋지 않은 시기에 적절하게 활용하는 방법으로, 이는 사막 등에 설치된 대규모 태양열 발전설비에서 일반적으로 사용되고 있는 방법이다.

두 번째는 태양에너지와 천연가스 등의 화석연료를 동시에 이용하는 복합시스템을 구축하는 것으로, 이러한 방식은 일조 조건에 따라 화석연료의 사용량을 조절하여 발전의 경우 발전설비를 최적의 조건에서 최대 용량으로 운전하여 일정한 양의 전기를 지속적으로 생산할 수 있으며, 공급되는 태양에너지를 모두 발전에 사용할 수 있다는 장점을 가지고 있다.

따라서 별도의 화석연료 공급이 불가능한 특수한 지역(사막 등)에서의 태양열 발전설비가 아니라면 두 번째 방법인 '복합발전'은 중·단기적으로 태양열을 이용하여 고효율, 양질의 발전을 행할 수 있는 가장 효과적인 대안이 될 수 있다.

5.3 태양광(Photovoltaics)에너지 개요

태양에너지중 태양열에너지는 별도로 사용하고 있고, 태양광에너지에서 태양광(빛 : light)은 가시광선을 말하는 것으로 빛은 엄밀하게 공기나 진공, 또는 유전체 내부에서 진행하는 빛은 전기장과 자기장이 수직으로 진행하는 편광(偏光)형태로 진행하는데 빈하여, 자연광(natural light)은 여러가지 편광상태의 빛이 불규칙하게 혼합되어 편광성을 보이지 않는다.

태양광은 신재생에너지에서는 태양광발전으로 국한하나, 의미상으로는 채광(採光 : natural lighting)을 이용하는 것도 포함 될 수 있다.

태양광 발전은 태양광을 직접 전기에너지로 변환시키는 기술로 태양의 빛을 받으면 광전효과에 의해 전기를 발생하는 태양전지를 이용한 발전방식을 말한다. 태양광 발전시스템은 태양전지(solar cell)로 구성된 모듈(module)과 축전지 및 전력변환장치로 구성되는데, 태양전지(太陽電池)의 발전원리는 태양에너지를 전기에너지로 변환할 목적으로 제작된 광전지로서 금속과 반도체의 접촉면 또는 반도체의 P-N접합에 빛을 조사(照射)하면 광전효과에 의해 광기전력이 일어나는 것을 이용한다.

태양전지는 유기 태양전지와 무기 태양전지로 대별된다.

① 유기 태양전지는 유기(탄소와 같은 유기원소 포함물질)물을 재료로 만들고, 연료감응형 태양전지와 그 외 고분자 태양전지 등이 있다.

② 무기 태양전지는 현재 대부분 설치되는 실리콘 같은 반도체 재료로 만든 것으로, 태양전지중 금속과 반도체의 접촉을 이용한 것으로는 셀렌광전지, 아황산구리 광전지가 있고, 반도체 P-N접합을 사용한 것으로는 태양전지로 이용되고 있는 실리콘 광전지가 있다.

5.3.1 태양전지(solar cel)에 의한 발전원리

태양전지는 전기적 성질이 다른 N(negative)형의 반도체와 P(positive)형의 반도체를 접합시킨 구조(=P·N접합)를 하고 있으며, 실리콘 결정질 태양전지를 예를 들어 설명하면, 결정질 실리콘 태양전지는 실리콘에 브론(boron : 붕소로 주로 3족의 불순물을 주입함)을 첨가한 P형 실리콘 반도체 표면에 인(phosphorous, 주로 5족의 불순물을 주입함)을 확산시켜 N형 실리콘 반도체층을 형성함으로서 P-N접합(PN-junction)이 만들어지면, N형의 풍부한 전자는 전자가 부족한 P형에, P형의 풍부한 정공은 N형으로 농도차 확산에 의해 이동하고, 결과로 P형 접합부에는 (−)이온과 N형 접합부에는 (+)이온이 남게되는데, 이 영역을 공핍층이라 하고, 내부 전위차, 즉 전기적 퍼텐셜(전위)가 형성되어 전자와 정공의 이동이 정지된다.

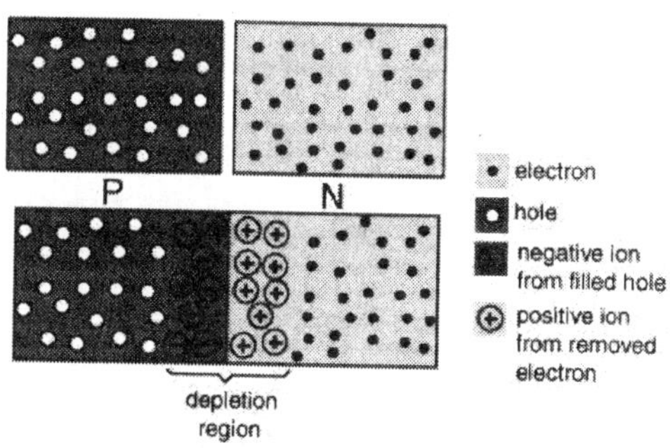

The PN junction

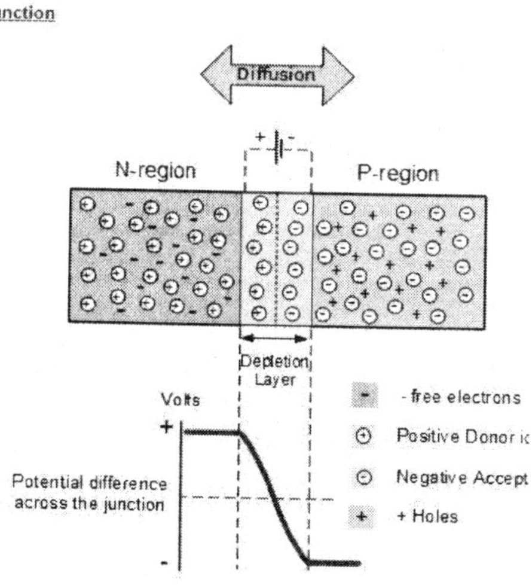

(a) P · N 접합시

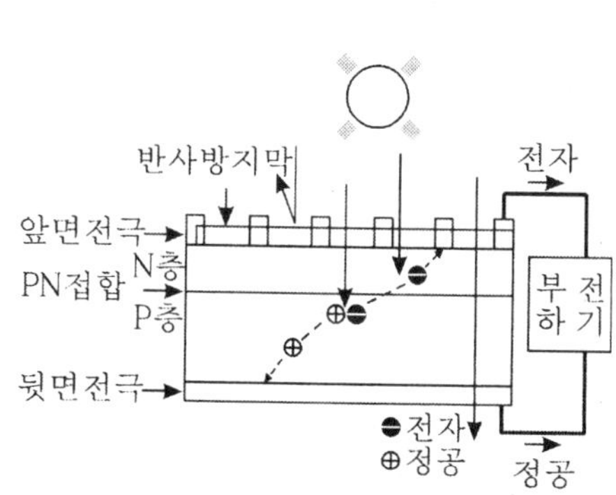

(b) 태양빛 입사시 발전

그림 5-8 태양전지

이러한 태양전지에 태양 빛이 닿으면 태양 빛은 태양전지 속으로 흡수되며, 흡수된 태양 빛이 가지고 있는 에너지에 의해 전기퍼텐셜로 정지된 전자(電子 : electron, −)과 정공(正孔 : hole, +)이 공핍층을 지나 N형이 (+)전위로 P형이 (−)로 형성되어 있다면, 전자(−)는 N형 반도체 쪽으로, 정공(+)은 P형 반도체 쪽으로 모이게 되어 회로에 전류가 흐르는 것을 태양광발전이라 한다.

- 태양전지
  - Si계
    - 결정질 Si
      - 기판형
        - 단결정(Single Crystalline Si)
        - 다결정(Poly-Crystalline Si)
      - 박막형(Poly-Crystalline Si Thin Film)
    - 비정질 Si 박막(a − Si Thin Film)
  - 화합물 반도체
    - Ⅱ − Ⅵ족 ; CdTe, CIS 등
    - Ⅲ − Ⅴ족 ; GaAs, InP, InGaAs 등
    - 기타 ; Quantum Dot Cell, Dye Cell 등

태양전지 제조에 가장 많이 사용된 반도체 재료는 단결정 실리콘이다. 단결정 실리콘으로 만든 태양전지의 효율이 기타 재료로 만든 태양전지에 비해 변환효율이 높은 특징을 가지고 있고, 다결정 실리콘 태양전지는 low level의 실리콘 웨이퍼를 사용함으로서 효율은 단결정 실리콘에 비해 낮은 반면 가격은 싸다.

(1) 용어 설명

(가) 광전효과(光電效果 : Photovoltaic effect)

일반적으로 물질이 빛을 흡수하여 자유로이 움직일 수 있는 전자, 즉 광전자(光電子)를 방출하는 현상

(나) 광기전력(光起電力 : Photoelectro-motive force)

반도체에 빛을 조사했을 때 발생하는 전압

(다) 스트링(string)

직렬 연결된 모듈 열을 스트링이라 한다.

(라) Wp(watt peak)

태양전지의 용량 표기는 Wp(Watt peak)

5.3.2 태양광 발전 구성 요소

태양광 발전 구성은 대별하여 반도체 소자를 이용하여 광에너지를 흡수시켜 전기에너지를 발생시키는 태양전지(solar cell), 태양전지 모듈(photo voltaic module 또는 solar cell module) 및 모듈을 직·병렬로 연결시켜 원하는 출력을 얻도록 배열시킨 것을 태양광 전지 어레이(photovoltaic array)와 발생된 전력을 부하측에 이용될 수 있도록 연결해 주는 주변기기(BOS : balance of system)로 나누어진다.

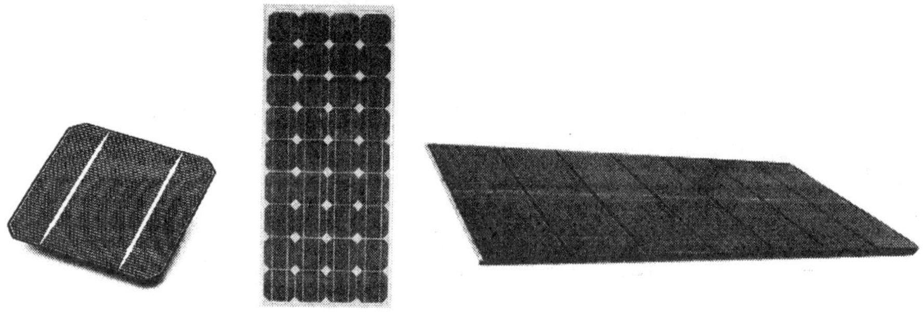

(a) PV cell (b) PV module (c) PV array

그림 5-9 태양광 전지의 셀과 모듈 및 어레이

(1) 태양전지(solar cell)

태양전지는 실리콘 등의 반도체 소자가 광에너지를 받아서 전기에너지로 변환되는 특성인 광기전력 효과(photovoltaic effect)와 광전류 효과(photo-current effect)를 이용하는 다이오드 접합(diode junction)구조를 갖는 반도체 소자이다. 따라서 암(dark) 상태의 태양전지는 넓은 P-N접합의 면적을 갖는 다이오드의 전압-전류 특성과 유사하다.

(가) 태양전지의 최대 전력점

태양전지의 전기적인 특성은 태양광이 조사될 때에 태양광의 강도에 따라 태양전지의 출력전압과 출력전류가 변화하게 된다. 이때 태양전지 표면에 조사된 태양광의 강도를 일사강도 또는 일사량이라고 하며, 태양전지의 용량 표기는 Wp(watt peak) 등으로 표시되고, 여기서 태양전지 출력 측정조건은 태양전지 표면온도가 25[℃]에서 1sun(일사강도가 1[kW/m^2])일 때의 용량을 나타내며, 태양전지의 일사량에 대한 태양전지의 출력 전압 - 전류특성은 각각의 일사량에 따른 다른 최대 전력점(maximum power point)을 나타낸다.

태양전지의 가장 중요한 전기적 파라미터는 단락전류(I_{SC}), 개방전압(V_{OC}), 최대 전력전압(V_{MPP}), 최대 전력전류(I_{MPP}), 최대 전력점(MPP)이다. 따라서 태양전지의 출력전압, 전류는 부하저항에 따라 크게 변화될 수 있음을 알 수 있다.

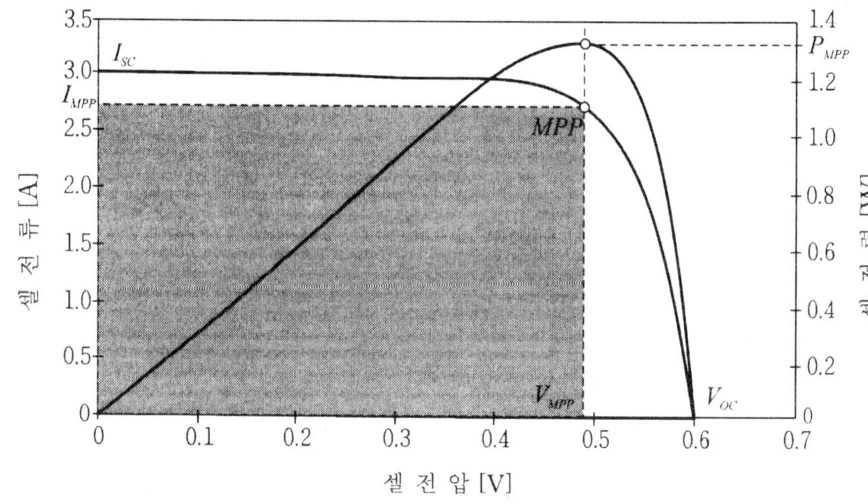

그림 5-10 최대 전력점을 나타내는 태양전지의 전압 - 전류와 전압 - 전력 특성

그림 5-10의 음영은 1000[W/m^2]의 태양 입사광에서 태양전지의 표면온도가 25[℃]일 때 부하에 공급되는 전력을 나타내는 넓이로 나타낸다. 태양전지의 특성을 평가하는 파라미터(parameter)에는 fill-factor(FF)가 있으며, FF는 다음과 같이 정의한다.

$$FF = \frac{P_{MPP}}{V_{OC} \times I_{SC}} = \frac{V_{MPP} \times I_{MPP}}{V_{OC} \times I_{SC}} \tag{5-1}$$

Fill-factor는 태양전지의 단락전류(I_{SC})와 개방전압(V_{OC})으로 구성된 직사각형 내에 그의 전압 - 전류 특성곡선이 얼마나 잘 일치하는가를 설명하는 품질의 척도를 나타낸다. FF는 항상 1보다는 작으며, 보통 0.75에서 0.85사이에 있다.

(나) 태양전지의 효율

최대 전력점(MPP)의 전력(P_{MPP})과 입사량(E), 태양전지의 면적(A)을 알면 fill-factor에 의해서 태양전지의 효율은 다음과 같이 나타낸다.

$$\eta = \frac{P_{MPP}}{E \times A} = \frac{FF \times V_{OC} \times I_{SC}}{E \times A} = \frac{P_o(\max)}{(A[\mathrm{cm}^2])(100[\mathrm{mW/cm}^2])} \times 100[\%] \quad (5\text{-}2)$$

식 (5-2)에서 태양전지의 높은 효율을 얻으려면 개방전압(V_{OC})과 단락전류(I_{SC}) 및 fill-factor를 증가시키면 된다.

현재 상용되고 있는 전형적인 단결정 silicon 태양전지의 모양과 물리적 크기 및 규격을 그림 5-11과 표 5-3에 나타내었다. 또한 태양전지의 동작 효율은 출력전력을 광원에 의해 주어진 전력으로 나누는 것으로 식 (5-2)와 같이 나타낸다. 전형적인 태양전지의 변환 효율의 범위는 10[%]~20[%]안에 있으며, 현재의 연구진행 상황을 관심있게 주시해 보면 이 보다 더 개선된 효율을 갖는 태양 전지가 출현될 것으로 예상된다.

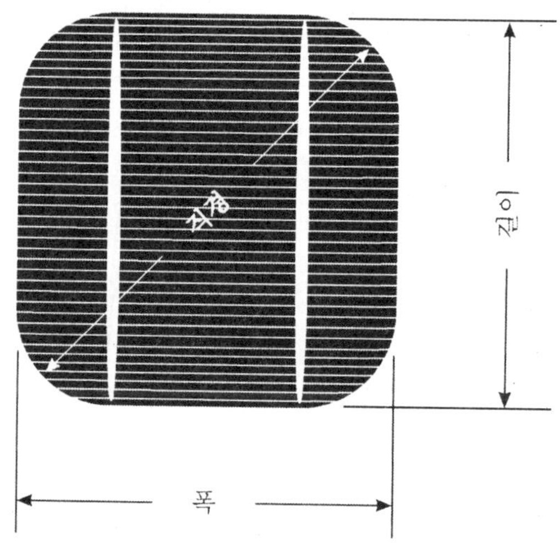

그림 5-11 상용되고 있는 태양전지

표 5-3 상용되고 있는 태양전지의 전기적 특성

물리적 크기				전기적 특성(규격)				
길이 [mm]	폭 [mm]	직경 [mm]	두께 [mm]	단락전류 [A]	개방전압 [V]	최대전력 전류[A]	최대전력 전압[V]	최대전력 [Wp]
125	125	150	240/270	2.95	0.60	2.78	0.495	1.38

(2) 태양전지(solar cell) 모듈

태양전지 몇 개를 직렬로 연결하면 전압이 비례적으로 증가된다. 따라서 용도에 맞게 수개의 태양전지를 연결시켜 태양전지판으로 제작한 것을 태양전지 모듈이라고 한다. 현재 상용화되고 있는 태양전지 모듈은 5인치 단결정 silicon을 사용하여 125[mm]×125[mm] 크기의 태양전지 36개를 직렬로 연결한 85(Wp) 모듈이 있으며, 그 외 175(Wp) 모듈은 태양전지 72개, 200(Wp) 모듈은 6인치 다결정 silicon을 사용한 156[mm]×156[mm] 크기의 태양전지 54개가 직렬로 연결되어 있다. 그림 5-12는 셀 한 개의 전기적 특성을 36개의 셀로 직렬 연결한 모듈의 전기적 특성을 나타내고 있다.

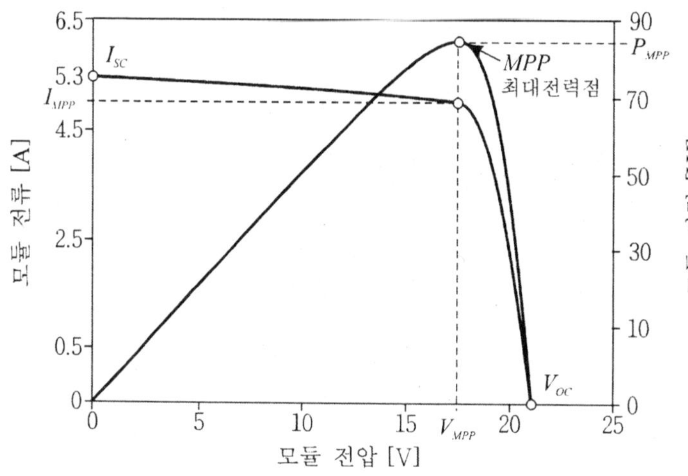

그림 5-12 상용 태양전지 모듈의 출력 특성

일반적으로 단결정 silicon 모듈의 변환효율은 13[%]~17[%]범위이고, 다결정 silicon 모듈의 효율은 10[%]~12[%]이다. 비정질(amorphous silicon) 모듈의 변환효율은 5[%] 이하이다.

표 5-4 상용되고 있는 태양전지 모듈의 전기적 특성

최대전력 [Wp]	Cell 면적 [mm/mm]	Cell 재료	Cell 수	최대전력 전압[V]	최대전력 전류[A]	개방 전압 [V]	단락 전류 [A]
85	125/125	5인치 단결정 silicon	36(4×9)	17.1	4.97	21.3	5.3
125	156/156	6인치 다결정 silicon	36(4×9)	17.8	7.04	22.1	7.66
175	125/125	5인치 단결정 silicon	72(6×12)	35.4	4.95	44.1	5.37
185	156/156	6인치 다결정 silicon	54(6×9)	25.3	7.30	32.5	7.83
200	156/156	6인치 다결정 silicon	54(6×10)	25.4	7.89	32.3	8.43

그림 5-13은 85(Wp) 상용 태양전지 모듈의 구조이며, 우회(by pass) 다이오드는 태양전지가 오염되면 셀의 재료가 손상되는 한계까지 가열되어 열점(hot spot)을 만들고 이 때 오염된 모듈의 셀을 통해 역전류가 흘러 파손되는 것을 방지하고 모듈의 출력변화를 완화시키기 위해 사용된다.

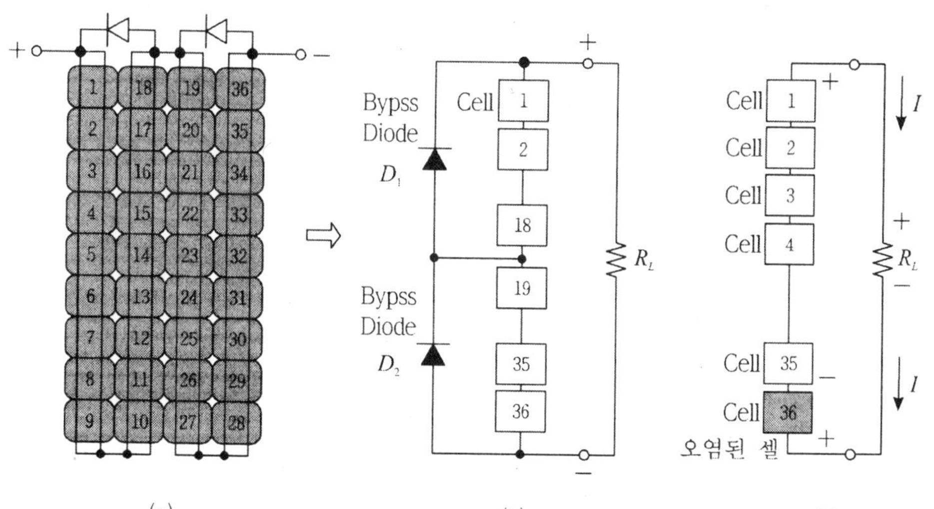

그림 5-13 상용 태양전지 모듈의 구조

그림 5-13 (c)에서 우회 다이오드가 없는 일반적인 동작을 할 경우, 태양전지에서 생성된 전류는 부하저항(R_L)에서 소비할 것이고, 만약 그림 5-13 (b)의 36번째 태양전지에 오염이 생기면 이 셀은 전기적으로 부하가 된다. 따라서 더 이상 오염된 셀에서는 전류가 생성되지 않으며 그 대신 이 셀은 다른 셀로부터 역전류 방향

으로 전류를 소비한다. 광을 받은 다른 태양전지로부터 생성된 전류는 오염된 셀을 통해서 흐르게 되어 이 전류의 흐름이 열로 변환된다. 이 전류가 아주 크면 이미 언급한 바와 같이 열점을 만든다. 열점을 방지하기 위해서 그림 5-13 (b)와 같이 우회 다이오드를 설치하면 역전압에 의해 흐르는 역전류는 우회 다이오드를 통해서 오염된 셀을 우회하게 되고, 태양전지를 가로지르는 역 바이어스 방향의 전압이 생성되지 않는다.

태양전지 모듈은 계절에 따라 일사량의 온도가 변화하면 최대 전력점(MPP)도 변화하므로 태양전지 어레이를 설계할 때 온도영향을 고려해야 한다. 그림 5-14는 태양전지 모듈에서 출력 전압-전류 특성의 온도영향을 나타내고 있는데, 모듈의 전압은 모듈온도에 의해 많은 영향을 받는다. 즉, 표준시험 조건하에서 50(Wp) 모듈의 전압변화의 차이가 여름에는 −8[V]이고 거울에는 +10[V]에 이르며, 특히 낮은 온도에서의 전압증가는 어레이 설계에서 심각하게 고려해야 한다. 태양광 발전 시스템의 어레이는 여러 개의 모듈을 직렬로 연결하여 100[V] 이상의 큰 전압을 발생시키므로 인버터의 입력전압 한계를 넘을 수 있다.

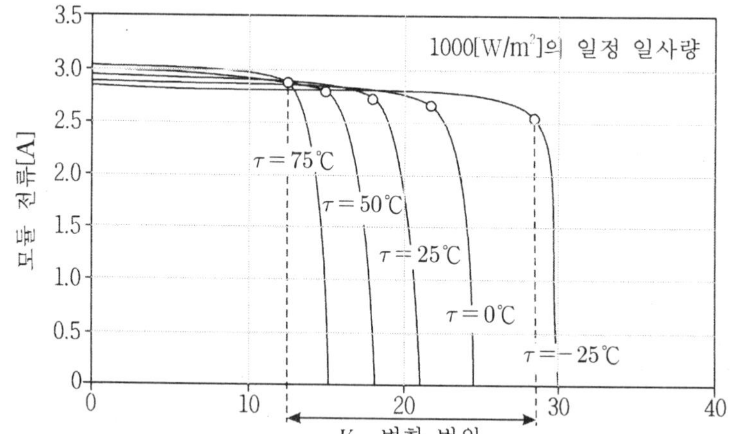

그림 5-14 태양전지 모듈에서 출력 전압-전류 특성의 온도 영향

따라서 대규모 태양광 발전 시스템의 어레이 설계에서는 온도 영향에 따른 이러한 문제를 특별히 해결해야 한다. 특히 여름의 높은 기온일 때는 모듈의 출력전력 저하가 정상 온도와 비교하여 35[%]정도나 차이가 있다. 출력전력의 저하를 최소화하기 위해 태양광 발전 시스템에서는 열을 대기로 용이하게 발산시키는 방법도 고려해야 할 것이다.

(3) 태양전지(solar cell) 어레이(array)

태양전지 모듈은 직·병렬로 연결하여 태양전지 어레이를 구성하게 된다. 이때 태양전지 어레이는 사용 용도에 맞추어 태양전지 모듈을 10~30개씩(여기서 직렬 연결된 모듈 열을 스트링(string)이라 한다.) 직렬연결하고 또한 설치용량에 따라서 병렬로도 적정한 개수를 연결하여 사용한다.

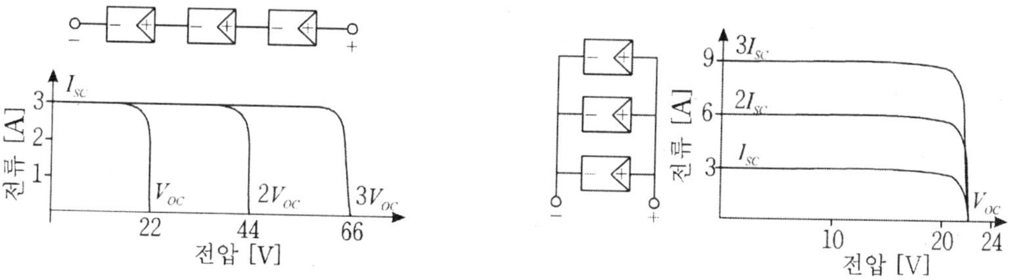

그림 5-15 태양전지 모듈들이 직렬(좌측), 병렬(우측)연결 되었을 때 출력특성

또한 태양전지 어레이에 연결된 인버터의 입력전압 또는 계통전압은 직렬 연결된 모듈의 개수에 의해서 결정되지만, 모듈의 개방회로 전압이 항상 최대 전력점(MPP) 전압보다 크므로 인버터의 입력허용 전압보다 크지 않도록 하여야 한다. 아울러 전체 태양광 발전 시스템의 손실을 줄이기 위해서는 같은 종류의 모듈을 사용해야 한다. 그림 5-15는 3개의 모듈 스트링들을 3개의 병렬회로로 연결된 전압-전류 특성곡선이다. 모듈 한 개의 개방회로 전압이 22[V]이므로 한 조의 모듈 스트링의 개방회로 전압은 66[V]이며, 이것이 3개로 병렬 연결되어 있으므로 이 어레이의 단락회로 전류는 9[A]이다. 한 예로 85(Wp)급 모듈을 직렬로 20개 연결하여 스트링을 만들고, 6조의 스트링을 병렬로 연결할 경우, 태양광 어레이 발전용량은 85(Wp)×20개×6조=10.2(kWp)가 된다.

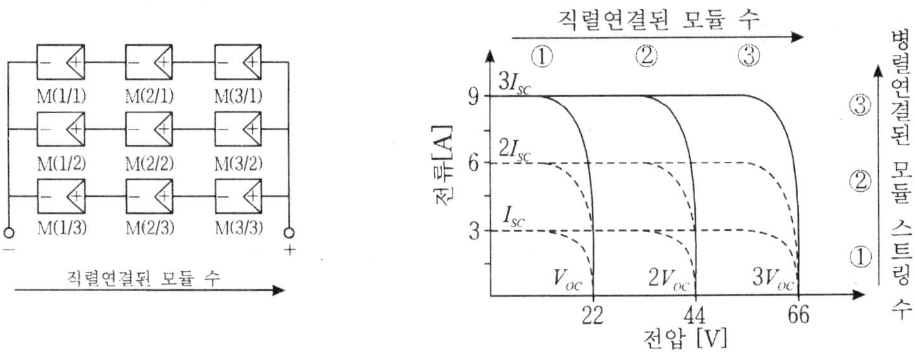

그림 5-16 태양전지 모듈들이 직-병렬 연결 되었을 때 출력특성

태양전지 어레이에서 음영 또는 모듈의 이상이 발생할 경우, 어레이의 최대 출력전력은 변한다. 태양전지 모듈을 직렬과 병렬로 연결한 어레이에서 모듈의 이상에 의한 출력전력이 변하는 관계를 그림 5-16에서 설명하였다. 즉, 태양전지 어레이에서 모듈들의 직렬회로 출력전압은 모든 모듈들의 전압의 합으로 나타내지만, 직렬회로의 출력전류는 개개의 모듈 상태에 따라 낮은 출력을 갖는 모듈의 전류값에 의존한다. 반대로 병렬회로의 전체 출력전류는 각 모듈들의 전류의 합으로 나타내며, 전체 전압은 각 모듈들의 전압과 같다. 따라서 태양전지 어레이를 설계할 때 이러한 점을 고려하여 사용용도 또는 설치용량에 따라 태양전지 모듈을 직·병렬로 연결하여 태양전지 어레이를 구성하게 된다.

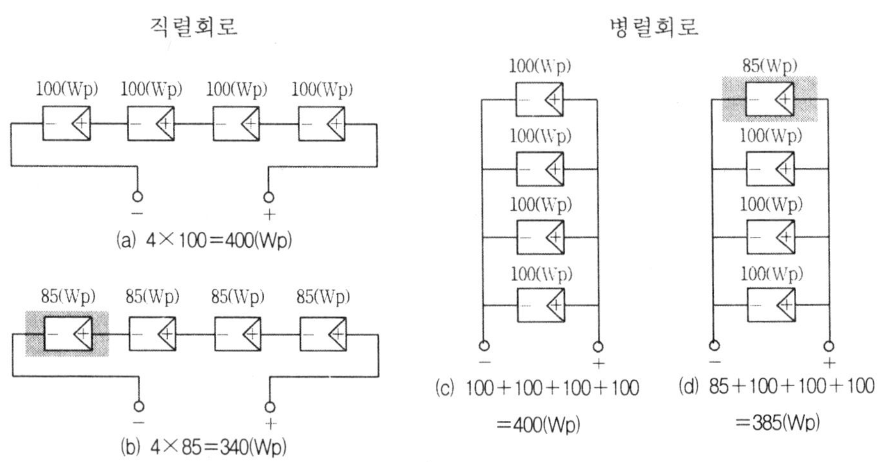

그림 5-17 태양전지 모듈들이 직-병렬 연결되었을 때 출력전력

또한 PV 어레이의 단자함에는 모듈 또는 어레이의 직렬저항을 최소화 해야할 전기적인 조치가 강구되어야 할 것이다. 단자함 내에는 각각의 스트링 케이블, DC 주(main) 케이블, 등전위 본딩 도체가 연결되고, 터미널, 브레이커, 다이오드, 퓨즈 등을 내장한다. 피뢰기는 서지(surge) 전압을 대지로 방전시키기 위해서 단자함 내에 설치되어 있어야 하며, DC 주(main) 스위치 또한 단자함 내에 설치된다. 단자함 내부는 양극과 음극을 분명하게 구분하여 나타내야 한다. 과부하에 대해 배선을 보호하기 위해서 스트링 퓨즈(fuse)는 병렬로 연결된 4개 이상의 스트링으로 형성된 어레이에 설치한다.

5.3.3 태양광 발전시스템 형태와 장·단점

태양광 발전시스템은 크게 계통연계형과 독립형 발전시스템으로 구성되고, 계통연계형은 발전된 직류전력을 인버터로 전력계통에 연결하거나, 저장하는 축전지를 구성하는 것을 말하고, 독립형 시스템은 발전된 직류전력을 축전지에 저장하였다가 직류 또는 교류전력으로 가정이나 설비에 사용하는 발전시스템을 말하고, 독립형은 세분하면 가정용 독립형과 가로등, 보안등 등과 같은 비가정용 독립형으로 분류되고, 계통연계형은 분산배치 또는 분산전원으로써 계통과 연결되어 있는 가정용, 상업용 건물과 대규모 설비로 집중배치 계통 연계형으로 구분된다.

(1) 장 점

① 에너지원이 청정 · 무제한이며(연료 수송 불요)
② 필요한 장소에서 필요량 발전가능하고(지역적 편재성 없음)
③ 유지보수가 용이, 무인화와 장수명(20년 이상)

(2) 단 점

① 지역별 일사량에 의존하며
② 설치장소가 한정적
③ 에너지밀도 낮아 큰 설치면적 필요
④ 시스템 비용이 고가로 초기투자비와 발전단가 높음

(3) 독립 단독주택형 발전시스템

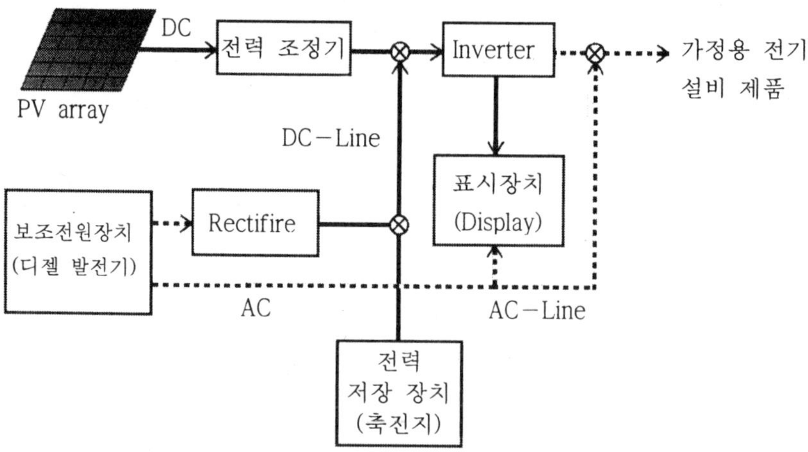

그림 5-18 독립 단독주택형 PV시스템의 일반적인 구성

(4) 계통 연계형 발전시스템

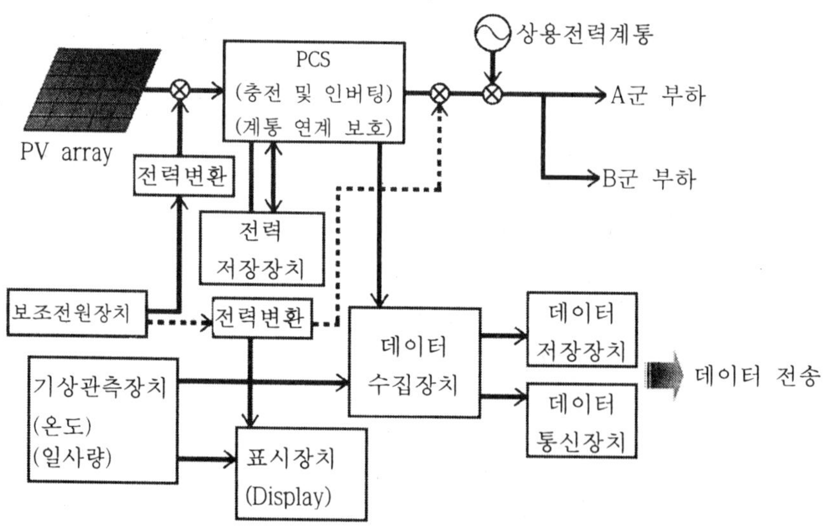

그림 5-19 계통 연계형 PV시스템의 일반적인 구성

5.4 풍력에너지(Wind Power) 개요

풍력발전이란 바람의 운동에너지를 전기에너지로 변환시키는 발전 방식으로, 블레이드의 공력(Aerodynamic) 특성을 이용하여 바람의 운동에너지를 회전에너지로 바꾼 후, 이 회전에너지를 발전기에서 전기에너지로 변환시키는 방식으로 정의 할 수 있는데, 설치 위치에 따라 해상용과 육상용으로 구분할 수 있다.

5.4.1 바 람(wind)

바람의 발생원인은 태양에너지의 한 형태로 태양에 의한 대기의 불균일한 가열과 지구 표면의 불규칙성, 지구의 자전과 공전으로 인하여 발생된다.

(1) 대기의 온도차이와 압력에 의한 순환

태양의 복사에너지로 인하여 아래와 같이 지구의 대기에 온도차가 발생한다.

그림 5-20 바다 표면온도의 적외선 사진(NASA 위성인 NOAA-701)

고온의 대기는 밀도가 작기 때문에 폐쇄된 공간에서 상부로 상승하게 되고, 저온의 대기는 밀도가 크기 때문에 하부로 흐르게 되는 순환현상을 말하고, 일반적으로 고기압과 저기압에 의하여 태풍과 싸이클론이 발생하게 되어 바람이 생기는 것을 말한다.

(2) 지구의 자전에 의한 바람

지구의 자전에 의한 힘으로 Coriolis효과로 인하여 바람의 방향이 북반구에서는 오른쪽, 남반부에서는 왼쪽으로 작용하는 바람을 말한다.

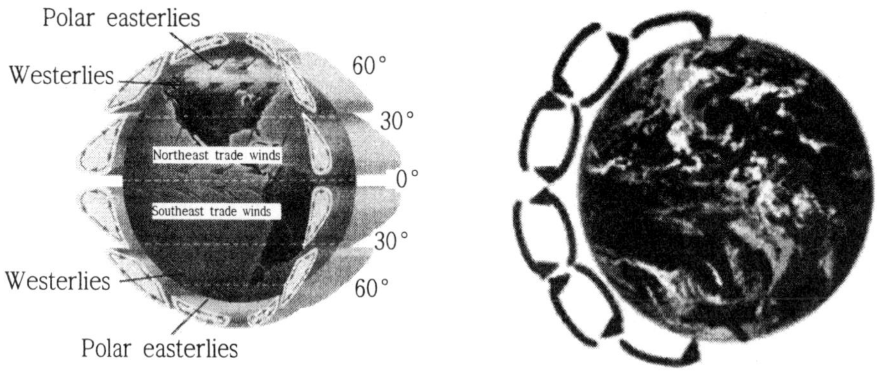

그림 5-21 NASA위성인 GOES-801 촬영한 지구의 바람의 흐름

지구 자전에 의한 바람(Geostrophic wind)은 대류권, 지구 자전에 의한 바람, 표면 바람(surface wind) 등을 들 수 있다.

표 5-5 위도에 따른 바람방향

위도	북위 90~60	북위 60~30	북위 30~0	남위 0~30	남위 30~60	남위 60~90
방향	북동	남서	북동	남동	북서	남동

(3) 지구의 표면과 산과 해양에 의한 바람

밤과 낮의 영향과 사계절에 의한 해풍(海風), 육풍(陸風), 산바람(mountain wind), 골바람 등을 말한다.

5.4.2 풍력에너지(Wind Power)

바람에 의한 풍력에너지[P_W]는

$$P_W = \frac{1}{2}\rho A v^3 = \frac{1}{2} \times \rho[\mathrm{kg/m^3}] \times A[\mathrm{m^2}] \times v[\mathrm{m/s}] \tag{5-3}$$

등과 같이 표현되고, 중요 Factor인 공기밀도는 기압과 공기중의 수분량에 의해 변하므로, 높은 곳에서의 풍력발전기 설비를 계획할 때는 공기의 밀도저하에 따른 풍력에너지 감소를 고려해야 한다

공기의 밀도는 1기압 0도에서 1.29[kg/m^3]이나, 일반적으로 풍력발전설비를 계획할 때 공기밀도는 지면에서 온도 20도를 기준으로 공기밀도 값 1.2[kg/m^3]를 사용하면 된다.

A는 블레이드의 회전 단면적[m^2], v는 회전속도[m/s], 블레이드와 발전기 사이의 기계적 효율 η_m, 발전기의 전기적 효율 η_g을 고려하고, 이상적인 블레이드라면 Betz의 출력계수 C_P(프로펠러형 0.593, 사보니우스 0.15, 다리우스 0.35)를 고려하여 발전시스템에서 출력 가능한 전기적 파워 P_e는 식 (5-4)와 같다.

$$P_e = \frac{1}{2}\rho A \eta_g \eta_m C_P v^3 \qquad (5\text{-}4)$$

일반적인 풍력발전기는 시동풍속 2~4[m/sec]에서 발전을 시작하며 정격풍속 이상에서는 출력을 일정한 상태로 유지하며, 대략적으로 15~20[m/s] 이상의 태풍이나 돌풍이 불면 풍력발전기의 파손방지를 위해 팁 스포일러(Tip Spoiler)와 기계적 브레이크를 이용해 운행을 정지하며 이때의 풍속을 한계풍속(Cut Out Wind Speed)이라고 한다.

풍력발전에서 중요한 것은 적당한 풍속의 바람이 얼마나 오래 동안 불어주느냐가 중요하며 그 정도를 나타내는 것이 풍속의 빈도수다. 발전기가 최대 출력을 낼 때의 풍속을 최대 출력 풍속(Rated Wind Speed)이라고 하며, 발전량은 풍속의 빈도수에 달려 있고, 최대 에너지를 얻을 수 있는 풍속으로 풍력발전 시스템 설계에 사용하며 이때의 풍속을 설계 풍속(Design Speed)이라고 한다.

풍력발전은 풍속이 세고, 풍차가 클수록 더 많은 풍력에너지를 생산할 수 있으므로 발전량은 풍속과 풍차의 크기에 좌우된다. 풍력으로 발전하기 위해서는 평균 초속 4[m/s] 이상의 풍속이 되어야 한다.

5.4.3 풍력발전 구성 요소

2013년 4월기준 국내 풍력발전 누적 설치용량은 483[MW]로 전 세계 풍력 설치량의 0.17[%]에 불과한 상황이며, 누적 발전총량 기준으로 전 세계 30위이다.

국내 풍력시장이 확대가 되고 있지만 풍력발전의 특성상 환경규제가 큰 걸림돌

이 되고 있다. RPS사업 시행으로 풍력단지 개발이 기록되고 건설 될 예정으로 영흥 풍력단지, 서남해 해상풍력사업이 한국전력공사와 한수원 등 발전사와 민간기업 등이 참여하고 있다.

(1) 풍력발전의 구성도

풍력이 가진 에너지를 흡수, 변환하는 운동량 변환장치, 동력전달장치, 동력변환장치, 제어장치 등으로 구성되어 있으며 각 구성요소들은 독립적으로 그 기능을 발휘하지 못하며 상호 연관되어 전체적인 시스템으로서의 기능이 수행된다.

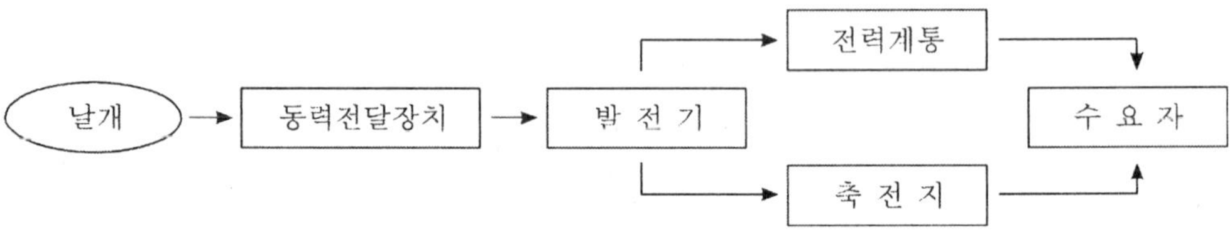

그림 5-22 풍력발전 구성도

(2) 기계장치부

바람으로부터 회전력을 생산하는 Blade(회전날개), Shaft(회전축)를 포함한 Rotor(회전자), 이를 적정 속도로 변환하는 증속기(Gearbox)와 기동·제동 및 운용 효율성 향상을 위한 Brake, Pitching & Yawing System 등의 제어 장치부문으로 구성된다. 다만, Gearless형은 Gearbox 없다.

(3) 전기장치부(발전)

수평형 풍력발전방식의 경우, 몸체에 탑재된 직류발전기와 지상에 설치된 인버터, 축전지를 연결하여 전력역송 계통연계형의 경우에는 계통선과의 연계운전을 위한 계통연계장치 또는 독립전원용의 경우에는 독립형 전력변환장치로 구성된다.

(4) 제어장치부

풍력발전기가 무인 운전이 가능토록 설정, 운전하는 Control System 및 Yawing & Pitching Controller와 원격지 제어 및 지상에서 시스템 상태 판별을 가능하게 하는 Monitoring System으로 구성된다.

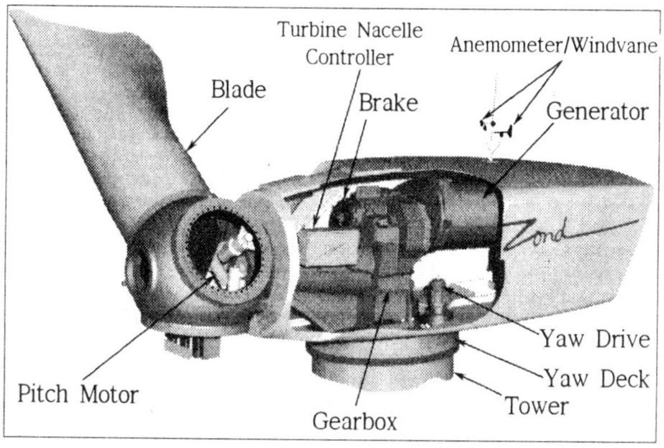

그림 5-23 풍력발전기

(가) Yaw control

바람방향을 향하도록 블레이드의 방향조절으로 풍력발전 출력제어방식이다.

(나) Pitch control

날개의 경사각(pitch) 조절로 출력을 능동적 제어한다.

(다) Stall(失速) control

정격풍속 이상이 되었을 때 발생하는 공기역학적 실속(失速)현상에 의해 날개의 출력을 제어한다.

5.4.4 풍력발전시스템 분류

풍력발전시스템은 대별하면 회전축 방향에 의한 구조상 분류와 운전방식에 의한 분류와 출력제어방식, 전력사용방식에 의한 분류로 나눌 수 있다.

표 5-6 풍력발전시스템 분류

구분	내용
구조상 분류 (회전축 방향)	수평축 풍력시스템(HAWT) : 프로펠라형
	수직축 풍력시스템(VAWT) : 다리우스형, 사보니우스형
운전방식	정속운전(fixed roter speed type) : 통상 Geared형
	가변속운전(variable roter speed type) : 통상 Gearless형
출력제어방식	Pitch(날개각) control
	Stall(失速) control
전력사용방식	계통연계(유도발전기, 동기발전기)
	독립전원(동기발전기, 직류발전기)

(1) 회전축 방향에 따른 구분

(a) 수평축 풍력발전기

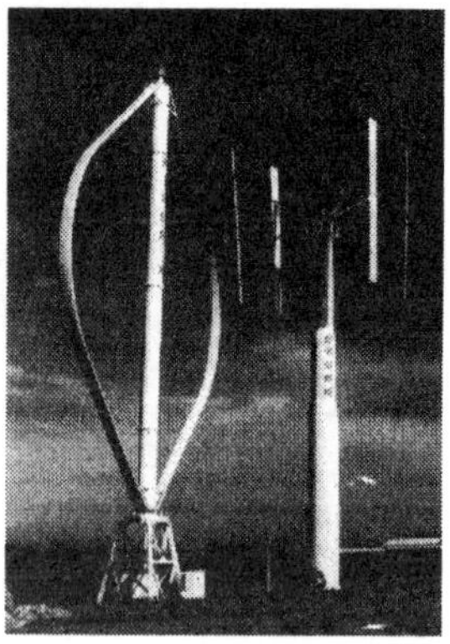

(b) 수직축 풍력발전기

그림 5-24

풍력발전기는 날개 회전축의 지면에 대한 방향에 따라 회전축이 지면에 대해 수평으로 설치되어 있는 수평축 풍력발전기와 회전축이 지면에 대해 수직으로 설치되어 있는 수직축 풍력발전기로 구분한다.

수평축은 가장 보편적으로 이용되고 있는 기술로서 회전자, 주축, 기어박스 및 발전기 등의 주요 구성품이 지지철탑 상부의 넛셀(Nacelle)내부에 장착되어 있는 구조로서 설치하기 편리하나 바람의 방향을 추적해야 하는 단점이 있다.

수직축은 바람의 방향에 관계가 없어 사막이나 평원에 많이 설치하여 이용 가능하지만 소재가 비싸고 수평축 풍차에 비해 효율이 떨어지는 단점이 있다.

보편적으로는 수평축 기술이 많이 사용되고 있으나, 부분적으로는 수직축 기술도 사용된다.

(2) 운전방식에 따른 구분

(a) Geared형 풍력발전시스템

(b) Gearless형 풍력발전시스템

그림 5-25

(가) 기어형

대부분의 정속운전 유도형 발전기기를 사용하는 풍력발전시스템에 해당되며 유도형 발전기기의 높은 정격회전수에 맞추기 위해 회전자의 회전속도를 증속하는 기어장치가 장착되어 있는 형태로 증속기(Gearbox : 적정속도로 증속 변환)필요하고 Inverter 불필요하다.

운전속도는 정속으로 발전기 동기회전수로 일정하게 회전하여 60[Hz] 정주파수로서 한전계통에 연계하는데, 농형 유도발전기로서 정속운전 방식이 많았으나, 최근에는 권선형 유도발전기로서 제한적으로 가변속 운전 방식을 채택하고 있는 추세이다. 유도형 발전기의 높은 정격회전수에 맞추기 위해 회전자의 회전속도를 증속하는 기어장치을 장착한다. 회전자 → 기어증속장치 → 유도발전기(정전압/정주파수) → 한전계통

(나) 기어리스형

대부분 가변속 운전동기형(또는 영구자석형) 발전기기를 사용하는 풍력발전 시스템에 해당되며 다극형 동기발전기를 사용하여 증속기어장치가 없이 회전자와 발전기가 직결되는 직구동(direct-drive) 형태로 가변속하기 때문에 한전계통 주파수와 맞지 않기 때문에 Inverter 필요하다.

가변속운전 동기형(또는 영구자석형)발전기를 사용하고, 다극형 동기발전기를 사용하여 증속기어장치 없이 회전자와 발전기가 직결되는 direct-drive형태이다.

발전효율이 높고(연계형 전력변환장치와 함께 계통에 연계하여 운전되거나, 단독 운전의 경우에도 많이 사용되나 유도발전기보다 비싸고, 크기도 큰 단점이 있음), 회전자(직결) → 동기발전기(가변전압/가변주파수) → 인버터 → 한전계통

5.5 수력에너지(Hydropower) 개요

하천 또는 호소(湖沼), 강 등의 물의 위치에너지, 운동에너지를 이용하여 터빈을 통하여 기계에너지로 변환하고, 이를 터빈에 연결된 발전기로 전기에너지로 변환하는 발전 방식이다. 이때 발전기의 출력은 위치에너지 차이, 물의 양에 비례한다. 이때 수량은 연간 강수량과 지역에 따라서 다르기 때문에, 위치에너지를 높이기 위해서 하천의 상류부에서 경사가 급하고 굴곡된 곳을 짧은 수로로 바꾸거나, 인공적으로 댐을 설치하여서 발전기 출력을 향상시킨다.

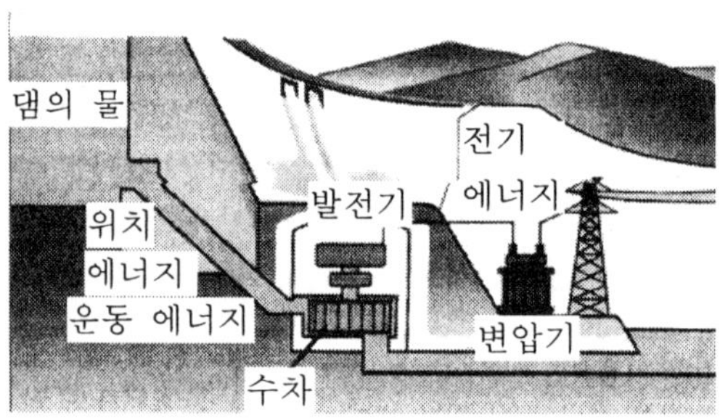

그림 5-26 수력발전 개념

수력발전은 국내 부존자원인 물을 이용하여 전력을 생산하므로 무공해 청정에너지이며 발전연료 수입 대체효과, 양질의 전력공급에 기여하고 있다. 다른 전력설비, 즉 원자력이나 화력 등에 비교해서 수력발전은 가동과 정지, 출력조정 시간이 빨라 부하변동에 대한 속응성이 우수하므로 첨두부하를 담당하여 양질의 전력 공급에 기여하고 있다.

또한 외부의 별도 전원 없이 자체 기동이 가능하며 짧은 시간 내에 전출력까지 송전 할 수 있으므로 전지역 광역정전 또는 일부지역 정전시 인접한 계통으로부터 수전이 불가능 하거나 수전에 30분 이상 소요될 때에는 정전된 지역 내의 자체 기동 발전소를 가동하여 전력계통에 전력을 공급한다.

이렇게 수력발전은 원자력 및 석탄화력의 대용량기가 불시에 고장으로 계통탈락하는 등의 계통사고시에 대비한 상시 대기 예비력으로 운용되어 전력 계통 공급신

되도 향상에 기여하고 있다.

5.5.1 수력발전(Hydropower) 개요

물은 중력의 영향을 받아 높은 곳에서 낮은 곳을 향해서 흐른다. 그 흐름을 수로로 끌어들여 수차발전기를 회전시켜 전기에너지를 발생시키는 것이 수력발전의 원리이다.

댐, 저수지 → 수입관로 → 수차발전기 → 계통연계장치 → 한전 송전선로

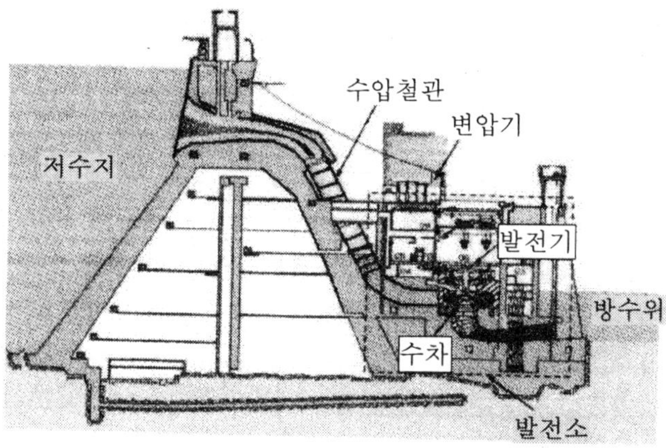

그림 5-27 수력발전소의 단면도

유량 Q[m^3]을 낙차 H[m]로 떨어뜨렸을 때 발생되는 수력에너지는 식 (5-5)와 같다.

$$P[\text{kW}] = 9.8 \times Q \times H \qquad (5\text{-}5)$$

수력발전소에서는 그림 5-27에 나타낸 것처럼 적당한 치수의 수압관로로 수차에 물을 끌어들이기 때문에 낙차를 그대로 이용할 수는 없다. 따라서 이 손실이 발생하는 것을 고려하여 유효낙차 He[m]와 유량 Q[m^3/s]으로 산출되는 이론수력 Pe[kW]은 식 (5-6)으로 나타낸다.

$$Pe[\text{kW}] = 9.8 \times Q \times He \qquad (5\text{-}6)$$

수력발전에서는 수력에너지로 발전기를 돌리는 수차의 축 동력으로 변환시킬 때 손실이 생기고, 축 동력을 전력으로 바꾸는 발전기에서도 손실이 생긴다. 수차의 효율을 ηt, 발전기의 효율을 ηg로 나타내면 수력발전기의 발전출력 P[kW]은 식

(5-7)로 나타낼 수 있다.

$$P[\text{kW}] = 9.8Q \times He \times \eta t \times \eta g \qquad (5\text{-}7)$$

현재 중·소수력용 수력발전기의 수차 효율은 ηt=0.75~0.92, 발전기 효율은 ηg=0.82~0.95 정도이다.

하천의 유량은 계절에 따라 다르다. 식 (5-7)로 발전출력을 산정하는 경우에는 발전소에서 연간 사용할 수 있는 수량을 유량 Q로 대입한다. 이 계산치를 **상시 출력**이라고 한다. 발전소의 설비용량은 사용수량의 최대치로 발전하는 **최대 출력**으로 산정한다.

낙차에는 총낙차, 정낙차, 겉보기 낙차, 유효낙차, 손실낙차 등이 있는데, 정낙차는 정지중인 수력발전기의 취수구와 방수로 시점의 수면과 차를 말하며, 겉보기 낙차란 수차 운전중 상수조 수면과 방수로 시점의 수면차를, 유효낙차란 총 낙차에서 각종 손실낙차(취수구 손실, 수로 손실, 수로 구조물 손실, 수압철관 손실, 방수로 손실)등을 제외하고 실제 수차에 유효하게 작용되는 낙차를 말한다.

수로식 발전소의 총 낙차 Hg와 유효낙차 He의 관계는 수차의 종류에 따라 달라지는데, 아래와 같이 총낙차에는 유효낙차와 수로 설비상 손실낙차가 발생하여 유효낙차는 식 (5-8)로 계산한다.

$$\text{반동수차의 경우 } He = Hg - H_{L1} - V_2^{\,2}/2g - h - H_{L2} \qquad (5\text{-}8)$$

여기서, H_{L1} : 취수구와 수조간의 손실낙차[m],

H_{L2} : 수조와 수차 입구간의 손실낙차[m],

h : 흡출관과 취수구 수위의 고저차[m],

V_2 : 흡출관 출구의 유속[M/S],

$V_2^{\,2}/2g$: 흡출관 출구의 손실낙차[m]

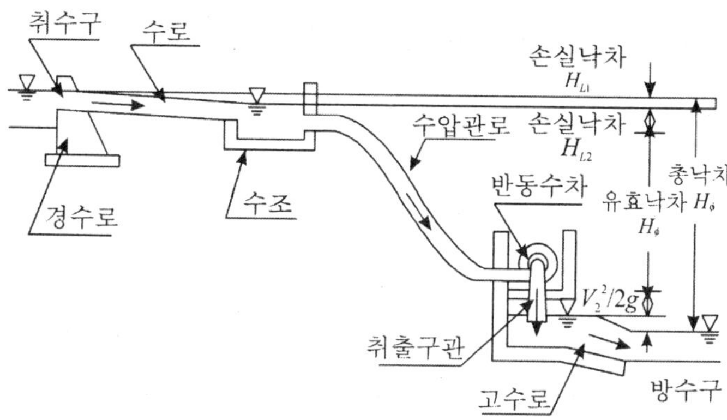

그림 5-28 수로식 발전소의 총낙차와 유효낙차의 관계(반동 수차)

5.5.2 수력발전 방식의 종류와 특징

수력발전소는 하천의 경사, 유황(流況), 지세(地勢), 지질(地質), 물의 이용방식과 구조 등 아래와 같이 여러 가지 종류가 있으나 대표적인 종류에 한하여 설명한다.

표 5-7 발전방식의 종류

분류항목	종 류
물의 이용	유입식, 저수식, 조정지식
구조면	수로식, 댐식, 댐수로식
낙차	저낙차, 중낙차, 고낙차
발전소 건물	옥내, 옥외, 반옥외, 지하, 반지하, 수중
기계의 배치	종축, 횡축, 사축
제어방식	수동, 직접제어, 원격제어, 원격감시제어

(1) 수력의 발전 용량 규모에 따른 분류

수력발전은 발전설비용량의 규모에 의해 다음과 같이 분류한다.

표 5-8 수력발전소의 분류

규모	설비용량 기준
대수력(large hydropower)	100,000[kW] 이상
중수력(medium hydropower)	10,000~100,000[kW]
소수력(small hydropower)	1,000~10,000[kW]
미니수력(mimi hydropower)	100~1,000[kW]
마이크로수력(micro hydropower)	5~100[kW]
피코수력(pico hydropower)	5[kW] 이하

(2) 물의 이용방식에 의한 분류

(가) 유입식(run of river type)

하천의 유량을 인공적으로 조정하지 않고 그대로 물을 끌어서 발전하는 방식으로 자연 유량의 변화에 따라 발전량이 증감한다.

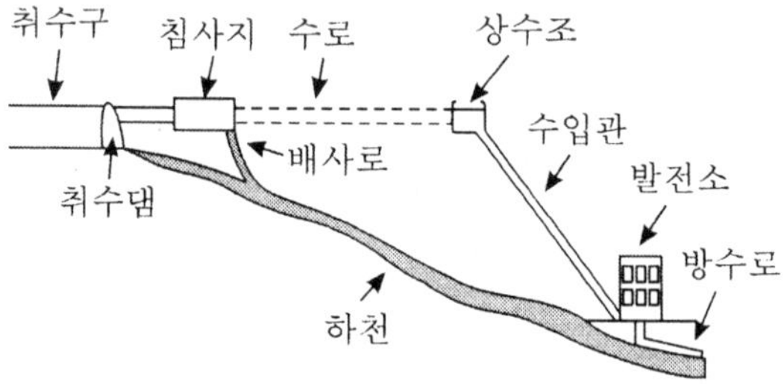

그림 5-29 유입식 발전시스템

(나) 조정지식(regulation type)

전력의 소비량은 시간별과 요일별로 다르기 때문에 수로의 도중 또는 하천에 조정지를 설치하고 1일~1주일 정도의 부하변화에 따라 하천유량을 조정 사용한다. 야간이나 주말의 전력소비가 적을 때에는 발전을 중지하여 유량을 조정지에 저수하고 소비량의 증가에 맞춰 수량을 조정하면서 발전하는 방식을 조정지식이라고 한다. 소양강, 충주를 제외한 대부분의 수력발전소는 조정지식이라 할 수 있다.

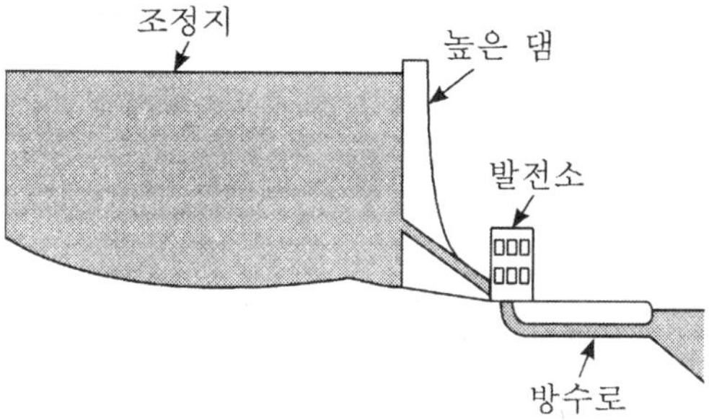

그림 5-30 조정지식 발전시스템

(다) 저수지식(reservoir type)

하천에 흐르는 유량은 계절에 따라 크게 변화하기 때문에 홍수기에는 저수지에 저류 조정하고, 갈수기에 공급하여 연중 발전이 가능한 방식이다. 저수지식 발전소가 상류에 건설되면, 하류에 있는 발전소까지 유량 조절효과를 미치기 때문에 많은 이점이 있다. 전력의 소비량이 비교적 적은 초봄이나 초가을에 하천유량을 큰 저수지에 저장하여 전력이 많이 소비되는 하계나 동계에 사용하는 연간운용의 발전방식이다. 소양강 19억톤, 충주 18억톤 발전소를 말한다.

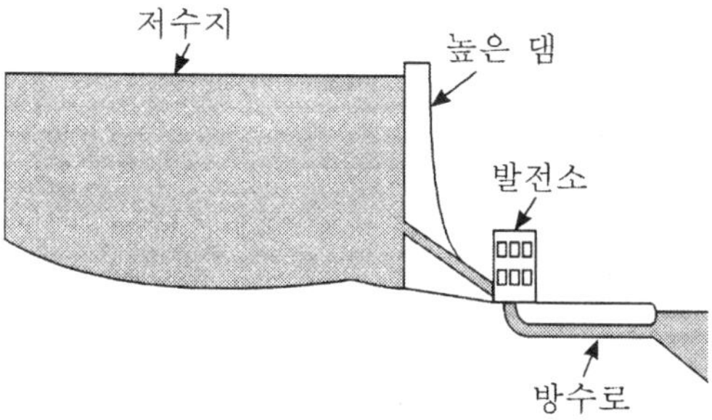

그림 5-31 저수지식 발전시스템

(라) 양수식

양수발전방식은 상부 조정지와 하부 조정지를 두어 펌프로 상부 조정지에 양수하여 발전하는 방식으로 순양수식으로는 청평, 삼랑진, 무주, 산청, 양양, 청송, 예천 발전소를 말하고, 혼합식으로는 안동발전소를 말한다.

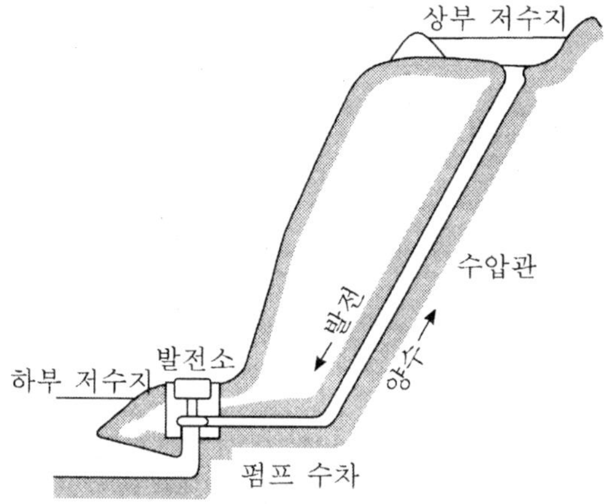

그림 5-32 양수식 발전시스템

(3) 구조에 의한 분류

(가) 수로식(waterway type)

하천의 상류에 뚝을 만들어 물을 담수하고 낙차가 발생하는 장소까지 긴 수로에 의해서 낙차를 얻는 발전방식으로 유입과 조합시키는 것이 일반적이며, 하천경사가 급한 상·중류에 적합하다. 유입식과 유입변경식이 있으며, 수로식은 댐이 없기 때문에 유입량 조절이 불가하고 유입량에 따라 출력이 좌우되며, 발전경로는 다음과 같다.

☞ 취수댐 ⇒ 취수구 ⇒ 침사지 ⇒ 수로 ⇒ 수조 ⇒ 수압관로 ⇒ 발전소 ⇒ 방수로

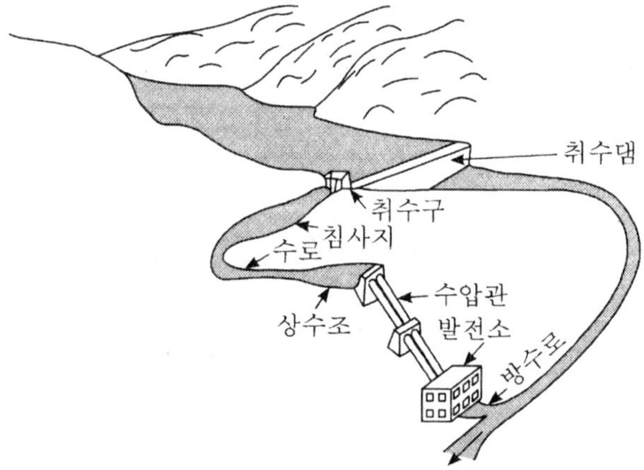

그림 5-33 수로식 발전방식

(나) 댐식(dam type)

댐에 의해서 하천을 막고 저수지를 만들어 댐 직하의 발전소와의 낙차를 이용하는 발전방식이다. 일반적으로 하천경사가 느린 중·하류에 유량이 풍부한 곳에 댐을 건설하고 댐에 근접한 곳에 발전소를 건설하는 것이 유리하다. 이 방식은 저수지식 및 조정지식과 조합시키는 것이 일반적이다. 발전경로는 다음과 같다.

☞ 댐 ⇒ 취수구 ⇒ 수압관로 ⇒ 발전소 ⇒ 방수로 ⇒ 하천의 방수구

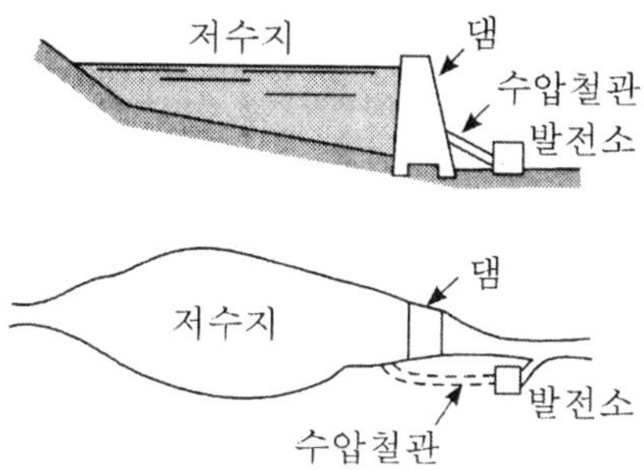

그림 5-34 댐식 발전방식

(다) 댐 수로식(dam and waterway)

댐식과 수로식을 합친 발전방식으로 양쪽의 특성을 겸비한 지점에 건설하고 각각 단독방식으로 한 경우에 비교하여 같은 저수량에 큰 낙차를 얻을 수 있다. 이 방식은 저수지식, 조정지식 및 양수식과 조합시키는 것이 일반적이다. 발전경로는 다음과 같다.

☞ 댐 ⇒ 취수구 ⇒ 수로 ⇒ 수조 ⇒ 수압관로 ⇒ 발전소 ⇒ 방수로 ⇒ 방수구

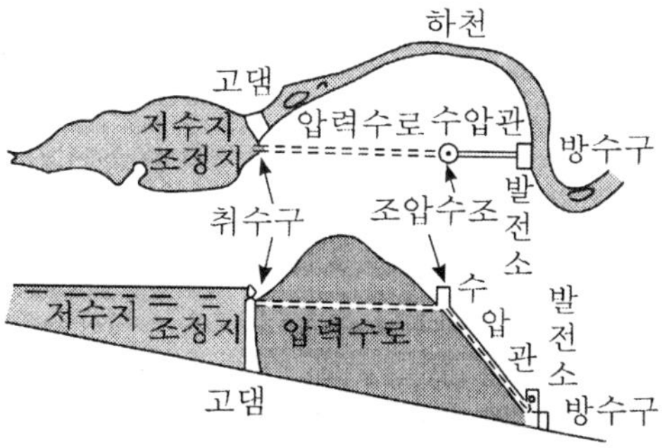

그림 5-35 댐수로식 발전방식

5.5.3 수차(水車; Water Turbine)

수차는 물이 보유하고 있는 에너지를 기계적인 에너지로 변환하는 기계로 수차를 통하여 수차에 연결된 발전기를 가동하여 전기적 에너지로 변환한다.

수차에는 충동식 수차와 반동식 수차로 대별된다.

표 5-9 수차의 종류

<table>
<tr><th>구 분</th><th colspan="2">수차 종류</th></tr>
<tr><td rowspan="3">충동형</td><td colspan="2">펠턴 수차(Pelton)</td></tr>
<tr><td colspan="2">횡류 수차(Cross flow)</td></tr>
<tr><td colspan="2">터고 수차(Turgo)</td></tr>
<tr><td>반동형</td><td colspan="2">프란시스 수차(Francis)</td></tr>
<tr><td rowspan="7">반동형</td><td rowspan="3">프로펠러 수차
(Propeller)</td><td>고정 날개형</td></tr>
<tr><td>가동 날개형(Kaplan)</td></tr>
<tr><td>벌브형, 튜브형, 림형</td></tr>
<tr><td colspan="2">사류 수차(Diagonal)</td></tr>
<tr><td rowspan="3">펌프 수차</td><td>프란시스형</td></tr>
<tr><td>사류형</td></tr>
<tr><td>프로펠러형</td></tr>
</table>

(1) 펠톤 수차

펠톤 수차는 충동식 수차로 고낙차 250미터 이상에 사용한다. 노즐로부터 분사된 물을 러너 주변에 부착한 버킷에 작용시키고, 그 충격력으로 회전력을 얻는 방식을 말한다. nozzle에서 유출하는 수류(jet)runner 주변의 버킷(buket)에 작용되는 구조로 되어 있다. 유량조정용의 제어장치 구비시 가격이 비싸진다. 최근에는 소수력용에 needle을 생략하여 저가로 한 것도 있다.

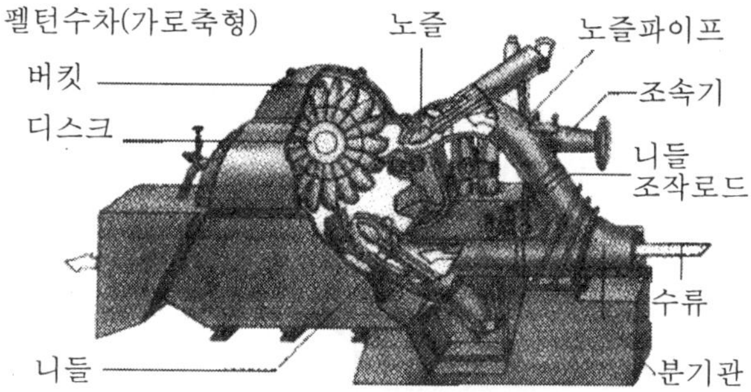

그림 5-36 펠톤 수차

(2) 프란시스 수차

반동식 수차의 일종으로 중낙차 50미터에서 600미터에 사용된다. 수압관으로부터 유입된 고압의 물이 안내 날개를 통해 반지름 방향으로부터 런너에 들어와서 속도를 올린 다음, 축방향으로 방향을 유출될 때, 반동력에 의해 회전력을 얻는 방식을 말한다.

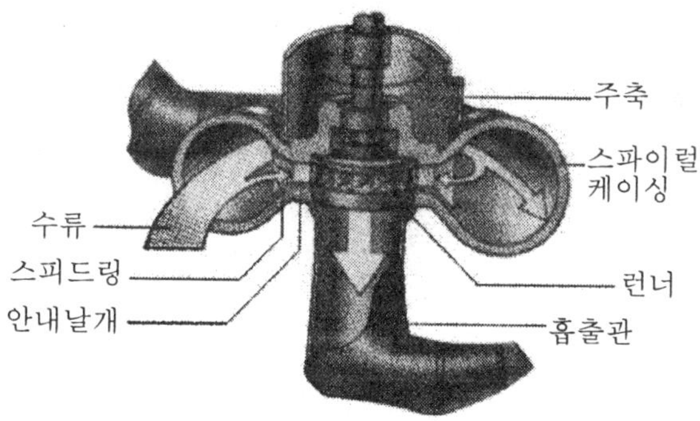

그림 5-37 프란시스 수차

(3) 프로펠러 수차

반동식 수차의 일종으로 저낙차 40미터에서 180미터에 사용된다. 유수가 런너의 축방량으로 통과하는 수차로 국내의 소수력 발전소에 가장 많이 채용된다.

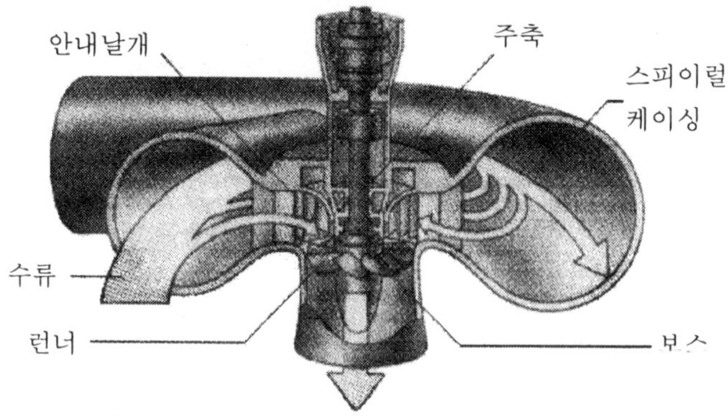

그림 5-38 프로펠러 수차

(4) 카플란 수차

반동식 수차의 일종으로 저낙차 5미터에서 80미터에 사용된다. 프로펠러 수차의 유량변동에 따른 효율저하를 개선하기 위해 회전 날개차의 유량 통과 각도를 조정하도록 고안된 것으로 날개차의 날개각도는 안내날개의 개폐량에 비례하여 조정되도록 만들어져 있다.

(5) 사류 수차

반동식 수차의 일종으로 런너의 모양은 프란시스 수차와 카플란 수차의 중간 형태를 가지고 있다.

5.5.4 낙차별 수력발전 분류

표 5-10 낙차별 수력발전 분류

구분	낙차범위[m]	수차 종류	비고
저낙차	H < 35	카플란, 프란시스, 튜블러	남강, 부안, 밀양, 보령, 광천, 합천소수력, 안동소수력, 충주 제2
중낙차	H=35~250	프로펠러, 카플란, 프란시스, 사류	소양강, 충주 제1, 안동, 합천, 대청, 섬진강, 주암, 용담
고낙차	H > 250	프란시스, 펠턴	강릉, 청평, 삼랑진, 무주, 산청

5.5.5 소수력 발전

소수력 발전은 기존 시설물을 이용하여 발전설비를 설치함으로써 수력 에너지를 회수하며 다음과 같은 발전방식이 있다.

(1) 하천수 이용

하천에 보(하천이나 수로를 횡단하여 설치되는 구조물)를 설치하여 취수하고 침사지 · 도수 · 수조 · 수압관로에 의해 발전소까지 도수하고 발전 후에 다시 하천으로 방류한다. 취수방법으로서는 경제성과 친환경보전의 관점에서 될 수 있는 한 새로운 취수보 등을 설치하지 않고 하천에 자연스럽게 형성된 터널 등을 활용하여 취수하거나, 농업용 보 및 조정지 댐 등 기존 구조물을 이용하여 취수하는 것이 바람직하다.

(2) 농업용수 이용

기존 농업용 수로의 낙차를 이용하기 위해 짧은 수압철관을 설치하고 간이 발전설비를 설치하여 농업용수를 이용하는 것이다. 비교적 유량이 크고 안정한 물의 이용이 가능한 경우에는 기존 수로에 수중식 발전기 일체형 수차 또는 투입식 발전기 일체형 수차를 설치하는 경우가 있다. 수로의 도중에 큰 낙차를 얻을 수 있는 곳에 낙차공 또는 급류 공을 bypass하는 형태로 취수하여 발전에 이용한 후 기존 수로에 다시 방류하는 시스템이다.

(3) 상 · 하수도, 공장 냉각수 이용

취수지점으로부터 정수장까지 또는 정수장으로부터 배수지까지의 사이에 얻어지는 낙차를 이용하는 방식으로 이 방식의 송수과정에서 관로 말단부의 관압을 감압하기 위한 감압용 밸브 등이 설치되어 있는데, 이 감압되는 수압을 소수력 발전에 이용하는 것이다.

하수도를 이용하는 발전은 기본적으로는 최종 처리시설에서의 배출수를 하천이나 해안으로 방류할 때의 낙차를 이용하는 발전방식이다.

공장 내의 순환되는 물에 착안하여 순환과정에서 얻어지는 낙차를 이용한 공장 내 발전방식도 있다.

(4) 기 타

기타 2006년 산업자원부 소수력 개발의 잠재량이 1,502,196[MWH/년]으로 크고, 또한 최근에는 고층 건물에서 배출되는 미활용 수자원도 재활용하는 차원에서 미니급 또는 마이크로급의 발전에 이용하고 있다.

표 5-11 소수력 개발 잠재량

구 분	지점수	개발가능량 [kW]	에너지포텐셜 [MWh/년]	비 고
일반하천	72	305,700	803,380	친환경보
농업용 저수지	180	30,064	92,176	
농업용보	232	46,843	164,137	가동보 3[m] 이용 가정
댐의 이용	20	15,800	55,363	
양식장 이용	129	8,442	66,558	유효낙차 6[m] 가정
정수장 이용	70	17,641	131,360	유효낙차 10[m] 가정
하수처리장 이용	59	8,385	62,437	유효낙차 5[m] 가정
화력발전소 냉각수 이용	6	24,122	126,785	이용율 60[%] 가정
계	768	456,997	1,502,196	

자료 : 산업자원부, 2006

5.6 해양에너지(Ocean Energy) 개요

해양에너지는 확대하면 해양에너지(조력, 파력, 해양온도차발전)외 해상풍력, 해양바이오매스, 해양수소에너지 생산, 해양 태양광 및 태양열 등의 신·재생에너지 이용기술로 확대 할 수 있으나, 본 단원에서는 해양에너지의 운동, 위치, 열에너지(온도차에 의한 열류이동)에 국한한다.

표 5-12 해양에너지 종류에 따른 입지조건

구분	입 지 조 건
조력발전	- 평균조차 3[m] 이상 - 폐쇄된 만의 형태(리아스식 해안) - 해저의 지반이 견고
조류발전	- 조류의 흐름이 최소 2[m/s] 이상인 곳 - 조류 흐름의 특징이 분명한 곳 ※ 울돌목의 경우 하루에 네 번 이상 조류의 방향이 바뀌고, 최대 6[m/s] 이상의 유속을 가져 수직축 헬리컬 터빈 설치
파력발전	- 자원량이 풍부한 연안 - 육지에서 거리 30[km] 미만이고 수심 300[m] 미만의 해상
온도차발전	- 연중 표층수와 심층수와의 온도차가 170 이상인 기간이 많은 지역 - 어업 및 선박 항해에 방해되지 않을 것

해양에너지 변환 시스템은 해양에너지원 각각이 갖고 있는 운동에너지, 위치에너지 또는 열에너지를 기계적인 운동에너지(회전운동에너지 혹은 선형운동에너지)로 변환시키거나(파력, 조력, 조류, 해수온도차 발전), 열교환기를 이용하여 공기 또는 해수를 냉각 또는 가열함(해수온도차 냉난방)으로써 에너지를 흡수한다. 해양에너지원이 내재하고 있는 운동에너지와 위치에너지를 이용하여 정해진 물체를 선형방향이나 회전 방향으로 움직이게 하는 기계적인 운동에너지로 변환시키면, 발전기를 적용하여 기계적인 에너지를 전기에너지로 변환할 수 있으므로 해양에너지원으로부터 전기를 생산할 수 있게 된다. 이때 에너지를 일차적으로 흡수하는 에너지변환장치에서의 에너지변환 효율이 결정적으로 전체 시스템의 효율을 결정하므로 고효율의 에너지변환장치 기술 개발이 중요하다.

파력발전은 파랑(波浪)의 운동 및 위치에너지를 이용하여 터빈을 구동하거나 기계장치의 운동으로 변환하여 전기를 생산하는 기술로서 에너지 변환원리에 따라 가동물체형, 진동수주형, 월파형 방식이 적용되고 있다.

조력발전은 조석(潮汐 : 달, 태양등의 의하여 해면이 주기적으로 오르내리는 현상)기조력해면의 상하운동에 따른 위치에너지를 이용하여 수차를 돌려 전기를 생산하는 기술로서 조지의 수에 따라 단조지식과 복조지식, 조석의 이용횟수에 따라 단류식과 복류식으로 구분된다.

조류발전은 조류발전은 해수의 유동(流動)에 의한 운동에너지를 이용하여 수차를 구동하거나 기계장치의 운동으로 변환하여 전기를 생산하는 기술로서 터빈의 종류에 따라 수평축 터빈, 수직축 터빈 및 기타 방식이 이용된다.

해수온도차 이용기술은 해면의 온도와 심해의 냉수의 온도차를 이용하여 작동유체(냉매)를 증발시켜 터빈을 구동함으로써 전기를 생산하는 해수 온도차발전과, 해수 온도차 냉난방 이용기술로써 해수온도차 발전은 증발기 작동유체에 따라 폐순환시스템과 개순환시스템, 혼합순환시스템 방식으로 구분된다.

5.6.1 파력발전시스템 종류

파력발전 방식은 작동 원리에 따라 가동물체형, 진동수주형, 월파형으로 구분되며, 설치 형태에 따라서 착저식과 부유식으로 구분되기도 한다.

그림 5-39 가동물체형 파력발전

가동물체형은 수면의 움직임에 따라 민감하게 반응하도록 고안된 여러 형태의 기구를 사용하여 파랑에너지를 물체에 직접 전달하고, 이때 발생하는 물체의 움직임을 전기에너지로 변환하는 방식으로 파력발전의 가장 오래된 형태이다.

(1) 가동물체형 파력발전

가동물체형 파력발전은 수면의 움직임에 따라 매우 민감하게 반응하도록 고안된 여러형태의 기구를 이용하여 파랑에너지를 기계장치의 운동에너지로 변환하는 방식으로, 진자를 내장한 부표를 물에 띄워 파도가 치는 대로 동요(動搖)시켜서 부표 속에 장치한 진자의 움직임을 회전운동으로 바꾸고 기어를 통해서 발전하는 방식을 말한다.

그림 5-39와 같이 대략 파고 40[cm]에서 10[W]정도의 전력이 얻어지며, 내부에 전등이나 소리를 장치하여 안전항로의 안내에 사용되기도 하며, 가장 직접적으로 흡수하므로 에너지 변환효율은 상대적으로 유리한 편이나 구조적인 안전성에서 취약하다.

(2) 진동수주형 파력발전

진동수주형 파력발전은 파랑에너지를 공기의 유동으로 변환하고, 발생된 공기의 흐름 중에 터빈을 위치하여 전기를 얻는 파력발전 방식이다. 입사파가 장치의 전면에서 반사되어 중복파가 형성되고, 이때 발생하는 수면의 상하 움직임이 장치 전면의 개구부를 통해 공기실 내로 전달되어 공기실 안의 공기가 압축·팽창을 반복하게 되면, 이에 의해 공기실 상부 노즐부에 공기의 흐름이 발생하게 된다.
발생된 공기의 흐름에 의하여 항상 같은 방향으로 회전하는 터빈의 회전운동에너지로 발전을 하게 된다.

(3) 월파형 파력발전

월파형 파력발전은 파랑의 진행방향 전면에 사면을 두어 파랑에너지를 위치에너지로 변환하여 저수한 후 형성된 수두차를 이용하여 저수지의 하부에 설치한 수차터빈을 돌려 발전하는 방식이다(그림 5-40).

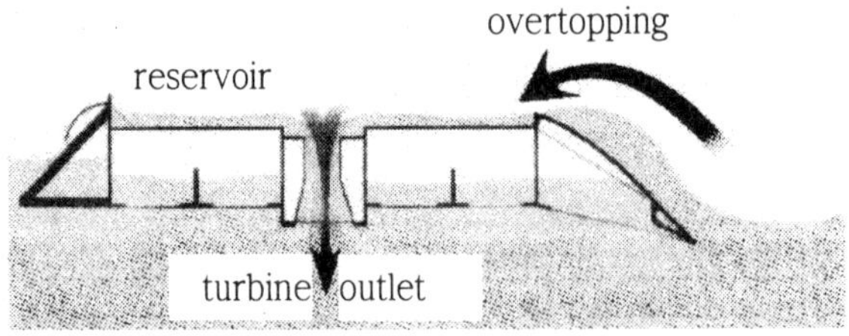

그림 5-40 월파형 파력발전

파랑에너지 변환요율은 진동수주형 파력발전 방식이 일반적으로 월파형 파력발전에 비해 유리한 것으로 알려져 있다. 또한 진동수주형의 경우 파고의 크기에 관계없이 에너지 취득이 가능한 장점을 갖는다. 그러나 월파형의 경우에는 사면 천단고의 설계 높이에 의해 결정되는 일정 한계 이상의 파고에 대해서만 에너지 취득이 가능한 제약을 갖는다.

5.6.2 조력발전시스템 종류

조력발전이란 그림 5-41과 같이 조석을 동력원으로 하여 해수면의 상승하강현상을 이용, 전기를 생산하는 발전방식으로

① 일정중량의 부체가 받는 부력을 이용하는 부체식.

② 조위의 상승하강에 따라 밀실에 공기를 압축시키는 압축공기식.

③ 방조제를 축조하여 해수저수지 즉, 조지(潮地)를 조성하여 발전하는 조지식 등으로 나눌 수 있다.

오늘날의 실용화된 조력발전방식은 조지식으로, 강한 조석이 발생하는 큰 하구나 만에 방조제를 설치하여 조지를 만들고 외해수위와 조지 내의 수위차를 이용하여 발전을 하게 된다. 조력발전방식은 일반적으로 조지의 수에 따라 단조지식과 복조지식으로 구분되며, 또한 조석의 이용횟수에 따라 단류식과 복류식으로 나누고 있다.

여러 가지 방식중 투자비 대비 발전량 등 경제성이 좋은 단조지 단류식을 대부분 사용하고 있다.

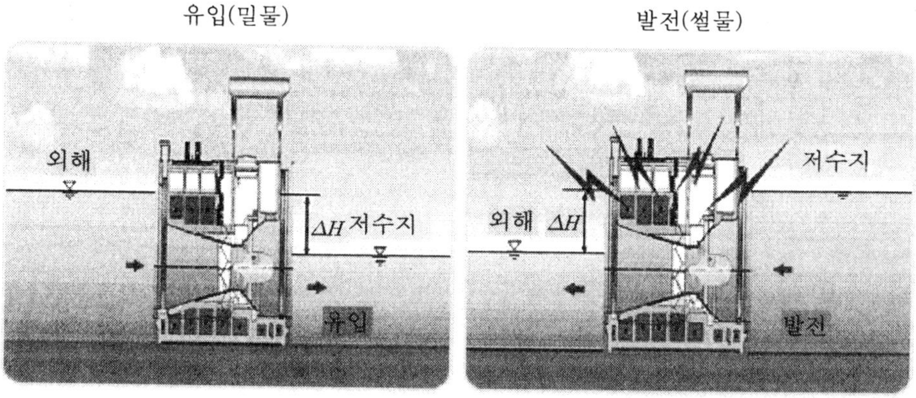

그림 5-41 조석 간만에 의한 조력발전 원리

(1) 단조지 단류식

하나의 조지를 조성하여 발전하는 형태로 창조(漲潮)시에 수문을 개방하여 조지 내에 해수를 만조수위까지 채운 후 수문을 닫고 기다렸다가 낙조시에 조지와 외해의 조위 사이에 수위차가 생길 때 그 낙차를 이용하여 발전하는 낙조식 발전방식과 이와는 반대로 낙조시에 수문을 개방하여 조지수위를 간조수위까지 낮춘 후 기다렸다가 창조(漲潮)시에 조지와 외해와의 낙차를 이용하여 발전을 하는 창조식 발전방식 등 두 가지의 발전방식이 있으며, 해역조건에 따라 적합한 방식을 택하게 될 것이나 발전 효율면에서는 창조(漲潮)식 발전이 낙조(落潮)식 발전에 비해 약간 불리하다.

어느 경우이든 발전을 함에 있어서 한방향의 흐름만을 이용하므로 단류식이라 한다. 운전 방식은 발전→대기→충수→대기의 사이클을 계속 반복하므로 발전출력의 단속이 불가피하다. 그러나 발전방식이 가장 간단하고 발전설비의 가격도 저렴하여 가장 실용적인 조력발전방식이다. 낙조식 발전방식에서는 경우에 따라 조지수위가 만조수위에 도달한 후에도 수차에 전력을 공급하여 양수기능을 하게 함으로써 즉, 외해수를 조지 내로 양수하여 조지의 수위를 상승시켜 발전량과 발전시간을 증가시킬 수도 있다.

(2) 단조지 복류식

이 방식은 하나의 조지를 조성하되 창조와 낙조 모두 발전하는 방식으로 단조지 단류식에 비해 발전시간이 연장될 수 있다. 그러나 이 경우에도 역시 조지와 외해와의 수위차가 발전가능 낙차에 이를 때까지 대기해야 하기 때문에 발전은 단속적이다. 또한 설치되는 수차발전기도 2방향 발전이 가능해야 하므로 단류식 수차발전기에 비해 구조가 복잡해지고 제작비용도 높아지게 된다.

현재 세계에서 유일하게 상업발전소로서 운영되고 있는 프랑스의 Rance 조력발전소가 단조지 복류식을 이용하고 있다.

(3) 복조지 연결식

조력발전 대상지점이 지형상 2개의 조지 형성이 가능할 경우 하나를 고조지, 다른 하나를 저조지로 조성하여 2개 조지 간의 수위 차를 이용, 고조지에서 저조지로 해수를 유통시키면서 발전하고 외해의 조석변화에 따로 고조지와 저조지의 수문을 조작하여 조지의 수위를 계속적으로 조정한다. 이 방식은 연속발전이 가능하나 발전효율은 단조지 발전방식에 비해 떨어진다.

(4) 복조지 분리식

2개의 단조지 단류식 발전소를 독립적으로 운영하여 계통으로 연결시킨다. 즉, 한쪽 조지는 창조시에 단류식으로 발전하고 이와 동시에 다른 쪽 조지에 해수를 채웠다가 낙조시에 발전함으로써 발전시간의 시차를 이용하는 것이다.

이와 같이 조력발전은 그 발전방식에 따라 크게 네 가지로 구분될 수 있으며, 복조지식 발전방식은 조력발전의 약점인 출력의 단속성을 완화시키기 위한 방식이다.

그러나 출력의 단속에서 발생하는 문제는 기존 전력계통에서의 효과적인 조정으로 충분히 대처할 수 있다.

5.6.3 조류발전시스템 종류

조력발전이 조력댐을 만들고 조지와 외해 사이의 낙차를 이용하여 발전하는 것(시화 조력댐)과는 달리 조류발전은 조류의 흐름이 빠른 곳을 선정하여 그 지점에 수차발전기를 설치하고, 자연적인 조류의 흐름을 이용하여 설치된 수차발전기를 가동시켜 발전(울돌목과 진도 장죽수도와 맹골수도에 설치하는 조류발전)을 하는 것이다. 따라서 해양에 대규모 댐을 건설할 필요 없이 발전에 필요한 수차와 발전장치를 설치하기 때문에 비용이 적게 드나, 조류가 빠른 지역에 발전장치를 설치해야 하기 때문에 이런 환경을 갖고 있는 곳에서만 적용이 가능하다. 한편 조류발전의 가장 큰 장점은 날씨 변화나 계절에 관계없이 발전량이 예측가능하며 신뢰성 있는 에너지원으로 적용이 가능하다. 또한 해수유통이 자유롭게 해양환경에 미치는 영향이 거의 없어 조력발전보다 더 환경친화적인 것으로 간주된다.

(1) 터빈의 회전방향에 따른 분류

조류발전 터빈은 터빈의 회전방향에 따라서 수평축 터빈과 수직축 터빈으로 분류되며, 수평축인 경우 일방향 흐름, 하천과 같이 일정한 흐름을 유지하는 경우에 적용이 유리하고, 수직축인 경우는 조류와 같이 흐름의 방향이 변하는 경우에 유리하다. 한편 일반적으로 조류 발전은 유속이 1[m/s] 내외인 곳에서도 가능하나, 경제성이 있는 발전을 위해서는 최소한 2[m/s] 이상인 곳을 후보지로 선정한다.

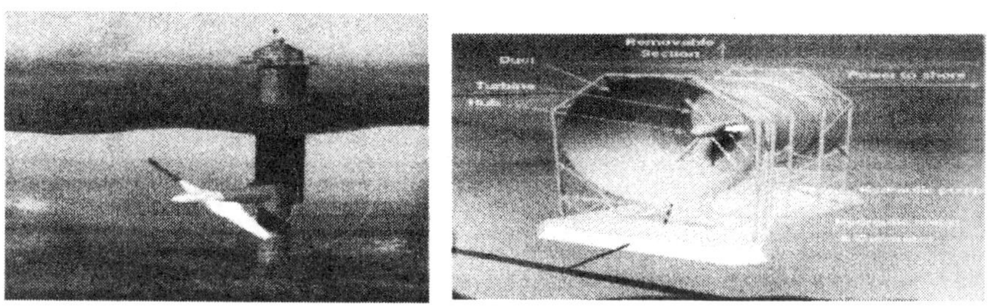

그림 5-42 수평축 터빈

수직축 터빈으로는 풍력발전과 동일한 이름인 일본의 다리우스 수직수차, 캐나다에서 연구된 Davis 수직수차, 한국 울돌목에 설치된 헬치컬 수직수차, UK에서 개발된 날개의 피치각을 변화하여 유속에 대해 날개가 상하로 운동하며 발전하는 가오리 방식 등 여러방식이 있다.

그림 5-43은 2010년 진도 장죽수도와 맹골수도 일대에 세계 최대 400[MW]급 수평축 조류발전 건설 개념도이다.

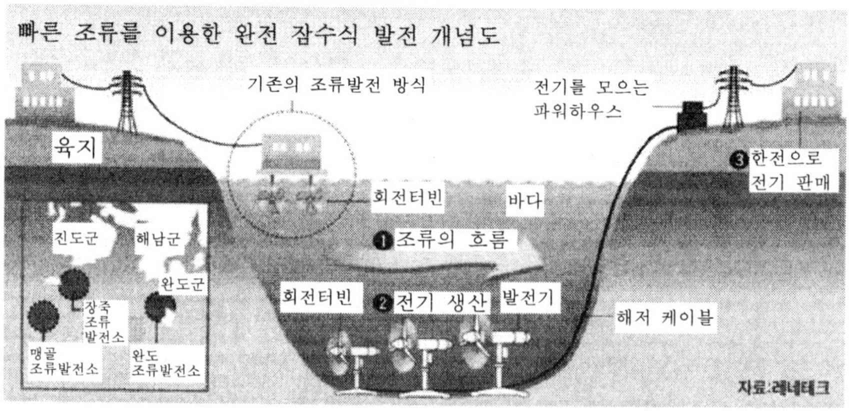

그림 5-43 진도 장죽수도와 맹골수도 일대의 조류발전 개념도

(2) 터빈의 고정방식에 따른 분류

터빈의 고정방식에 따라서는 파일고정식과 구조물이 부력으로 떠 있는 계류식, 자체 무게로 시스템을 고정하는 지중고정식 등으로 구분된다.

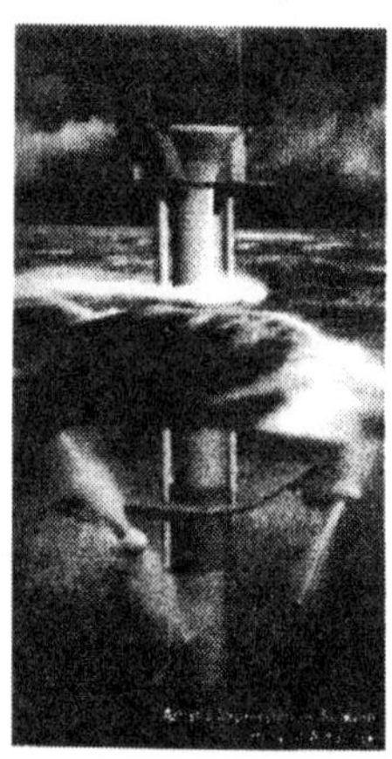

(a) 파일고정식

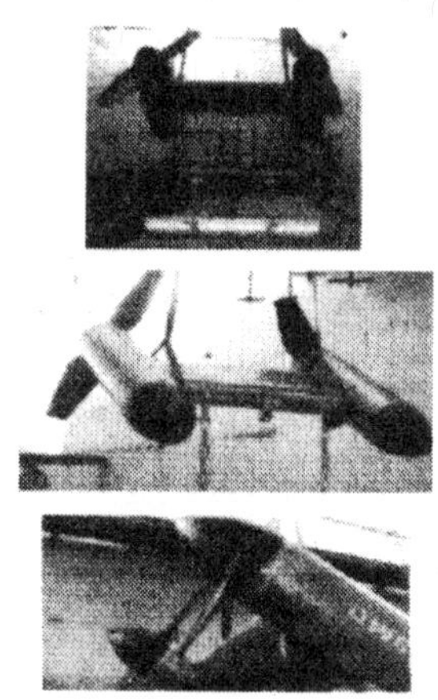

(b) 계류식

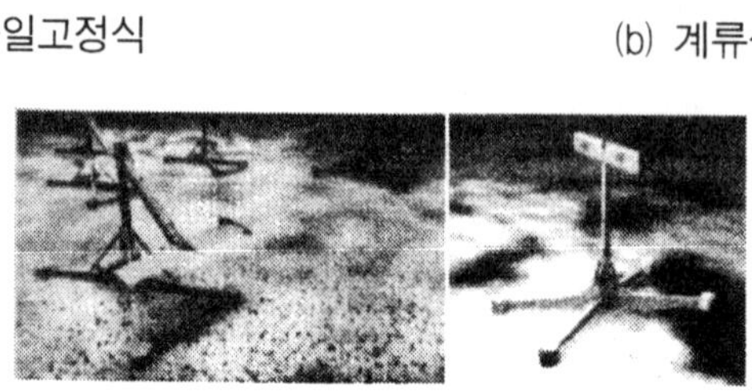

(c) 지중고정식

그림 5-44

5.6.4 해수온도차 이용기술

해수의 온도차에너지 발전은 수심에 따른 바닷물의 온도차를 이용하여 에너지를 취득하는 기술이다. 열대해역에서 해면의 해수 온도는 흔히 20[℃]를 넘으나 해면으로부터 500~1,000[m]정도 깊이의 심해에서는 4[℃]에서 거의 일정하다.

이와 같이 표층수와 심층수의 온도차를 이용하여 작동유체를 증발시켜 터빈을 구동하여 전력을 얻고 다시 작동유체를 응축하는 방식으로 발전하는 기술을 해양 온도차 발전(OTEC : Ocean Thermal Energy Conversion)이라 부른다. 해수온도차 발전 시스템은 작동유체로 저온 비등 냉매를 사용하는 폐순환 시스템(Closed Cycl-e System)과 저압의 증발기를 이용하여 온수 자체를 작동유체로 사용하는 개방순환 시스템(Open Cycle System)으로 구분되며, 혼합순환 시스템(Hybrid Cycle S-ystem)이 사용되기도 한다.

(1) 폐순환 시스템

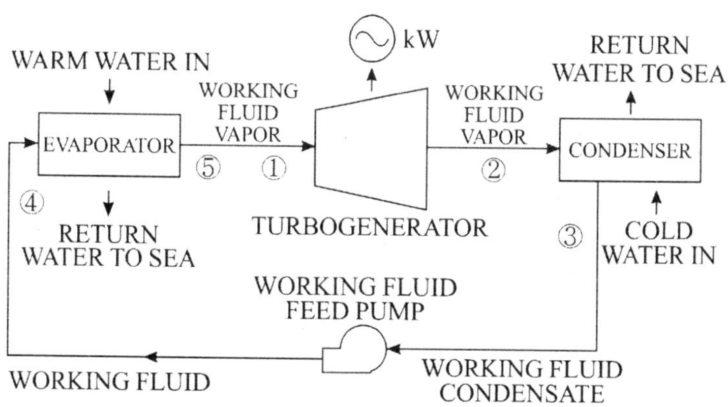

그림 5-45 폐순환 해양 온도차발전 시스템 개념도

폐순환 시스템은 그림 5-45와 같이 해수 표층의 온수를 사용하여 온존층을 파괴하지 않는 천연냉각매로 암모니아나 프로필렌 같은 비등점이 낮은 작동유체를 증발시켜 터빈을 돌려 발전하는 방법이다. 해수 표층의 온수가 증발기에 유입되면 열교환기를 통해 열전달이 발생하며 이 때 비등을 통해 작동 증기가 생성된다. 이 생성된 증기가 터빈을 회전시켜 전력을 생산하는 시스템이다. 터빈을 통과한 증기는 해저로부터 취수된 심층 냉수에 의해 응축기에서 응축액으로 바뀌며 다시 재순환된다. 폐순환 시스템은 과정이 단순하여 전력 생산만을 목적으로 하는 경우 보다 실용적이다. 전력전환 효율은 약 5[%]정도이며, 펌프 효율 등을 포함한 전체 시스템 효율은 약 2.5[%]정도이고, 플랜트 설비 단가가 저렴한 장점이 있다.

(2) 개방순환 시스템

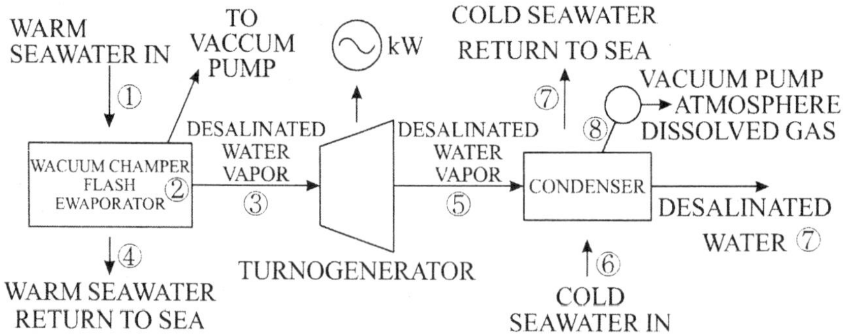

그림 5-46 개방순환 해수온도차발전 시스템 개념도

개방순환 시스템은 그림 5-46과 같이 해수 표층의 온수를 작동유체로 직접 사용하는 방법이다. 표층 온수는 펌프로 증발기에 유입되고, 증발기는 진공펌프로 압력을 낮추어 온수가 상온에서 비등하게 하며, 생성된 증기로 저압 터빈을 구동시켜 전력을 생산한다. 터빈을 통과한 증기는 심층 냉수로 열교환기에서 응축되어 부산물로 담수가 얻어진다.

개방순환 시스템은 상대적으로 효율이 높아 더 많은 전력의 생산이 이루어지고 담수의 활용이 가능한 장점이 있으나, 플랜트 설비 단가는 폐순환 시스템보다 다소 비싼 편이다. 개방순환 시스템의 전력변환 효율은 약 5.5[%]정도이며 전체 시스템의 효율은 약 3.0[%]정도이다.

(3) 혼합순환 시스템

혼합순환 시스템은 폐순환과 개방순환 시스템의 장점을 결합한 것으로 열원을 최대로 사용하도록 설계하여 전력과 담수를 동시에 얻게 하는 방법이다. 취수된 표층 온수로 일차적으로 폐순환 시스템에서 전력을 생산하며 여기서 나오는 온수를 이차적으로 개방순환 시스템에 보내어 직접 접촉식 증발기를 통과시키고 응축기로 보내 담수를 동시에 생산하는 시스템이다.

(4) 해수 온도차 이용 냉난방 시스템

해수 온도차를 이용한 냉난방 시스템은 그림 5-47과 같이 해수온도와 대기온도와의 차를 이용하여 대기온도를 냉각 또는 가열하는 공기 히트펌프(Air Heat Pump)와 해수로 냉난방계통 내에 순환되는 냉온수를 냉각 또는 가열하는 해수열원, 히트펌프(Sea Water Heat Pump)로 구성되어 있다. 또한 냉각 시스템에 이용되는 냉동기의 응축기 부분에서 크게 함으로써 냉동효과의 증대를 통하여 시스템의 성적계수를 증가시킬 수 있다.

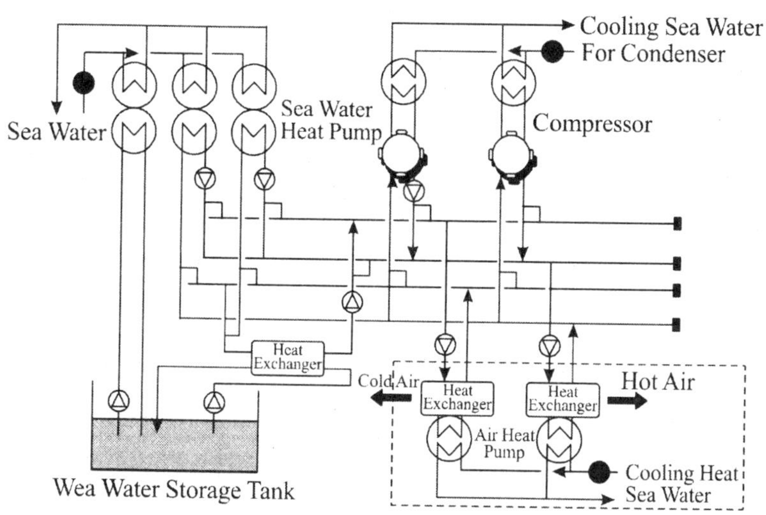

그림 5-47 해수 온도차 이용 냉난방 시스템

이와 같은 열원들은 모두 이용하는 경우 해수 온도차 냉난방 시스템의 경우 해수온도에 따라 다소 차이가 있지만 시스템의 효율은 40~60[%]의 증가효과가 있는 효율이 높은 시스템이다.

5.7 지열(Geo Thermal)에너지 개요

지열에너지란 지구가 가지고 있는 열에너지를 총칭하며, 그 에너지 근원은 지구 내부에서 발생하는 방사선 붕괴에 의한 것으로 알려지고 있다. 내부로부터 확산 전달된 지열에너지는 지표까지 전달된다.

더불어, 지구에 오는 태양복사에너지의 약 47[%]가 지표면을 통해 지하에 저장되며, 이렇게 태양열을 흡수한 땅속의 온도는 지형에 따라 다르지만, 지표면 가까운 땅속의 온도는 개략 10[℃]~20[℃]정도로 연중 큰 변화가 없으나 지하 수[km]의 지열온도는 40[℃]~150[℃] 이상을 유지하므로 지열은 태양과 지구가 존재하는 한 계속 생성되는 에너지의 보고로서 지열에너지원은 무궁무진하다 할 수 있다.

우리나라의 경우 일본, 이태리 등과 같은 화산지대가 거의 존재하지 않아 심층지열 이용은 매우 어려운 것으로 나타나고 있으며, 이에 따라 현재는 지하 100~150[m] 깊이의 지열을 이용하는 시스템의 개발 보급이 점차적으로 활성되고 있다.

(1) 지열에너지 원리

지열의 근원은 첫째, 지각 및 맨틀을 구성하고 있는 물질 내부의 방사성 동위원소 즉, 우라늄(U238, U235), 토륨(Th232), 칼륨(K40)의 붕괴에 의한 것이 약 83[%], 둘째, 맨틀 및 그 하부 열의 방출, 셋째, 지구가 서서히 식어가는 과정에서 배출되는 열에너지에 의한 것이 약 17[%]로 알려져 있다. 지하로 내려갈수록 지온은 높아지게 되며, 이를 지온증가율 또는 지온경사(Geothermal Gradient)라 부르는데, 현대의 시추기술로 파내려갈 수 있는 깊이 즉, 10[km]까지의 평균 지온증가율은 약 25~30[℃/km]이다.

한편 지하 심부(深部)의 고온 지대와 지표(地表)의 저온 지대 사이의 온도차는 심부로부터 지표(地表)로의 전도에 의한 열 흐름(Conductive Heat Flow)을 발생시키며, 평균적인 대륙 및 해양의 지열 유량(Terrestrial Heat Flow)은 각각 65와 101[mW/m^2]이고, 각각의 면적을 고려하여 평균하면 지구 전체의 평균 지열 유량은 87[mW/m^2]이 된다.

(2) 지열에너지 특징

지열에너지의 특징으로 장점은

① 장비의 유지비 이외에 다른 비용은 들지 않아 운영 비용이 매우 저렴하다.

② CO_2가 배출하지 않는 청정에너지다.

③ 가동률이 높으며 잉여열을 지역에너지로 이용 가능하다.

④ 반영구적인 에너지원이다.

등을 들 수 있고, 반면에 단점은

① 지열발전소의 초기 투자비용이 높다.

② 지열에너지를 활용 가능한 지역이 한정적이다.

③ 지열에너지가 발생하는 지역 대부분이 경관이 뛰어난 곳으로 주변 경관과의 조화가 필요하다.

④ 시설의 구동 중 CO_2, H_2S, NH_3, CH_4 등의 가스가 배출될 수 있다.

⑤ 지반침하의 개연성도 상존하고 있다.

(3) 지열에너지 부존량

지열에너지 부존량은 이를 추출해 낼 수 있는 기술에 의해 좌우된다. 따라서 이를 평가하는 사람 및 방법에 따라 각기 다른 추정치를 내고 있는데, Electric Power Research Institute(EPRI, 1978)에 따르면 대륙 지각의 3[km] 깊이 이내에 저장되어 있는 지열 총량은 43×106EJ(Exa=1018, J : 주울)에 이른다. 이 양은 2001년도 전 세계 에너지소비량 420EJ가 비교하면 인류가 약 100,000년 동안 사용할 거대한 양이다. 물론 현재 사용되는 지열에너지의 양은 이보다 훨씬 적은데, 최근에 Stefansson(2005)은 미국과 아이슬란드의 지열발전 및 직접 이용 현황으로부터 기술적으로 확인된 전 세계 지열자원의 부존량은 6TWt(=189EJ/year)에 이르며 이는 전 세계 연간 에너지 사용량의 절반에 가까운 양을 지열에 의해 공급할 수 있음을 알 수 있다.

5.7.1 지열에너지 활용분야

지열에너지 활용분야는 그림 5-48과 같이 크게 150[℃] 이상의 지열 유체(증기 및 지열수)를 이용한 발전(간접 이용)기술과 이보다 낮은 온도의 지열수를 지역난방 등에 이용하는 직접 이용기술로 나눌 수 있는데, 최근에는 깊이 300[m] 이내 지하의 연중 일정한 온도를 이용하여 냉난방 시스템을 구현하는 지열 펌프 또는 지열 열펌프를 따로 분류하기도 한다.

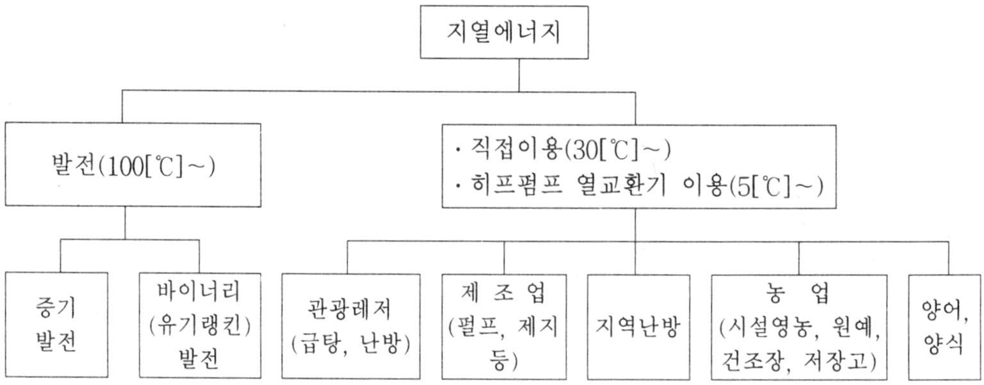

그림 5-48 지열에너지 활용분야

5.7.2 직접 이용방식

우리나라와 같이 화산활동과 관련된 고온성 지열에너지가 부존하지 않은 지역에서의 지열 이용은 냉난방 등에 직접 활용하는 기술이 필요하게 된다. 고온의 지열수를 직접 이용할 때는 저류층까지의 시추공 굴착을 통해 지열수를 생산해서 직접 배관망을 통해 공급하거나 열교환기를 통해 열만을 회수해서 사용하는 방식을 통하는데, 최근에는 지열수의 성분에 따른 배관 부식문제로 인해 주로 열교환기를 통해 열만을 회수하고, 다시 지하로 주입함으로써 지속 가능한 자원을 유지하는 방향으로 개발하고 있다. 한편 최근 들어 폭발적으로 증가하고 있는 지열 열펌프 시스템은 고온이 아닌 지하의 연중 일정한 온도만을 이용하므로 지역제한이 없어 활용면에서 매우 유리하며 이러한 이유로 보급이 날로 증가하고 있다. 그림 5-49는 건물의 냉난방 열원으로 지열이 활용된 사례이며, 지열을 회수하기 위해 열교환기와 회수한 지열을 유효 에너지로 변환시키기 위한 히트펌프가 있다.

(1) 히트펌프를 사용한 냉·난방 직접이용방식

지열에너지를 히트펌프를 사용한 직접 이용방식으로 에너지원은 지표면으로부터 수 내지 수십 미터 깊이의 흙(ground source), 또는 지하수(ground water source), 호수나 강물(water source) 등을 들 수 있으며, 이러한 지열은 통상 건물의 냉난방 열원으로 활용되는데 이를 위한 주요설비로는 지열을 회수하기 위한 열교환기와 회수한 저온의 지열을 유효 에너지로 변환시키기 위해서 히트펌프(heat pump)를 사용하는데, 그림 5-49와 같이 히트펌프란 지열과 같은 저온의 열원으로부터 열을 흡수하여 고온의 열원에 열을 주는 장치로서 열을 빼앗긴 저온측은 여름철 냉방에, 열을 얻은 고온측은 겨울철 난방에 이용할 수 있는 설비를 말한다.

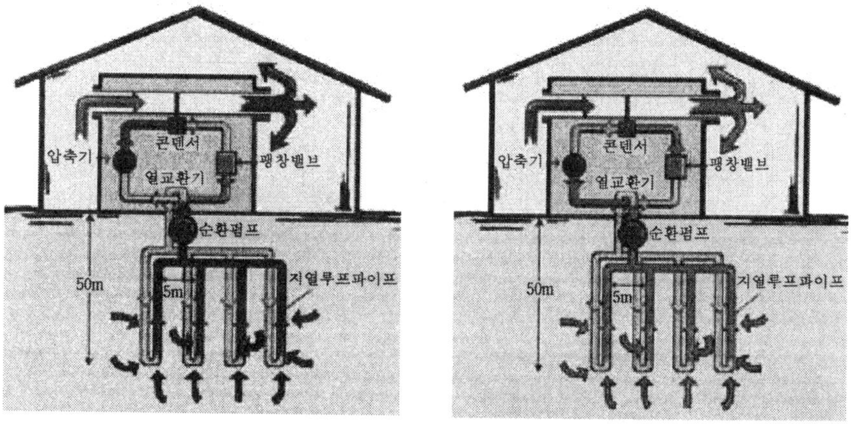

(a) 난방시 히트펌프 (b) 냉방시 히트펌프

그림 5-49

(2) 지열 회수회로 방식에 따른 지열시스템 분류

지열시스템의 종류는 대표적으로 지열을 회수하는 파이프(열교환기) 회로구성에 따라 폐회로(Closed Loop)와 개방회로(Open Loop)로 구분되는데, 일반적으로 적용되는 폐회로는 파이프가 폐회로로 구성되어 있는데, 파이프내에는 지열을 회수(열교환)하기 위한 열매가 순환되며, 파이프의 재질은 고밀도 폴리에틸렌이 사용된다.

폐회로시스템(폐쇄형)은 그림 5-50과 같이 루프의 형태에 따라 수직형, 수평형, 우물형 루프시스템으로 구분되는데 수직으로 100~150[m], 수평으로는 1.2~1.8[m] 정도 깊이로 묻히게 되며 상대적으로 냉난방부하가 적은 곳에 쓰인다.

(a) 수직형 (b) 수평형 (c) 우물형

그림 5-50

개방회로는 그림 5-51과 같이 수원지, 호수, 강, 우물 등에서 공급받은 물을 운반하는 파이프가 개방되어 있는 것으로 풍부한 수원지가 있는 곳에서 적용되며, 폐회로가 파이프내의 열매(물 또는 부동액)와 지열 source가 열교환 되는 것에 비해 개방회로는 파이프내로 직접 지열 source가 회수되므로 열전달 효과가 높고 설치비용이 저렴한 장점이 있으나 지하수 오염 등에 대한 우려의 단점이 있다.

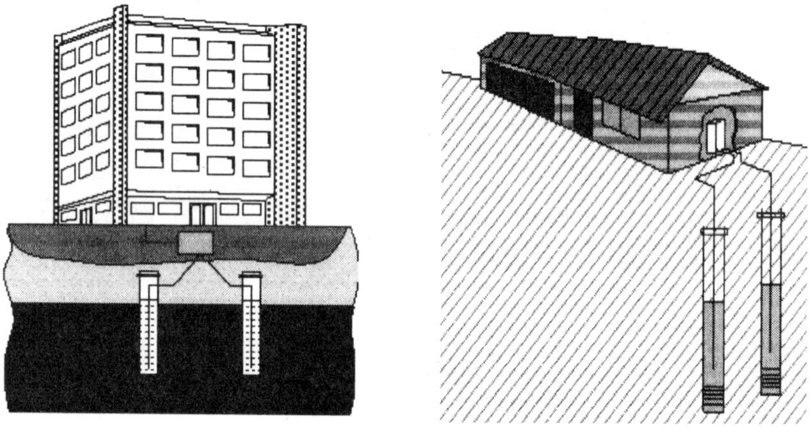

그림 5-51 개방형 시스템

5.7.3 간접 이용방식

지열발전은 보통 지하 2[km] 이상의 깊이까지 굴착된 시추공을 따라 고압으로 분출되는 증기(증기+물 혼합물인 경우에는 증기만을 분리함)로 터빈을 돌려서 이루어진다. 최근의 기술동향에서 흥미로운 것은 독일, 오스트리아, 호주 등에서 1[MW] 보다 작은 소형의 지열발전이 새롭게 시작된 점이다. 이들 나라는 우리나라와 같은 고온성 화산활동이 없는 나라임에도 불구하고 지하 5[km]까지의 심부 시추를 통해 인공적으로 물을 주입한 후, 데워진 고온의 물을 이용해 Binary 발전을 함으로써 전기를 생산하고 있는데 이는 우리나라에서도 기술개발투자를 통해 소규모의 지열발전이 가능하고, 최근에 세계적으로 시추기술의 특허를 보유하는 등 지열발전의 전망이 밝다 할 수 있겠다.

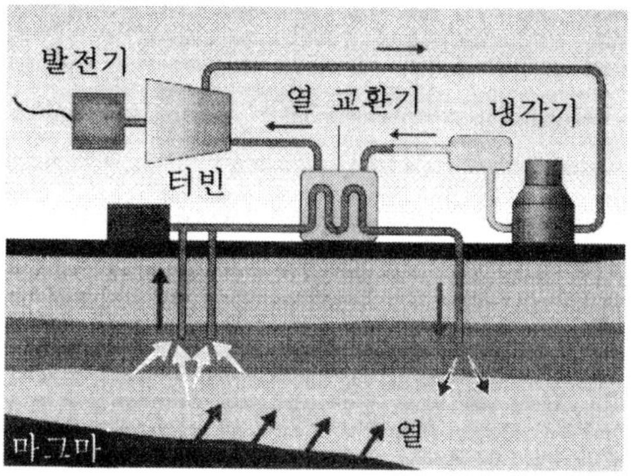

그림 5-52 지열발전

지열발전이 기존의 화석연료나 대수력, 그리고 기타 재생에너지에 비해 유리한 점은 설비의 실제 가동률이 뛰어나다는 점이다. 이는 설비량 비율 및 생산량 비율의 비교에서 확인할 수 있는데, 필리핀의 경우 설비량은 12.7[%]인데 비해 생산량은 19.1[%], 그리고 미국은 설비량 0.3[%]인데 비해 생산량은 0.5[%]로 매우 높다. 지열발전의 경우 저류층의 압력이 떨어지지 않는 한 24시간 연속 가동이 가능하며, 실제로 가동률이 90[%]를 상회하고 있다.

제6장

산업 전동력 사용설비

6.1 전동력 사용설비 개요

산업이 발전됨에 따라 생산 설비의 자동화, 고속화, 정밀화, 대용량화가 수반되고, 이에 필수적으로 사용되는 전동기(電動機)의 용량과 종류가 증가되었을 뿐만 아니라 응용분야도 증대되고 있다.

최근에는 마이크로프로세서, 전력용 반도체소자, 고성능 영구자석 및 각종 센서 기술 등과 구동제어 기술의 개선과 발전에 힘입어 전동력 응용기술은 더욱 더 발전하고 있어 표 6-1에 나타낸 것과 같이 전동력 응용도 광범위하다.

표 6-1 전동력 응용의 범위

분 야		기 계
산 업	광 산	권상기, 운반기, 선광장치, 송풍기, 펌프, 기중기
	탄 갱	권상기, 운반기, 선탄장치, 송풍기, 펌프, 기중기
	유 전	보링기계, 펌프, 기중기
	제 철	권상기, 송풍기, 펌프, 압연기, 절단기, 기중기
	기 계	기중기, 운반기, 송풍기, 펌프, 엘리베이터, 기계운전
	화 학	운반기, 펌프, 송풍기, 기계운전
	섬 유	방직기, 염색기, 송풍기, 펌프, 공기조절장치
	시멘트	기동기, 운반기, 송풍기, 펌프
	펄 프	제지기계, 분쇄기, 운반기, 교반기, 기동기, 펌프
	농 업	경운기, 탈곡기, 펌프
운수교통		전기기관차, 전차, 케이블카, 자동차, 선박, 항공기
가 정		세탁기, 선풍기, 청소기, 믹서, 우물펌프, 재봉기
기 타		전설기계, 인쇄기계, 이화학기계, 계산기, 식품공업용 기계

이처럼 전동기 응용범위가 광범위한 것은 전동기 응용면에서 다음과 같은 장점이 있기 때문이다.

① 전동력의 집중과 분배가 용이하여 개별, 집단, 복식운전이 용이하여 경제적이다.
② 동력의 전달기구가 간단하고 효율적이다.
③ 전동기의 종류가 많아서 부하에 맞는 특성, 구조 등의 선택이 자유롭다.
④ 전동기의 설치 위치를 임의로 선택할 수 있고, 취급이 용이하다.

반면에 전동기 응용에서 다음과 같은 단점도 있다.

① 외관상만으로는 고장난 곳을 발견하기가 어렵다.
② 단락사고 등에 의한 영향이 광범위하게 미치기 쉽다.
③ 이동용 동력기구에서는 전선이 부식되기 때문에 불편하다.

6.1.1 직류전동기

(1) 전원공급방식

직류전동기(直流電動機)와 같은 전동기는 전원으로 직류를 필요로 하며 그 사용 전압은 100, 200[V]이고, 전차(電車)용은 750(500, 600), 1,500(1,200), 3,000(2,400)[V]가 사용된다. 실험용, 과학기계, 자동차, 항공기용 등은 50[V] 이하의 2, 4, 6, 12, 24[V] 등이 사용되기도 한다.

직류전동기는 제어가 용이하고, 정밀성과 효율을 좋게 할 수 있는 이점을 가지고 있다.

(2) 구조와 원리

직류전동기(直流電動機) 구조는 그림 6-1과 같이 계자 철심과 전기자 철심, 정류자 및 베어링 등으로 구성되어 있다.

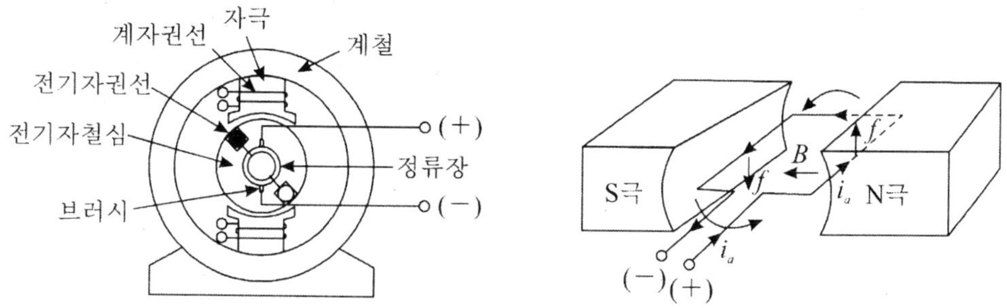

그림 6-1 직류전동기

그림 6-1 (b)와 같이 자계(磁界) 내에 놓인 도체에 전류 i_a를 흘리면 전기자는 f 방향으로 힘을 받아 계속 회전한다. 이것이 직류전동기이며 구조는 발전기와 같다.

(3) 종 류

직류전동기는 접속방법에 따라 타여자, 분권, 직권, 복권형 4종류로 분류할 수 있다.

① 타여자 전동기는 독립된 전원에 의하여 여자를 한다. 소형기에서는 계자권선 대신에 영구자석을 사용한다. 속도변동률이 작은 정속도 전동기이다.

② 분권형 전동기는 자여자 전동기의 대표형으로 타여자 전동기와 같은 정속도 특성의 전동기이므로 출력(P)은 토크(T)에 비례한다. 부하에 관계없이 회전수가 일정하므로 몇 단계로 회전수를 바꾸는 다단속도 전동기에 속한다.

③ 직권전동기는 토크가 증가하면 즉, 부하가 증가하면 속도가 감소하는 변속도 전동기로서 저속도에서 큰 토크(T)를 생기므로 전동차용 전동기로 사용한다. 토크는 전류의 제곱에 비례($T \propto I^2$)하므로 일정 단자전압에서 부하전류에 따라 토크가 급증하고, 정격회전수에서 기동 토크가 가장 큰 전동기이다.

④ 복권전동기는 분권계자와 직권계자를 모두 가지고 있는 전동기로 엘리베이터나 분쇄기와 같이 부하의 변동이 심한 곳에 사용한다.

(4) 기동방식

직류전동기의 기동방식에는 전전압기동법, 저항기동법, 전압기동법으로 분류된다.

① 전전압기동법은 정격전압을 인가하여 기동하는 방법이다. 제어가 간단하고 안정된 방법이지만, 시동전류(始動電流)가 커서 정류작용에 지장을 주거나 전원의 전압 변동에 의해 다른 부하에 영향을 끼칠 수 있어 소용량기 이외에는 적용하지 않는다.

② 저항기동법은 전기자 회로에 시동저항을 삽입하여 시동전류를 억제하고 속도 상승과 함께 저항을 차츰 줄여나가면서 정격상태로 하는 방법이다. 보통 기동 전류의 최대값은 정격전류의 1.5배 정도가 되도록 기동 저항값을 결정한다.

③ 전압기동법은 전원전압(電源電壓)을 낮은 전압에 붙여 가속과 함께 인가전압을 높여나가는 방법으로 직병렬제어나 레오너드 방식이 여기에 해당되며 주로 대형기(大型機)에 많이 이용하고 있다.

(5) 속도제어

직류전동기의 속도 n[rpm]은 식 (6-1)과 같으므로 속도제어방식에는 계자전류를 바꾸는 계자제어방식, 전기자회로에 저항을 바꾸는 저항제어방식, 인가전압을 바꾸는 전압제어방식이 있다.

$$n = k\frac{E}{\phi} = k\frac{V - I_a R_a}{\phi} \tag{6-1}$$

속도 n을 제어하는데는 V, R_a, ϕ 중 하나를 변화시키면 된다.

제어방식에는 계자제어, 저항제어, 전압제어로 분류된다.

① 계자제어(界磁制御)는 식 (6-1)에서 자속 ϕ를 변화시키기 위해서는 계자저항기(R_f)로 계자전류(I_f)를 조정하는 방법이다.

② 저항제어(抵抗制御)는 전기자회로에 직렬로 접속된 가변저항(R)을 접속하여 전기자에 걸리는 전압을 가감하여 속도를 제어하는 방법으로서 전력손실이 커서 효율이 나쁘다.

③ 전압제어는 전기자에 가해지는 단자전압(端子電壓)을 조정하는 방법으로 정토크 특성에 적합하다. 그림 6-2와 같이 직류발전기로 계자를 제어하는 워드레

오너드 방식이 가장 많이 사용되며 권상기, 엘리베이터, 기중기, 인쇄기 등에 사용된다.

워드 레오너드방식에 플라이휠을 장착한 일그너 방식은 첨두부하의 반복이 교류 전원측에 미치는 나쁜 영향을 적게 한 것으로 제철용 압연기, 대용량 제관기처럼 토크가 크게 변동하는 대용량 부하에서 가변속도에 사용된다.

플라이휠은 회전에너지를 축적하였다가 부하변동에 대응하는 것으로 첨두 부하값이 감소하고, 최대 토크가 감소하고, 전류 동요 감소에 적합하다.

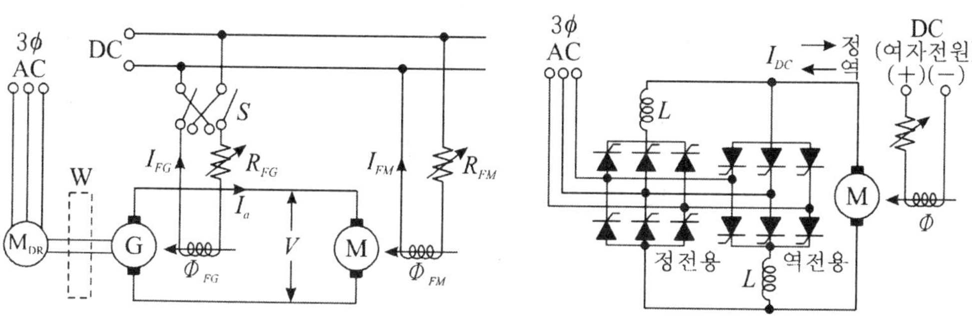

(a) 워드 레오너드 방식 (b) 정지 레오너드 방식

그림 6-2 레오너드 방식

(6) 역전과 제동

(가) 역 전

직류전동기를 역전시키려면 계자 또는 전기자 회로 중에서 어느 한쪽의 극성을 반대로 접속하면 된다. 보통 전기자 회로의 접속단자를 바꾸어서 단자전압의 방향을 반대로 한다. 혹시 보극이나 보상권선이 있으면 전기자 권선의 접속을 바꿀 때 보극과 보상권선의 접속도 같이 바꾸어야 한다.

(나) 제 동

제동은 사용목적에 따라 분류할 경우에 감속제동과 운전제동으로 분류할 수 있다. 감속제동이란 급히 감속하거나 정지시키기 위해 거는 제동으로 부하나 전동기가 가지고 있는 운동에너지를 흡수하는 것을 말한다. 운전제동은 제동하면서 일정한 속도로 운전을 계속하는 상태를 말한다.

에너지 흡수 방법에 따라 제동방법을 분류하면 기계적 제동과 전기적 제동으로 나눌 수 있다. 기계적 제동에는 수동, 압축공기 등으로 제동기를 작동시키는 것이고, 전기적 제동은 발전제동, 회생제동, 역전제동으로 나눌 수 있다.

① 발전제동은 직류전동기가 운전중인 경우에는 전동기를 전원으로부터 분리하고, 단자 사이에 저항 R을 연결하여 전동기의 전기자에서 발생하는 전력을 줄열로 소비시키면서 전기적으로 제동하는 것을 발전제동이라 한다. 분권전동기에서는 운전 중인 그 자체 회로상태에서 저항을 접속하면 되지만, 직권 및 복권전동기에서는 직권권선에 흐르는 전류의 방향이 바뀌므로 직권권선의 접속도 반대로 연결하여야 한다. 발전제동은 고속에서는 큰 제동력을 얻을 수 있지만, 저속에서는 제동력이 떨어지므로 기계적 제동을 함께 병행하여 사용하는 것이 좋다.

② 회생제동은 전동기가 가지고 있는 운동에너지를 전기에너지로 바꾸어 이것을 다시 전원으로 변환하여 제동을 행하는 방법이다. 이 방법은 전기자에 가해진 전압 이상으로 역기전력이 증가되면, 전동기가 발전기로서 부하를 부담하게 되므로 계자저항기의 저항을 줄여서 자속을 증가시키면 회생전류가 얻어진다. 전기 기관차가 언덕을 내려갈 때 이 방법을 응용한다.

③ 역전제동은 직류전동기를 급속하게 정지시키는 방법으로 한 방향으로 운전하는 중에 역방향으로 접속을 바꾸어서 속도를 급격히 감소시키고, 역방향으로 회전하기 전에 전동기를 전원으로부터 분리하여 제동하는 방법이다.

6.1.2 유도전동기

(1) 전원공급 방식

유도전동기(誘導電動機)는 현재와 같은 교류방식의 발전에 의해 보급이 되었다고 할 수 있으며, 그 사용전압은 110, 220, 380, 3,300[V]가 많이 사용되고, 손실감소와 동력 토크 극대화를 위한 440[V], 특별한 경우에는 11,000[V]가 사용되기도 한다. 교류도 직류와 같이 50[V] 이하의 것도 사용된다. 주파수(周波數)는 60[Hz]이지만, 특수한 용도로서 주파수 100~500[Hz]가 사용되기도 한다.

교류전동기(交流電動機)는 직류전동기(直流電動機)에 비하여 튼튼하고 값이 싸지만, 정밀한 제어나 부하에 대한 적응성이 떨어지는 단점도 있다. 그러나 반도체소자에 의한 제어방식의 발전으로 직류전동기 대신 교류전동기가 사용되기도 한다.
유도전동기는 3상 농형 유도전동기와 3상 권선형 유도전동기, 단상 교류 유도전동기, 특수 농형 유도전동기로 구분된다.

(2) 농형 유도전동기 구조와 원리

그림 6-3과 같이 농형을 한 도체의 외측에 회전 가능한 구조의 자극을 배치하고, 이것을 시계방향으로 회전시키면 플레밍의 오른손법칙에 의해 N극 부근에 있는 도체에는 ⊙방향으로 S극 부근의 도체는 ⊗방향으로 기전력이 유기된다.

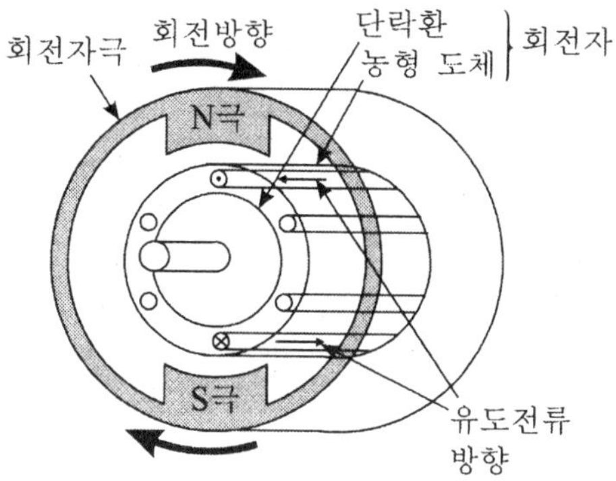

그림 6-3 농형 유도전동기의 구조와 원리

이 기전력에 의해 단락환으로 단락된 농형 도체에 유도전류(誘導電流)가 흐르게 되지만, 농형 도체는 자극에 의한 자계 속에 있으므로 플레밍의 왼손법칙에 의해 이것이 자극의 회전방향과 같은 방향으로 전자력 즉 토크가 작용하여 회전자는 회전하게 된다. 그러나 이 상태로만 전동기가 될 수 없다. 그 이유는 회전자(回轉子)를 회전시키기 위해서는 회전자계가 필요하다.

그림 6-4는 3상 교류에 의한 회전자계 발생 원리를 나타낸 것이다. 그림 (a)와 같이 고정자 철심에 a, b, c상의 3권선(1차 권선)을 각각 120°씩 위상차가 나게 감고, 여기에 그림 (b)의 3상 교류전류(交流電流)를 흐르게 하면, 그림 (c)와 같이 각 상에서 기자력이 발생하게 된다.

유도전동기는 3상 농형, 3상 권선형, 단상 농형 등이 있으며, 가장 많이 사용되고 있는 것이 3상 농형이다.

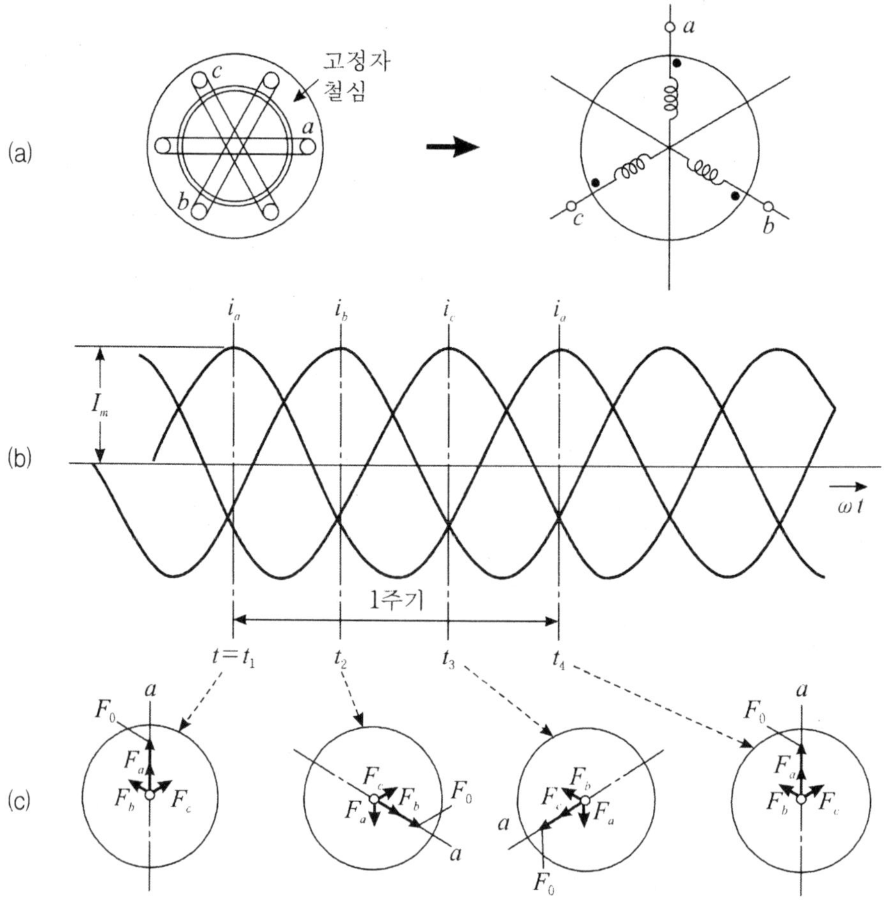

그림 6-4 회전자계의 발생

농형(籠型)과 권선형(捲線型)의 차이는 일반적으로 기동법과 속도제어법의 차이이다. 농형의 기동법은 전전압기동과 감전압기동($Y-\Delta$기동, 리액터 기동, 1차 저항기 기동 등), 속도 제어법으로는 1차 주파수제어, 극수변환, 1차 전압제어, 2차 여자제어가 있으며, 권선형의 기동법으로 2차 저항기동과 속도 제어법으로는 비례추이의 원리를 이용한 2차 저항제어가 이용되고 있다.

(3) 기동법

① 전전압 기동법(직입기동)은 전동기 단자에 직접 전전압(全電壓)을 인가하여 기동하는 방법으로 **직입기동**이라고도 한다. 정격출력(定格出力) 3.7[kW] 이하의 소용량의 전동기에 사용한다. 특수 농형 유도전동기인 경우에는 11[kW] 이하에서 사용할 수 있다.

② $Y-\Delta$ 기동법은 고정자 권선이 Δ결선의 전동기를 기동시에만 Y결선으로 기동하여 운전상태까지 가속한 뒤에 다시 권선을 Δ결선으로 변환하는 방법이다. 이때에 기동전류, 기동토크는 모두 전전압 기동일 때의 1/3배 감소한다.

③ 기동보상기에 의한 기동법은 기동보상기(起動補償器)라고 하는 3상 단권변압기(單券變壓器)를 사용해서 이것을 Y결선으로 접속하여 전동기 단자에 걸리는 전압을 내려서 기동하는 방법으로 탭 전압은 보통 50, 65, 80[%]를 표준으로 하고 있다. 기동보상기의 1차 전압과 2차 전압의 비를 $1/a$하면, 기동전류 및 기동토크는 $1/a^2$배가 된다.

④ 2차 저항 기동법은 시동시에 2차 회로에 슬립링을 삽입하여 저항을 접속해서 토크 비례추이 원리에 의해 기동토크를 크게 하고, 가속과 함께 저항값을 서서히 감소시켜 시동전류를 거의 일정하게 유지하도록 한다.

⑤ 임피던스 삽입 기동법은 기동시에는 유도전동기의 1차 직렬권선과 전원 사이에 리액터를 접속하여 기동전류를 억제해서 기동하고, 기동이 끝난 후에는 리액터를 개폐기로 단락하여 직접 전원에 접속하는 기동방법이다.

(4) 속도제어

유도전동기의 회전속도 n[rpm]은 슬립(slip)을 s, 동기속도(同期速度)를 n_s라 하면 식 (6-2)와 같이 나타낼 수 있다.

$$n = (1-s)n_s = (1-s)\frac{120f}{p}[\text{rpm}] \qquad (6\text{-}2)$$

유도전동기의 속도제어는 슬립 s와 동기속도 n_s의 변환에 의해 제어할 수 있다.

표 6-2 유도전동기 속도제어방식

- 유도전동기의 속도제어방식
  - 농 형
    - 극수변환
    - 와전류계수
    - 주파수제어
      - Inverter
      - Cycro converter
    - 1차 전압제어
      - Reactor 제어
      - Thyrister 제어
  - 권선형
    - 2차 저항제어
    - 2차 여자제어
      - 정지 셀비우스
    - 2차 위상제어
      - Reactor 제어
      - Thyrister 제어
    - 1차 전압제어
      - Reactor 제어
      - Thyrister 제어

① 극수 변환 제어방식은 식 (6-2)에서 유도전동기의 극수(p)를 변환시키면 극수에 반비례하여 동기속도가 변화한다. 농형인 경우에는 고정자 권선의 극수만을 바꾸면 농형 회전자의 전류는 자연히 그 극수에 맞게 분포가 된다.

② 전원 주파수 제어방식은 식 (6-2)에서 주파수(f)를 변환시켜 속도를 제어할 수 있다. 인가전압(印加電壓)을 일정하게 하고 주파수만을 변화시키면, 자속이 주파수에 반비례(反比例)하여 자기포화 또는 자속부족이 생기는 것으로서 정지형 전력변환장치인 인버터에 의해 만들어진 가변전압 가변주파수(VVVF) 전원을 사용해서 주파수 f에 비례하여 전압 V를 조정하는 V/f 일정제어를 하는 것이 일반적이다. 인견공업과 같은 섬유공장에서 사용하는 포트 모터와 선박의 전기추진에 많이 사용되는 속도제어방식이기도 하다. 특히 포트 모터는 6,000~10,000[rpm]의 가장 빠른 회전수의 전동기이다.

③ 2차 저항 제어방식은 권선형 유도전동기에 한하여 많이 이용하는 방법으로 2차측에 슬립링을 부착하고 속도제어용 가변저항(可變抵抗)을 넣어서 비례추이에 의해 토크의 기울기를 조정하여 부하 토크와의 교점을 변화시키는 가감 변속도 특성의 제어방식이다. 저속도 영역일수록 손실이 증대하고 효율이 저하하지만, 장치가 간단하고 기동특성이 우수하여 펌프, 권상기에 사용하고 있다.

④ 2차 여자 제어방식은 2차 여자 제어방식에는 그림 6-5와 같이 감속시에 회수한 전력을 다시 기계적 동력으로 바꾸어 이용하는 크래머 방식과 회수한 전력을 전원에 반환하는 방식의 세르비스 방식이 있다. 2차 권선의 유도전압(誘導

電壓) 주파수는 외부에서 인가한 전압의 주파수와 같아야 한다. 이 때문에 회전변류기(回轉變流機), 교류정류자가 사용되어지지만, 구조가 복잡하고 가격이 비싸고, 보수도 용이하지 않기 때문에 근래에는 그림 6-5와 같이 2차 전압을 실리콘 정류기로 정류해서 직류측의 전압을 조정하여 속도제어를 하는 방법이 사용되고 있다.

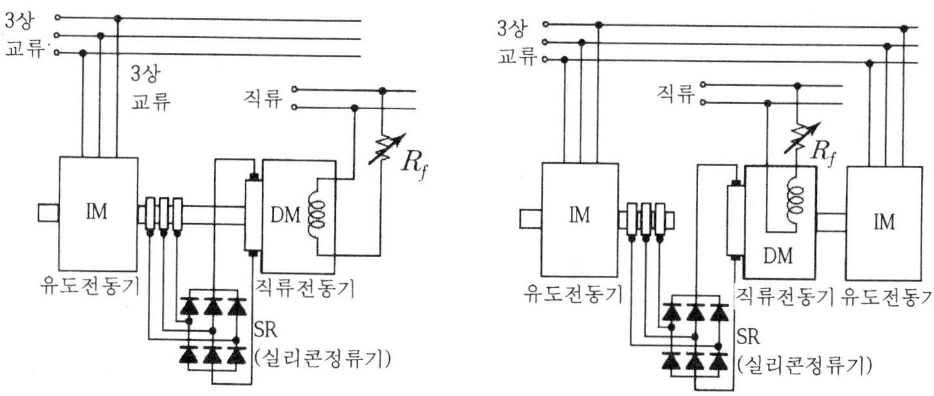

(a) 크레머 방식 (b) 셀비우스 방식

그림 6-5 2차 여자 제어장치

⑤ 전압 제어법은 유도전동기의 토크는 1차 전압의 제곱 승에 비례하므로 단자 전압을 조정하여 속도제어를 하는 방법이다. 전압은 사이리스터의 점호위상제어로 이루어지며 장치는 간단하지만, 저속영역에서 손실이 커서 정밀, 고속응답의 제어에 사용하기에는 적합하지 않다.

(5) 역전과 제동

(가) 역 전

유도전동기가 3상인 경우에는 3상의 3선 중에서 2선의 접속을 서로 바꾸어 접속하면 상의 순이 바뀌어져 회전자장의 회전 방향도 역전하게 된다. 이러한 방법을 플러깅(plugging)이라고도 한다. 단상 유도전동기인 경우에는 보조권선의 양단을 서로 바꾸어 접속하면 주권선의 자극보다 앞서 있던 보조권선의 자극이 뒤떨어지게 되어서 역전하게 된다.

반발 기동형 유도전동기는 브러쉬의 위치를 전기각으로 180° 돌려놓거나, 고정자 권선의 단자 접속을 바꾸어주면 회전방향이 역전된다. 하지만 셰이딩 코일형 단상 유도전동기는 역전을 시킬 수 없다.

(나) 제 동

① 발전제동(dynamic braking)은 운전 중에 있는 유도전동기의 1차측(고정자측)에서 교류전원을 분리하고 직류전원을 접속하여 여자하면, 1차측 권선에 의해 만들어진 회전자장 대신에 고정된 자극이 되므로, 전동기는 회전 전기자형 교류발전기가 되어 2차측(회전자측)에는 회전자의 회전속도에 상당한 주파수의 교류가 발생하면서 제동 토크가 생겨 제동하게 된다. 이것을 직류제동이라고도 한다.

② 회생제동(regenerative braking)은 기중기, 케이블 카, 권상기 및 긴 언덕길에 사용되는 전기기관차(電氣機關車) 등과 같이 물건을 높은 곳에서 아래로 내릴 경우, 부하의 위치에너지를 원동력으로 하여 유도전동기를 전원에 접속한 상태에서 유도발전기로 동작시켜 발생한 전압을 전원 전압보다 높게 하여 발생전력을 전원으로 반환하면서 제동하는 방법이다. 이 방법은 기계적 제동과 같이 마모나 발열이 없고 제동할 때 손실이 매우 적으며 전력이 회수되므로 매우 경제적인 제동방법이다.

③ 역전제동(plugging)은 전동기의 회전을 급속하게 정지시키거나 감속시키고자 할 경우 가장 효과적인 제동방법이다. 회전 중에 전동기의 1차 권선의 3단자 중에서 임의의 2단자의 접속을 바꾸면, 회전자에 작용하는 토크의 방향이 반대로 되어 전동기는 제동되어 급속히 감속하기 때문에 정지하기 전에 전원을 끊는다. 전원의 접속을 바꿀 때는 전원으로부터 흘러 들어가는 과대한 전류에 의해 농형 유도전동기에서는 2차 회로가 과열(過熱)될 우려가 있으며, 권선형인 경우에는 2차측 회로에 큰 저항을 넣으면 비례추이의 원리에 의해 큰 제동토크가 발생하여 정지 시간이 단축된다.

6.1.3 단상 교류 유도전동기의 기동법

단상유도기에서 문제는 단상 교류 자계가 회전하고 있는 회전자에는 회전토크를 발생시킬 수 있지만, 정지하고 있는 회전자를 기동시킬 수는 없다. 따라서 인덕턴스나 콘덴서에 의해 1차 전류를 2상으로 만들고, 이 2상 전류에 의해 만들어지는 회전자계로 기동시킨다. 기동장치(起動裝置)의 종류에 의해 콘덴서 기동형, 분상 기동형, 반발 기동형이 있다.

단상 유도전동기는 세탁기(洗濯機)나 냉장고(冷藏庫)가 그 대표적인 예이지만, 그 외에 펌프, 건조기, 재봉틀, 선풍기, 송풍기, 에어컨 등 많은 가정용 전기기기에 가장 많이 이용되고 있으며, 속도 변동율이 가장 큰 전동기이다.

단상전동기는 회전자계를 가진 3상 전동기와는 달리 교번자계로 회전하므로 자체적으로 기동토크가 없어 기동이 되지 않는다. 정지된 단상 유도전동기는 스스로 회전자계를 발생시킬 수가 없기 때문에 회전하지 못하지만, 외부에서 한쪽 방향으로 회전시키면 그 방향으로 토크가 생기고 전동기는 회전하게 된다.

6.1.4 동기전동기

(1) 구조와 원리

동기전동기는 그림 6-6 (a)에 나타낸 것과 같이 3상 권선을 설치한 고정자(固定子)와 외부전원에 의해 여자(勵磁)되는 돌극형의 전자석(電磁石)이 회전하는 것으로 구성되어 있다. 이 고정자 권선에서 발생한 회전자계가 회전자의 자극을 잡아당겨 동기속도로 회전자를 돌리게 된다. 회전자계의 동기속도 $n_s = 120f/p$[rpm](p는 극수)로 주어지므로 전원 주파수가 일정하면 전동기는 일정한 속도로 회전을 계속하게 된다. 그러나 기동시에 있어서는 회전자는 자기 관성 때문에 회전자계에 따라 회전할 수가 없으므로 기동토크는 거의 영(0)이다.

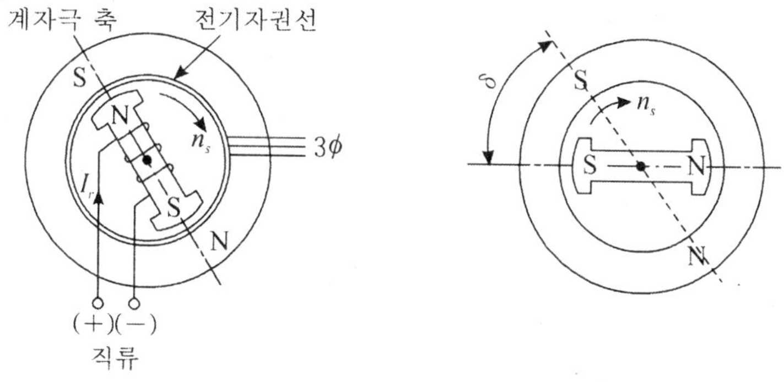

(a) 구조　　　　(b) 부하각δ

그림 6-6 동기전동기 구조

부하가 있는 경우에는 그림 6-6 (b)와 같이 회전자는 부하에 끌려서 회전자계의 기자력 방향보다 부하각 δ만큼 늦게 된다. 이 부하각은 부하의 크기에 따라 변한다. 만약 부하가 급격히 변화하는 경우에는 부하각 δ의 변화로 전동기가 난조(亂調)를 일으켜 결국엔 정지하게 된다.

이러한 견지에서 동기전동기는 항상 역율 1로 운전하는 고역율 전동기, 일정속도 운전, 대 출력에서 유도전동기보다 경제적이고, 진상 및 지상 전류 조정이 가능한 장점이 있으며 자기 기동 능력이 없고, 난조의 염려가 있는 단점을 가진 전동기이다.

동기전동기는 대형으로 비교적 저속인 것은 시멘트 공장의 분쇄기나 제지공장의 쇄목기에 많이 이용된다. 소형이면서 고속도의 것은 tape recoder에 사용되는 히스테리시스 전동기(hysteresis motor)이다.

(2) 기동방식

동기전동기는 회전자가 동기속도로 회전하고 있는 경우에 한하여 전동기로서 토크를 발생하는 것이므로 동기전동기 자체로서는 기동토크는 "0"이다. 그러므로 어떠한 방법을 사용하여 동기속도에 가깝게 가속시켜 기동토크를 발생하도록 해야 한다.

① 자기 기동법은 제동권선에 의해 기동토크를 얻는 방법으로 계자권선을 열어 두고 전기자권선(電氣子捲線)에 기동용 변압기, 기동 보상기, 직렬 리액터 또는 변압기의 탭 등으로 정격전압의 30~50[%] 정도의 낮은 전압을 인가하면, 제동권선이 농형 유도전동기의 회전자권선의 역할을 하여 유도전동기로서 기동하게 된다. 기동 후 동기속도에 가까워졌을 때, 계자권선을 접속하여 여자하면 인입토크에 의해 동기속도로 인입된다. 그 후에 전기자 전압을 전전압으로 전환하여 운전상태로 한다.

② 기동전동기(起動電動機) 기동법은 다른 기동용 전동기(유도전동기, 직류전동기 등)로 기동해서 동기속도 부근까지 가속시킨 후에 동기전동기를 전원에 접속하는 방법이다. 유도전동기에 의한 경우에는 그 극수는 동기전동기보다 2극이 작은 것을 선정하고, 일단 동기전동기의 동기속도 이상의 속도까지 가속해서 기동용 전동기를 전원에서 분리하여 감속에 의해 동기속도 부근이 된 시점에서 동기전동기를 전원에 접속한다.

6.2 부하운전에 필요한 동력

6.2.1 일과 동력, 에너지

직선운동하는 어떤 물체에 작용하는 힘 F[N], 이동 거리를 x[m]라면, 이때 이 물체에 가한 일 W[J]는 식 (6-3)과 같이 된다.

$$W = F \cdot x\,[\mathrm{N \cdot m = J}] \tag{6-3}$$

이 때 그림 6-7 (a)와 같이 물체가 이동하는데 필요한 시간 t[s], 속도 v[m/s]라 할 경우에 동력 P[W]는 식 (6-4)로 나타내며, 이것을 전동기 출력 또는 소요 동력이라 한다.

$$P = \frac{W}{t} = F \cdot v\,[\mathrm{W = J/s}] \tag{6-4}$$

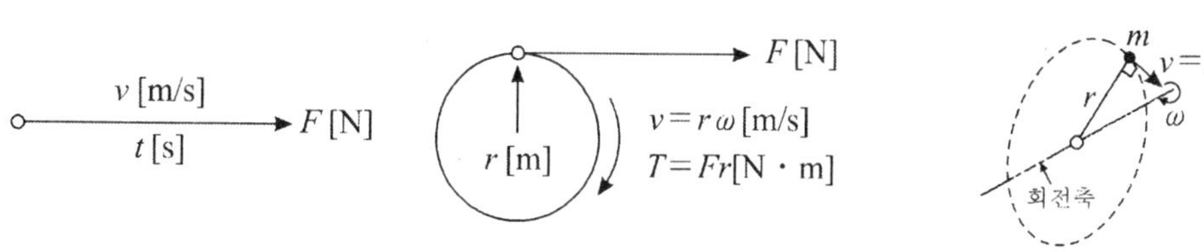

그림 6-7 힘과 운동

그림 6-7 (b)와 같이 매초 n[rps]으로 회전하는 반지름 r[m]인 회전체의 경우 각속도 ω[rad/s]는 식 (6-5)로 나타낼 수 있다.

$$\omega = 2\pi n\,[\mathrm{rad/s}] \tag{6-5}$$

이때 반지름 r[m]인 회전체의 회전력(토크) T[N · m]는 식 (6-6)과 같다.

$$T = F \cdot r\,[\mathrm{N \cdot m}] \tag{6-6}$$

이때 동력(動力) P[W]를 토크와 각속도로 표현할 경우에 식 (6-7)과 같다.

$$P = F \cdot v = (F \cdot r) \cdot \omega = T \cdot \omega\,[\mathrm{W}] \tag{6-7}$$

그림 6-7 (c)와 같이 하나의 회전축을 생각하여 질량 m[kg]의 질점이 이 회전축에서 r[m] 떨어져서 각속도 ω[rad/s]로 이 축 둘레를 회전할 때 주변속도 $v = r\omega$

가 된다. 이때 질점이 갖는 회전 운동에너지 W[J]는 식 (6-8)이 된다.

$$W=\frac{1}{2}mv^2=\frac{1}{2}mr^2\omega^2=\frac{1}{2}J\omega^2[\mathrm{J}] \tag{6-8}$$

단, $J=mr^2$[kg · m²]을 관성모멘트로, 즉 J를 m의 축에 대한 관성 모멘트가 된다. 이때 각속도(角速度)는 $\omega=2\pi n=\frac{2\pi N}{60}$[rad/s]이며, 직선운동에너지는 $E=\frac{1}{2}\times m\times v^2$ (직선 운동에너지)이다.

6.2.2 중력부하인 경우 동력

그림 6-8, 6-9와 같이 천장주행 크레인용 권상기나 엘리베이터처럼 중량(重量)M[kg]의 물체를 속도(速度)v[m/s]로 수직으로 끌어올리는 중력부하의 경우에 힘 F[N]와 동력 P[W]는 질량 1[kg]인 물체에 작용하는 중력은 9.8[N]을 고려하면 식 (6-9)와 (6-10)으로 나타낼 수 있다.

$$F=9.8M[\mathrm{N}] \tag{6-9}$$

$$P=F\cdot v=9.8Mv\,[\mathrm{W}] \tag{6-10}$$

이러한 경우에 기계장치의 동력 전달과정에서 손실이 있으므로 효율을 생각할 필요가 있다.

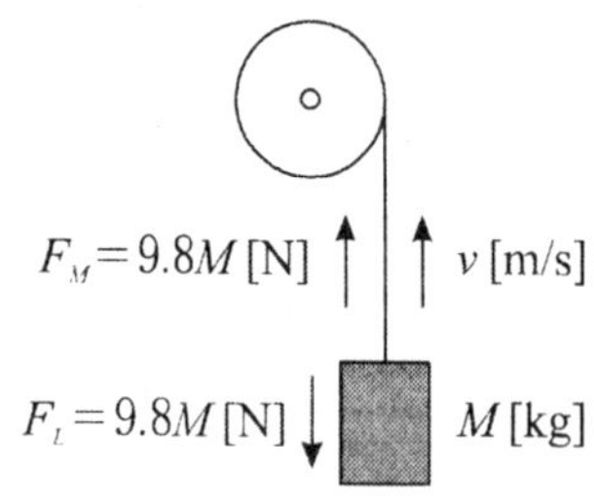

그림 6-8 중력부하

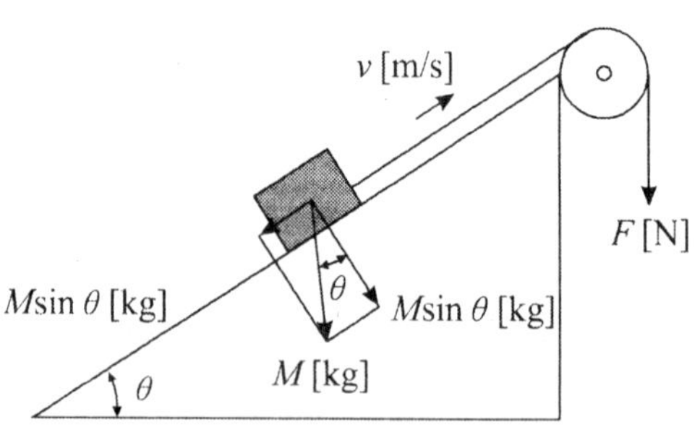

그림 6-9 마찰부하

6.2.3 마찰부하인 경우 동력

그림 6-9와 같이 각 θ만큼의 경사각(傾斜角)과 마찰계수(摩擦係數) μ_s인 경사면에 중량 M[kg]을 속도 v[m/s]로 끌어올릴 경우에 소요되는 힘 F[N]와 소요동력 P[W]를 각각 식 (6-11)과 (6-12)로 나타낼 수 있다.

$$F = 9.8M(\sin\theta + \mu_s \cos\theta)[\mathrm{N}] \tag{6-11}$$

$$P = F \cdot v = 9.8Mv(\sin\theta + \mu_s \cos\theta)[\mathrm{W}] \tag{6-12}$$

이와 같은 경사면을 승강하는 부하는 콘베이어, 에스컬레이터, 스킵권상기 등의 경우가 이에 해당되고, 수평면($\theta = 0$인 경우)을 이동하는 부하는 천장주행 크레인의 주행대차가 여기에 해당한다. 실제로 이들 장치를 운전하기 위한 동력은 장치의 동력전달기구에서의 손실도 고려하여야 한다.

6.2.4 유체부하인 경우 동력

(1) 송풍기의 경우

그림 6-10과 같이 단면적 S[m^2], 풍압(風壓) H[kg/m^2], 풍량 Q_w[m^3/s]일 경우에 단면적에 부딪치는 전압력 F_w는 식 (6-13)이 되며, 이때 속도 v는 식 (6-14)가 된다.

$$F_w = 9.8H \cdot S[\mathrm{N}] \tag{6-13}$$

$$v = \frac{Q_w}{S}[\mathrm{m/s}] \tag{6-14}$$

송풍기(送風機)에 필요한 동력 P_w는 송풍기 효율 n(0.4~0.8), 보상계수 K_w(1.2~1.5)를 고려할 경우 식 (6-15)와 같이 나타낼 수 있다.

$$P_w = F \cdot v = \frac{9.8K_w HQ_w}{n_f} \times 10^{-3}[\mathrm{kW}] \tag{6-15}$$

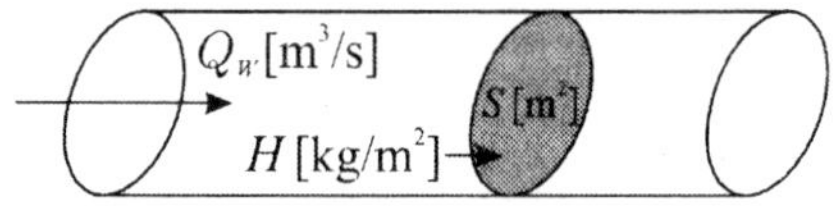

그림 6-10 송풍기

(2) 액체펌프의 경우

그림 6-11과 같이 단면적 S[m²], 유량 Q_f[m³/s], 비중 ρ(비중이란 어떤 물질의 질량과 이것과 같은 부피를 가진 표준물질의 질량과의 비율이다. 고체와 액체의 경우에는 보통 1[atm], 4[℃]의 물을 취하고, 기체의 경우는 1[atm], 0[℃]에서의 공기를 취한다. 기체의 경우, 비중은 온도와 압력에 따라 달라진다. 비중은 무차원수이며, 고체-액체에 대해서는 그 값이 소수점 이하 5자리까지 밀도와 일치한다. 그래서 비중과 밀도는 그 값이 같다고 생각해도 무방하다.)인 유체(流體)를 경사각 θ인 관을 통해 높이 H[m]까지 올리고자 할 경우, 단면적 $S\cdot\text{cosec}\theta$(코시컨트는 사인 삼각비의 역함수이므로 사인 θ는 a/c일 경우 코시컨트 θ는 c/a로 단면적 S[m²]를 수평면으로 환산하기 위한 함수)[m²]인 관을 수직으로 H[m]만큼 높인 경우와 같다. 이 경우에 펌프로 퍼 올리기 위한 힘 F_f는 식 (6-16)과 같으며, 이때 수직방향의 속도 v는 식 (6-17)과 같이 나타낸다.

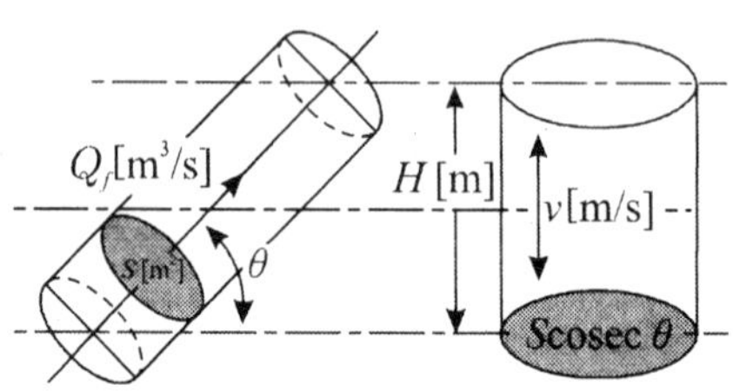

그림 6-11 액체펌프

$$F_f = 9.8\rho H\cdot\text{cosec}\theta\times10^3[\text{N}] \tag{6-16}$$

$$v = \frac{Q_f}{S\cdot\text{cosec}\theta}[\text{m/s}] \tag{6-17}$$

이때 소요동력 P_f는 펌프효율 n 및 보정계수 K_p(1.1~1.3)를 고려할 경우 식 (6-18)이 된다.

$$P_f = F \cdot v = \frac{9.8 K_f \rho H Q_f}{n_f} [\text{kW}] \tag{6-18}$$

6.3 부하와 전동기의 운전

6.3.1 부하토크와 전동기토크

전동기로 부하기계를 운전하기 위해 필요한 것이 토크이다. 일반적으로 전동기 속도에 대한 토크($T = F \cdot r$[N · m])의 변화로 나타내며, 이것을 전동기와 부하의 속도-토크 특성이라 한다.

(1) 부하의 속도-토크 특성

(가) 정토크 부하 특성

정토크 부하는 그림 6-12와 같이 전동기의 회전속도(回轉速度)가 변해도 토크가 거의 변하지 않는 부하를 말한다. 이 부하는 일정한 힘 F[N](또는 토크 T)에 대해 속도 v[m/s] 또는 각속도 ω[rad/s]로 일을 하며, 이때 동력 P[W]는 식 (6-19)로 나타내며 속도 v 또는 각속도 ω에 비례함을 알 수 있다.

$$P = Fv = T\omega [\text{W}] \tag{6-19}$$

정토크 부하는 권상기, 기중기, 압연기, 압축기, 인쇄기, 목공기 등이 있다.

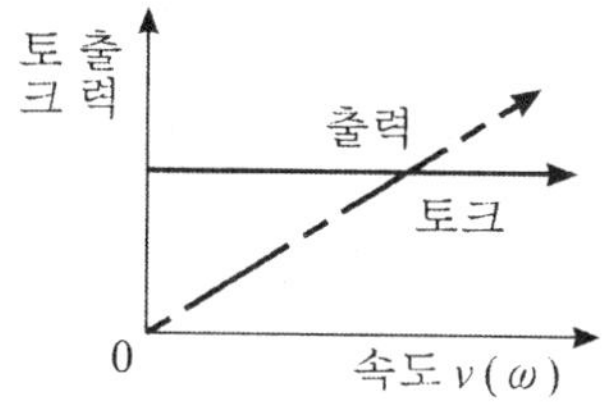

그림 6-12 정토크 부하

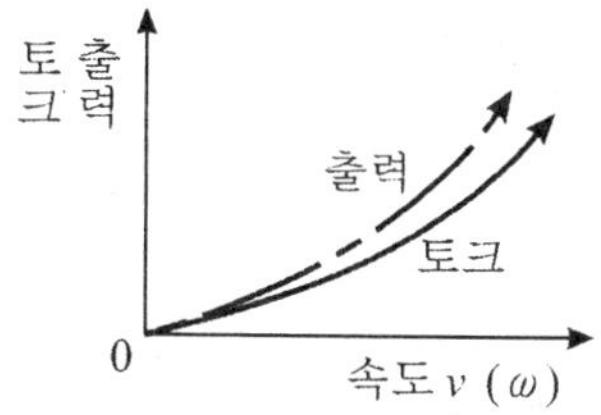

그림 6-13 제곱토크 부하

(나) 제곱토크 부하

제곱토크 부하는 그림 6-13과 같이 토크가 속도의 제곱에 비례하여 변화하는 부하를 말한다. 주로 송풍기, 펌프와 같은 유체부하가 여기에 속한다. 송풍기를 예로 들면 팬이 돌기 시작할 때는 큰 토크가 필요하지 않지만, 속도가 커질수록 필요한 토크는 점점 증가한다.

(다) 정동력(정출력) 부하

정동력 부하는 그림 6-14와 같이 전동기의 회전속도가 변화하여도 출력이 거의 변하지 않는 부하 특성을 말한다.

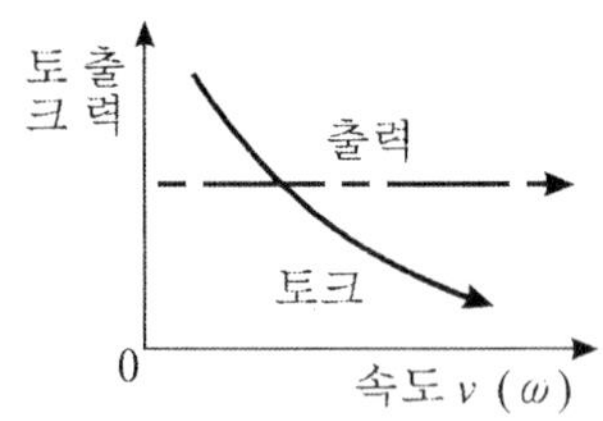

그림 6-14 정동력 부하

이것은 고속(高速)의 경우에는 토크가 작고, 저속의 경우에는 큰 토크를 요구하는 부하를 말한다. 따라서 토크는 속도에 반비례하는 관계를 갖는 부하로서 다음과 같은 경우이다.

① 하역기계에서 무거운 물건은 저속으로, 가벼운 물건은 고속으로 작업하여, 고속이나 저속에서 똑같이 동일한 동력이 요구되는 작업의 경우.
② 권상기를 사용하여 같은 속도로 나오고 있는 물체를 동일한 장력으로 권상하는 경우나 선반에서 공작물을 절삭 가공할 때 지름이 작은 것은 작은 토크로 고속 작업을 하고, 지름이 큰 것은 큰 토크로 저속 운전하는 작업의 경우.
③ 동일한 압연기를 가지고 작은 토크가 요구되는 소형 물체를 압연할 때는 고속, 토크가 요구되는 대형 물체를 압연할 경우에는 저속으로 구동하는 경우.

(2) 전동기의 속도 - 토크 특성

(가) 정속도 특성

정속도 특성은 그림 6-15와 같이 부하 토크가 변해도 속도는 거의 변하지 않는 특성을 말한다. 이것을 **분권 특성**이라고도 한다. 여기에 속하는 전동기는 동기전동기, 유도전동기, 교류분권 정류자 전동기, 직류 분권전동기, 직류차동 복권전동기 등이 있다. 이 특성은 속도가 매우 안정적이기 때문에 팬, 송풍기, 펌프, 압축기 등의 구동용 및 제철, 제지, 방적, 공작기계 등의 생산기계용으로 널리 사용된다.

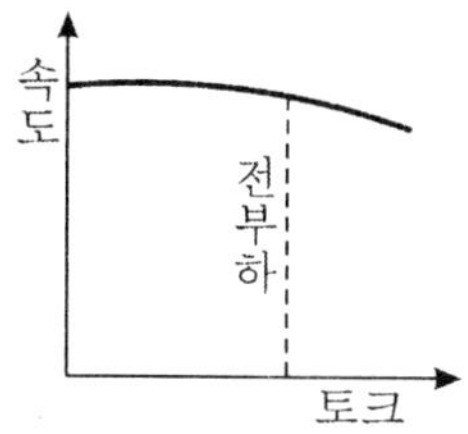

그림 6-15 정속도 특성

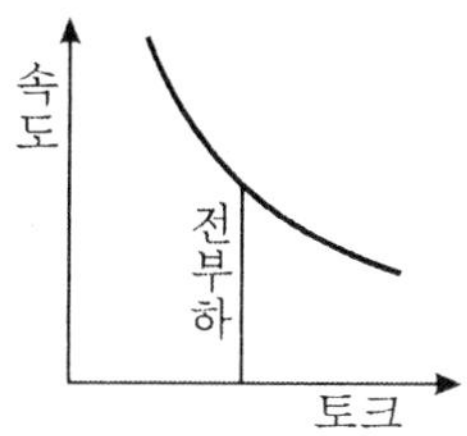

그림 6-16 변속도 특성

(나) 변속도 특성

변속도 특성은 그림 6-16과 같이 부하 토크가 증가할수록 속도가 심하게 떨어지는 특성을 말한다. 이것을 **직권 특성**이라고도 한다. 여기에는 2차 저항이 큰 유도전동기, 교류직권 정류자 전동기, 직류 직권전동기, 직류가동 복권전동기 등이 속한다. 변속도 특성은 기동토크가 크며, 부하가 커질수록 자연적으로 속도가 떨어지고, 부하가 가벼우면 속도가 커지게 되므로 전원에 대하여 비교적 정출력을 필요로 하는 전차, 기중기 등의 하역기계에 널리 사용된다.

6.3.2 기동과 가속

전동기로 부하기계를 운전하는 경우에 부하 토크에 의하여 회전운동이 규제를 받게 된다. 현재 전동기 축에서 환산한 관성모멘트를 J[kg · m²], 마찰토크를 T_u [N · m], 풍압토크를 T_w[N · m], 작업토크를 T_f[N · m]라 하고 전동기축의 각 각속도를 ω라 하면, 이 전동기의 총 토크 T_m[N · m]은 식 (6-20)과 같이 된다.

$$T_m = wJ + T_u + T_w + T_f \tag{6-20}$$

부하의 변동에 따라 전동기의 속도가 변경될 경우에도 식 (6-20)의 토크 외에 운동에너지의 과부족에 따른 토크가 필요하게 된다. 이것을 가속토크나 감속토크라 하며 ωJ에 해당된다.

전동기의 회전수가 N_1[rpm]에서 N_2[rpm]으로 변화되었을 경우의 운동에너지 변화량 ΔW[J]는 식 (6-21)과 같이 된다.

$$\Delta W = \frac{J}{2}(w_1{}^2 - w_2{}^2) = \frac{GD^2}{730}(N_1{}^2 - N_2{}^2)[\text{J}] \tag{6-21}$$

여기서, GD^2 : 플라이휠 효과[kg · m²], G : 회전부의 총 질량[kg]

D : 회전부의 지름[m], w_1, w_2 : N_1, N_2의 각 각속도[rad/s]

6.3.3 전동기의 안정운전 조건

전동기로 부하를 안정적으로 운전하기 위해서는 전동기는 그림 6-17과 같은 부하의 속도-토크 특성을 갖는다. 전동기는 가속(加速)하는 토크를 발생하고 부하는 제동하는 토크로 작용하게 되므로, 이 토크의 차 $T_M-(T_L+T_B)=\Delta$가 정(+)일 때는 가속하고, 부(−)일 때는 감속하게 된다. 여기서 T_B는 마찰 및 기타에 소요되는 토크로서 부하 토크로 취급한다.

그림 6-17 (a)와 같은 전동기의 안정운전 특성인 경우에는 점 P에서 어떤 요인으로 인해 속도가 상승해도 부하가 요구하는 토크는 증대하나, 전동기 토크는 역으로 감소하여 토크가 부족해져 감속하여 점 P로 돌아온다. 속도가 저하한 경우는 그 역이 되어 전동기 토크와 기계적 부하 토크가 평형하여 안정운전이 된다.

그림 6-17 (b)와 같은 특성을 가진 경우는 어떤 원인으로 속도가 상승하면 전동기 토크는 기계적 부하 토크 이상으로 증가해서 더욱 속도가 상승한다. 역으로 속도가 떨어지면 전동기 토크가 기계적 부하 토크 이상으로 속도가 저하하여 안정된 운전을 할 수 없게 된다.

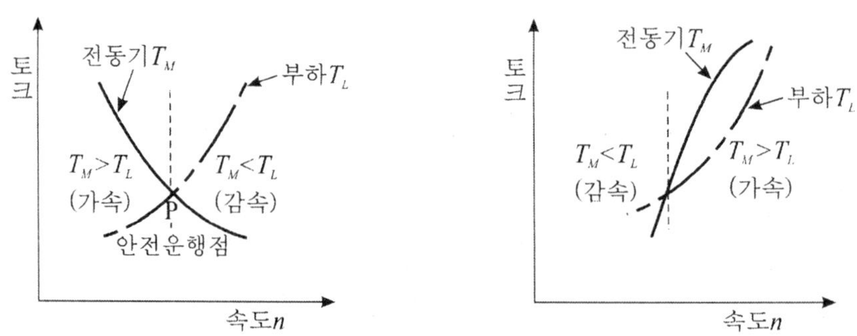

(a) 안정한 경우 (b) 불안정한 경우

그림 6-17 전동기의 안정운전 조건

6.3.4 전동기 정격의 선정

전동기를 선정할 경우 가능한 한 전동력을 합리적으로 사용하기 위해 용도에 가장 적합한 전동기를 선정하여야 한다. 일반적인 선정방법은 다음과 같다.

① 부하의 토크-속도 특성에 맞는 특성의 것을 선정한다.
② 용도에 적당한 기계적 형식의 것을 선정한다.
③ 운전형식에 알맞은 정격 및 사용과 냉각방식에 따라 선정한다.
④ 사용 장소의 상황에 맞는 보호방식의 것을 선정한다.
⑤ 고장이 적고, 신뢰도가 높으며 운전비가 싼 것을 선정한다.
⑥ 다른 부품과 호환성이 좋고, 표준출력의 제품을 선정한다.

(1) 부하의 토크-속도 특성으로 선정

전동기 토크-속도 특성과 부하의 토크-속도 특성이 가까울수록 전동기의 용량은 작아도 되고, 속도제어도 효율 좋게 할 수 있다. 속도에 관계없이 일정한 토크가 필요한 부하를 **정토크 부하**라 하며, 정토크 부하 기계 중에 송풍기, 펌프는 유체부하의 제곱토크부하이고, 인쇄기는 **정토크 부하**에 해당된다.

정토크 부하는 속도가 거의 일정한 것이 많으며, 직류 분권전동기, 레오너드 방식, 권선형 유도전동기(2차 저항 제어형), 분권정류자 전동기 등이 있다.

부하 토크에 관계없이 거의 일정한 속도를 요하는 부하를 정속도 부하라 하며, 동기전동기, 직류 타여자 전동기, 3상 유도전동기 등이 여기에 속한다.

속도와 관계없이 일정한 출력을 요하는 부하를 정출력 부하라 하며, 부하 토크가 증가하면 속도가 떨어지는 토크-속도 특성을 가지고 있다. 여기에는 직류 직권전동기, 단상 및 3상 정류자전동기, 반발전동기 등이 있다.

기동 토크는 마찰부하나 관성이 큰 부하에서는 가속도를 크게 하고자 할 때 그 값이 어느 정도 커야 하고, 또 압연기와 같이 충격 토크가 필요할 경우에는 플라이휠 효과로 관성모멘트를 증가시켜 보충하는 일이 많다. 또한 크레인의 권하 작업과 같이 부하토크가 부(－)일 경우에는 제동특성도 고려해야 한다.

(2) 전기적 · 기계적 특성으로 선정

(가) 입 력

① 직류전동기

$$P = E_s I [\mathrm{W}] \tag{6-22}$$

② 단상 교류전동기

$$P = E_s I \cdot \cos\theta [\mathrm{W}] \tag{6-23}$$

③ 3상 교류전동기

$$P = \sqrt{3} E_s I \cdot \cos\theta [\mathrm{W}] \tag{6-24}$$

여기서, P : 입력전력, E_S : 공급전압, I : 선간전류, $\cos\theta$: 역률

(나) 출 력

전동기가 발생하는 기계적 동력을 출력 P_m[W]이라 하면 식 (6-25)로 나타내고, 토크 T(단위 주의)는 식 (6-26)으로 나타낸다.

$$P_m = \sqrt{3} E_s \ I \cdot \cos\theta [\mathrm{W}] \tag{6-25}$$

$$\left.\begin{aligned} T &= \frac{P_m}{2\pi n} [\mathrm{N \cdot m}] \\ T &= \frac{P_m}{1.027n} = 0.975 \frac{P_m}{n} [\mathrm{kg \cdot m}] \end{aligned}\right\} \tag{6-26}$$

(다) 전동기 효율 및 속도 변동률

전동기의 효율(效率)은 출력(出力)과 입력(入力)과의 비로 나타내며, 식 (6-27)과 같다.

$$\eta = \frac{P_m}{P} \times 100[\%] \tag{6-27}$$

또한 규약효율 η'는 전동기의 총 손실을 P_L이라 하면 식 (6-28)과 같다. 규약효율은 권선온도 75[℃]로 환산한 경우에는 P_L을 사용한다.

$$\eta' = \frac{P - P_L}{P} \times 100[\%] \tag{6-28}$$

속도변동률은 부하 변동에 의한 속도 변동의 정도를 나타내는 것으로 식 (6-29)로 나타낸다.

$$\varepsilon_s = \frac{N_0 - N_1}{N_1} \times 100[\%] \tag{6-29}$$

여기서, N_0 : 무부하 속도, N_1 : 정격부하에서의 속도, N_0, N_1은 정격전압 및 정격주파수(교류의 경우)에서의 값이다.

유도전동기의 슬립 s는 식 (6-30)으로 나타낸다.

$$s = \frac{N_0 - N}{N_0} \times 100[\%] \tag{6-30}$$

여기서, N_0 : 동기속도(또는 무부하 속도), N : 임의의 부하에서의 속도

(라) 전동기의 온도상승

전동기를 운전할 경우 손실이 따르며 입력의 일부가 손실로 되고 나머지가 기계적 동력으로 사용된다. 이 손실은 열이 되어 전동기 온도가 상승된다. 온도가 상승되면 열에 약한 전동기의 절연재료는 절연이 파괴되므로 모든 전동기는 표 6-3과 같이 절연종별로 최고 허용 온도를 적용하고 있다.

특히 저압전동기는 E(120°C)종, 고압전동기는 B(130°C)종의 절연을 채택하고 있다.

표 6-3 절연종별의 최고 허용온도

절연 종별	Y	A	E	B	F	H	C
최고 허용 온도	90	105	120	130	155	180	>180

6.4 전동력 사용설비

6.4.1 기중기 개요

일반적인 크레인용 전동기는 기동, 정지, 역전이 빈번할 뿐만 아니라 정확한 위치에 정지하여야 하므로 플라이 휠 효과(관성효과)가 작아야 하며 기동 토크가 큰 특성을 가져야 한다.

교류전동기로는 3상 권선형 유도전동기가 많이 사용되고 있으며, 기동과 정지 및 역전을 자주하므로 진동과 충격에 견딜 수 있는 특성을 가진 것이 좋다.

직류전동기는 직권전동기(直捲電動機)만 사용된다. 직류전동기는 교류 전동기보다 특성이 우수하여 전전압 방식의 천장 기중기의 전동기로 많이 이용되고 있으며, 권상에 요하는 동력 P[kW]는 식 (6-31)과 같다.

$$P=9.8W\times 1{,}000\times\frac{V}{60}\times\frac{1}{\eta}\times 10^{-3}=\frac{WV}{6.12\eta}[\text{kW}] \qquad (6\text{-}31)$$

여기서, W: 권상하중[t], V: 권상속도[m/min], η : 기중기 효율[%](60~80)

6.4.2 천장 기중기

천장 기중기(travelling crane)는 공장, 발전소 등의 옥내에 설치되어 자재, 제품 운반, 기계의 설치 및 분해 등에 사용된다.

그림 6-18과 같이 천장 밑과 양쪽 벽면에 설치된 기중기(起重機)용 보(beam) 위에 주행레일을 설치하고, 거더(girder : 교형)가 차륜으로 이 레일 위를 주행할 수 있게 되어 있다. 거더 위에도 레일을 부설하여 그 위를 크래브(crab) 또는 트롤리라고 하는 권상기를 설비한 차가 횡행할 수 있게 하였다.

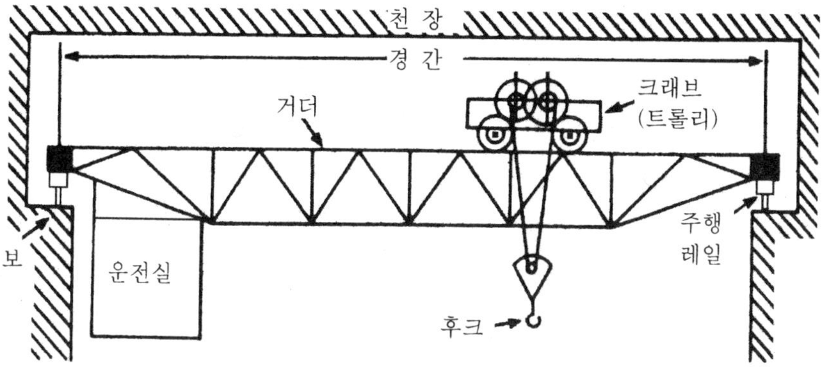

그림 6-18 천장 기중기

6.4.3 지브 기중기

지브 기중기(jib crane)는 항만의 하역용 및 토목 건축공사 등에서 사용되는 것으로 기중기 본체, 선회부에서 지부 또는 붐(boom)이라고 하는 팔(arm)이 돌출되어 있고, 그 끝에 로프로 후크(hook)를 매달아 놓은 구조이다. 일반적으로 360° 선회가 가능한 모든 기중기를 말한다. 지주의 지지방법에 따라 그림 6-19와 같은 데리크형과 가이 데리크형이 있다.

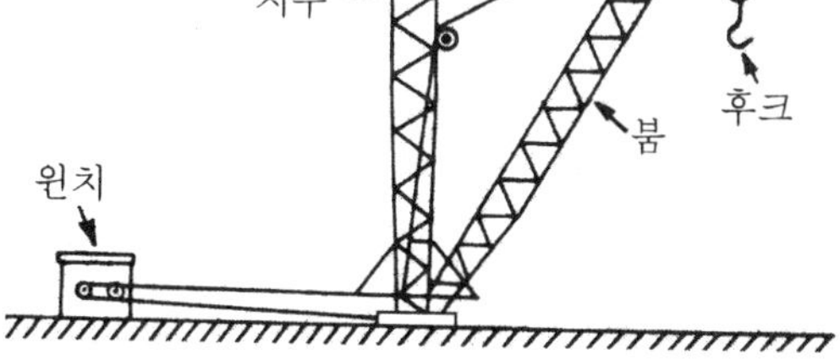

그림 6-19 데리크 기중기

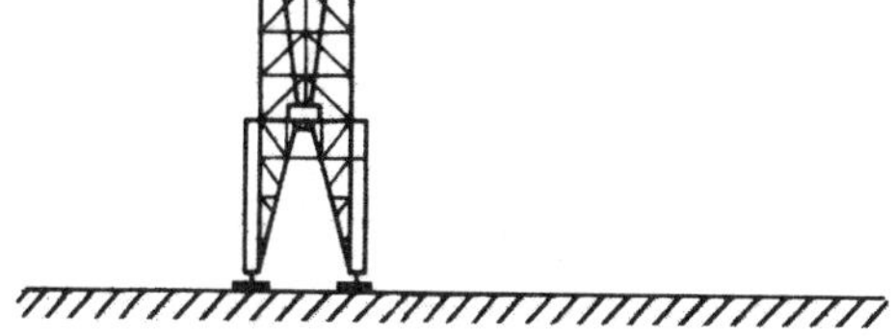

그림 6-20 탑형 기중기

6.4.4 탑형 기중기

이 기중기는 그림 6-20과 같이 탑과 같은 수직 기둥위에 선회할 수 있는 수평보를 설치하고, 그 수평보 위를 트롤리가 주행할 수 있도록 한 것이다.

조선소 또는 부두에서 하역작업이나 고소(高所)작업에 자재운반용으로 많이 사용되고 있다. 용도와 모양에 따라 탑형 지브 기중기, 해머 헤드형 기중기, 데리크 포스트형 지브 기중기 등이 있다.

6.4.5 캔트리 기중기

캔트리 기중기는 그림 6-21과 같이 옥외에 설치한 천장 기중기로 옥외(屋外)에는 기중기용 보가 없어 강철제의 교각(橋脚)을 만들어 지상에 시설한 레일 위를 주행하도록 되어 있다. 트롤리 양식에 따라 크래브 트롤리식, 로프 트롤리식, 맨(man) 트롤리식 등이 있다.

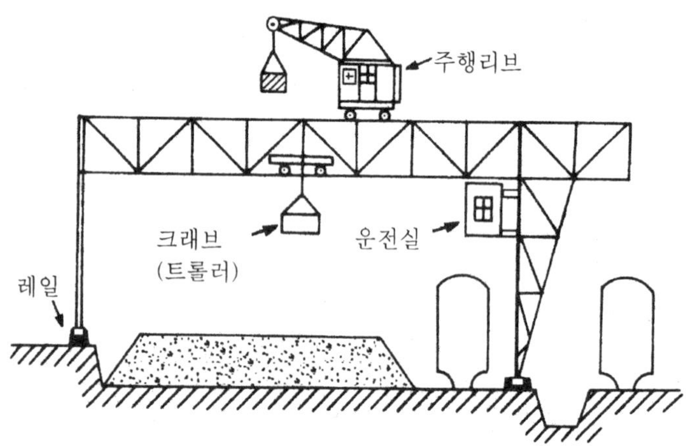

그림 6-21 캔트리 기중기

6.4.6 엘리베이터

엘리베이터는 일종의 케페식 권상기로서 그림 6-22와 같이 트랙션 시이브(traction sheave : 구동 망차)에 케이지(cage : 승강실)와 평형추를 와이어 로프로 두레박식으로 걸고, 전동기로 트랙션 시이브를 구동하여 와이어로프와 도르래 사이의 마찰에 의해서 동력을 전달하여 상하(上下)로 이동시키는 것이다.

엘리베이터의 승강속도에 따라 저속(15~45[m/min]), 중속(60~105[m/min]), 고속(200~300[m/min])으로 구분된다.

제어기술의 발달로 엘리베이터의 전동기는 교류전원을 사용하고, 승강속도 75[m/min] 이하에서 사용되는 교류 엘리베이터와 엘리베이터 1대마다 전동발전기(電動發電機)를 설치하여 발전기에서 발생하는 직류전압을 변화시켜서 구동용 직류전동기를 운전하는 승강속도 75[m/min] 이상의 직류 가변전압 엘리베이터의 2종류로 나눌 수 있다.

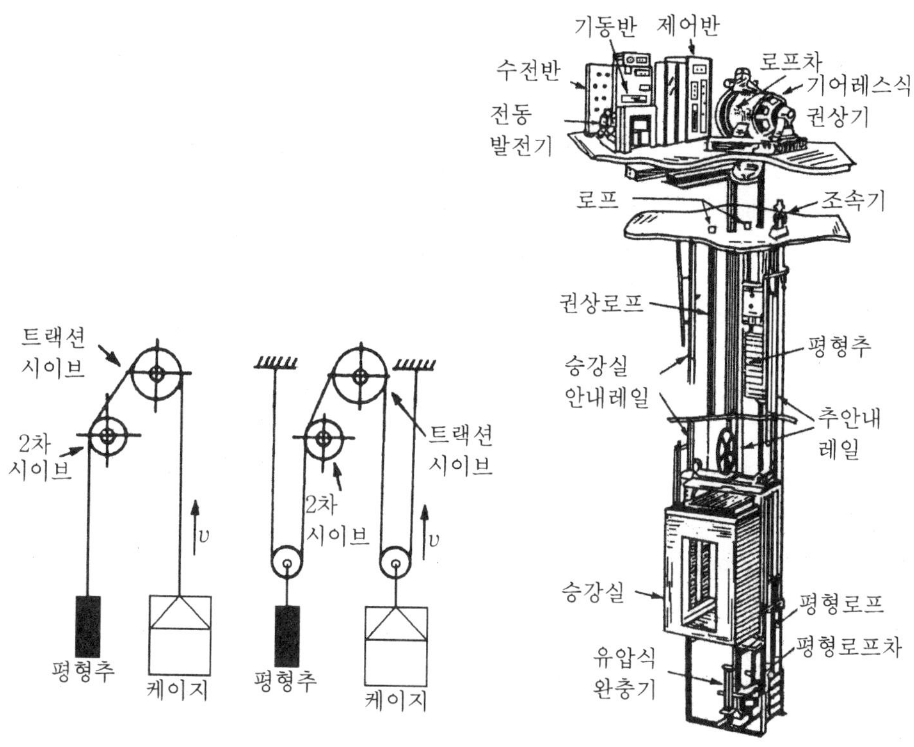

(a) 원리 (b) 구조

그림 6-22 엘리베이터 원리와 구조

구동용 전동기와 트렉션 시이브와의 연결 방법에 따라 저속 또는 중속 엘리베이터에 사용되는 감속비 1 : 20~1 : 60 정도의 워엄 기어 감속장치를 가진 기어드형과 워엄 기어 감속장치를 사용하지 않고 저속도의 직류전동기와 시이브를 직결한 기어레스형으로 분류할 수 있다. 기어레스형은 직류가변전압은 고속 엘리베이터에만 사용된다.

최근에는 농형 유도전동기에 의한 VVVF(variable voltage variable frequency) 인버터방식으로 적용되고 있으며, 소형 엘리베이터도 에너지 절약, 승차감 향상, 보수관리 등의 이점을 고려하여 VVVF 인버터 방식이 많이 사용되고 있는 추세에 있다.

엘리베이터용 전동기의 용량 산정은 정격속도와 부하로 운전되는 경우에는 권상용 전동기와 같이 식 (6-32)로 계산을 할 수 있다.

$$P = W \times 1{,}000 \times 9.8 \times \frac{V}{60} \times \frac{1}{\eta} = \frac{WV}{6.1\eta}[\text{kW}] \qquad (6\text{-}32)$$

여기서, P : 전동기 용량[kW], W : 적재중량[t], V : 승강속도[m/min]

η : 권상장치의 기계적 효율

- 기어식(1대1로핑 : 0.5~0.6, 2대1로핑 : 0.45~0.55)
- 기어레스식(1대1로핑 : 0.85, 2대1로핑 : 0.8)

평형추(平衡錘)를 가지고 있는 엘리베이터를 고려하면 식 (6-32)에 평형추의 평형률을 곱하여 식 (6-33)과 같이 나타낸다.

$$P = k\frac{WV}{6.1\eta}[\text{W}] \qquad (6\text{-}33)$$

여기서, k : 평형추의 평형률(0.4~0.6)

6.4.7 에스컬레이터

에스컬레이터(escalator)는 그림 6-23과 같이 철골구조의 트러스를 통상 두 대를 상하층에 걸쳐 놓은 형태로 설치하여 연속적으로 스텝체인에 일정간격을 갖춘 발판을 설치하고 스텝체인을 구동시켜 발판을 순환시켜 승객을 운반하는 설비이다. 또한 발판체인 기어와 같은 축의 다른 기어에 의해 동력이 난간 상단부의 이동손잡이에 전달되어 발판과 같은 속도 및 같은 방향으로 이동하도록 되어 있다. 에스컬레이터는 엘리베이터에 비하여 수송능력이 몇 배 뛰어나므로 백화점, 지하철, 고가 역, 은행, 호텔 및 일반 사무실 빌딩 등에서 많이 사용되고 있다.

에스컬레이터의 경사각은 보통 수평에 대하여 30[°]로 하고 있으며, 발판의 정격속도는 30[m/min], 양정(연직 높이)은 3~6[m]인 것이 가장 많지만, 양정이 20[m]까지 이르는 것도 있다. 난간의 유효 폭은 보통 800[mm]와 1,200[mm]의 두 종류가 있다.

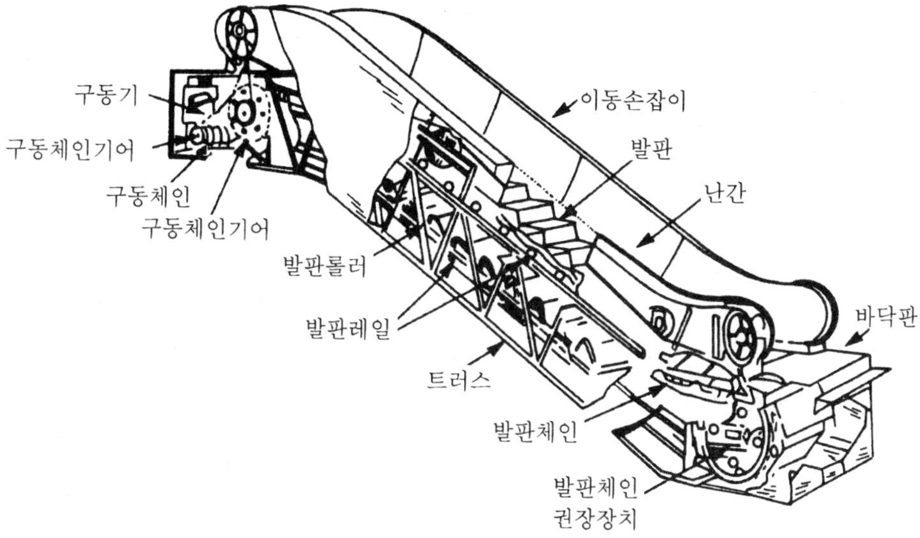

그림 6-23 에스컬레이터의 구조

에스컬레이터용 전동기는 7.5[kW]와 11[kW]의 두 종류가 많이 사용되고 있으며, 구동용 전동기는 권선형 또는 고(高)토크의 농형 유도전동기가 사용되고 있다. 전동기의 소요동력은 식 (6-34)로 구할 수 있다.

$$P=\frac{H}{\eta}\left(\frac{270\sqrt{3}}{6,120\times 2}\right)SV+p\,[\mathrm{kW}] \qquad (6\text{-}34)$$

여기서, H : 양정[m], η : 구동기의 효율(0.7~0.8), V : 발판속도[m/s](25~30),

S : 발판의 폭

- 난간 유효 폭이 1,200[m] : 1.0[m]
- 난간 유효 폭이 800[m] : 0.6[m]

p : 무부하시 운전 동력(양정 1[m]에 대해서 약 0.15[kW])

6.4.8 컨베이어

컨베이어(conveyor)는 일정한 방향과 속도로 구동되는 연속 운반기계(運搬機械)로 운반할 화물의 종류와 설치조건에 따라 버킷형, 나사형, 벨트형 등의 종류가 있다. 주로 석탄, 광석 등 흐트러진 물건을 운반하는데 적당하다.

컨베이어의 설치 경사에 따라 수평형, 경사형으로 나누어지며, 설치 방법에 따라 고정형과 이동형이 있다.

벨트 컨베이어의 구조를 그림 6-24에 나타내었다.

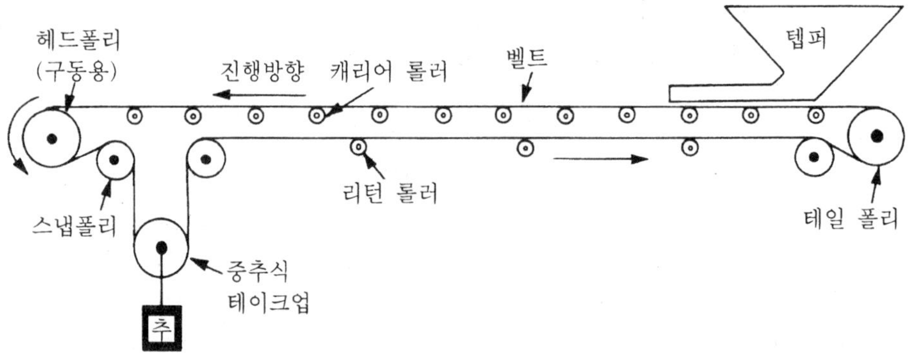

그림 6-24 벨트 컨베이어의 구조

전동기에 접속하는 구동폴리는 일반적으로 헤드폴리를 사용하지만, 경우에 따라 테일폴리를 사용하거나 구동폴리를 놓을 수도 있다.

벨트 컨베이어는 연속 운전을 하지만, 기동이나 정지의 빈도가 낮아 속도제어가 필요치 않다. 그렇지만 상당히 큰 기동 토크가 요구되며, 컨베이어의 설치 장소는 광산과 같은 먼지가 많고 보수가 어려운 곳에서는 컨베이어 구동 전동기로서는 유지보수가 크게 요구되지 않으며, 기동 토크가 큰 전폐형 2중 농형 유도전동기가 많이 사용되고 있다. 또한 50[kW] 이상의 대형에서는 권선형이 많이 사용된다.

벨트 구동 전동기의 소요 동력은 벨트의 형태, 즉 수평과 경사에 따라 다음과 같이 구할 수 있다.

(1) 수평일 때 구동 동력

수평 벨트 컨베이어를 구동하는데 필요한 동력 P[kW]는 식 (6-35)와 같다.

$$P = \frac{C_1 v + C_2 Q}{102.7} l[\text{kW}] \tag{6-35}$$

여기서, C_1 : 무부하시의 컨베이어의 주행저항[kg/m]

C_2 : 부하시의 컨베이어의 주행저항[kg/m](0.002)

v : 벨트속도[m/s], Q : 수송량[t/h], l : 벨트 컨베이어의 길이[m]

표 6-4 C_1의 값(원통 베어링 캐리어의 경우)

벨트폭 [mm]	300	400	500	600	700	800	900	1,000	1,200	1,300
C_1 [kg/m]	0.95	1.54	2.48	2.94	3.38	4.11	5.21	9.80	6.97	9.38

(2) 경사일 때 구동 동력

적재물을 올리기 위한 동력 p[kW]는 식 (6-36)과 같다.

$$p = \frac{1{,}000QH}{6{,}100 \times 60} = \frac{QH}{366}\,[\mathrm{kW}] \tag{6-36}$$

여기서, H : 컨베이어 양단의 양정[m]

따라서 경사 벨트 컨베이어의 전 소요동력 P_0[kW]는 식 (6-37)과 같다.

$$P_0 = P + p = \frac{C_1 v + C_2 Q}{102.7} l + \frac{QH}{366}\,[\mathrm{kW}] \tag{6-37}$$

식 (6-36)에서 컨베이어의 기계적 효율을 η(2~3단 감속기어 일 때 0.7~0.8)라 하면 구동전동기의 용량 P_t[kW]는 식 (6-38)로 나타낼 수 있다.

$$P_t = \frac{P_0}{\eta} = \left(\frac{KC_1 v + C_2 Q}{102.7} l + \frac{QH}{366} \right) \frac{1}{\eta}\,[\mathrm{kW}] \tag{6-38}$$

여기서, K : C_1에 대한 보정계수

6.4.9 송풍기

송풍기란 유체기계중 공기기계에 속하는 분야이며, 철강, 시멘트, 정유 등 기간산업의 프로세스(Process), 빌딩, 공장의 공조 및 환기시설, 환경부문 그리고 자동차, 가전제품에 이르기까지 산업 및 인간생활 전반에 필수적으로 사용되는 기계중의 하나로 회전차(Impeller)가 회전함으로써 발생하는 원심력 혹은 양력, 기체의 압축을 이용하여 바람을 일으키는 원리인데, 송풍기는 기계적인 에너지를 기체에 주어서 압력과 속도에너지로 변화시켜주는 기계이다.

(1) 송풍기 개요

(가) 일반적인 분류방법

기체에 주는 압력의 크기에 따라 송풍기(fan), 블로워(blower) 및 압축기(compre-ssor)로 분류되고, 송풍원리에 의한 분류에는 회전차가 회전함으로써 발생하는 날개의 양력(揚力)과 원심력(遠心力)에 의하여 송풍에너지를 얻게 되는 터보(원심식) 송풍기와 특수한 회전차 또는 피스톤에 의하여 기체를 케이싱과 회전차와의 공간을 축소시킴으로써 압축(제한된 공간에 압력을 높임)하여 송풍하는 용적형 송풍기로 회전식(Rotary Type)과 왕복식(Reciprocating Type)으로 분류된다.

터보형 송풍기와 블로워중 가장 많이 사용하는 원심형 송풍기와 축류 송풍기에 대하여 설명해 보자.

① 후향(Backward Vaned) FAN - 원심식(Centrifugal Type) : 송풍기를 Impeller 형태에 의하여 상세히 분류하면 (1) 후향(Backward Va-ned) FAN, (2) Forwa-rd Vaned FAN(다익 FAN or Sircco), (3) Radial FAN으로 구분되어지고, (1) 후향(Backward Vaned) FAN은 일명 Turbo FAN이라고도 하며, 임펠러(회전차) 회전방향에 대하여 날개가 뒤쪽으로 구부러져 있으며, 이 형태의 송풍기는 고속으로 운전되고, 다시 블레이드의 형상에 따라 아래와 같이 3가지로 구분된다.

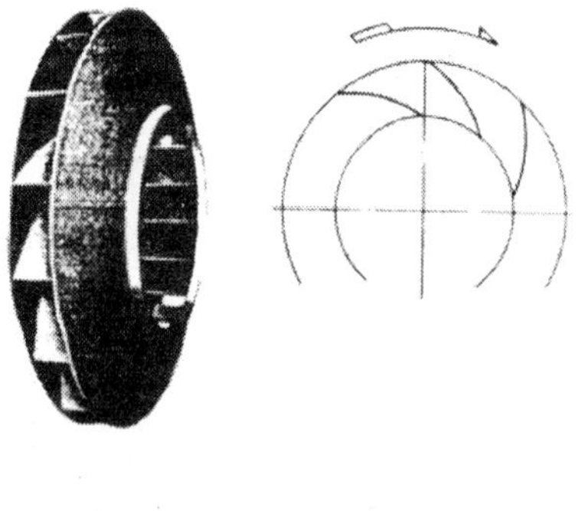

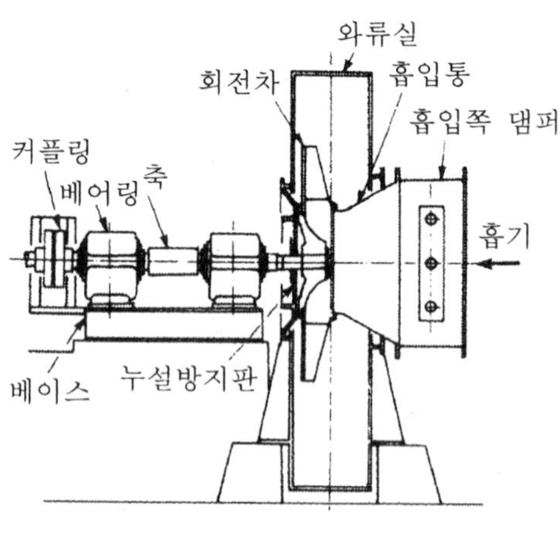

그림 6-25 Backward Curved Blade(뒷방향 굽은 날개)=터보송풍기(원심형)

ⓐ Backward Curved Blade(뒷방향 굽은 날개)(그림 6-25)
ⓑ Backward Straight-Inclined Blade(뒷방향 경사직선 날개)
ⓒ Airfoil FAN(익형 날개)(그림 6-26)

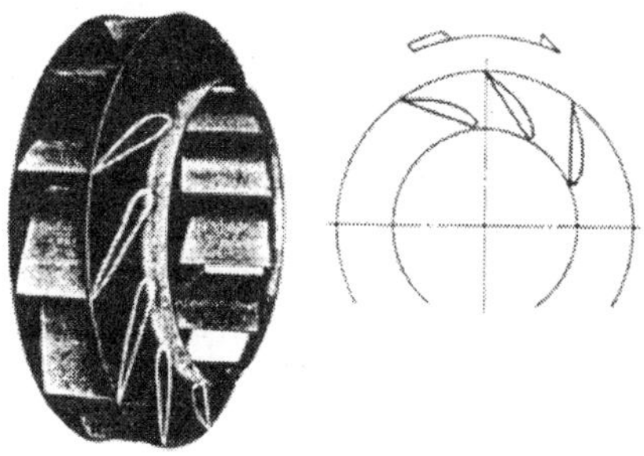

그림 6-26 Airfoil FAN(익형 날개)－원심형

② Radial FAN－원심식(Centrifugal Type) : 그림 6-27과 같이 일명 Plate FAN 이라고 하며, 날개의 형태에 따라 Radial Blade 및 Radial Tip으로 구분된다. Radial Blade타입은 주걱 모양으로 회전방향에 대하여 날개가 수직이며, 송풍 속도는 비교적 중간 속도로 운전된다. Radial Tip은 날개가 임펠러의 회전방향에 다소 컵모양으로 되어 있으며, 그 외부 단이 방사형 위치에 가깝도록 뒷 방향으로 기울어 있고, 송풍시 뒷 방향 굽은 날개(원심식 - 후향(터보) - Backw-ard Curved Blade(뒷방향 굽은 날개))와 대략 동일한 속도로 운전된다.

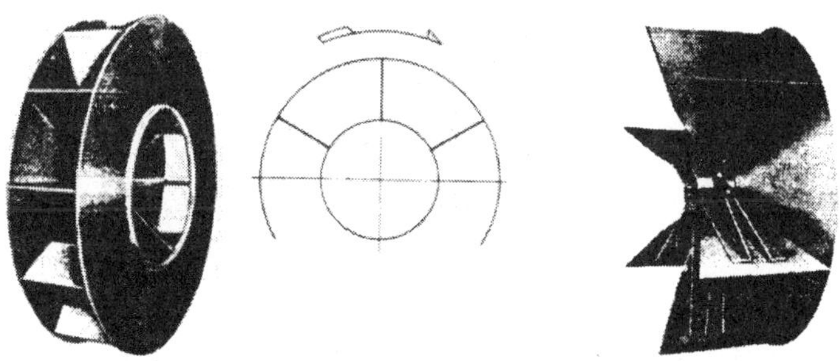

그림 6-27 Radial FAN－원심식(Centrifugal Type)

③ Forward Vaned FAN－원심식(Centrifugal Type) : 그림 6-28은 보통 Sirocco Fan으로 통용되고 있으나, Sirocco란 외국 송풍기 제조회사의 상호이므로 다익 송풍기로 부른다. 임펠러 회전방향 앞쪽으로 구부러진 전향(Forward Curve

-d Vaned Type)으로 저속으로 운전된다.

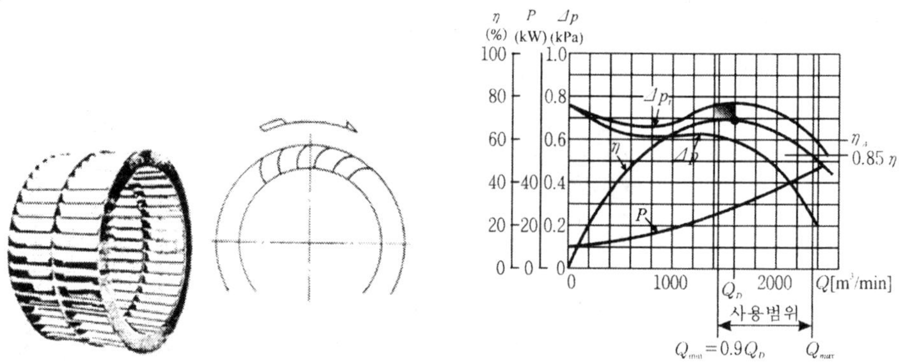

호 칭 번 호 : 10　　풍　　량 : 1600[m³/n]
전압 상승 Δp_t : 0.75[kPa]　　회 전 수 : 280[rpm]
정압 상승 Δp : 0.59[kPa]　　전동기출력 : 37[kW]

그림 6-28 Forward Vaned FAN - 원심식(Centrifugal Type)

④ Propeller FAN-축류(Axial Flow Type) : 그림 6-29와 같이 주로 Wall 및 Roof Ventilator 등 저압용에 사용되고 있으며, 임펠러는 단순한 Ring내에 두 개 이상의 단일 두께의 날개를 갖고 있으며 효율은 대체로 낮고 허브비는 33[%]이내이다.

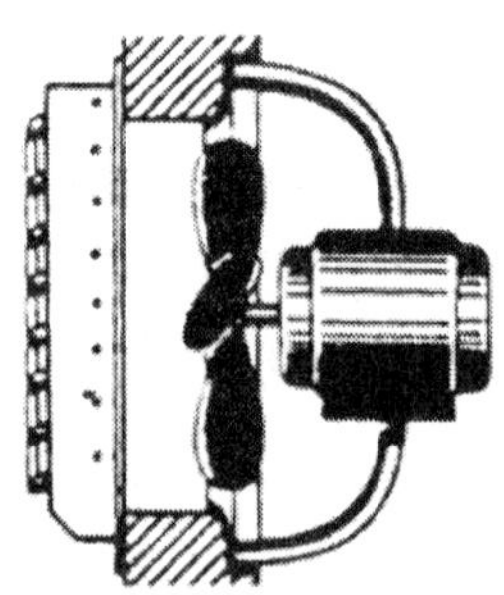

그림 6-29 Propeller FAN-축류(Axial Flow Type)

(나) 기타 분류방법

임펠러의 단수에 따른 종류에는 단단형(Single stage type), 다단형(Multistage type), 회전체의 지지방법에 따라 편지형(Overhang impeller type), 양지형(Center impeller type), 흡입구 형식에 따라 편 흡입형(Single suction type), 양 흡입형

(Double suction type)으로 구분된다

구동방법에 따라서는 분류하면 다음과 같다.

① 직동식(Direct driven type without coupling)

② 직결식(Direct driven type with coupling)

③ 벨트 구동식(Belt driven type)

④ 기어 구동식(Gear driven type)

⑤ 유체 변속이음 구동식(Hydraulic coupling driven type)

⑥ 가변속 전동기 구동식(V.S. motor driven type)

⑦ 가변 전압, 주파수 제어 전동기 구동식(V.V.V.F. motor driven type)

(2) 송풍기 정압, 동압, 전압

(가) 정압(靜壓)과 동압(動壓)

송풍기 구동에 의한 이송공기가 갖는 정압은 공기가 흐르고 있는 관이나 장치 등에서 발생하는 유동저항을 극복하는데 필요한 압력으로 관로저항 혹은 관로손실이라고도 한다. 송풍기 성능평가시 주어지는 압력은 대부분의 경우 정압을 나타낸다. 이에 비해 동압은 공기의 이송속도에 의해 발생하는 압력으로 이송되는 공기량과 밀접한 관계가 있다. 만일 운전중인 송풍기의 출구가 댐퍼에 의해 완전히 막혀 있다면, 공기가 이동하지 않기 때문에 동압은 발생하지 않고 이때 나타나는 압력은 모두 정압으로 나타나게 된다. 그러나 댐퍼가 열려 공기가 이동하게 되면 정압과 동압은 동시에 발생하게 된다.

공기의 흐름에 있어서 정압과 동압은 상호 변환될 수 있으며, 이는 송풍기의 설치, 사용 및 설계에 있어서 매우 중요한 요소가 된다. 예를 들어 그림 6-30 (b)와 같이 공기가 관을 따라 이동하다가 관의 단면적이 증가하게 되면 속도가 감소하게 되고 이에 의해 동압이 감소하게 되며, 이러한 동압의 감소는 정압을 증가시키게 된다. 이러한 현상을 정압회복이라 한다. 그러나 관의 단면적이 변화하게 되면 관내에서 손실이 발생하게 되므로 동압의 감소량이 전부 정압으로 변하지 않으며, 정압회복의 정도는 관의 형태에 크게 좌우되므로 송풍기의 설치사용 및 유로의 배치에 있어서는 이러한 점들을 적절히 고려하는 것이 중요하다.

(나) 전압(全壓)

정압과 동압의 합을 전압이라 하며, 정압은 그림 6-30의 A에서와 같이 관로벽에 수직으로 뚫은 정압공이나, 또는 공기흐름에 평행하게 놓여진 피토우정압관으로 측정할 수 있다. 또한 전압은 그림 6-30의 C에서와 같이 공기흐름에 평행하게 놓여진 전압관을 사용하여 측정할 수 있다. 동압은 그림 6-30의 B에서와 같이 동압과 정압을 동시에 측정할 수 있으며, 또는 전압과 정압을 각각 측정하여 전압에서 정압을 감해줌으로써 측정할 수 있다.

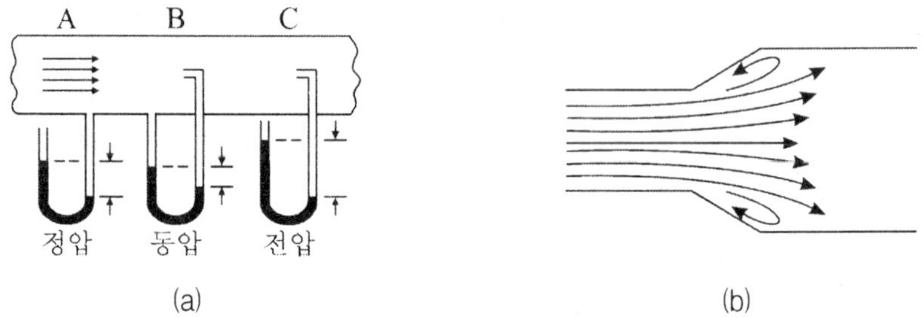

그림 6-30 전압과 정압, 동압

(다) 송풍기에 의한 압력상승

① 송풍기 전압 : $P_t = P_{t2} - P_{t1} = P_{s2} - P_{s1} + P_{d2} - P_{d1}$ (6-39)

② 송풍기 정압 : $P_s = P_t - P_{d2} = P_{s2} - P_{s1} - P_{d1}$ (6-40)

③ 송풍기 동압 : $P_{d1} = \frac{\gamma}{2 \cdot g} \times v_1^2$ 또는 $P_{d2} = \frac{\gamma}{2 \cdot g} \times v_2^2$ (6-41)

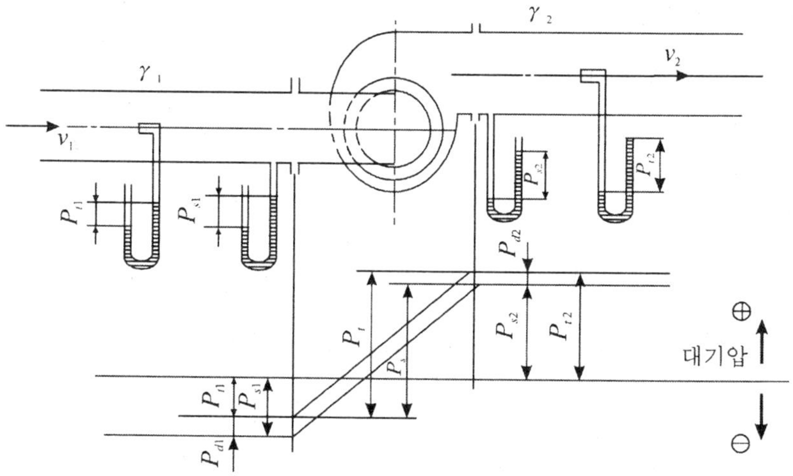

그림 6-31 송풍기 흡입측과 토출측의 압력상승 개념도

(라) 공기량

공기량이란 송풍기가 단위시간 동안에 흡입한 공기량을 말한다. 공기량은 송풍기의 토출구로부터 배출되는 공기량을 나타내는 것이 아니고 반드시 흡입구에서의 온도, 압력, 습도의 상태로 환산한 흡입공기량을 나타낸다. 송풍기가 온도 20[℃], 절대압력 760[mmHg] 또는 10,333[mmAq], 상대습도 65[%]인 공기를 흡입할 경우를 표준흡입상태라 하며, 공기량이 표준흡입상태로 주어지는 경우 실제로 송풍기가 흡입하는 공기의 압력, 온도 및 습도의 상태로 환산하고 공기량을 기준으로 하여 송풍기의 동력이나 임펠러의 크기 등을 계산하여야 한다.

표 6-5 공기의 표준상태와 기준상태

구분	온도 [℃]	대기압 [mmAq]	습도 [%]	비중량 [kg/m³]	표기
표준상태	20	760	65	1.2	S
기준상태	0	760	0	1.293	N

$$\text{기준} \rightarrow \text{표준 } Q = Q_N \times \frac{273+t}{273} \times \frac{10332}{10332+P_1} \qquad (6\text{-}42)$$

(마) 공기의 수두

송풍기의 흡입구와 토출구 사이의 과정에서 임펠러에 의해 단위중량의 공기에 가하여지는 압력을 공기기둥의 높이로 나타낸 것을 수두라 하며, 다음과 같이 표시된다.

$$H = \frac{P_t}{\gamma}[\mathrm{m}] \tag{6-43}$$

여기서 H : 수두[m], P_t : 전압[mmAq], γ : 흡입공기의 비중량[kg/m^3]

식 (6-43)은 토출 절대압력과 흡입 절대압력의 비, 즉 압력비가 약 1.03 이하인 경우에 적용한다. 압력비 1.03이란 $P_2/P_1 = 1.03$이므로 흡입 절대압력 P_1을 760[mmHg](10,333[mmAq])라 하면 토출 절대압력 P_2는 1.03×10,333=10,640이므로 토출 절대압력과 흡입 절대압력의 차는 310[mmAq]가 된다. 다시 말하면 토출압력이 310[mmAq]임을 나타내는 것이다. 이 이상의 압력인 경우에는 다음과 같은 단열수두를 사용하는 것이 좋다.

$$H_{ad} = \frac{k}{k-1}\frac{P}{r_1}[(\frac{P_2}{P_1})^{\frac{k-1}{k}} - 1][\mathrm{m}] \tag{6-44}$$

여기서, H_{ad} : 단열수두[m], k : 비열비(공기의 경우에는 1.4)

P_2 : 토출 절대압력[mmAq], P_1 : 흡입 절대압력[mmAq]

r_1 : 흡입공기 비중량[kg/m^3]

예로서 P_1=10,330[mmAq]이고, P_2=10,630[mmAq]일 때 수두, H를 식 (6-43)과 식 (6-44)에서 구해 보면 약 1[%]의 차이를 나타내지만, P_1=10,333[mmAq]이고 P_2=10,830[mmAq]일 경우에는 약 2[%]의 차이를 나타낸다. 따라서 압력비가 높을 때는 식 (6-44)를 사용하는 것이 좋다.

(바) 송풍기용 전동기 동력 용량 산정

송풍기용 전동기는 차량용과 선박용에서는 직류전동기가 사용되고 있고, 가정용과 사무실용의 선풍기 또는 환풍기(換風機)에는 단상 유도전동기가 사용되고 있다. 그 외의 대부분은 3상 유도전동기 또는 동기전동기가 사용되고 있다.

송풍기용 전동기의 소요동력 P [kW]는 식 (6-45)와 같이 풍량과 풍압의 곱에 의해 결정됨을 알 수 있다.

$$P = \frac{QH}{6,120\eta}[\text{kW}](\text{압력비 } P_2/P_1\text{이 1.03 미만시}) \tag{6-45}$$

여기서, Q : 풍량[m^3/min], H : 풍압[mmAq],

η : 송풍기 효율[%](직익 : 0.5~0.6, 다익 : 0.45~0.55)

$$L = \frac{k}{k-1}\frac{QP_1}{6,120}[(\frac{P_2}{P_1})^{\frac{k-1}{k}} - 1][\text{kW}](\text{압력비 } P_2/P_1\text{이 1.03 이상시}) \tag{6-46}$$

(사) 송풍기의 효율

송풍기의 효율은 전압효율과 정압효율로 구분되며, 다음과 같이 축동력에 대한 이론공기동력의 비로 정의된다.

$$\left.\begin{aligned} n_f &= \frac{L}{B_{HP}}[\%] \\ n_f &= \frac{L}{B_{HP}} \times 100[\%] \end{aligned}\right\} \tag{6-47}$$

여기서 L : 이론공기동력[kW], B_{HP} : 축동력[kW]을 나타낸다.

송풍기의 정압효율 산정시 압력비가 1.03미만일 경우에는 식 (6-47)의 L로써 식 (6-45)를 이용하고 압력비가 1.03이상일 경우에는 식 (6-46)을 이용한다.

(3) 비속도

비속도는 송풍기의 공기역학적 상사법칙에서 유도된 수치로써 공기량 1[m^3/min] 또는 1[m^3/sec] 및 수두 1[m]를 얻을 수 있는 임펠러직경 D_S, 회전수 N_S인 송풍기와의 관계를 나타내는 것으로 다음과 같이 표시된다.

$$N_S = \frac{NQ^{\frac{1}{2}}}{H^{\frac{3}{4}}} \tag{6-48}$$

여기서, N_S : 비속도, N : 회전수[rpm]

Q : 공기량[m^3/min], [m^3/sec], H : 수두[m]

이다. 공기량의 단위는 [m^3/min] 또는 [m^3/sec] 등이 쓰이고 있으나 본 책에서는 [m^3/sec]를 사용한다. 또한 임펠러가 양흡입식인 경우에는 공기량을 반으로 나눈

$Q/2$를 사용한다.

비속도는 송풍기의 특성, 형식, 임펠러 선정, 동일 송풍기 기종 상호간의 재성능을 비교하는데 가장 중요한 수치이다. 비속도와 임펠러의 회전수는 직접적으로 관계가 없으며, 회전수는 적지만 비속도가 큰 임펠러도 있을 수 있다.

일반적으로 대부분의 경우 압력이 낮으면 비속도가 커지며, 압력이 높고 공기량이 적으면 비속도가 작아지게 된다. 비속도가 큰 임펠러는 직경에 비해 출구폭이 넓으며, 비속도가 작은 임펠러는 출구폭이 좁은 모양이 된다. 그림 6-32는 원심송풍기의 종류에 따른 비속도 및 효율의 변화를 예시한 그림이다.

$$N_S = N_1 \frac{\sqrt{Q_1}}{(p_1/\gamma_1)^{\frac{4}{3}}} = N_2 \frac{\sqrt{Q_2}}{(p_2/\gamma_2)^{\frac{4}{3}}} \tag{6-49}$$

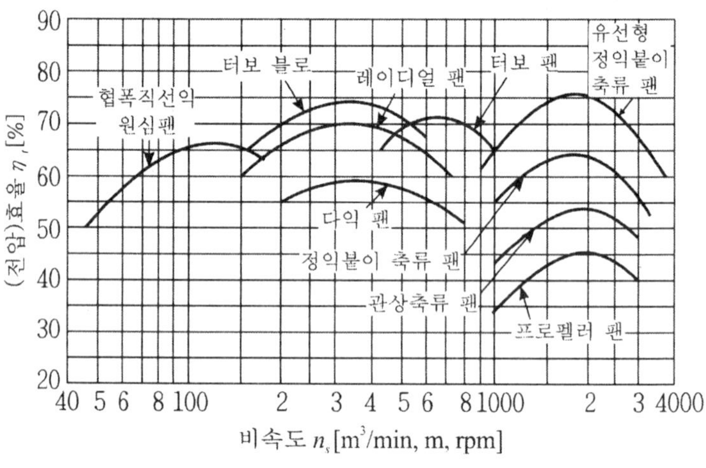

그림 6-32 송풍기의 비속도와 효율

(4) 송풍기의 제반 법칙

설치된 송풍기의 운전조건이나 송풍기의 크기 등이 변하였을 경우, 다른 운전조건 등에서의 성능을 예측하기 위해서 송풍기의 법칙을 적용할 수 있다. 송풍기의 법칙은 원심송풍기 또는 축류송풍기에 공히 사용할 수 있으며, 이는 비교되는 송풍기가 기하학적으로 모양이 유사하거나 같을 경우에 적용되는 상사법칙이다.

(가) 회전수가 변하는 경우(법칙1)

회전수가 변하는 경우 송풍기 특성은 인버터에서 설명

(나) 송풍기의 크기만 변하는 경우

송풍기의 모든 형상이 기하학적으로 상사되어 크기가 변할 경우에는 흡입공기량과 축동력, 정압 등이 변하게 되며, 이 경우에는 임펠러의 원주속도가 일정할 경우와 회전수가 일정할 경우로 구분할 수 있다.

① 원주속도가 일정할 경우(법칙2) : 임펠러의 원주속도가 일정할 경우 공기량, 축동력, 정압 및 회전수는 다음과 같이 변한다.

· 풍량과 축동력은 임펠러 직경비의 제곱에 비례한다.

$$\frac{B_{HP1}}{B_{HP2}}=[\frac{D_1}{D_2}]^2=\frac{Q_1}{Q_2} \tag{6-50}$$

· 정압은 변하지 않는다.

$$P_{S1}=P_{S2} \tag{6-51}$$

· 회전수는 임펠러직경에 반비례한다.

$$\frac{N_2}{N_1}=\frac{D_1}{D_2} \tag{6-52}$$

② 회전수가 일정할 경우(법칙3) : 임펠러의 회전수가 일정할 경우 공기량, 정압 및 축동력은 다음과 같이 변한다.

· 공기량은 임펠러 직경비의 3승에 비례한다.

$$\frac{Q_1}{Q_2}=\left[\frac{D_1}{D_2}\right]^3 \tag{6-53}$$

· 정압은 임펠러 직경비의 제곱에 비례한다.

$$\frac{P_{S1}}{P_{S2}}=\left[\frac{D_1}{D_2}\right]^2 \tag{6-54}$$

· 축동력은 임펠러 직경비의 5승에 비례한다.

$$\frac{B_{HP1}}{B_{HP2}}=\left[\frac{D_1}{D_2}\right]^5 \quad (6\text{-}55)$$

(다) 이송공기의 밀도가 변할 경우

사용중인 송풍기가, 밀도가 다른 공기를 이송할 경우에는 다음과 같이 3가지의 법칙이 있다.

① 공기량, 송풍기 크기, 회전수가 일정할 경우(법칙4)

공기량, 송풍기 크기, 회전수가 일정하고 단지 이송공기의 밀도변화만 있을 경우 공기량, 정압 및 축동력은 다음과 같이 변한다.

· 정압과 축동력은 밀도에 비례한다.

$$\frac{P_{S1}}{P_{S2}}=\frac{B_{HP1}}{B_{HP2}}=\frac{\rho_1}{\rho_2} \quad (6\text{-}56)$$

② 정압과 송풍기의 크기는 동일하고 회전수가 변할 경우(법칙5)

정압과 송풍기의 크기는 동일하고 이송공기의 밀도와 회전수가 변할 경우 공기량, 회전수, 축동력 및 정압은 다음과 같이 변한다.

· 공기량과 회전수 및 축동력은 밀도비의 제곱근에 반비례한다.

$$\frac{Q_1}{Q_2}=\frac{N_1}{N_2}=\frac{B_{HP1}}{B_{HP2}}=\left[\frac{\rho_1}{\rho_2}\right]^{1/2} \quad (6\text{-}57)$$

③ 질량유량과 송풍기의 크기는 동일하고 회전수가 변할 경우(법칙6)

이송공기의 질량유량과 송풍기의 크기는 동일하고 이송공기의 밀도와 회전수가 변할 경우 공기량, 회전수, 정압 및 축동력은 다음과 같이 변한다.

· 공기량, 회전수 및 정압은 밀도에 반비례한다.

$$\frac{Q_1}{Q_2}=\frac{N_1}{N_2}=\frac{P_{S1}}{P_{S2}}=\frac{\rho_2}{\rho_1} \quad (6\text{-}58)$$

· 축동력은 밀도의 제곱에 반비례한다.

$$\frac{B_{HP1}}{B_{HP2}}=\left[\frac{\rho_2}{\rho_1}\right]^2 \quad (6\text{-}59)$$

6.4.10 공기 압축기

최근 공기 압축기는 여러 가지 용도에 이용되고 있으며, 특히 산업체에서 널리 보급되고 있다. 산업체에서는 각종 제어개통의 작동유체로서 또 프로세스에 직접 사용하기도 한다. 이와 같이 널리 사용되고 있는 공기압축기의 효율적인 운전은 산업체의 원가절감의 한 방편으로서 또는 에너지의 생산에 따른 공해 배출물의 감소 방안으로서 피할 수 없는 선택수단이 되고 있다.

(1) 압축기의 구성

산업체 생산 제품에 따라 압축기 시스템은 조금식 차이가 있으나 일반적으로 다음과 같은 구조로 설치되어 있다.

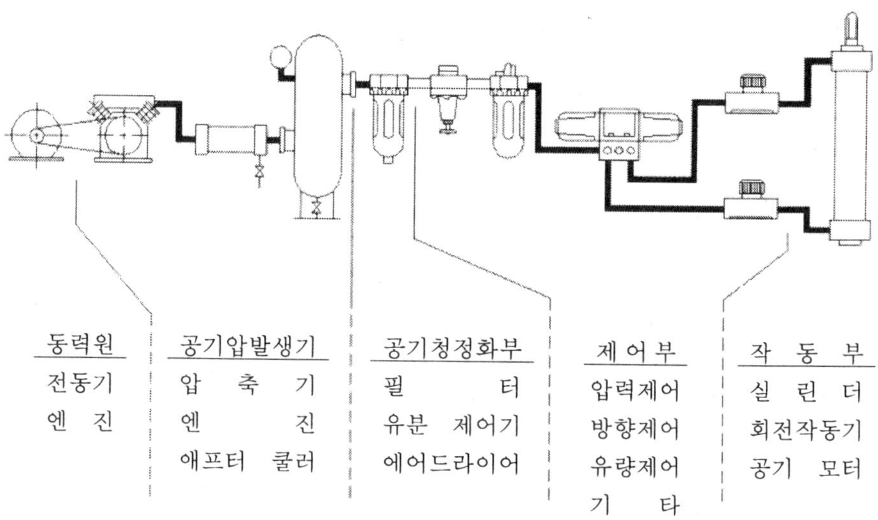

그림 6-33 일반적인 공기압축기 시스템

(가) 후부냉각기(After Cooler)

압축기 후단부(Discharge)에서의 에어 온도는 최고 250[℃]정도까지 상승하므로 탱크, 배관 등 송출 도중에서의 방열량으로는 충분히 냉각이 될 수 없으므로 송출 온도 그대로 사용할 경우 사용기기에서 패킹의 열화를 촉진하거나, 말단에서 냉각된 수분이 배출되어 사용기기에 나쁜 영향을 미친다. 따라서 후부 냉각기를 설치하여 공기 온도를 낮추고 수분도 어느정도 분리하여야 효과적이다.

(나) 공기압 탱크(Receiver Tank)

공기압 탱크는 공기의 압축성을 충분히 갖도록 함으로써 소비량의 변동에 대응하여 압축기의 맥동을 제거하거나 탱크의 표면에서의 방열을 이용하여 냉각 작용을 돕는 것도 가능하다. 또 저장된 공기를 정전시 사용하는 것도 가능하다.

(다) 에어필터(Air Filter)

압축된 공기에 포함된 먼지등 이물질은 공압기기 및 생산제품에 불리한 영향을 끼치므로 이를 제거하기 위하여 공기필터를 설치한다.

(라) 드레인 트랩

애프터쿨러 출구부분, 리시버탱크 하단부, 에어필터 하단부, 배관라인 도중에 부착하여 분리되는 수분이나 오일을 배출시키는 것으로 자동적으로 일정량이 모이면 배출시키는 자동 배출기나, 타이머로 작동하는 전자식(Auto Trap)이 있다.

(마) 공기 건조기(Air Dryer)

후부냉각기나 탱크에서의 냉각으로는 수분제거가 불충분하므로 강제적으로 수분을 제거하여 가압하(압축기내 발생압력) 노점을 하향시키기 위해 에어 드라이어를 설치한다.

(2) 압축기의 소요동력

공기 압축기의 소요동력은 다음식으로 표시할 수 있다.

$$L = \frac{(a+1)k}{k-1}\frac{Ps \cdot Qs}{6,120}\left\{\left(\frac{Pd}{Ps}\right)^{\frac{(k-1)}{(a+1)k}} - 1\right\}^{\frac{\phi}{\eta_{cd} \cdot \eta_t}} \tag{6-60}$$

여기서, L : 소요동력[kW], P_S : 흡입공기의 압력[kg/m^{2}abs],

Pd : 토출공기의 압력[kg/m^{2}abs], Qs : 흡입공기량[m^3/min],

a : 중간냉각기의 수, k : 공기의 단열지수,

ηcd : 압축기의 전단 열효율[%], η_t : 전달효율[%] ϕ : 여율율[%]

위식에 따라 압축기는 압축공기의 토출압력 및 토출공기량과 비례관계에 있으므로 이들 값을 줄이면 축동력이 감소함을 알 수 있다.

(3) 공기 압축기의 종류

공기 압축기는 압축방식에 따라 크게 세가지로 분류되며, 각각 기계의 특성상 장·단점을 지니고 있으므로, 현장 여건에 적합한 압축기를 사용하는 것이 중요하다.

(가) 왕복동 압축기

실린더 안에 피스톤의 왕복운동으로 압축공기를 생성하며, 높은 압력 변화에 따른 유량의 변동이 작은 특징을 가지고 있다.

높은 공기압력을 생산할 수 있으나, 유량의 한계(3,300[m^3/h])를 갖고 있어, 공기 사용량이 많은 공정에는 부적합하며, 피스톤 운동의 특성상 공기의 흐름이 연속적이지 못하다.

(나) 스크류 압축기

왕복동 압축기의 피스톤 대신 암,수 로타가 맞물려 회전함으로써 압축공기를 생성하며, 압력은 왕복동 압축기보다 작으나, 공기 유량이 많다.

왕복동 압축기보다 많은 유량을 생산할 수 있으나, 기계적인 소음이 매우 크며 유량은 크기에 따라 20,000[m^3/h]정도 생산 가능하나, 그 이상은 작동원리상 장비의 부피가 현실성 없게 커지는 단점이 있다.

(다) 터보 압축기

임펠라를 고속 회전시켜 공기의 속도를 높이고 디퓨저를 통해 속도에너지를 압력에너지로 전환시킴으로써 압축공기를 생성하며 왕복동 압축기와 스크류 압축기의 단점을 보완한 형식이다.

유량을 압력변동 없이 조절할 수 있으며, 다른 종류의 압축기 보다 전력당[kW] 많은 유량을 생산할 수 있으나, 유량 대비 압축비가 높을 때 발생하는 서지곡선(Surge Line)이 있어 이 영역에서는 회전체(Impeller)가 공회전을 하게 되어, 유동의 흐름이 불규칙하게 되고, 결국 제어가 안되는 불안정한 상태가 되므로 이 영역을 피해서 운전해야 하는 단점이 있다.

표 6-6 Compressor 종류별 비교표

구분	왕복동식	스크류식	터보식
압축원리	실린더내에 있는 피스톤의 압축작용(왕복 용적형)	밀폐된 케이싱내의 암,수 로타가 맞물려 회전할 때 점진적 체적 감소를 통한 압축(회전식 용적형)	임펠라를 고속 회전시켜 공기의 속도를 높이고 디퓨저를 통해 속도에너지를 압력에너지로 전환시킴(원심식)
압축단수	2단 압축(20단까지 가능)	2단 압축(8단까지 가능)	3단 압축
공기량	일반적으로 120[m^3/mim]까지 생산할 수 있으며, 그 이상은 기계적인 효율, 진동이 문제가 된다.	60[m^3/mim] 이하인 경우 터보식보다 전력료가 저렴	50[m^3/mim] 이상 한계 없이 제작할 수 있다.
운전특징	높은 압력 변화에 따른 유량의 변동이 작으며, 유량의 한계가 있어 공기 사용량이 많은 공정에는 부적합	압력은 왕복동 압축기보다 작으나, 공기 유량이 크다.	유량을 압력변동 없이 조절할 수 있으며, 다른 종류의 압축기 보다 전력당 많은 유량을 생산할 수 있다.
용량제어	현장 공기량의 소요에 따라 100, 75, 50, 25, 0[%]의 5단계부하 조절이 가능	100~0[%] 또는 Modulrati-on 방법으로 0~100[%]까지 무단계적으로 흡입공기량을 조절할 수 있음.	Surging 영역이 있으므로 100~70[%]정도 구간의 부하 운전이 가능하고 50[%] 용량 요구시는 여분의 압축공기를 방출
효율	전부하 : 높음 부분부하 : 높음	전부하 : 높음 부분부하 : 높음	전부하 : 아주 높음 부분부하 : 아주 높음
비고		인버터 장착된 압축기 있음	

6.4.11 제습기

(1) 압축공기의 제습

압축 공기내의 수분은 배관 라인내에는 부식 및 Scale을 발생시키고, 각종 공압기기에는 오동작을 유발시켜 효율을 저하시킨다. 뿐만 아니라 제품의 질에 있어서도 좋지 않은 영향을 미치고 있다. 이에 압축기내의 수분을 제거하고자 여러 종류의 제습기가 개발되어 사용되어지고 있다. 이에 수분 생성의 원리 및 각각의 제습기 종류별 특성을 이해하여 에너지를 절감하여야 겠다.

(가) 수분 생성의 원리

공기는 자연 법칙상 온도가 높을수록 압력은 낮을수록 더 많은 수분을 내포하게 된다. 즉, 압축공기의 온도를 낮추고, 압력은 높일수록 수분 함유량이 적어진다는 것이다.

예를 들면 흡입전에는 대기의 상대습도가 낮다 하더라도 흡입후 압축시 압력의 상승으로 흡입된 대기의 상대습도는 높아지게 된다. 통상 7[kg/cm^2]의 공기 압축기에서 흡입된 8[m^3]의 공기는 압축 후 1[m^3]로 줄어들게 된다. 그러나 대기압하 8[m^3]중에 포함된 수분의 양과 압축 후 체적이 줄어든 1[m^3]중의 수분의 양은 절대치에 있어서 변화가 없다. 따라서 압축 후 상대습도는 공기 압축기가 단열 압축을 한다고 가정했을 때 압축전보다 8배 증가하게 된다. 만약 흡입전 공기의 상대습도가 30[%]라고 가정한다면 압축 후에는 240[%]가 된다. 그러나 상대습도란 100[%]가 최대이며 그 이상의 수분은 수증기로 존재하지 못하므로 물로 응축하게 되며, 바로 이 140[%]의 수분이 응축수의 생성 원인이 된다. 그러나 실제로는 압축기내의 변화가 단열 압축이 아니고 또한 압축으로 인한 공기 온도의 상승으로 인해 140[%]의 수분이 응축수가 되지는 않지만 압축기내에 인터쿨러를 설치하여 압축공기의 온도를 낮추는 이유중의 하나가 위와 같은 원리에 의해서이다.

(나) 이슬점(Dew Point)

이슬점은 어떤 온도 및 압력조건에서 공기내 수분이 응축되기 시작하는 온도로서 제습기 선정시에 중요한 요소가 된다. 이슬점은 대기압 상태에서 응축이 시작되는 대기압하 이슬점(Atmospheric Dew Point)과 어떤 압력하에서 응축이 시작되는 압력하 이슬점(Presure Dew Point)이 있으며, 공기압 시스템에서는 압력하 이슬점을 기준으로 제습기를 선정해야 한다. 왜냐하면 어떤 압력 조건에서 대기압 상태가 되면 체적이 팽창하여 이슬점은 더 낮아지나 시스템 내에서는 그 압력 조건에서 운전이 되기 때문이다. 그러므로 제습기 선정의 가장 간단한 방법은 노출된 배관라인의 최저온도에서의 압력하 이슬점보다 조금 낮게 선정하면 공기압 시스템 내에는 수분이 발생되지 않는다.

(2) 제습기 종류별 특징

공기로부터 수분을 제거하는데는 비용이 소요되며, 공기를 더 많이 건조시키기 위해서는 더 많은 비용이 소요된다. 필요한 것보다 너무 큰 용량을 선정하면 비용을 낭비하게 되므로 에어 드라이어의 용량은 공기압 시스템의 용도에 맞게 선정하여 실질적으로 운전비용이 절감되도록 하는 것이 필요하다.

(가) 냉동식 드라이어

압력하 노점은 4[℃]이고, 압축공기를 냉동기로 냉각해서 수분을 응축하여 수분을 제거한다. 설치/유지비용이 저렴하나 노점온도가 높아 정밀 또는 도장 공정에는 사용하기 어렵다.

(나) Purge형(Heaterless) 흡착식 제습기

압력하 노점은 －40[℃]이고, 퍼지율은 12[%], 압축공기속의 수분을 알루미나겔과 같은 흡착제의 미세한 구멍에 모세관현상을 통해 수분을 흡착 제거하는 방식이며 흡착제 재사용을 위한 건조시 생산한 건조공기를 이용하는 방식이므로 많은 퍼지에어가 소모되어 에너지 낭비가 심하다. 구조가 간단하고 고장이 적으며, 수분제거율이 뛰어나다.

(다) Heater형 흡착식 제습기

압력하 노점은 －40[℃]이고, 퍼지율은 8[%], Heaterless 타입과 제습방식은 동일하나 흡착제 건조방식이 전기 또는 스팀히터를 이용하므로 고장율과 제습제 손상이 많고 전기에너지 소모도 많고 또한 쿨링시에 건조공기를 퍼지에어로 사용하므로 압축공기 소모도 있다.

6.4.12 펌 프

펌프는 압력작용에 의해 액체나 기체와 같은 유체(流體)를 관을 통해서 수송하는 기계로써 주로 지하수(地下水)의 배수, 농업용수의 관개 등 광산, 토목공사장, 공장, 가정에 이르기까지 많이 사용되고 있다. 또한 석유나 약품, 펄스, 슬러지 등의 특수한 유체의 수송에도 사용되고 있다. 펌프의 기본 성능은 펌프가 액체를 밀어 올릴 수 있는 높이를 나타내는 양정과 단위시간에 송출할 수 있는 액체의 부피를 나타내는 유량으로 표시된다. 펌프의 종류는 원심 펌프(와권 펌프)와 용적용 펌프로 대별되고, 원심 펌프는 그림 6-34와 같이 볼류트, 터빈, 프로펠러 펌프로 대별된다. 일반적인 에너지설비에는 볼류트펌프가 주로 사용된다.

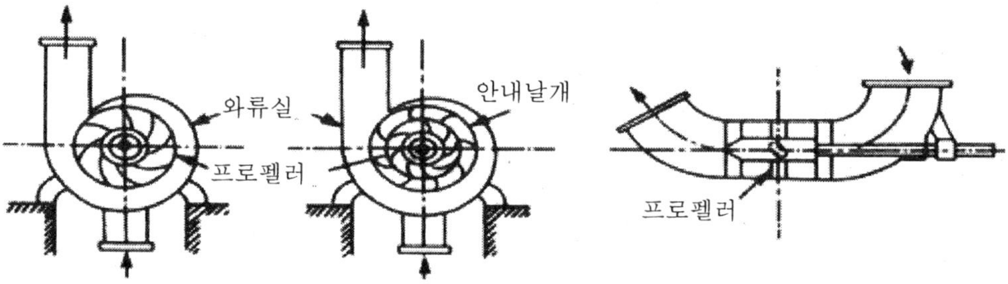

(a) 볼류트 펌프 (b) 터빈 펌프 (c) 프로펠러 펌프

그림 6-34 펌프의 종류

(1) 펌프의 종류

(가) 원심 펌프(centrifugal pump)

와권 펌프는 액체가 가득찬 용기 중에서 회전차를 회전시켜 낮은 곳에 있는 액체를 높은 곳으로 밀어 올리는 펌프로 원심 펌프이다.

와권 펌프는 그림 6-34와 같이 볼류트 펌프(회전차의 외주에 있는 바로 와권실이 있는 것), 터빈 펌프(안내 깃을 가진 것) 및 프로펠라 펌프(프로펠러형의 회전차를 가진 것)로 분류할 수 있다.

① 편흡입 단단 볼류트 펌프 : 비교적 소유량, 저양정용으로 사용하며 가장 많이 사용되고, 대부분 4극 전동기를 사용하나, 고양정용으로 2극 전동기를 사용하는 것도 있다.

- 펌프구경 : 40~250[mm]
- 유　　량 : 0.1~20[m^3/min](144~28,800[MTD])
- 양　　정 : 4~140[m]

② 편흡입 다단 볼류트 펌프 : 비교적 소유량, 고양정용으로 사용하고 편흡입 단단 펌프 다음으로 많이 사용되고, 대부분 4극 전동기를 사용한다.

- 펌프구경 : 40~200[mm]
- 유　　량 : 0.1~5[m^3/min](144~7,200[MTD])
- 양　　정 : 15~360[m]

③ 양흡입 볼류트 펌프 : 대유량, 저양정용으로 사용하며 펌프케이싱이 상하 분할형인 구조로써 떼어내면 분해가 용이하여 점검이 가능하다.

- 펌프구경 : 200~500[mm]
- 유　　량 : 2~40[m^3/min](2,880~57,600[MTD])
- 양　　정 : 4~130[m]

(나) 용적용 펌프(displacement pump)

이 펌프는 일정 용적 내에 흡입된 액체의 용적이 차차로 혹은 급격히 감소하여 압송되는 것이다. 용적 펌프는 회전 펌프, 왕복동 펌프의 2종으로 분류할 수 있으며, 이 외에도 펌프내의 액체의 흐름의 방향에 따라 축류 펌프와 사류 펌프, 배치에 따라 횡축형과 종축형으로 나눌 수 있다.

(2) 펌프용 전동기 동력 용량 산정

펌프의 운전에는 기동토크가 작아도 되므로 보통 직류에서는 분권 또는 복권전동기가 사용되나 이것은 선박용으로 한정되어 있다. 교류에서는 농형 또는 특수 농형 3상 유도전동기가 사용되지만, 고속 대용량 또는 저속 대용량인 경우에는 권선형 유도전동기를 사용하기도 한다. 또한 양수발전소의 양수 펌프에는 발전기가 그대로 동기전동기를 사용하며, 가정용 우물 펌프에는 단상 유도전동기가 사용된다.

펌프에는 두 가지 동력을 사용하고 있다. 그중에서 단순히 물을 퍼 올리는데 요구되는 동력인 수동력 P_w[kW]와 부하를 운전하는 펌프의 축에 필요한 동력인 축동력을 P_s[kW]라 하면 식 (6-61)과 (6-62)로 나타낸다.

$$\text{수동력 } P_w = \frac{1{,}000QH}{75 \times \dfrac{60}{0.746}} = \frac{QH}{6.12}\,[\text{kW}] \tag{6-61}$$

여기서, Q : 양수량[m³/min], H : 전 양정[m]

$$\text{축동력 } P_s = \frac{P_w}{\eta} = \frac{QH}{6.12\eta}\,[\text{kW}] \tag{6-62}$$

여기서, η : 펌프효율[%]

전동기의 출력은 펌프의 설계, 제작상의 오차 등을 감안하여 계산상의 축동력(軸動力)에 10~20[%]의 여유를 두고 있다. 전동기 출력 P_m[kW]은 식 (6-63)으로 나타낸다. 여기서, k는 여유계수로서 1.1~1.2이다.

$$\text{전동기 출력 } P_m = k\frac{QH}{6.12\eta}\,[\text{kW}] \tag{6-63}$$

(3) 펌프의 성능과 운전점

일반적인 원심펌프의 성능은 횡축에 유량[m³/min], 종축에 양정[m], 효율[%], 동력[kW]을 취하고 그림 6-35와 같이 표시한다. 펌프의 양정은 유량이 증가함에 따라 조금씩 양정이 작게되는 석하향곡선(石下向曲線)이 된다.

펌프는 물을 이송하는데 송수관을 사용하고 송수관 저항은 관내유속(管内流速)의 2승에 비례하여 증가한다. 그림 6-35의 저항곡선 R_1은 펌프의 실양정과 송수관의 말단에서 필요한 압력(양정)에 송수관의 관로저항을 가미한 것이다. 이 저항곡선 R_1과 펌프의 양정곡선과의 교점 A_1의 유량 Q_1 및 양정 H_1에서 운전한다. 또한 이때의 펌프동력은 A_1점으로부터의 수직선과 동력곡선과의 교점인 L_1이고, 펌프효율은 효율곡선과의 교점인 E_1이다.

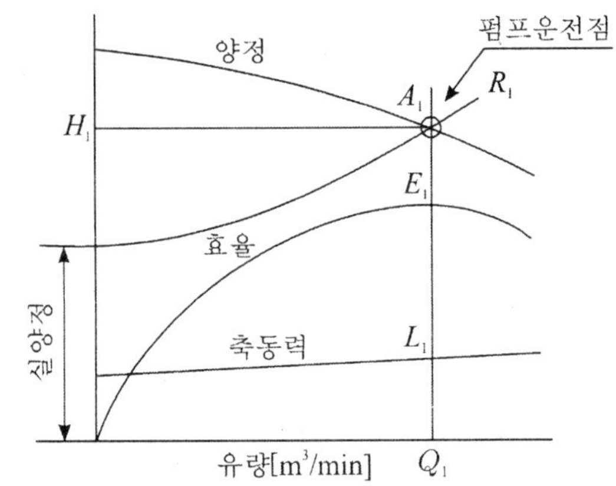

그림 6-35 펌프의 성능곡선

그림 6-36에서 유량을 Q_1으로 제어하기 위해서는 저항곡선 R_2가 R_1이 되도록 펌프토출측 밸브를 교축하여 저항을 가할 필요가 있다. 만약 펌프성능곡선이 파선과 같고, 저항곡선 R_2와의 교점이 A_3이면 밸브를 교축하여 저항을 가하지 않아도 유량 Q_1으로 송수가 가능하고, 펌프동력도 L_3로 작게되므로(L_1-L_3) 전력절감이 가능하다.

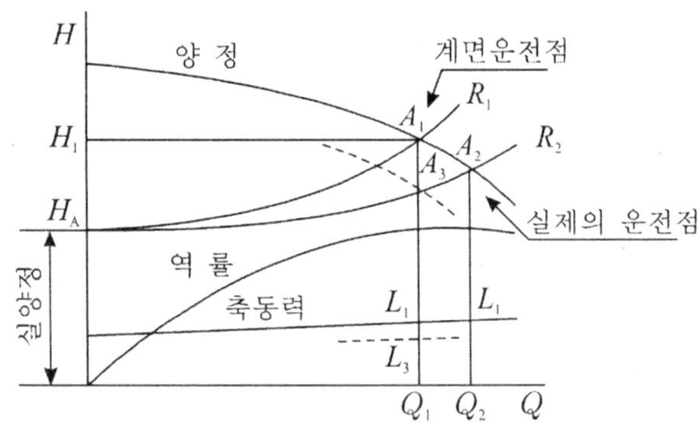

그림 6-36 펌프성능과 저항곡선

(가) 회전차 외경을 가공한 경우의 펌프성능

원심펌프는 전동기와 마찬가지로 일정 유량·양정범위를 한 개의 胴體로 하고 펌프의 필요사양에 맞추어 회전차를 만들고 있다. 그러므로 전술한 바와 같이 장래를 감안하여 운전성능에 여유가 지나친 경우 회전차를 그림 6-36의 파선과 같이 제작해 두고 장래송수관의 저항증가에 따라 유량이 만족되지 않을때 회전차를 새로이 제작하는 방법이 가장 경제적이다.

또한 이 경우에는 동일 실양정에 있어서도 현재 송수관에서의 저항곡선이 R_1일 때 송수관을 크게하여 저항곡선을 R_2로 하고 펌프 회전차를 개조하면 펌프운전점을 A_1으로부터 A_3로 하는 것이 가능하므로 $(L_1 - L_3)$로 전력이 저감됨을 의미한다.

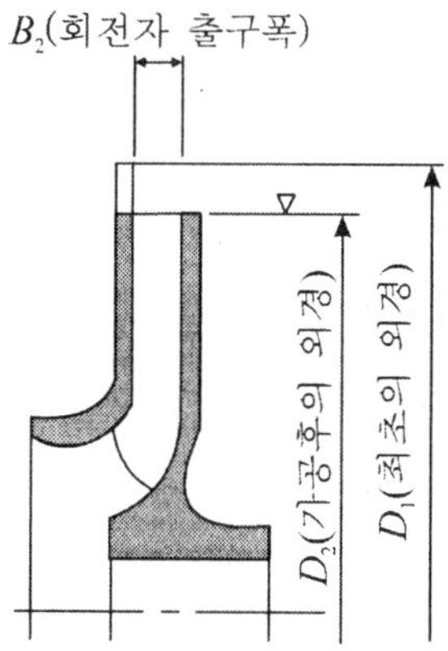

그림 6-37 회전차의 외경 가공

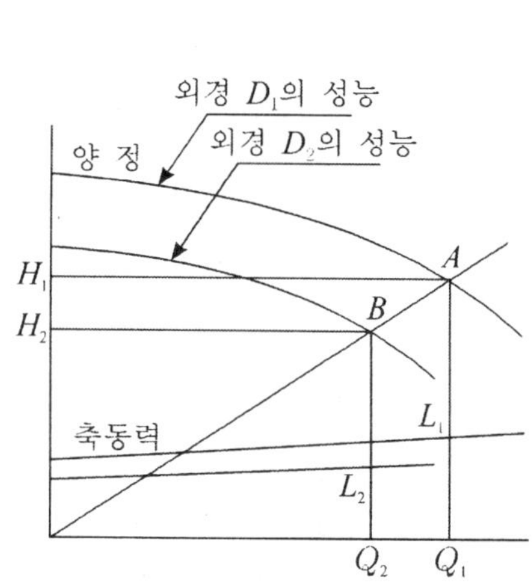

그림 6-38 회전차의 외경 가공에 의한 성능변화

가동중인 펌프의 회전차 외경 D_1을 그림 6-37과 같이 D_2로 가공한 경우의 성능변화를 그림 6-38에 나타내었다. 회전차 외경 D_1을 가공한 경우의 유량·양정·동력은

$$\frac{Q_2}{Q_1} = \left(\frac{D_2}{D_1}\right)^2 \tag{6-64}$$

$$\frac{H_2}{H_1} = \left(\frac{D_2}{D_1}\right)^2 \tag{6-65}$$

$$\frac{L_2}{L_1} = \left(\frac{D_2}{D_1}\right)^4 \tag{6-66}$$

가 되므로 외경 D_1의 Q-H곡선상의 임의의 점 A와 좌표의 원점을 직선으로 연결하여 $H_2=(D_2/D_1)^2 \times H_1$ 또는 $Q_2=(D_2/D_1)^2 \times Q_1$으로부터 직선상에 B점을 구한다.

이와같은 방법으로 외경 D_2의 성능을 數點구하여 이것을 곡선으로 연결, 외경 D_2경우의 Q-H곡선을 작성한다. 동력도 $L_2=(D_2/D_1)^4 \times L_1$로 계산하여 수직선 BQ_2상에 L_2로 기입한다. 이 방법으로 數點을 구해 이것을 연결, 동력곡선을 작성한다.

그림 6-39에 펌프선정도와 펌프성능곡선과의 관계를 나타냈다. 회전차 외경 가공에 의한 성능의 변경은 이 범위내에서 행해지는 것으로 한계치 이상 가공을 하면 효율저하가 현저해져 회전차 가공에 의한 동력절감 효과가 없어지므로 주의가 필요하다.

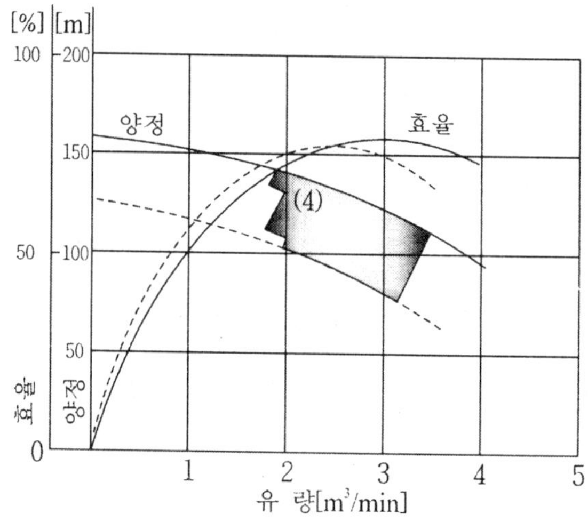

그림 6-39 선정도에 기재한 성능곡선의 범위

(나) 회전속도를 제어한 경우의 펌프성능

회전속도를 제어한 경우의 펌프성능은 인버터에서 설명

(다) 펌프의 병렬운전

필요수량이 1년중 시기에 따라 변동하는 경우나 또는 1개월중 주간과 야간으로 시간에 따라 변화하는 경우 대용량 펌프 1대를 밸브로 유량제어 한다든지 가변속 전동기로 회전속도를 제어하여도 그림 6-40에서 알수있는 바와 같이 펌프의 최고 효율점은 정격점 부근에 있으므로 소유량에서의 운전은 효율이 나쁜 운전이 되고 만다.

이와 같은 경우 펌프를 여러대로 분할하여 대용량을 필요로 할 때는 병렬운전을 행하고, 소유량 운전시에는 1대 또는 2대의 펌프를 운전토록 하면 상시효율이 좋은 영역에서의 운전이 가능하다.

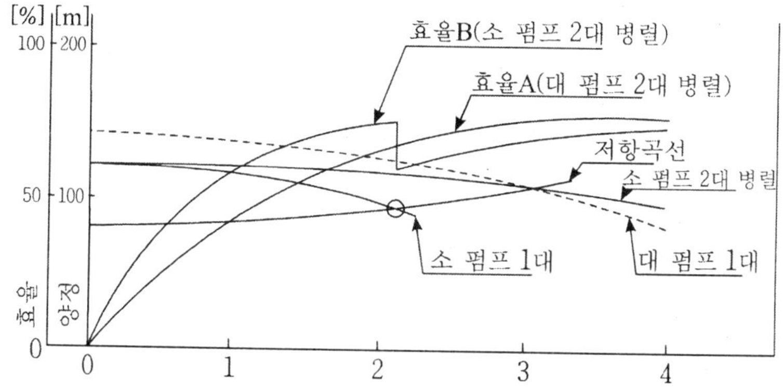

그림 6-40 펌프를 분할한 때의 효율

이와 같은 경우 펌프를 여러대로 분할하여 대용량을 필요로 할 때는 병렬운전을 행하고, 소유량 운전시에는 1대 또는 2대의 펌프를 운전토록 하면 상시효율 좋은 영역에서의 운전이 가능하다.

그림 6-40에서 효율 A는 대용량 펌프 1대 경우의 유량에 대한 효율이다. 효율 B는 펌프를 2대로 분할한 경우 유량에 대한 효율을 나타낸 것으로 대유량 영역에서의 효율은 대유량 펌프 1대 경우보다 다소 낮으나, 소유량 영역에서는 효율좋은 운전이 가능하다.

그림 6-41과 같이 펌프의 병렬운전을 행하는 것에서는 펌프 1대 운전을 하는 소유량시에 전동기가 과부하가 될 수가 있으므로 운전점을 확인해 둘 필요가 있다.

실양정이 HB, 저항곡선이 R_2이면 펌프 3대 운전으로 Q_3가 되므로 1대의 펌프는 $Q_3/3$으로 운전한다. 그러나, 펌프를 1대 밖에 운전하지 않는 경우에는 유량이 적고 송수관의 저항도 적어져 펌프 운전점 B, 유량 Q_1이 되어 $Q_3/3$ 보다 커진다.

또한 실양정 H_A, 저항곡선 R_1과 같이 실양정이 적은 것에서는 펌프 1대의 운전으로도 펌프의 허용 최대 유량 이상이 되므로 토출변을 교축하여 저항을 부가하지 않으면 운전 할 수 없게 된다. 이점에 유의할 필요가 있다.

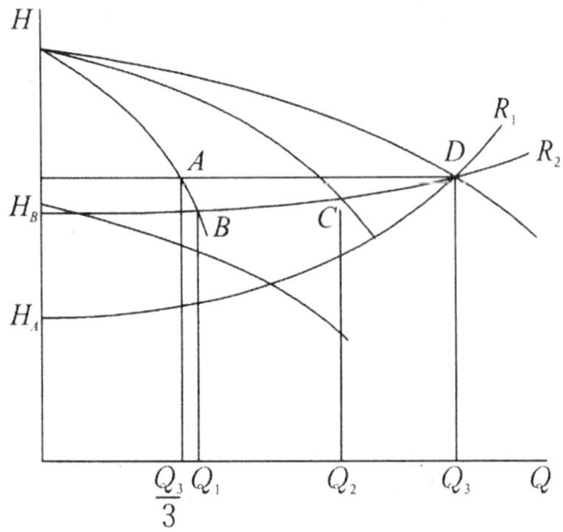

그림 6-41 펌프의 병렬운전 특성

6.5 인버터

에너지를 절감하기 위한 전동기 부하은 2승 부하인 송풍기와 펌프 등의 유체부하을 대상으로 하여, 전동기의 입력되는 전원 주파수 60[Hz]을 인버터에서 변화하여 전동기에 공급됨으로써, 전동기의 출력 회전수가 변화함으로써 송풍기나 펌프 등의 유체부하의 전동에너지가 절감된다.

인버터의 사전적인 의미는 전기적으로 DC(직류)를 AC(교류)로 변환하는 역변환 장치를 말하고, AC(교류)를 DC(직류)를 변환하는 것은 컨버터라고 하나, 통상적으로 인버터라고 호칭한다.

FA용어로서의 정의는 상용 전원으로부터 공급된 전력을 입력 받아 자체 내에서 전압과 주파수를 가변하여 전동기에 공급함으로써 전동기 속도를 고효율로 이용하게 제어하는 일련의 장치로 정의되며, 인버터를 다른 명칭으로는

① INVERTER
② AC Drive
③ VFD(Variable Frequency Drive)
④ VVVF(Variable Voltage Variable Frequency)
⑤ VSD(Variable Speed Drive)

라 한다.

6.5.1 송풍기에서의 회전속도 변경시 축동력 변화

사용중인 송풍기가 다른 외형조건의 변화없이 단지 임펠러의 회전수만 변경된다면 다음과 같은 관계가 성립되며, 이 경우 공기량, 정압 및 축동력은 다음과 같이 변한다.

· 공기량은 회전수에 비례한다.

$$\frac{Q_1}{Q_2} = \frac{N_1}{N_2} \tag{6-67}$$

· 정압은 회전수의 제곱에 비례한다

$$\frac{P_{S2}}{P_{S1}} = [\frac{N_1}{N_2}]^2 \tag{6-68}$$

· 축동력은 회전수의 3승에 비례한다.

$$\frac{B_{HP2}}{B_{HP1}} = [\frac{N_1}{N_2}]^3 \tag{6-69}$$

이때 송풍기의 효율은 변하지 않으며, 전체 공기량 범위에 대한 유량비, 즉 운전점의 위치도 변하지 않는다.

6.5.2 회전속도를 제어한 경우의 펌프 성능

범용 농형 유도전동기를 사용하고 있는 원심펌프의 외경가공에 의한 성능변화에 대해 설명하였으나, 필요한 유량이 상시 변화하는 경우나 또는 비교적 단시간내에서 변화하는 경우는 그때마다 회전차를 교환한다든지 또는 용량이 다른 펌프를 이용한다든지 하는 것이 불가능하므로 가변속 전동기나 유체커플링을 사용할 필요가 있다.

가변속 전동기에는 여러 가지 방식이 있고, 전동효율도 크게 다르나 효율이 나쁜 변속방식이라도 밸브에 의한 유량 제어시 보다는 동력절감이 가능하다. 가변속 전동기를 사용하여 펌프의 회전속도를 N_0로부터 N_1까지 변화시킨 경우의 유량 · 양정 · 동력은 다음과 같이 변화한다.

$$\frac{Q_1}{Q_0} = \frac{N_1}{N_0} \tag{6-70}$$

$$\frac{H_1}{H_0} = \left(\frac{N_1}{N_0}\right)^2 \tag{6-71}$$

$$\frac{L_1}{L_0} = \left(\frac{N_1}{N_0}\right)^3 \tag{6-72}$$

(1) 회전속도 변화에 의한 성능변화

그림 6-42에 회전속도 변화에 의한 성능변화를 나타냈다. 송수관의 저항곡선이 R_3이었을 때 펌프 회전속도를 N_0에서 N_1, N_2로 변화시키면 펌프 운전점은 A_3, B_3, C_3로 변화하고, 유량이 Q_3, Q_2, Q_1이 된다.

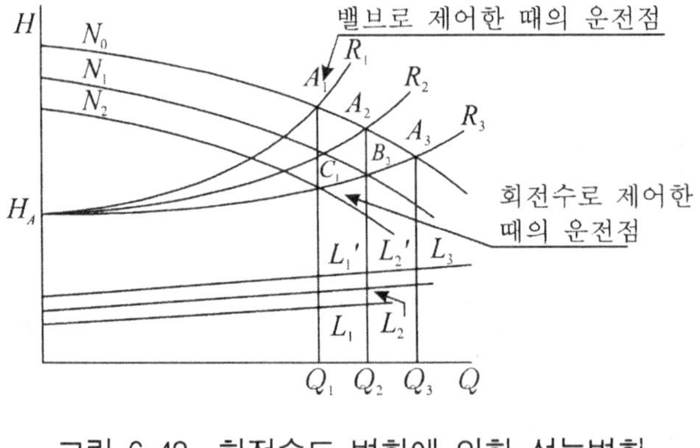

그림 6-42 회전속도 변화에 의한 성능변화

필요로 하는 유량이 Q_1인 경우, 펌프 회전속도를 N_0로 그대로 두고, 유량을 변화시킬려면, 밸브를 교축하여 저항곡선을 R_3로부터 R_1이 되도록 해야만 한다. 이때의 펌프운전점은 A_1, 축동력은 L_1이다. 펌프 회전속도를 N_2라면, 저항곡선이 R_3가 되어, 인버터를 채용함에 의해 $(L_1' - L_1)$의 전력절감이 가능하다.

(2) 실양정에 따른 회전속도 효과 특성

그림 3-43은 동일한 가변속 전동기 또는 인버터를 사용하는 경우에도 실양정이 큰 경우와 작은 경우의 속도제어효과가 어떻게 달라지는가를 나타낸 것이다. 그림에서 실양정이 H_A, 저항곡선이 R_1인 경우에는 유량 Q_2에서 펌프운전점 A, 동력 L_A이었던 것이 유량 Q_1일 때 회전속도를 N_5로 하므로써 운전점이 B, 동력 L_B가 되고 (L_A-L_B)로 동력절감이 된다.

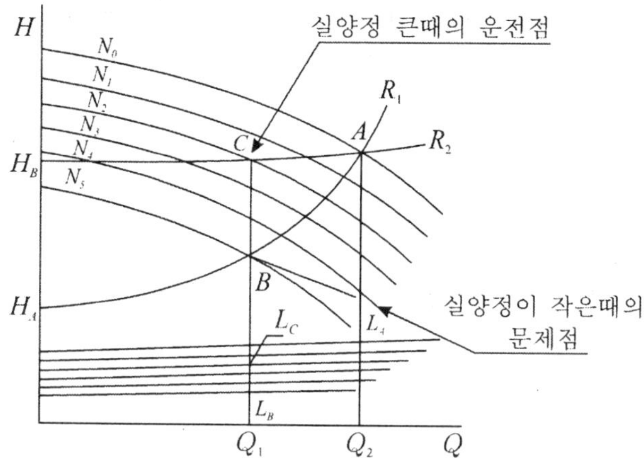

그림 6-43 실양정 대·소에 의한 회전속도 제어시 축동력의 차

그러나 그림 6-43에서와 같이 실양정이 H_B로 크고, 저항곡선이 R_2인 경우에는 Q_2에서 운전점 A, 동력 L_A이고, 이것을 유량 Q_1으로 해도 운전점이 C점 회전수가 N_2, 동력이 L_C가 되어 (L_A-L_C)밖에 동력절감이 되지 않는다. 동일한 펌프라 하더라도 이와같이 동력절감에 차이가 생긴다.

6.5.3 인버터의 구성과 분류

인버터는 주회로 방식으로 구분하여 전류형 인버터와 전압형 인버터로 구분되는데 전류형 인버터는 전류원의 직류에서 교류로 변환하는 방식을 말하며, 전압형 인버터는 전압원의 직류에서 교류로 변환하는 방식을 말한다.

전압형 인버터의 출력 제어방식에 따라서는 PAM방식과 PWM방식으로 나누어지는데, 범용 인버터는 전압형 인버터로 PWM방식을 사용하고 있다.

제어방식으로는 V/F제어, 벡터제어 등을 사용한다.

(1) 전류형 인버터

전류형 인버터는 직류회로에 리액터를 사용하여 전류를 일정하게 유지하여 싸이리스터 등으로 전류회로를 형성하여 AC를 출력하는 방식으로 전원 회생제어가 용이하기 때문에 관성부하의 정·역 운전 등에 유리하지만 고가인 것이 단점이다.

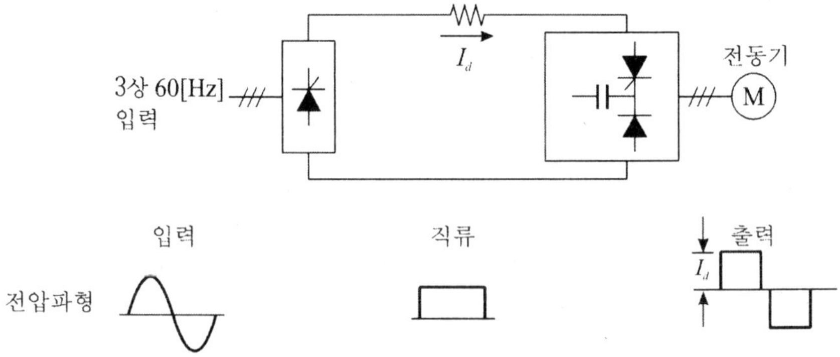

그림 6-44 전류형 인버터 회로도 및 입출력 파형

(2) PWM 전압형 인버터

직류회로에 콘덴서를 사용하여 전압을 일정하게 유지하면서 트랜지스터, IGBT, GTO를 사용하여 직류전압을 스위칭 하는 방식으로 PWM은 펄스 폭 변조의 의미로 펄스의 폭을 변화시켜 출력측의 교류전압을 가변한다. 효율, 모터의 토크 특성이 좋고, 무엇보다도 다른 방식에 비해 경제적이기 때문에 범용 인버터는 대부분 이방식을 취하고 있다

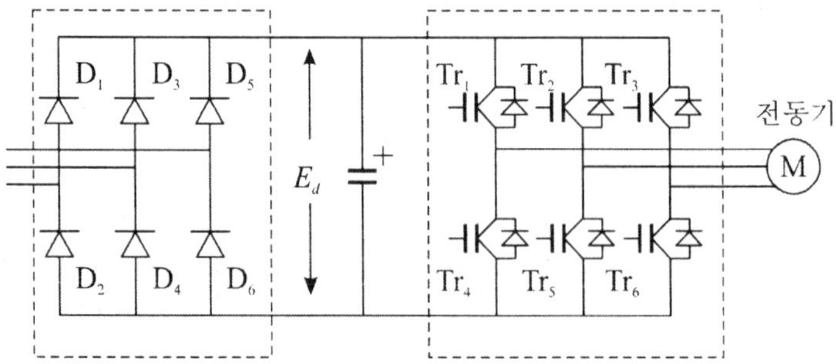

그림 6-45 PWM 전압형 인버터 회로도 및 입출력 파형

(3) 인버터의 구성

인버터의 구성은 컨버터부-평활부(전해 콘덴서)-인버터부로 구성되어 있다.

① 컨버터부 : 교류를 직류로 변환하는 순변환장치(전파정류)

② 돌입전류 억제회로 : 돌입전류로 인한 인버터의 소손을 방지하기 위해 사용

③ 회생제동부 : 모터에서 발생한 회생에너지를 소비하는 장치

④ 인버터부 : 직류를 교류로 변환하는 역변환장치(IGBT 6대 사용)

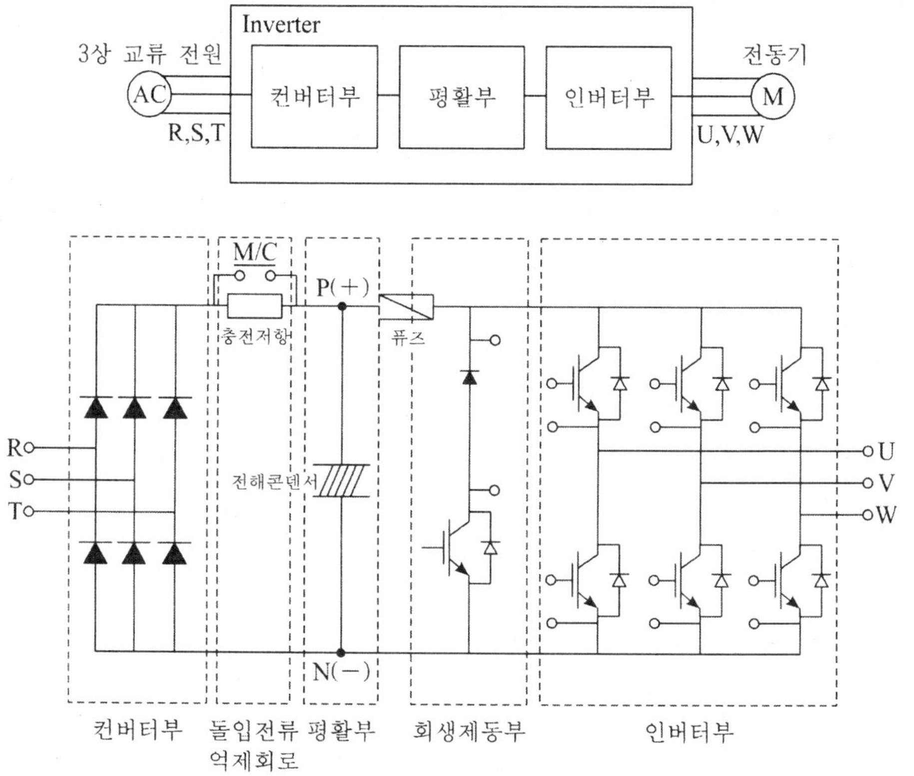

그림 6-46 인버터의 구성

6.6 공기조화에서의 전동력 사용 설비

공기조화(air conditioning)란 실내 또는 특정한 공간의 요구조건에 알맞는 공기를 사용목적에 적합하도록 실내의 온도(temperature), 습도(humidity), 환기(ventilat-ion), 청정도(cleanliness) 및 기류(air movement) 등을 알맞은 상태로 조절하여 유지하는 것을 말한다.

공기조화는 목적 대상에 따라 보건용 공기조화(保健用 空氣調和)와 산업용 공기조화(産業用 空氣調和)로 구분되는데 보건용 공기조화는 쾌적한 주거환경 유지를 목적으로 하고, 산업용 공기조화는 산업제품 품질과 생산성 향상 등을 목적으로 한다.

공기조화 구성요소는 열원장치, 열운반장치, 공조기, 자동제어장치로 구분되는데, 열원장치는 난방을 위해서는 보일러와 냉동기 또는 히트펌프를 사용한 온수 및 증기, 냉수를 공조기내 냉방코일과 난방코일에 공급하고, 이를 실내로 공급하는 것으로 보일러, 냉동기 또는 히트펌프, 에어컨 등을 말한다.

열운반장치란 공조기에서 실내에 냉·난방을 위하여 이용하는 공기와 물을 말하는데, 공기와 물을 송풍기와 펌프 등으로 운반하게 된다.

공조기는 공조지역(실내)으로 공급되는 공기를 사용목적에 적합하도록 만들기 위하여 난방코일(heating coil), 냉각-감습을 위한 냉각코일(cooling coil), 불순물 제거목적의 공기여과기(air filter), 난방시 가습을 위한 가습장치, 외기와 재순환 실내공기를 혼합하는 혼합실(mixing chamber) 등으로 구성되어 있다.

6.6.1 자연냉동법

냉동(冷凍)이란 물체에서 열을 흡수하여 다른 곳으로 열을 방출시킴으로써 물체를 얼리는 것을 말하고, 그 기계를 냉동기라 하는데, 실제 냉동공학에서는 냉장(冷藏)은 식품류를 2[℃]정도로 차게 보관하는 것을 말하고, 냉방(冷房)은 실내를 시원하게 냉방함으로써 생산성 향상을 도모하는 것을 말한다.

영어의 스펠링에서도 냉동은 Refrigeration을 말하고, 냉각은 cooling, 동결은 freezing라 한다. 냉동법에는 승화, 융해, 증발 등의 자연적 냉동법과 기계적에너지를 사용한 기계냉동법으로 분류된다.

냉동의 방법에는 자연현상, 물리법칙에 의한 냉동방법을 이용하는 방법인 자연냉동법과 인위적인 에너지를 사용하는 기계 냉동법으로 구분 할 수 있다.

자연냉동법으로는 액체에서 기체로, 고체에서 액체로 증발, 융해하는 잠열을 이용하는 방법과 감열을 이용하는 방법, 기한제를 사용하는 방법으로 크게 분류된다.

(1) 잠열을 이용하는 방법

액체가 증발하면서 주위의 열을 빼앗아 가는 현상인 증발열 이용방법, 얼음이 녹으면서 주위의 열을 빼앗아 가는 현상인 융해열 이용방법, 나프탈린, 장뇌, 드라이아이스가 승화하면서 주위의 열을 빼앗아 가는 현상인 승화열을 이용하는 방법을 말한다.

(2) 감열을 이용하는 방법

온도가 다른 물질 사이에 열의 이동현상을 이용하는 방법으로 냉동기의 응축기에서 냉각탑에서 차가워진 32[℃] 냉각수가 응축기를 통과하면서 응축기내 열이 냉각수로 이동하여 냉각수의 온도가 37[℃]로 되어 다시 냉각탑으로 보내지는 것과 같이 온도가 다른 물질이 접촉하여 열의 이동에 의해서 냉각하는 방법을 말한다.

(3) 기한제에 의한 냉동법

고체에서 액체로 변하는 온도를 융해점 또는 융점이라 하는데, 그 반대로 액체에서 고체가 변하는 온도를 응고점이라 하는데, 응고를 위해서는 물체의 열을 빼앗겨야 한다. 얼음의 융점이 0[℃]라 하는 것은 순수한 물과 접촉하고 있는 얼음에 관해서 식염을 넣으면 0[℃]보다 융점이 내려간다.

얼음과 식염의 혼합물에 의해서 0[℃] 이하의 저온이 얻어지는 것은 얼음에 부착하고 있는 물이 식염수가 되므로 식염수속의 얼음의 융해점이 저하하는 관계로 얼음이 점점 융해하여 그 때 주위에서 융해열을 뺏기 때문인데 이와 같이 온도를 0[℃] 이하로 내릴 목적으로 사용되는 혼합물을 기한제(freezing mixture)라고 한다. 기한제는 얼음과 염화칼슘(소금)을 2 : 1 비율로 사용시 최저온도는 −21[℃]까지 융점이 내려간다.

6.6.2 기계 냉동법

냉동기란 기계식 냉동법에 의한 냉동을 하는 기기라 할 수 있는데, 기계 냉동법에는 증발 방법에 의해 공기팽창식, 증기압축식, 흡수식, 증기분사식, 열전식, 흡착식 냉동법을 말 할 수도 있고, 응축기의 열 방출방법에 따라서 수냉식, 공랭식, 기타 냉각식으로도 구분 할 수 있다.

① 수냉식 : 응축기에서 물이나 브라인 또는 기타 액체를 이용하여 열을 외부로 방출하는 시스템

② 공랭식 : 응축기에서 공기 또는 기타 기체를 이용하여 열을 외부로 방출하는 시스템

③ 기타 냉각식 : 수냉식이나 공냉식에 이용되는 매체 이외의 매체를 이용하여 열을 외부로 방출하는 시스템

현재 냉방을 위하여 사용하는 방식은 수냉식 증기 압축식 냉동기와 흡수식 냉동기가 주로 사용되고 있으며, 공기 팽창식은 항공기용의 냉방장치에 증기 팽창식, 증기분사식 등은 산업현장에서, 열전현상은 전자부품 냉각에 사용되고 있는데, 여기서 주로 사용하는 증기압축식 냉동기에 대하여 설명한다.

6.6.3 증기압축식 냉동기

냉동기(冷凍機)는 냉매가 증발기에서 증발하여 열을 빼앗고(대상 물체는 냉각) 냉동사이클을 지속적으로 운전하기 위하여 압축기로 증발된 증기(증발된 냉매)를 흡입-압축하여 응축기를 통하여 고온-고압의 에너지를 응축기에 열교환하는 냉각탑의 냉각수로 방출하고, 냉매는 응축하게 되어 수액기와 팽창밸브를 통하여 증발기에 다시 분사됨으로써 증발기에서 증발하여 냉동을 하는 냉동방법을 말한다.

(1) 증기 팽창 동력사이클과 증기 압축 냉동사이클

증기 팽창 동력사이클과 증기 압축 냉동사이클은 개념적으로 동일한 장치이며, 증기 팽창 동력사이클은 펌프와 터빈을 경계로 고압측과 저압측으로 나눌 수 있는 2 압력 사이클이고, 증기 압축 냉동사이클은 압축기와 팽창밸브를 경계로 한다.

증기 팽창 동력사이클과 증기 압축 냉동사이클은 운전방향만 반대방향으로, 증기 팽창 동력사이클은 보일러의 고온-고압의 증기로 터빈에 회전 운동에너지를 공급하고, 공급받은 터빈 회전 운동에너지로 터빈에 직결된 발전기에서 회전 운동에너지를 전기에너지로 생산하고, 증기 압축 냉동사이클은 전기에너지로 압축기에 회전 운동에너지를 공급하고, 회전 운동에너지를 이용하여 증발기에서 흡수한 열을 응축기로 고온-고압의 열을 이동하게 된다. 그래서 냉동기는 열펌프라 할 수 있고, 이를 난방으로 사용한 설비를 히트펌프라 한다.

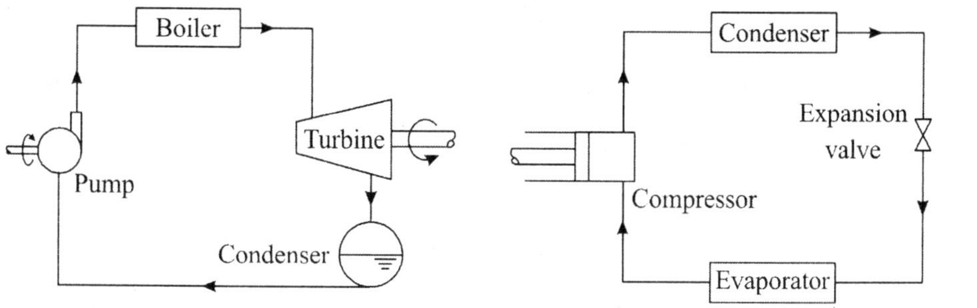

(a) 증기 팽창 동력사이클 (b) 증기 압축 냉동사이클

그림 6-47

(2) 냉동기의 구성

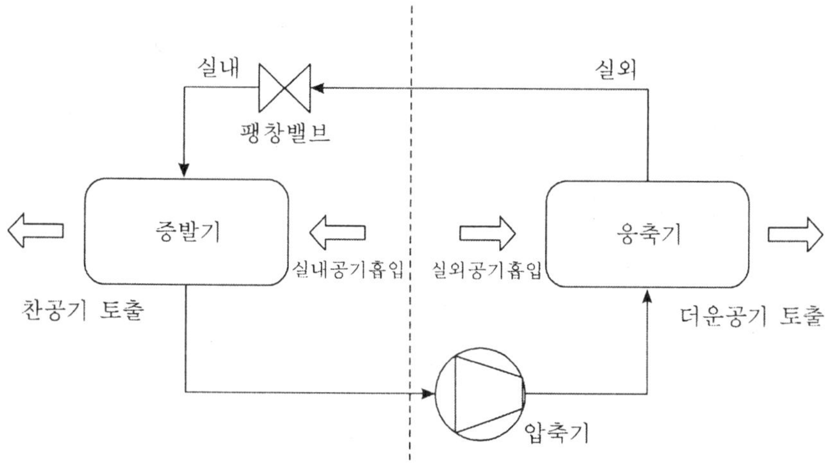

그림 6-48 냉동기의 구성

냉동의 조건으로 ① 증발하기 쉬운 냉매를 연속적으로 증발기에 공급 할 수 있을 것, ② 증발기에서 빼앗은 열을 버려야 하는 것, ③ 열을 외부에 버릴 수 있는 상태 일 것, ④ 회수한 냉매를 증발기에서 증발 할 수 있을 것과 같은 네가지 냉동 조건에 의하여 냉동을 하기 위해서는 크게 압축기, 증발기, 응축기, 팽창밸브, 수액기, 냉각탑으로 분류 할 수 있다.

(가) 압축기(壓縮機 : compressor)

냉각 일을 마친 증발 기체 냉매를 신속하게 흡입하고, 증발기내 압력을 낮추어 증발을 촉진하고, 응축기에서 냉각탑에서 외부로 열을 방출하는 냉각수로 열전달을 위하여 고온-고압으로 압축하는 역할을 한다.
일반적으로 압축기는 증발온도와 응축온도의 온도차가 동일하고, 정격 냉동능력이 동일하더라도, 증발온도가 낮을 때 소요동력이 크다.

압축기 종류에는 용적식으로 왕복동, 스크류, 스크롤방식과 터보식으로 원심식, 축류식 콤프레서 등으로 구분된다.

(나) 증발기(蒸發器 : evaporator)

액체가 기체로 증발하기 위해 필요한 증발열을 증발기 내·외부 냉각대상 물체나 실내에서 흡수하는 역할로 증발기 형식은 용도, 냉매의 상태(건식, 만액식), 형식(핀코일, 핀튜으브, 원통다관식) 등 여러가지의 형식의 증발기가 용도와 냉동목적에 따라 제작된다.

(다) 팽창밸브(膨脹 : Expansion Valve)

응축기에서 액화된 냉매가 증발기에 있어 다시 증발 할 수 있도록 감압하고, 유량을 조절하는 역할을 한다.

냉매는 수액기에서 팽창밸브의 좁은 통로(orifice 오르피스)를 지나 확장된 증발기에 나올 때 교축(throttling)변화로 냉매의 압력이 저하되어 저온저압의 습증기가 된다. 팽창밸브에는 감열팽창밸브, 정압팽창밸브, 플로트밸브 등이 있다.

(라) 수액기(Receive Drum)

응축기에서 액으로 된 냉매를 일시적으로 저장하는 용기로서 운전중 여분의 대기시킴으로써 증발기내의 냉매량이 다소 변화해도 원할한 운전이 된다.

(마) 응축기(condensor)

압축기에서 토출된 고온고압의 냉매가스를 냉각-액화시키는 열교환 장치로 냉각탑의 냉각수 또는 외부 공기 등으로 증발기에서 흡수하고 압축시킨 열량을 방출하는 목적을 한다.

응축기로는 냉각방식에 따라 수냉식, 공냉식, 증발식으로 구분되고, 수냉식은 원통다관식, 이중관식 등으로 분류된다.

(바) 냉 매

가정용 냉장고의 냉매는 프레온 가스를 사용하지만, 공업용 냉장고의 냉매는 암모니아 가스를 많이 사용한다.

냉매 R-12.는 화학식은 CCL_2F_2로서 1930년대에 나와 현재까지 많이 사용되었으나 할로겐 냉매와 함께 오존층 파괴의 주요인으로 확인되어 사용제한이 되고 있다. 냉매 R-22의 화학식은 CHF_2CL로서 현재 선박과 육상에서 많이 사용된다.

R-134a는 R-12을 대체하기 위하여 개발된 냉매로서 냉동능력은 R-12에 비해 약 10[%]정도 떨어지지만 오존층에 피해를 주지 않는 냉매이다.

(3) 냉동기의 운전과 성적계수

냉동기는 액체가 증발할 때 증발열을 흡수하는 원리를 이용하고, 압축기로 기화된 냉매증기를 압축하여 응축기에서 흡수열을 방출, 액화하여 팽창밸브에서 증발기에서 다시 증발시키는 증기압축 냉동사이클을 이용한다.

냉동기에서 흡수한 열을 Q_1, 압축기가 행한 일 W, 일의 열당량을 A라 하면 고온으로 방출한 열 Q_2는 식 (6-73)과 같이 나타낼 수 있다.

$$Q_2 = Q_1 + AW \tag{6-73}$$

열펌프에서는 주어진 열량 Q_2가 클수록, 냉동기에서는 같은 일의 양 W에 대해 흡수하는 열량 Q_1이 클수록 장치의 경제성이 높다고 할 수 있다. 열펌프와 냉동기의 동작계수 COP(coefficient of performance)는 식 (6-74), (6-75)와 같이 나타낼 수 있다.

$$\text{열펌프 C.O.P} : \eta_h = \frac{Q_2}{AW} \tag{6-74}$$

$$\text{냉동기 C.O.P} : \eta_r = \frac{Q_1}{AW} \tag{6-75}$$

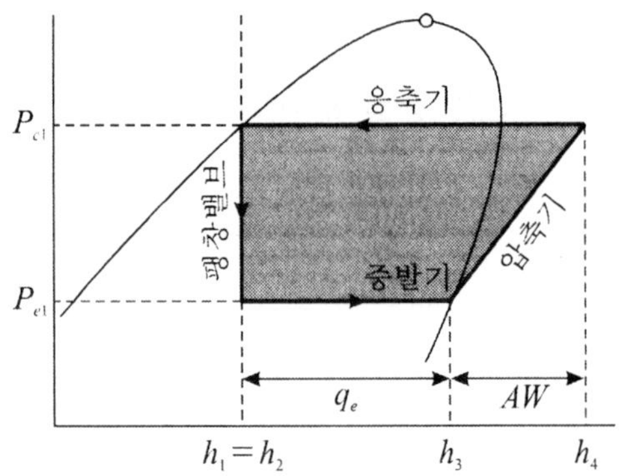

그림 6-49 냉동설비 구성부와 실제 냉동사이클

R22 냉매를 사용한 P-h선도상의 실제 냉동사이클은 과냉각과 과열도에 의하여 다음과 같이 표현된다.

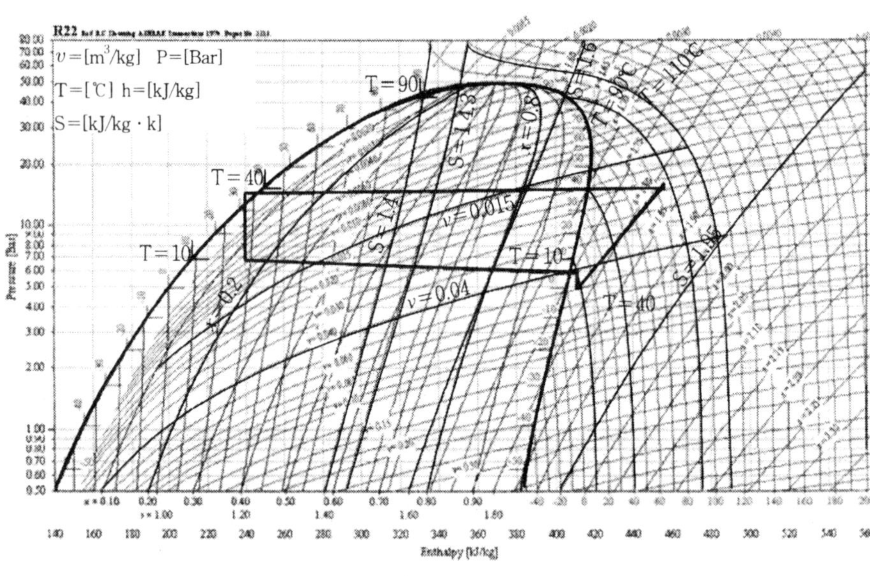

그림 6-50 R-22 P-h 선도상 냉동사이클

6.7 공조설비

공조를 위하여 가동하는 단위설비로 창문형 에어컨, 벽걸이형 에어컨, 스탠드형 에어컨, 시스템 멀티에어컨 등을 이용하여 개별제어의 편리성과 부하 대응성, 투자비 절감을 목적으로 한다.

6.7.1 공기조화기(空氣調和器, air conditioner or AHU)

중앙식 공기조화기는 A · H · U(air handling unit)로 약칭되며, 수평형, 수직형 등이 있으나, 일반적으로 수평형을 설치하고 있으며, 외기는 공기예열기를 거쳐 혼합실로 공급되고, 실내공기는 리턴 덕트를 통하여 일부 공기는 배기(Exhaust air : EA)를 하고 혼합실로 공급된다. 혼합실에서 혼합된 조화공기는 냉각코일, 난방코일, 가습기, 감습기, 공기여과기(에어필터), 공기재열기, 송풍휀을 통하여 실내에 다시 공급된다.

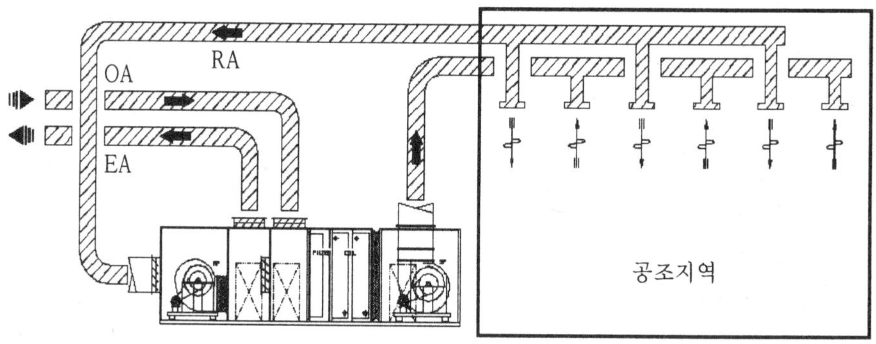

그림 6-51 공기조화기와 공조설비 구성 형태

개별식 공기조화기(A.H.U) 케이싱내에 가열기, 냉각기, 쿨러, 필터, 송풍휀 등을 구비하고 흡입휀에 의하여 실내공기를 흡입한 뒤 공기조화 후 실내에 송풍하도록 되어 있다.

개별식 공기조화기에는 원격유니트형과 자립형으로 대별되고, 자립형은 창문형 조화기와 플로어형으로 구분되는데, 창문형 조화기는 베란다나 창문에 설치하는 에어컨을 말하며, 플로어형은 전산센타에 사용하는 것을 말한다.

원격유니트형은 수냉식과 직팽형으로 구분되는데, 수냉식은 기내에 송풍기와 냉각코일가 설치되어 있고, 중앙공조기에서 냉수를 송수하여 공기를 냉각-감습하고,

직팽형은 냉각코일에 냉매를 직접 팽창시키는 방식을 말한다.

6.7.2 시스템 멀티 에어컨

시스템 멀터 에어컨은 한대의 실외기에 다수의 실내기를 설치하는 방식으로 응축기 냉각방식에 따라 공냉식과 수냉식으로, 기능에 따라 히트펌프형과 냉방전용방식 등으로 구별된다. 사용 에너지원에 따라 전기에너지를 사용하는 EHP(Electric Heat Pump)방식과 GHP(Gas Engine Heat Pump)방식이 있다.

6.7.3 개별 분산형 공조기(Ceiling type Seperated A·H·U)

빌딩 추세가 국제화, 임대가격, 인텔리젼트 빌딩 개념 도입으로 층고 4[m] 이상 되고, 상부 천장 내부 1[m] 이상 확보되어 천장 내부에 공조기를 설치하는 방식을 말한다.

6.7.4 가습장치

실내, 산업체 크린룸 등에 상대 또는 절대습도를 상승시키기 위하여 수증기를 발생시키는 장치이다.

① 원심식 물 분무식은 공장 등에서 대량으로 가습시 사용하는 방식으로 고속회전에 의해 흡상된 물을 송풍기로 무화시키는 방식이다.

② 초음파식 물 분무식은 수중에서 진동자를 사용하여 초음파(104[Hz] 이상)를 복사하여 계면을 교란시켜 무화하는 방식을 말한다.

③ 증기 분무식은 공조기나 산업체에서 사용하는 방식으로 보일러로부터 증기를 공급받아 기수분리기를 통하여 수분을 제거한 다음, 순수한 증기만을 덕트나 공조기에 분무하여 가습하는 방식을 말한다.

④ 증기발생식으로 전열식은 전기히터를 사용하여 증기를 발생하거나, 전극식은 전기에너지를 전극으로 사용하는 방식이며, 적외선식은 적외선으로 가열하여 증기를 발생하는 방식을 말한다.

⑤ 증발 또는 기화식은 백색가루가 날리지 않아 미술관, 박물관 등 고급가습에 사용하거나, 공조기에서 Air Washer 방식으로 기화시키기도 한다.

6.7.5 패키지형 공조기(Packaged air conditioner)

공조기에 냉동기를 장착하여 유닛화한 것으로 공조기의 냉-온수 코일 대신에 직팽코일(Direct Expantion Coil)을 채용한 유닛으로 압축기, 응축기, 팽창밸브, 증발기, 송풍기, 에어필터, 제어장치 등이 한 케이싱에 수납된 형태를 일체형이라 하고, 실외 열교환기와 압축기를 옥외에 설치한 형태(condensing unit)인 세퍼레이트형이 있다.

6.8 히트 펌프

6.8.1 히트 펌프(열 펌프)의 원리

히트 펌프(heat pump)는 저온 물체가 갖는 열에너지를 외부에서 기계적 열에너지를 공급하여, 고온의 열에너지로 변환하는 장치를 말한다.

전기식 열 펌프는 증기압축식 냉동기와 같은 동작원리를 갖는 냉동 열원기기로, 저온(低溫)측과 고온측이 열역학 사이클에서 냉동기는 저온측 열을 흡수(냉각)하는데 비하여 열 펌프는 고온(高溫)측에서 열을 방출(가열)한다.

냉각 및 가열을 동시에 하는 것을 열 펌프 또는 히트 펌프라 한다. 히트 펌프의 저온측 열원으로는 공기열원, 물열원(온천, 우물, 각종 배수 등), 기타 배기가스 등이 있다.

그림 6-52는 열 펌프 사이클의 원리도를 나타낸 것으로 일반 냉동기와 동일하나, 다만, 냉동기는 냉방에만 사용하나, 히트 펌프는 겨울 난방시에는 응축기의 응축열 발산을 이용하고, 여름에는 증발기의 냉열을 이용한다.

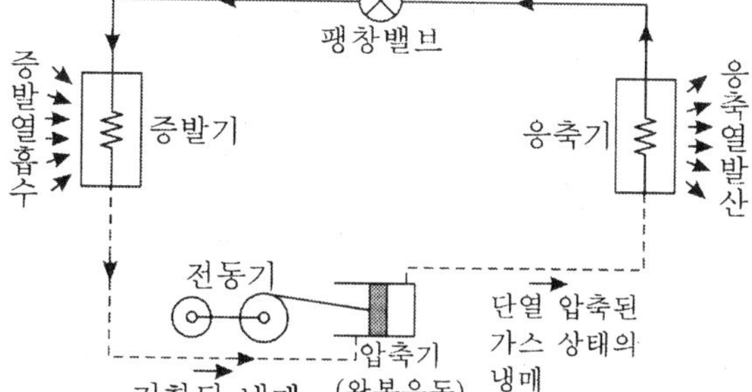

그림 6-52 히트 펌프 사이클의 흐름도

이를 위하여 난방과 냉방을 사용하기 위하여 전환장치가 추가된다.

6.8.2 히트 펌프의 산업체 용도

(1) 가 열

주로 동절기의 냉방(冷房)이나 급탕(給湯)에 사용된다. 이 경우 저온열원으로는 공기가 가장 많이 사용되고, 조건에 따라 온천수, 우물물 등이 사용된다. 공조에 사용되는 경우 열 펌프의 온수 온도는 약 40~45[℃]인 경우가 많다. 식품, 섬유, 사진공업, 축산업 및 수산업 등과 같이 온수를 대량으로 필요로 하는 분야에 온수의 가열을 목적으로 사용되고 있다.

(2) 가열과 냉각

도금공업이나 자동차 공업 등의 분야에서 약 50~80[℃]의 고온수와 동시에 10~20[℃]정도의 저온수를 필요로 한다. 이때 저온열원을 냉각측에 접속하면 가열 또는 냉각을 동시에 행할 수 있다.

(3) 탈습 건조

식품공업, 경공업 및 시설농업 등에서 탈습(脫濕), 건조는 비교적 저온에서 행해야 품질을 좋게 할 수 있기 때문에 열펌프의 냉각, 가열 기능을 탈습이나 건조에 응용되고 있다.

(4) 간접 증발

약품 및 식품공업에서 증발에 의한 온도관리가 제품의 품질 향상에 매우 중요한 경우에 열펌프를 이용한 간접 증발방식이 사용되고 있다.

(5) 증기 재압축

증류(蒸溜)나 농축과정에서 배출되는 저압 수증기를 압축기를 통해 고온, 고압의 수증기로 만들어 열원으로 재사용하는 것이다. 증기의 품질에 따라 증기를 가압하여 증류나 농축장치에 직접 공급하는 방식이다.

제7장 산업 전력 사용설비

7.1 조명설비

조명(照明)이란 "빛으로 밝게 한다."는 뜻으로 빛은 태양과 달 그리고 별과 같은 자연 빛과 열, 화학, 생물에너지를 이용하여 만드는 인공 빛이 있다.

시각은 우리들에게 물체의 형태, 색체, 밝음 등을 알리며, 우리들이 습득하고 있은 지식의 80[%]는 시각으로써 얻어진다고 볼 수 있다. 인간에게 쾌적한 조명 환경은 자연광인 주광채광과 인공조명을 적절하게 실시함으로써 얻어진다.

인공조명은 주로 전등으로 이루어지고 있으며, 전등도 백열전구로부터 형광등, 메탈헬라이드 램프, LED 등으로 발전되어 높은 효율, 긴 수명, 좋은 광색의 우수한 광원을 얻고 있다. 이와 같이 광원에 의해서 필요한 장소나 실내에 밝음을 제공하는 것을 조명이라 한다.

7.1.1 발광효율 및 전등효율

광원으로부터 발산되는 전방사속 Φ[W]와 육안으로 느끼는 전광속 F[lm]과의 비율을 그 광원의 발광효율(Luminous efficiency)이라 한다. 발광효율(發光效率) ε는 식 (7-1)로 나타낸다.

$$\varepsilon = \frac{F}{\Phi} [\text{lm/W}] \tag{7-1}$$

그리고 최대 시감도 발광효율은 683[lm/W]이다. 실제로 광원에서 발산되는 에너지 대류(對流), 전도(傳導), 복사(輻射) 등에 의한 손실을 포함한 전 소비전력을 생각하여야 한다. 전력소비 P[W]에 대한 전발산 광속 F[lm]의 비율을 전등효율(電燈效率, lamp efficiency ; η)이라 하며, 식 (7-2)로 나타낼 수 있다.

$$\eta = \frac{F}{P}[\text{lm/W}] \tag{7-2}$$

일반적으로 전등효율은 발광효율보다 적다.

전등이 글로브로 덮여 있는 경우에는 글로브에 의한 반사, 흡수를 고려해야 한다. 글로브의 효율 η_g는 식 (7-3)과 같이 나타낸다.

$$\eta_g = \frac{\tau}{(1-\rho)} \tag{7-3}$$

일반적으로 평균연색지수가 80 이상인 광원은 연색성이 좋다고 말할 수 있다.

7.1.2 발광 방법

(1) 온도방사

물질을 구성하고 있는 입자(원자, 분자, 이온 등)는 그 온도가 올라가면 열 진동을 하고, 온도를 더욱 높이면 빛의 방사가 일어난다. 처음에는 적외선(赤外線)이 방사되고, 온도를 더 높여 500[℃] 이상이면 물체는 빛을 발산한다. 이것을 **열복사(온도방사)**라 한다. 온도방사의 크기는 열복사체의 온도와 복사율에 의해 결정된다.

(가) 흑 체

입사하는 복사를 전부 흡수하여 반사와 투과를 하지 않는 것으로, 즉 흡수율이 100[%]인 가상적인 물체를 **흑체**(黑體, black body)라 한다.

(나) 흑체의 온도복사 법칙

① 스테판 볼쯔만의 법칙(Stefan-Boltzmann's law) : 단위 시간당 방사되는 흑체의 복사 발산량 W는 절대온도 T[°K]의 4제곱에 비례하며 식 (7-4)와 같이 나타낸다.

$$W = \sigma T^4 [\text{W/cm}^2] \tag{7-4}$$

여기서, $\sigma = 2\pi^4 k^4/(15h^3c^3) = 5.683 \times 10^{-8}[\text{W/m}^{-2} \cdot {}^\circ\text{K}^{-4}]$로 스테판-볼쯔만의 상수이다.

② 비인의 변위법칙(Wien's displacement law) : 흑체의 분광 복사휘도 또는 분광 복사발산도가 최대가 되는 파장 λ_m은 그 흑체의 절대온도(絶對溫度) T[°K]에

반비례한다. 즉, 온도가 높아질수록 λ_m은 짧아진다. 이것을 비인의 변위법칙이라 하며 식 (7-5)로 나타낸다.

$$\lambda_m = \frac{2.896 \times 10^6}{T}[\mathrm{nm} \cdot {}^\circ\mathrm{K}] \tag{7-5}$$

③ **플랑크의 방사법칙**(Plank's radiation law) : 흑체의 온도방사에서 온도(溫度)와 같이 변화되는 것을 나타낸 것으로, 절대온도 $T[{}^\circ\mathrm{K}]$, 임의의 파장 $\lambda[\mu\mathrm{m}]$의 스펙트럼 복사속의 발산도 P_λ는 식 (7-6)과 같다.

$$P_\lambda = \frac{C_1}{\lambda_5}\frac{1}{e^{C_2/\lambda T}-1}[\mathrm{W/m^{-3}}] \tag{7-6}$$

여기서, C_1 및 C_2는 플랭크의 정수이다.

$C_1 = 3.714 \times 10^{16}[\mathrm{W} \cdot \mathrm{m}^2]$, $C_2 = 1.438 \times 10^{-2}[\mathrm{m} \cdot \mathrm{K}]$이며, e는 자연대수의 밑으로 $e = 2.7182$이다.

④ **복사율** : 어떤 열복사체에 대해서 복사휘도 또는 복사 발산도는 열복사체와 같은 온도에서의 흑체의 복사휘도 또는 복사 발산도에 대한 비율이며, 복사율(輻射率, emissivity)은 파장(λ), 온도(T) 및 관측방향과 입체각의 함수로 나타낸다. 이것은 같은 파장의 빛을 같은 온도에 있는 같은 물체 표면에 동일방향에서 같은 입체각으로 조사했을 때의 흡수율(吸收率)과 같다.

(2) 루미네선스

백열전구와 같이 물체의 온도를 높여서 빛을 발생시키는 온도복사 이외의 모든 발광(發光)을 **루미네선스**(Luminescence)라 한다. 즉 광원의 발광방법은 온도방사와 루미네선스가 있다.

루미네선스는 광원의 방전에 기인한 것이다. 아크등은 온도방사와 루미네선스의 양쪽 현상 모두를 활용한 것이다. 루미네선스의 발광은 지속시간에 따라 형광(螢光, fluorescence)과 인광(燐光, phosphorescence)으로 나누어진다. **형광은 자극이 가해지는 동안만 발광을 계속**하고 자극이 사라지면 곧 발광을 멈춘다. 인광은 자극이 없어진 후에도 수분에서 수 시간 또는 수일 이상 에너지를 축적하여 발광을 지속하는 것을 말한다. 자극을 주는 방법에 따라 전기 루미네선스, 복사(방사) 루미네선스, 음극선 루미네선스, 열 루미네선스, 생물 루미네선스, 파이로 루미네선스, 화학 루미네선스, 마찰 루미네선스, 결정 루미네선스로 나누어진다.

(가) 전기 루미네선스(electric luminescence)

기체 또는 금속 증기 내의 방전(放電)에 따르는 발광현상이며, 이것은 대전입자 상호간 또는 원자, 분자 등의 충돌에 기인되는 것이다. 네온관등, 수은등 등의 방전 등은 전기 루미네선스를 이용한 것이다.

(나) 복사(방사) 루미네선스(photo luminescence)

어떤 물질에 광선, 자외선, X선 등의 복사를 받고, 분자 또는 원자가 그 중의 어떤 파장의 복사를 흡수하여 이것의 일부 또는 전부를 장파장의 빛으로 발산하는 것이다. 야광도료는 복사 루미네선스의 인광을 발생하는 것이고, 형광등의 발광은 이것의 형광을 이용한 것이다.

발광체가 발산하는 복사의 파장은 조사된 복사의 파장보다 항상 길다. 이것을 스토크스(Stokes)의 법칙이라 하며, 복사 루미네선스는 이 법칙을 따른다.

기타 루미네선스는 TV용의 브라운관, 오실로그래프 등에 이용하는 음극선 루미네선스, 금강석, 대리석, 형석 등을 약간 가열하면 일어나는 발광인 열 루미네선스, 반딧불, 야광충, 발광 박테리아, 발광어류 등의 생물에서의 발광인 생물 루미네선스, 알칼리 금속, 알칼리 토금속 등의 증발하기 쉬운 원소 또는 염류를 알콜 램프의 불꽃 속에 넣을 때 발광인 파이로 루미네선스, 황인이 산화할 때 발광인 화학 루미네선스, 물질이 기계적으로 파괴되거나 마찰이 일어날 때 순간적으로 발광인 마찰 루미네선스가 있다.

7.1.3 전 구

(1) 백열전구의 구조

백열전구(白熱電球, incandescent lamp)는 에너지관련법에 의하여 출고와 설치를 제한하고 있는 바, 여기서는 간단히 설명하는 것으로 한다.

백열전구는 필라멘트에 전류(電流)를 통전시켜 2,700[℃] 고온에서 백열하여, 온도 방사를 이용한 광원이다. 1879년 에디슨이래, 1910년 텅스텐 필라멘트를 코일형상으로 감고 가스를 채워 넣은 가스가 든 전구가 개발되어 효율이 10[lm/W]에 도달하게 되었다.

그림 7-1은 텅스텐 전구의 구조 및 각 부의 명칭을 나타낸 것이다.

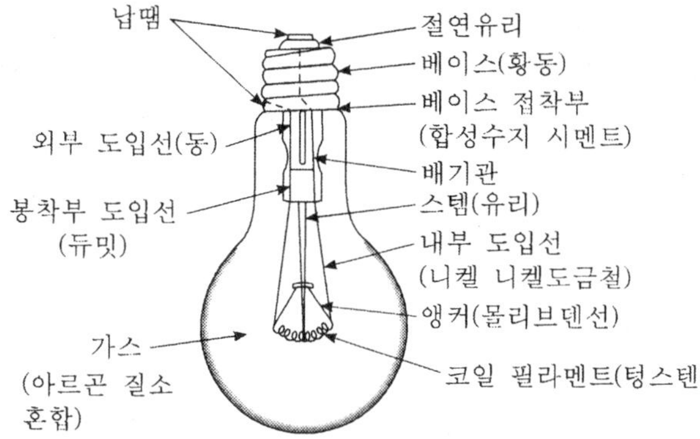

그림 7-1 백열전구 구조

(2) 반사형 전구

반사형 전구(反射形 電球, reflector lamp)는 그림 7-2와 같이 유리구 내면에 은 또는 알루미늄을 진공 증착(蒸着)시켜 반사면을 갖는 전구이다. 스포트라이트(spot lighting)용으로 협각형이 이용되고, 광각형은 투광조명(flood lighting)에 이용되고 있다. 그리고 자동차 전조등용 실드빔(shield beam)형 전구 등이 있다.

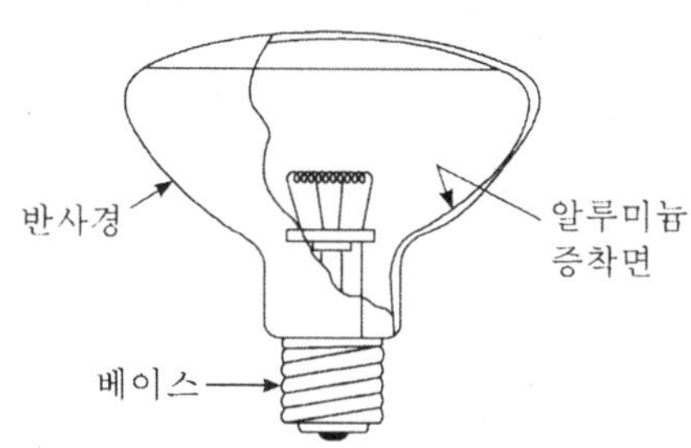

그림 7-2 반사형 전구

(3) 적외선 전구

적외선(赤外線)은 복사열을 이용해 건조용으로 사용된다. 필라멘트의 색온도는 2,400~2,500[K] 정도이고, 수명은 약 5,000시간 정도이다. 유리구의 온도가 높아지므로 내열유리를 사용하고 있다.

(4) 할로겐 전구

종래의 백열전구를 개선한 것이 할로겐 전구(halogen lamp)로서 할로겐 전구는 미량의 할로겐 물질을 포함한 불활성가스를 봉입하여 할로겐 물질의 화학반응을 응용한 가스입 텅스텐 전구이다. 그림 7-3은 할로겐 전구의 구조이다.

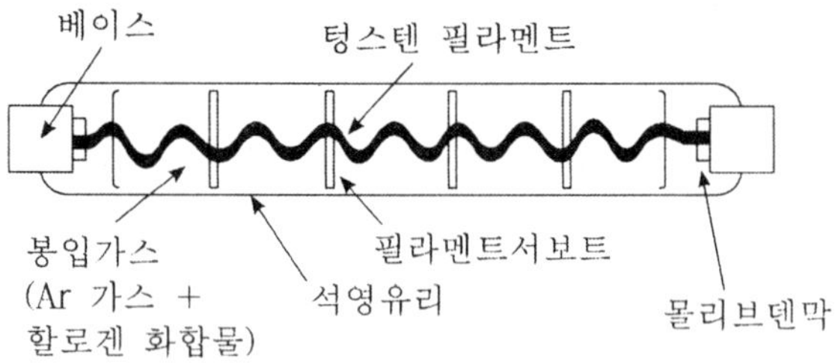

그림 7-3 할로겐 전구

할로겐 전구의 관벽(管壁) 온도는 텅스텐 할로겐 화합물이 부착되지 않도록 250~850[℃]로 설계되어 있으므로 할로겐 전구의 밸브는 종래의 전구보다 소형(小型)으로 관벽 부하를 높게 하고 있다. 이 때문에 관벽 온도를 250~850[℃]가 되도록 설계되어 있으므로 고온에 견딜 수 있는 석영유리가 주로 사용되지만 경질유리가 사용되기도 한다.

(가) 할로겐 재생 사이클(halogen cycle)

할로겐 전구는 유리구 내에 불활성가스 이외에 요오도, 브롬, 염소 등의 할로겐 화합물을 미량 봉입한 것으로 할로겐은 낮은 온도에서 텅스텐과 결합하고 높은 온도에서는 분해하는 성질이 있다. 전구 내에 소량의 할로겐을 넣으면 이것이 증발하여 확산하며, 250[℃] 이상에서는 증기상태로 관벽에 부착하지 않고 밸브 내를 떠다니다가 필라멘트로부터 증발된 텅스텐이 온도가 낮은 유리구 관벽에 가까이 오면 결합하여 할로겐화 텅스텐으로 된다.

이것은 투명하고 증발하기 쉬운 것으로 대류(對流)에 의하여 2,000[℃] 이상의 고온의 필라멘트에 가까이 가면 고온으로 인해 분해되고, 텅스텐은 필라멘트로 되돌아가고 할로겐은 확산된다. 확산된 할로겐은 다시 텅스텐을 잡아서 필라멘트로 되돌려 주는 할로겐 재생 사이클을 만든다. 그 과정을 그림 7-4에 나타내었다.

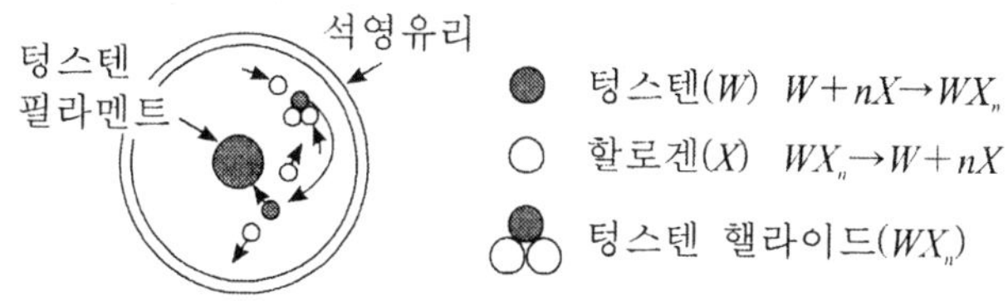

그림 7-4 할로겐 사이클의 모델

7.1.4 방전등

방전등(放電燈, discharge lamp)은 방전관에 기체방전을 일으켜, 전기에너지가 빛으로 변환되어 방출되는 것을 이용한 것이다. 기체방전(氣體放電)이란 금속증기 및 기체가 봉입되어진 방전관에 전압을 인가하면 방전파괴가 일어나 방전관이 도전상태로 되는 현상이다.

방전등은 기체 또는 금속증기가 봉입된 투명한 유리관 양단에 전극을 삽입하여 외부회로 및 전류제어장치와 접속하는 구조로 되어 있다. 방전에 의해 방사되는 빛의 성질은 봉입기체 또는 증기의 종류와 봉입가스 압력에 따라 결정된다.

(1) 대기 중의 방전

(가) 불꽃 방전

대기 중에 평판전극을 놓고 고전압(高電壓)을 인가하면, 공기의 절연이 파괴되어 전극 사이에 불꽃이 발생되면서 방전이 일어난다.

이 방전을 **불꽃 방전**(spark discharge)이라 하고, 극히 짧은 시간에 일어난다. 자연계의 뇌방전(雷放電)이 일례라 할 수 있다. 불꽃 방전이 일어날 때의 전압을 **절연파괴전압**(絶緣破壞電壓) 또는 **방전개시전압**이라 한다.

여러 가지 기체에 평등 전기장을 가한 경우, 온도가 일정하다면 방전개시전압은 기압 p[Pa]와 전극 사이의 거리 d[mm]의 곱으로 결정되며, 이것을 파센 법칙이라 한다. 따라서 기압이 두 배가 되어도 거리를 1/2로 하면 불꽃 전압은 변화하지 않는다. 그림 7-5는 공기, N_2(질소), H_2(수소)에 대한 파센 법칙 그래프이다.

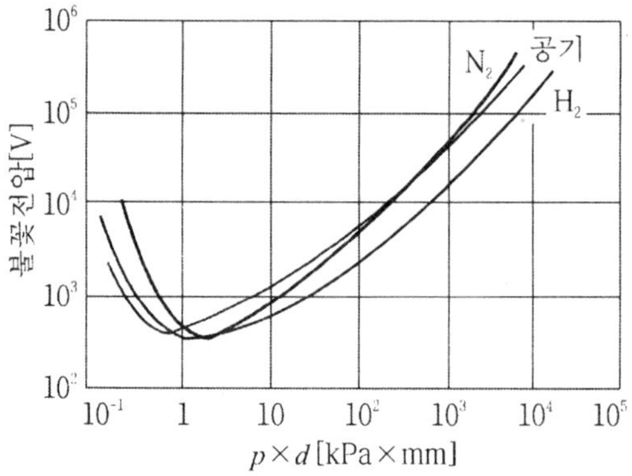

그림 7-5 파센 법칙

(나) 코로나 방전

그림 7-6과 같이 침대평판(針對平板) 전극부를 구성한 회로에서 침전극(針電極)에 고전압을 인가하여 가면, 어떤 전압 이상이 되면 침전극의 선단 부분에 다른 부분보다 전기장이 강하게 되어 이 부분만 절연이 파괴되어 약한 빛을 수반하는 방전이 발생한다. 이와 같은 방전을 코로나 방전이라고 한다.

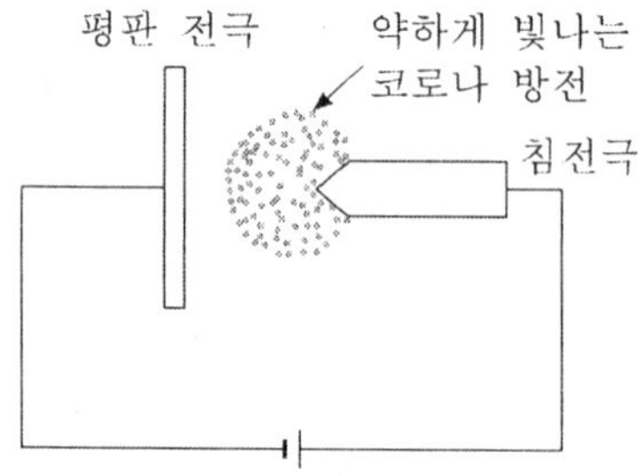

그림 7-6 코로나 방전

전차(電車)의 가선(架線)이나 송전선(送電線)과 같은 원통형 도체에서도 기압과 온도의 변화에 의하여 코로나 방전(corona discharge)이 일어나 도체에서 미약한 빛을 내는 경우도 있다.

(다) 아크 방전

코로나 방전이 일어난 후 더욱 전압을 높이면 전리가 일어나 다수의 양이온이 격렬하게 음극에 충돌하며, 이 전극을 뜨겁게 하면 많은 전자가 튀어나오게 된다. 따라서 방전전류(放電電流)도 크게 되고 전자와 양이온과의 결합도 활발하게 되기 때문에 강한 빛과 열을 낸다.

이와 같은 전극 사이의 이온에 의한 전류를 **아크**라고 하고, 이 아크가 일어나는 방전을 **아크 방전**(arc discharge)이라고 한다. 아크 방전은 조명과 전기로, 용접 등에 이용되고 있다.

(2) 글로우 방전

기체 중의 방전은 기체의 압력(壓力)을 낮추면 다른 방전과 비슷한 형태로 변화한다. 그림 7-7과 같이 유리 용기 중에 2개의 전극을 넣고 관내의 기압을 약 130[Pa] 정도로 낮추면 비교적 낮은 전압으로도 관내에 방전이 일어난다. 이와 같은 방전을 **글로우 방전** 또는 **진공 방전**(眞空放電, vacuum discharge)이라고 하며, 방전에 의한 빛의 색은 기체의 종류에 따라 다르다.

이 방전에 의한 발광은 관내가 일정한 모양으로 빛나지 않으므로 빛을 내는 부분과 빛을 내지 않는 부분으로 이루어져 있다.

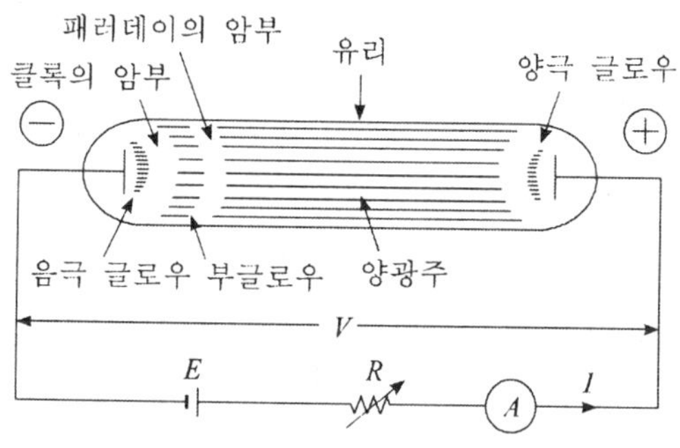

그림 7-7 저압 기체 중의 방전

글로우 방전(glow discharge)은 네온관등과 네온램프, 정전압 방전관 등에 이용되고 있는데, 네온관등은 주로 양광주(陽光柱)를, 네온램프는 음(陰) 글로우를 이용한 것이다.

이 방전에 있어서 양광주의 색은 기체의 종류 및 방전 전류에 따라 다르며, 목적에 따라 광색을 연출하기 위하여 다양한 기체들이 사용되고 있는데 표 7-1에 기체의 종류 및 광색을 나타내었다. 이 중에서 네온, 아르곤, 수은, 헬륨 등이 주로 사용된다.

표 7-1 글로우 방전의 발광색

기체 종류	부글로우	양광주
N_2(질소)	청색	주황색
H_2(수소)	밝은 청색	장미색
He(헬륨)	녹색에 가깝다	밝은 갈색
Ar(아르곤)	진한 청색	진한 적색
Ne(네온)	등홍색	홍색
Hg(수은)	밝은 청색	청록색
Na(나트륨)	백색에 가깝다	황색
K(칼륨)	엷은 청색	녹색

(3) 안정기

글로우 방전에서 아크 방전으로 변할 때 전류가 증가하면 전압은 급속히 감소한다. 그러면 금속체는 당연히 전압이 높아지나 기체 내 방전의 경우는 반대로 전압이 감소하는 것이다. 이와 같이 금속체에서 전류의 증가와 더불어 전압이 상승하는 것을 정(+)특성, 기체 내의 방전과 함께 전류가 증가하면 전압이 감소하는 것을 부(−)특성(負特性)이라 한다.

방전등은 전압-전류특성이 부(−)특성을 나타내므로 이것을 일정 전압의 전원에 연결하면 전류가 급속히 증가하여 방전등을 파괴하게 된다. 이 현상을 방지하기 위한 장치가 안정기이다. 그림 7-8과 같이 방전등에 저항 R을 직렬(直列)로 접속하면 저항내의 전압강하(電壓降下)는 전류의 증가에 따라 직선적으로 상승하므로 이것과 방전등의 전압강하의 합성이 이루어져서 그림 7-9와 같이 전류의 안정을 얻을 수 있다.

교류회로에서는 초크 코일을 사용하여 손실을 방지할 수 있다. 이와 같이 방전등에 있어서 안정된 전류를 얻기 위해서 접속하는 저항 또는 초크코일을 **안정기**(安定器, ballast stabilizer)라 한다.

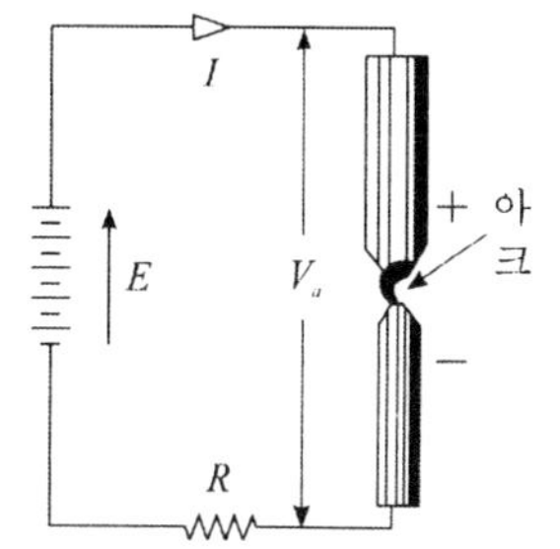

그림 7-8 안정저항의 원리그림

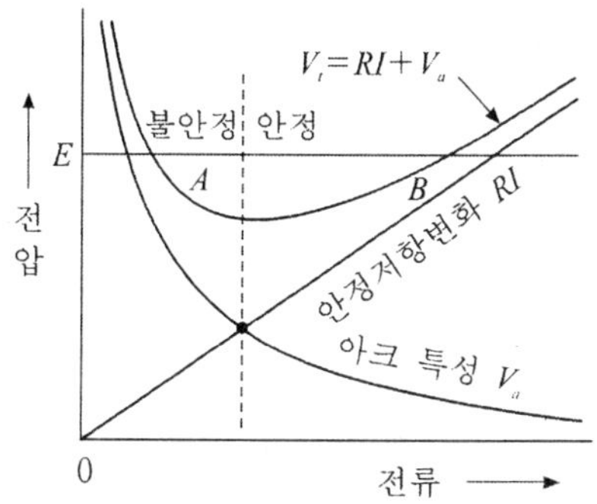

7-9 아크 전압과 안정기의 관계

7.1.5 탄소 아크등

두 개의 탄소막대 전극의 양단을 접촉하고, 그 전극 사이에 전류를 흘리면서 전극을 서서히 떼어놓으면 두 전극 사이에 아크가 발생하는데, 이 원리를 이용하여 탄소 아크등(carbon arc lamp)을 만들 수 있다. 탄소 아크등은 다른 광원에 비하여 높은 휘도와 광도를 얻을 수 있으므로 주로 청사진 제작과 영사용에 사용된다.

(1) 순탄소 아크등

점등 초기에는 순수 흑연 전극을 사용하여 직류로 점등하며, 점등 후에는 전극 소모를 자동적으로 보충하는 장치가 필요하다. 직류(直流) 및 교류(交流)에도 사용되는데 아크 안정성이 좋다. 효율은 20[lm/W] 이하, 휘도는 9,000~15,000[cd/cm^2], 전극 소모율은 1[mm/min] 정도이며, 주로 실험용으로 사용된다.

순탄소 아크등(pure carbon arc lamp)의 휘도는 전류 밀도와 더불어 증가되나, 소음이 일어나지 않는 범위에서 사용하고, 빛의 스펙트럼을 나타내지만 적외선을 많이 포함하고 있다.

(2) 발염 아크등

전극 속에 금속 염류(Ca, Sr, Cs 등)를 함유시킨 것으로서 광색은 이들 금속의 특유 스펙트럼을 발산한다. 예를 들면, 불화칼슘은 황색, 규산 알카리는 적색, 붕산염은 청백색 등이다. 발염 아크등은 직류 및 교류에 사용되며, 휘도는 저하되나 발광 면적이 크므로 효율은 최고 80[lm/W]에 도달하고 있다. 발염 아크등은 주로 제판용, 소형 영사용 등에 사용된다.

(3) 고휘도 아크등

양극(+)의 중심에 지름의 약 반은 발광체(發光體)로서 불화세륨(CeF_3), 산화세륨(CeO) 등의 심(芯)을 넣은 것으로 벡 아크등(beck arc lamp)이라고도 한다. 이것은 어느 전류값에 도달하면 갑자기 깊은 화구가 만들어지며 전방에 백색의 화염(火焰)이 발생한다. 이 때 화구의 온도는 4,200[°K] 이하이나 양극의 화염 온도는 최고 5,800[°K] 정도가 된다. 주 용도는 탐조등, 영사용 램프 등에 사용된다.

7.1.6 글로우 방전등

(1) 네온관등

관경(管徑)이 10~20[mm](일반적으로 12, 15[mm]의 것이 대부분)의 긴 유리관을 진공으로 한 후에 20[mmHg] 정도의 압력으로 불활성 가스 또는 수은을 봉입하고, 양 끝에 원통형의 음극관 금속 전극을 장치하여 높은 전압의 교류를 인가하면 양광주가 뚜렷이 빛난다. 이것을 네온관등(neon tube lamp)이라 하며, 광고용으로 많이 사용되므로 네온사인(neon sign)이라고도 한다. 광색은 봉입 가스 및 유리관의 종류에 따라 다양한 광색을 얻을 수 있다.

전원(電源)에는 네온관을 점등시키기 위해서는 자기 누설변압기를 사용한다. 이 누설변압기를 네온관용 변압기라 한다.

(2) 네온전구

네온전구는 그림 7-10과 같이 유리구 내에 코일이나 원판모양 전극을 2~3[mm]로 접근하여 장치하고, 네온 또는 아르곤을 수 10[mmHg]의 압력으로 봉입한 것으로, 베이스 내에 1,500~3,000[Ω]의 안정저항을 직렬로 삽입한 것이다. 네온전구는 전극간의 길이가 짧기 때문에 부(−)글로우를 발광으로 이용한다.

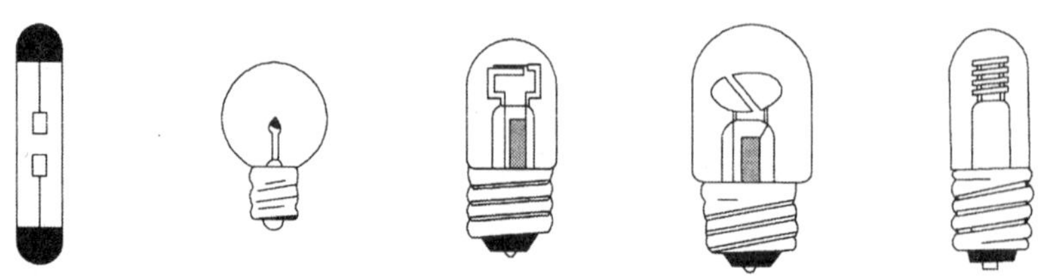

(a) (b) (c) (d) (e)

그림 7-10 네온전구의 모양

전압 100[V]의 것은 전극에 알칼리토금속(바륨, 세슘, 마그네슘, 나트륨)을 칠하고, 전압 200[V]용의 것은 전극을 철 또는 니켈을 사용한다.

네온전구의 용도는 다음과 같다.

① 소비전력이 적으므로 배전반의 파이롯트 램프에 적합하다.

② 일정 전압에서 점등되므로 검전기, 교류 파고치의 측정에 사용된다.

7.1.7 수은등

수은등(水銀燈, mercury lamp)은 유리관 내에 봉입된 수은 증기압 중의 방전에 의한 발광을 이용한 것이다. 방전이 시작되면 온도상승에 따라 봉입된 수은이 서서히 증발하여 적당한 압력이 된다. 일반적으로 수은 증기압이 상승함에 따라서 아크는 관의 중심에 가늘게 모아져 관전압, 휘도, 효율 등이 높아진다.

그림 7-11에서 수은 증기압과 효율과의 관계를 알 수 있듯이 수은 증기압이 높아질수록 효율은 좋으나, 저압 수은등과 고압 수은등 사이에 효율이 떨어지는 곳이 있다. 수은 증기 중의 아크 방전에 의해 발산하는 빛의 복사는 수은 증기의 압력에 따라 다르다.

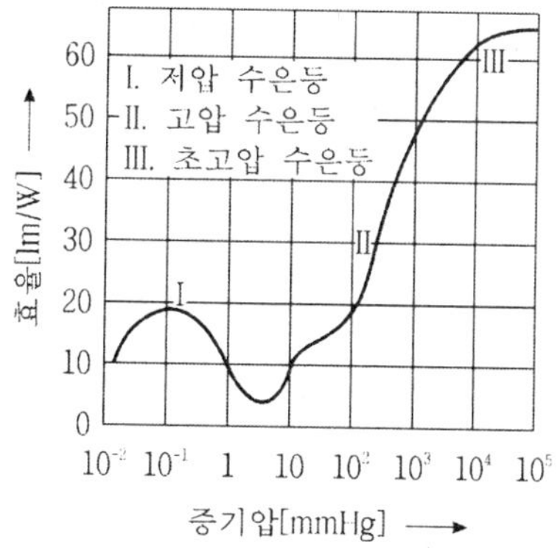

그림 7-11 수은등의 증기압과 효율의 관계

저압 수은등(0.01[mmHg])에서 방전할 경우 발생하는 스펙트럼의 최대 에너지 파장은 2,537[Å]인 강력한 자외선이고, 4,358[Å](청색), 5,461[Å](녹색) 등의 가시선도 있다.

고압 수은등(100~760[mmHg])에서는 자외선의 스펙트럼은 약하지만, 가시선(可視線)인 4,047~4,078[Å], 4,358~5,461[Å], 5,770~5,791[Å]의 스펙트럼이 크게

증가함을 보여준다.

(1) 저압 수은등

수은 증기압이 0.01~10[mmHg]정도를 저압 수은등이라 한다. 수은 증기를 봉입한 가늘고 긴 유리관의 양단에 전극을 설치한 방전관으로서, 음극은 열음극이나 냉음극을 사용하기도 하고, 한쪽 전극에 수은류의 음극을 설치한 것도 있다.

저압 수은등을 응용한 것에는 살균등(殺菌燈, germicidal lamp)과 형광등(螢光燈)이 있다. 살균등은 산화물로 피복한 열음극을 사용하며, 증기압이 0.01[mmHg]가 되도록 설계되어 있다.

(2) 고압 수은등

고압 수은등(高壓 水銀燈, high pressure mercury lamp)은 고압 수은증기 중의 방전에 의한 발광을 이용한 것으로 고압나트륨등과 메탈헬라이드등과 함께 HID램프(High intensity discharge lamp ; 고휘도 방전등)라 하며, 발광관의 관변부하가 3[W/cm²] 이상의 것이다.

점등시에 수은 증기압이 100~760[mmHg] 정도의 1기압인 것을 말하며, 그림 7-12에 나타낸 바와 같이 점등시 발광관(發光管)의 온도는 약 600[℃]로 되기 때문에 보온을 위해서 외관이 필요하다.

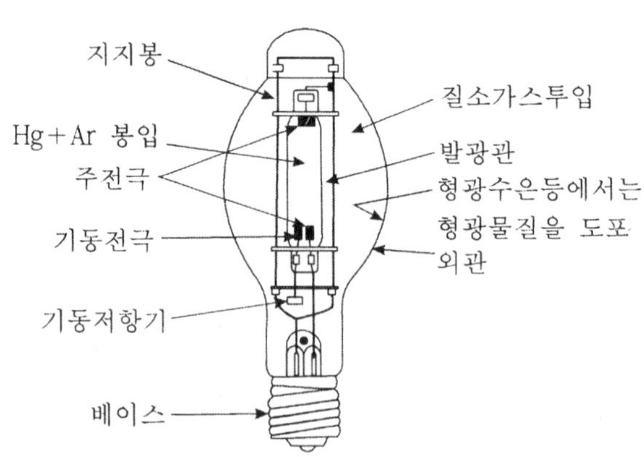

그림 7-12 고압 수은등의 구조

고압 수은등은 일단 소등(消燈)한 직후에는 수은 증기압이 높기 때문에 기동은 곤란하므로 재 점등까지 약 10분이 걸린다.

효율은 30~55[lm/W]이지만 대체로 40[lm/W]로 투명형보다 형광형이 높다. 도로, 공원, 광장, 경기장 및 공장의 조명에 사용된다.

(3) 초고압 수은등

초고압 수은등(10~200기압)으로 되면 광색이 백색에 근접하는데, 옥외 조명용, 투광기, 영화촬영 및 영사용, 일반 사무실이나 공장용으로도 사용된다.

7.1.8 메탈헬라이드 램프

메탈헬라이드 램프(metal halide lamp)의 외관은 고압수은램프와 비슷하지만, 발광관 내부에 수은, 아르곤 등의 비활성 가스 외에 발광물질로 금속할로겐화물(Ti, Na, In, Th 등)을 첨가하여 금속원자에 의한 금속 특유의 광 스펙트럼을 발광하는 것으로 효율과 연색성을 개선한 방전등이다.

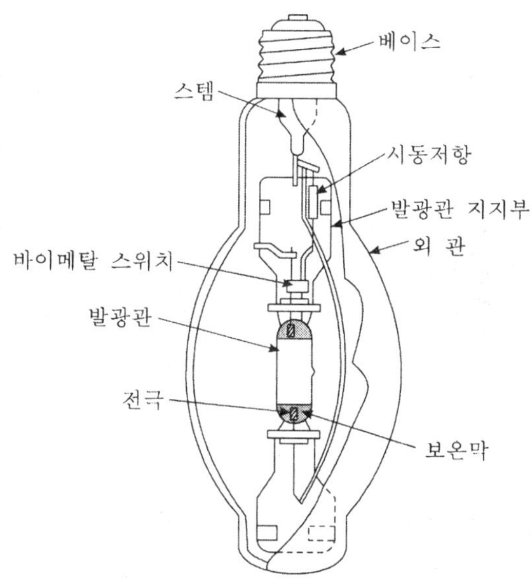

그림 7-13 메탈헬라이드 램프의 구조

일반조명용 뿐만 아니라 복사용, 광화학용, 식물 육성용, 어업용 등으로 널리 이용되고 있는 광원이다. 구조는 그림 7-13에 나타낸 바와 같이 고압수은램프와 거의 같으나, 석영으로 된 발광관 내에 시동용 아르곤과 램프전압, 발광관 온도를 조절하기 위한 수은과 여러 종류의 금속할로겐화물이 봉입되어 있다.

일반조명용으로는 나트륨(Na), 타륨(Tl), 인듐(In), 스칸듐(Se), 토륨(Th), 디스프로늄(Dy) 등의 할로겐화물이 조합되어 쓰이고 있으며, 가시부에 조화된 발광을 얻을 수 있도록 하고 있다.

7.1.9 나트륨등

(1) 저압 나트륨등

나트륨등은 나트륨 증기를 통하여 방전할 때 생기는 D선을 광원으로 이용한 램프로, 나트륨 D선(589~589.6[Å])의 에너지는 전 복사에너지의 약 76[%]에 이르며, 광색은 거의 등황색이다.

나트륨등의 구조는 그림 7-14에 표시한 바와 같이 열음극을 가지고 있는 발광관에 보온용(保溫用)의 외관을 붙이고 중간은 진공으로 하고 있으며, 관내에는 적은 양의 나트륨과 시동용의 네온(Ne)에 미량의 아르곤(Ar)을 혼합한 페닝가스가 봉입되어 있다. 발광관(發光管)에는 딤플이라는 수 개소의 돌기부가 있어 나트륨을 모아두고 있다. 휘도는 약 11~13[cd/m^2]이므로, 이를 낮추기 위해 특수 나트륨유리의 U자형 발광관을 사용한다.

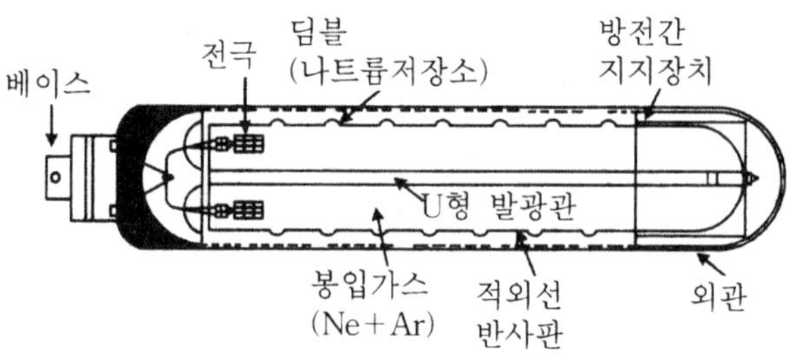

그림 7-14 저압 나트륨등

나트륨등의 발광 효율은 관벽 온도가 270[℃], 나트륨의 증기압 0.53[Pa]에서 발광효율(發光效率)이 555[nm]에서 1[W]의 복사속은 680[lm]이므로 이론효율은 680×0.765×0.76≒395[lm/W]이지만, 실용상 등효율(燈效率)은 약 130~175[lm/W]정도이다.

평균수명은 9,000시간 정도이며, 광속유지율은 80~85[%]로 동적특성도 좋다. 교량, 터널, 가로조명, 안개지역의 조명, 경기장조명 등에 이용된다.

(2) 고압 나트륨등

그 구조는 그림 7-15와 같고, 발광관내에 나트륨 증기 압력 0.1기압 중의 아크방전에 의한 발광을 이용한 램프로, 발광관은 700~800[℃]의 투과성 알루미나 세라믹 또는 사파이어로 제작되며, 발광관내에는 시동보조용 크세논가스가 2~3.3[kPa] 정도, 동작시에는 나트륨 증기압이 4~25[kPa] 정도가 되도록 나트륨 수은 아말감이 과잉 봉입되어 있다.

고압 나트륨등은 400[W]램프에서 가시방사효율 η_e이 0.295이며, 광원의 효율도 80~150[lm/W]이기 때문에 발광효율 K는 407[lm/W]로서 다른 광원에 비해 높다. 용도는 터널내의 배기가스 및 안개지역 등에 대한 투과력(透過力)이 우수하기 때문에 터널조명, 교량조명, 항만조명, 가로조명(고속도로 나들목), 식물재배, 공장조명 및 스포츠 조명에 적합하다.

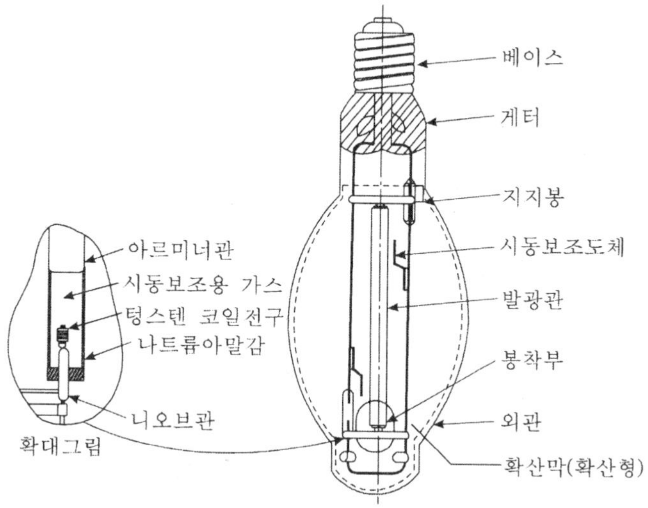

그림 7-15 고압 나트륨등

7.1.10 크세논(제논) 램프

크세논 램프(Xenon lamp)는 크세논가스 중의 방전을 이용하지만, 아크의 형태로부터 단 아크 크세논(short arc)램프와 장 아크(long arc)램프로 구분된다.

크세논 램프의 분광분포는 자외선영역으로부터 가시광선영역에 걸쳐서 균등(均等)하여 분광 에너지 분포가 자연주광(自然晝光) 에너지분포와 가장 가깝기 때문에 색온도도 거의 일정(약 6,000[K])하고 휘도도 매우 높다. 또한, 점등과 동시에 광출력은 안정되고, 소등 후 순시점등도 가능한 특징을 갖고 있다.
쇼트 아크형은 주로 영사용 광원, 자동차 전조등용, 광섬유 조명용으로 사용되고 롱 아크형은 연색성이 우수하기 때문에 광장조명등에 사용되지만, 영사용 광원, 광학기기용 광원, 컬러사진 촬영용, 회전신호등용 등으로도 사용된다.

7.1.11 EL 램프

EL(electro luminescence)램프는 방전이 아닌 전계의 작용에 의한 고체(固體)의 루미네선스로, ZnS(섬유 아연석)를 주체로 한 형광물질과 유전체(誘電體)로 혼합하여 수 십[μ] 두께의 막으로 하여, 두 장의 전극(1장은 투명으로 형광체측은 투명도전막으로 되어 있다) 사이에 삽입하고 교류(交流)를 인가하면, 형광체 결정 내부에서 전계(電界)에 의하여 가속된 전자가 발광중심에 충돌하여 여기함으로써 발광하는 면광원 램프이다.

용도는 전력, 광속발산도 및 휘도가 낮으므로, 일반조명용에는 부적합하다. 주로 장식용 조명, 계기의 문자판, 표찰, 표시판, 비상등, 유도등, LCD의 백라이트용 등에 응용되고 있다.

7.1.12 형광등

형광등(螢光燈, fluorescent lamp)은 열음극으로 된 저압수은등의 일종이며, 1938년 미국 GE사의 인맨(Inman)의 프로젝트팀에 의해 개발되었다. 구조는 그림 7-16과 같으며, 유리관의 양단에 전자의 복사를 왕성하게 하기 위해 바륨(Ba) 또는 스트론듐(Sr)의 산화물을 피복한 열음극(2중 텅스텐 필라멘트 코일)을 장착하였다.

관내에는 압력 약 1[Pa]((6~10)×10^{-3}[Torr])의 저압 수은증기 중의 방전에 의해 발생하는 파장(波長) 2,537[Å]인 자외선 방사를 관내 벽에 도포한 형광물질을 통해서 가시광선으로 변화시킨 것이다.

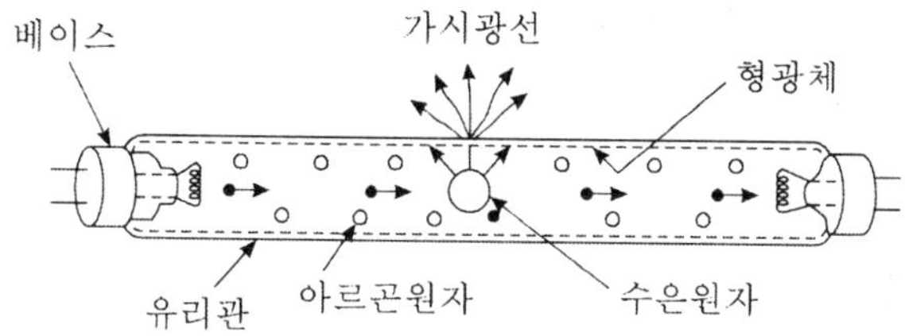

그림 7-16 형광등의 구조와 발광원리

한편 관내에 봉입되는 수은과 아르곤 가스의 압력은 수 백[Pa](2~3[Torr])이며, 이 봉입 가스의 역할은 첫째, 낮은 전리 에너지를 가진 수은을 전리하기 쉽게 하며, 둘째, 아르곤 원자는 수은 이온의 운동을 저해하고, 전극수명의 단축과 관단부의 흑화를 완화시키며, 셋째, 방전관 벽 방향으로 확산하는 전자를 저지하고 전자의 손실을 막는 역할을 한다.

(1) 점등방식에 의한 분류

① 글로우 스타터 점등관형 점등방식 : 스타터 방식은 예열 시동형 형광램프에 적용되는 것으로 점등시에 스위치 S를 단락하여 램프전류의 약 1.5~2배의 예열전류를 램프 필라멘트 F에 흘린다. 필라멘트가 충분히 가열된 때에 스위치 S를 열면, 순간 초크코일 L에 수 백[V]의 높은 과도전압(過渡電壓)이 발생하여 이것이 램프에 가해져서 시동시킨다.

② 래피드 스타터형 점등방식 : 램프의 양극에는 안정기로부터 전극 가열용의 권선(捲線)이 별도로 감겨진 것이며 항상 4[V] 정도의 전압이 가해지고 있기 때문에 전원전압이 승압(昇壓)되어 가열과 동시에 램프에 가해지므로 1~2초 정도에서 시동한다. 전극은 3중 코일 필라멘트로 되어 있어서 전자방사물질이 충분히 칠해져 있다.

③ 순시기동 점등방식 : 형광등에 600[V]의 높은 전압으로 필라멘트를 예열 없이 순간적으로 기동시킨다. 이때 사용하는 형광방전등을 슬림라인(slimline)이라 한다. 순시 기동방식은 형광등을 순식간에 점등되지만, 기동시에 높은 전압이 형광방전등의 전극에 걸리므로 수명이 짧아진다. 또한 2차 전압이 높기 때문에 점등장치가 고가(高價)이고 전력손실도 크다.

④ 전자식(고주파) 점등방식 : 방전램프를 고주파로 점등하는 경우의 원리는 일반

상용주파수에 의한 점등과 같은 방법이다. 안정기의 초크코일이나 콘덴서는 고주파용이며, 소형화도 되고 전력손실도 감소할 수 있지만 고주파 전원장치가 필요하다.

상용주파수로부터 고주파를 얻기 위해서는 교류(60[Hz]) 전원을 정류회로에 의하여 전파정류(全波整流)하여 직류전원으로 변환한 후, 다시 인버터에 의하여 주파수 20~50[kHz]의 고주파로 발진하여 *LC*직렬 공진회로(共振回路)로 인가되면 콘덴서 양단에 고전압이 걸려 형광등이 방전하게 된다.

(2) 광색과 연색성에 의한 분류

① **광색과 색온도** : 광색의 색도(색상과 채도)가 절대온도 T[K]인 흑체의 색도(色度)와 같거나 비슷할 때 이 온도 T를 광원의 색온도라 한다. 형광등은 형광체의 조합방향에 의해 여러 가지 분광분포를 가진 램프이며, 일반 조명용 색온도의 범위는 주광색(D) 7,100~5,700[°K], 주백색(N) 5,400~4,600[°K], 백색(W) 4,500~3,900[°K], 온백색(WW) 3,700~3,200[°K] 등으로 나누어지고 있다.

② **고연색형** : 광원에 의한 색의 외양(外樣)을 표시하는 것이 연색평가지수이다. 고연색형 형광등은 그 연색성의 정도에 따라 A(DL), AA(SDL), AAA(EDL)로 구분되며, 색평가용 램프 중 가장 연색성이 우수한 것은 AAA이다.

(3) 형태에 의한 분류

튜브상의 직관형 외에 주택에서 많이 이용되고 있는 점등회로를 내장한 구형, U형 및 WU형 등이 있으며, 백열전구를 직접 대체하여 사용할 수 있는 전구 구금형도 있다.

(4) 국내 조명제품에서 관경에 의한 분류

① 일반형 직관형 램프전력 40[W], 전장 1.198[m/m], 관경은 32[m/m], 효율 65[lm/W], 전광속 3,300[lm](=래피드형)

② 직관형 램프전력 32[W], 전장은 동일하며, T8로 호칭하고, 관경은 26[m/m], 효율 84[lm/W], 3,250[lm](고효율기지재 인증서에는 발광효율 96.2~96.9[lm/W])

③ 직관형 램프전력 28[W], 전장은 동일하며, T5로 호칭하고, 관경은 16[m/m], 효율 98.2~103.2[lm/W], 2750~2900[lm](고효율기지재 인증서에는 발광효율 101.2~102.3[lm/W])

(5) 특수 용도용 형광등

조명 이외의 산업용으로써 식물 육성용, 방충용, 살균등, 건강용, 복사・전자사진용, 광화학용, 자외선(360[nm] 부근)만의 플랫라이트, 색 평가용 등 용도에 따른 분광분포를 하고 있다.

7.1.13 무전극형광램프(INDUCTION LAMP)

무전극램프의 기본적인 발광원리는 그림 7-17 (a)와 같이 전자기 유도법칙에 따른다. 1차 코일에 고주파를 인가하면 자기장이 코일 주위에 발생하게 되는데 이 자기장이 2차 회로에 해당하는 방전관을 통과하게 되면 페러데이의 원리에 의해 2차 회로에 기전력이 발생하게 된다.

발생한 기전력에 의해 방전관 내에 전자가 가속되어 플라즈마가 발생하게 되며, 플라즈마에서 나온 자외선은 유리관 내부에 도포된 형광체를 자극하여 가시광선을 방출하게 된다.

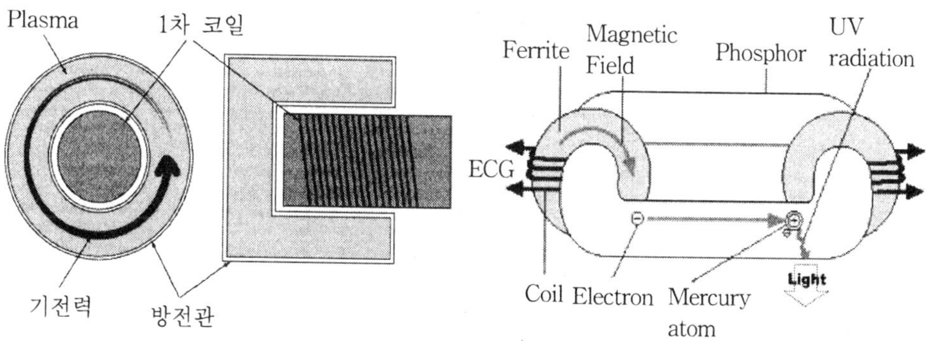

(a) 무전극 형광램프 발광원리 (b) 무전극 형광램프 구조

그림 7-17

무전극 형광램프의 구조는 그림 7-17 (b)와 같이 벌브 내부에 필라멘트나 발광관이 장치된 기존의 램프와는 개념이 상이한 램프로서 가스가 봉입된 벌브 외부에 페라이트 코어가 장치된 구조이다.

7.1.14 LED(Light Emitting Diode)

LED란 발광다이오드로 그림 7-18과 같이 P · N접합을 형성하고 있는 반도체 소자에 순방향 전압을 가하면, 접합부근에서 전도대의 전자와 가전자대의 정공이 결합하게 되고, 전도대의 전자가 가전자대의 정공과 재결합을 위하여 천이 될 때 그 에너지만큼 빛으로 발광한다. Peak Wavelength=1240/Eg이고, Eg : 반도체결정의 재료와 농도 등에 의하여 발광의 색깔이 달라진다.

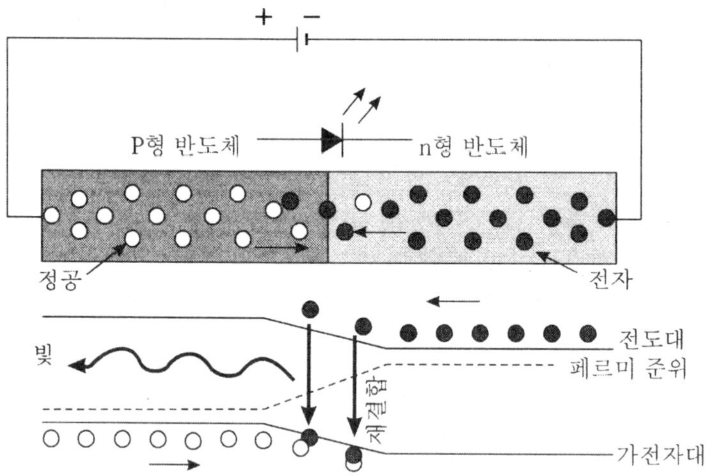

그림 7-18 LED의 PN접합에 의한 발광 개념도

(1) p-n접합 다이오드(p-n junction diode)

다이오드의 종류에는 p-n접합 다이오드(p-n junction diode), 제너 다이오드(Zener diode), 쇼트키 다이오드(Schottky diode), 버랙터 다이오드(Varactor diode), 터널 다이오드(Tunnel diode ; Esaki diode) 등이 있다.

(2) LED 램프 타입과 SMD 타입 구조와 형태

LED 소자 타입은 원형 점광원, 고출력 광원 등에 사용하는 그림 7-19 (a)와 같은 램프타입과 실내 천장 부착형에 설치되는 매입형 직관형에 사용되는 그림 7-19 (b)와 같은 SMD 타입으로 구분된다.

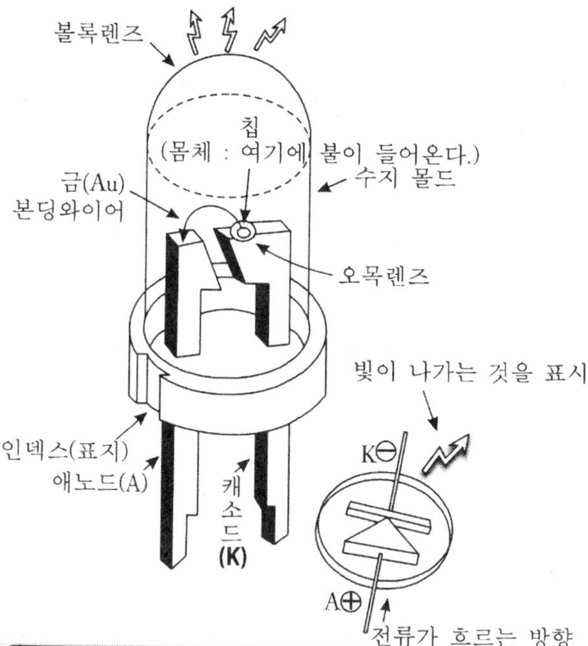

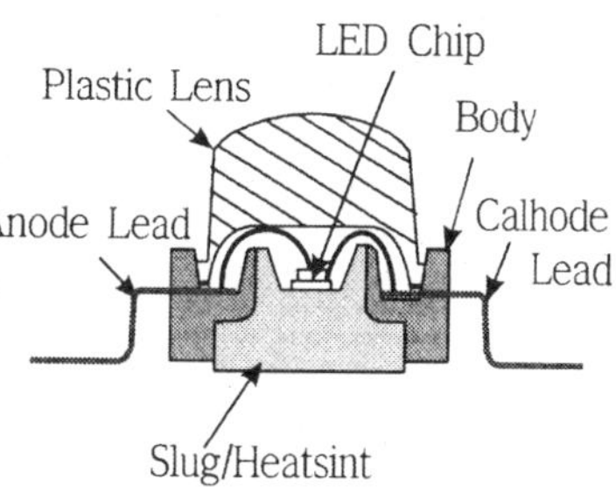

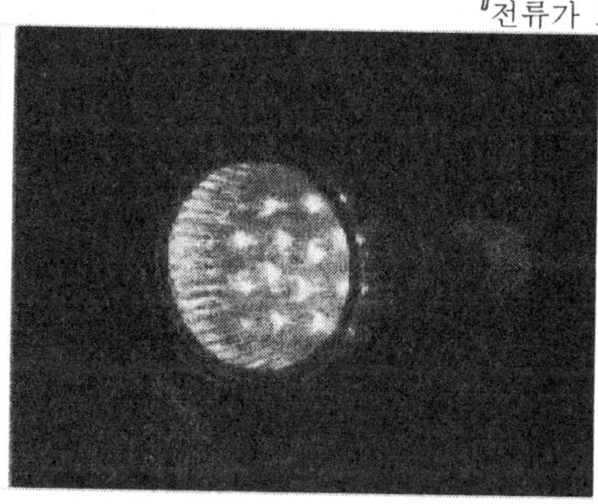

(a) LED 램프 타입

(b) SMD 타입(직관형 LED)

그림 7-19

7.1.15 최근의 램프의 효율

조명에 사용되는 에너지가 우리나라 전체 전력의 20[%] 정도 차지하고 있어 자원절약과 에너지 절약이라는 측면에서 성능과 발광효율이 높은 고효율의 램프를 개발하는 진도가 빠르며, 2015년 초에 5세대 LED을 개발 하였다.

램프의 효율과 등기구 효율은 다르며, 표 7-2와 같이 고효율 인증제품으로 승인상의 효율과 실제 출고 제품의 효율은 다소 다르다.

표 7-2 램프의 효율

종류	효율[lm/W]	종류	효율[lm/W]
백열전구	16~20	일반 형광등(3파장)	65
할로겐전구	20~22	형광수은등	37~65
형광등	40~90	메탈헬라이드 램프	65~100
고압수은등	30~65	저압나트륨 램프	130~175
초고압수은등	40~70	고압나트륨 램프	92~130
LED 램프입형	65~80	LED매입형 등기구	86~89
32[W] 26[m/m]	84	28[W], T5 16[m/m]	98.2~103.2

7.2 전 열

전열(電熱)이란 전기에너지를 열에너지로 바꾸어 물체를 가열한다는 전기가열(電氣加熱, electric heating)을 줄인 말이다. 전열의 사용은 시대에 따른 경제적 배경이나 전력공급사정 등에 따라 다르지만, 다른 열원에 비하여 다음과 같은 장점들 때문에 여러 방면으로 사용이 증가하고 있으며, 새로운 응용범위가 개발되고 있다.

전열의 특징은

① 아주 높은 온도를 얻을 수 있다.
② 내부가열을 할 수 있다.
③ 온도 및 가열시간의 제어가 쉽다.
④ 노기(爐氣)제어가 쉽다.
⑤ 열 효율이 양호하다.
⑥ 국부가열과 급속가열이 가능하다.
⑦ 환경오염물질 배출이 없어 작업환경이 좋다.

이러한 특징 때문에 전열의 응용범위가 상당히 넓다.

7.2.1 열회로와 전기회로

열은 온도가 높은 쪽에서 낮은 쪽으로 흐른다. 그림 7-20과 같은 단면적이 S $[m^2]$인 막대에서 단위시간 동안 흐르는 열량, 즉 열류(熱流) I는 막대 양쪽의 온도차 θ가 클수록 크며, 막대의 단면적 A가 클수록 많이 흐르고, 막대의 길이 l이 클수록 적게 흐르고, 막대의 재질에 따라서 다르게 된다. 이러한 관계를 식 (7-7)로 나타낼 수 있다.

$$I=\frac{\lambda A\theta}{l}[\mathrm{W}] \tag{7-7}$$

여기서, I: 열류[W], λ : 비례상수, A : 단면적[m²], l : 길이[m], θ : 온도차[℃]

열류의 단위는 [J/S]=[W]이다. 비례상수 λ는 재질에 따라서 정해지는 상수로서 열전도율(熱傳導率)이라 하며 단위는 [W/m · ℃]이다.

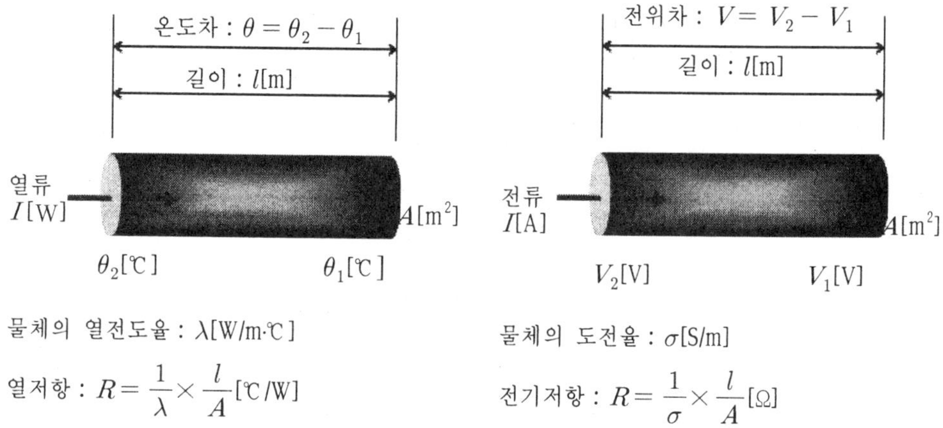

(a) 열저항 (b) 전기저항

그림 7-20 열저항과 전기저항의 관계

λ는 물체의 크기와 재료에 따라 결정되는 값으로 열저항(熱抵抗) R은 식 (7-8)로 나타낼 수 있다.

$$R=\frac{1}{\lambda}\times\frac{l}{A}[℃/\mathrm{W}] \tag{7-8}$$

식 (7-9) 식 (7-7)에 대입하면, 식 (7-7)은 $I=\frac{\theta}{R}$로서 식 (7-9)가 된다.

$$\theta = IR[℃] \tag{7-9}$$

이 식은 그림 7-21과 같이 열회로(熱回路)에 있어서 옴법칙을 나타내고 있다.

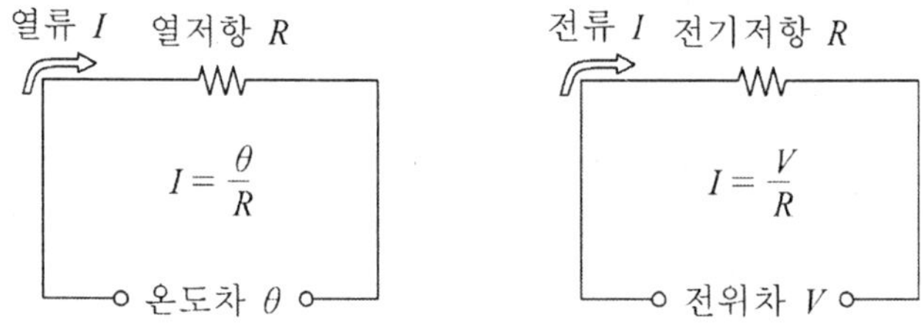

(a) 열회로 (b) 전기회로

그림 7-21 열회로와 전기회로의 옴법칙 비교

여기서, R을 열저항이라 하고, 단위는 [℃/W]이다. 즉 열류 I와 열저항 R의 곱이 온도차가 된다. 이 식을 열의 옴법칙이라 한다.

열회로와 전기회로(電氣回路)의 대응관계를 표 7-3에 나타내었다.

표 7-3 열회로와 전기회로의 대응관계

열회로	전기회로
열량 Q[J]	전기량 Q[C]
온도차 θ[deg=℃]	전압(전위차) E[V]
열류 I[W]	전류 I[A]
열저항 R[deg/W]	저항 R[Ω]
열용량 C[J/deg]	정전용량 C[F]
열전도율 λ[W/m · deg]	도전율 σ[℧/m]
열저항율 ρ[m · deg/W]	저항율 ρ[Ω · m]
$\theta = RI$ $Q = \int I dt$ $I = \frac{dQ}{dt}$ $Q = C\theta$ $R = \frac{1}{K}\frac{l}{A} = \rho\frac{l}{A}$	$E = RI$ $Q = \int I dt$ $I = \frac{dQ}{dt}$ $Q = CE$ $R = \frac{1}{\sigma}\frac{l}{A} = \rho\frac{l}{A}$

7.2.2 열 량

물질의 무게 m[kg]을 θ[℃] 정도의 온도로 상승시키는 경우, 이에 소요되는 열량 Q[J]는 식 (7-10)로 나타낼 수 있다.

$$Q = mc\theta\,[\mathrm{J}] \tag{7-10}$$

식 (7-10)에서 mc는 어떤 물질을 온도 1[℃] 상승시키기 위한 열량(thermal capacity) Q[J]로서 물질의 열용량이며, 단위는 [J/℃]를 사용한다. 그림 7-22와 같은 전기회로에서 시간 t초간에 발생하는 열량 Q[J]는 식 (7-11)로 나타낼 수 있다.

$$Q = I^2Rt\,[\mathrm{J}] = 0.24I^2Rt\,[\mathrm{cal}] \tag{7-11}$$

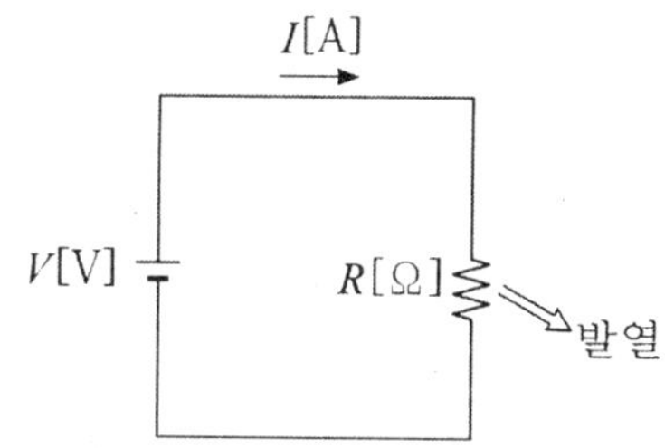

그림 7-22 주울의 법칙

식 (7-11)에서 I^2R은 그림 7-22의 저항(抵抗) R에서 소비되는 전력 P[W]이기 때문에 식 (7-11)을 식 (7-12)로 변환시킬 수 있다.

$$Q = Pt\,[\mathrm{W \cdot s}] \tag{7-12}$$

7.2.3 물체의 가열

(1) 비열과 열용량

비열(比熱)이란 물체 1[kg]을 온도 1[℃] 상승시키는데 필요한 열량 Q[J]이며 기호는 c, 단위는 [J/kg · ℃]를 사용하고, 어떤 물체의 무게가 M[kg]일 때 이 물체를 온도 θ[℃]만큼 상승시킬 경우에 필요한 열량 Q[J]는 식 (7-13)으로 나타낼 수 있다.

$$Q = Mc\theta\,[\mathrm{J}] \tag{7-13}$$

여기서 Mc는 물체 1[kg]을 온도 1[℃] 상승시키는데 필요한 열량이므로 열용량(熱容量) C[J/℃]로 나타낸다.

물체의 밀도 ρ[kg/m³], 체적이 V[m³]일 때, 중량 M은 $M=\rho V$[kg]이므로 열용량 C는 식 (7-14)와 같다.

$$C = Mc = \rho Vc[\mathrm{J/℃}] \tag{7-14}$$

그러므로 열량 Q는 열용량 C와 온도차 $\theta(=\theta_2-\theta_1)$의 곱이므로 식 (7-13)은 식 (7-15)로 나타낼 수 있다.

$$Q = C\theta = c\rho V\theta[\mathrm{J}] \tag{7-15}$$

$c\rho$는 비열 c[J/kg · ℃]와 밀도 ρ[kg/m³]를 곱한 것으로 이것은 단위체적당의 열용량으로 이것을 체적비열이라 한다.

또한 열량 Q는 전력 P[kW], 시간 t[h], 효율 η와는 식 (7-16)과 같은 관계를 가지고 있다.

$$Q = Mc\theta = 860Pt\eta[\mathrm{J}] \tag{7-16}$$

(2) 물체 가열 전력과 열효율

물체를 가열할 경우 총열량은 공급열량이 유효하게 피열물에 흡수되는 열량, 즉 유효열량(가열체에 축적되는 축열량 포함)과 외부에 방산되는 손실열량의 합과 같다. 열량을 전력으로 표현하면 **공급 총 전력량[kWh]=유효열량[kWh]+손실열량[kWh]**이 된다.

열효율은 유효열량에 대한 공급 총열량의 비인 식 (7-17)과 같다.

$$\text{열효율}(\eta) = \frac{\text{유효열량}}{\text{공급 총열량}} = 1 - \frac{\text{손실열량}}{\text{공급 총열량}} \tag{7-17}$$

그리고 총 공급전력량을 가열시간으로 나눈 것이 평균가열전력이고 식 (7-18)로 표현되어 진다.

$$\begin{aligned}\text{평균가열전력[kW]} &= \frac{\text{공급평균전력량[kWh]}}{\text{가열시간[h]}} \\ &= \frac{\text{유효가열량}}{\text{가열시간}} + \text{열손실[kW]}\end{aligned} \tag{7-18}$$

7.2.4 전열재료

전열재료(電熱材料)로서는 고온도에서 열을 발생시키는데 사용하는 재료, 즉 발열체와 열을 전도시키는데 사용하는 재료 및 열을 절연시키는데 사용하는 재료 즉 보온재 또는 열절연물로 나눌 수 있다. 이밖에 고온도(高溫度)에서 이와 같은 것을 지지 및 구축하는 재료 즉 내화물 또는 내화금속과 같은 내열재료 등이 있다.

(1) 발열체

간접식 저항가열에는 발열체(發熱體)가 필요한데, 발열체의 온도는 피열물의 온도보다 높아야 하기 때문에 발열체의 최고 사용온도는 반드시 가열온도보다 높아야 하므로 고온도에서도 안정성이 매우 커야 한다.

그러므로 발열체는 다음과 같은 구비조건을 갖추어야 한다.

① 내열성이 커야 한다. 즉 용융·연화·산화하는 온도가 높고, 산화막이 견고해야 한다.

② 내식성이 커야 한다. 즉 보온재, 내화물에 부식되지 않아야 한다.

③ 적당한 고유 저항값을 가져야 한다. 즉, 저항율이 비교적 크고 온도계수가 양(+)수이고 작아야 한다.

④ 압연성이 풍부하여 가공하기 쉬워야 한다.

⑤ 가격이 저렴해야 한다.

발열체는 금속 발열체와 비금속 발열체로 나누어지며, 이들의 중간에 속하는 규소화 몰리브텐 발열체로 분류된다.

(가) 금속 발열체

금속 발열체(金屬 發熱體, 또는 합금 발열체)로서는 니켈, 크롬계 합금과 철과 알루미늄을 사용한 철크롬계의 합금 발열체가 있다. 합금 발열체의 성분구성 및 사용온도는 표 7-4에 나타내었다.

표 7-4 합금 발열체의 구성성분 및 사용온도

구성	Ni [%]	Cr [%]	Al [%]	Mn [%]	C [%]	Fe [%]	기타 [%]	최고사용 온도[℃]
니크롬 1종	77~81	17~21	-	2.0 이하	0.15 이하	1.50 이하	2.0 이하	1,100
니크롬 2종	63~67	15~18	-	2.5 이하	0.20 이하	나머지	2.0 이하	900
철크롬 1종	-	23~25	4~6	1.0 이하	0.10 이하	나머지	3.0 이하	1,200
철크롬 2종	-	18~20	2~4	1.0 이하	0.10 이하	나머지	3.0 이하	1,100

① 니크롬 1종 : 고온도에서 연화되지 않고 강도가 크며 냉간가공이 용이하기 때문에 고온용 발열체 재료로서 많이 사용되고 있다.

② 니크롬 2종 : 니크롬 1종에 비하여 내산화성과 고온도에서 강도는 떨어지지만, 온도 950[℃] 이하의 발열체용이나 고온용 저항으로 적합하다.

③ 철크롬 1종 : 주로 고온도 사용을 목적으로 한 것으로 내산화성이 크며, 니크롬에 비해 고온도에서 연화되므로 주의해야 하며, 고온도로 사용 후에는 가공이 어려우나 공업용 고온전기로의 발열체로서 사용하기 적합하다.

④ 철크롬 2종 : 철크롬 1종보다 냉간가공이 용이하다.

(나) 순금속 발열체

순금속 발열체는 금속 발열체 이외의 금속 발열체로서 대개 용융온도가 높은 백금, 몰리브덴, 텅스텐, 탄탈 등이 주로 사용되며, 백금 이외의 금속은 보호 가스 또는 진공 중에서 사용한다. 표 7-5에 순금속 발열체의 특성에 관하여 나타내었다.

표 7-5 순금속 발열체의 종류 및 온도 특성

종류	용융온도 [℃]	저항율 [μΩ · cm]	보호가스 또는 진공에서 용융온도
백금	1,768	10.6(20[℃])	대기 중에선 용융온도 가까이 까지 안정
몰리브텐	2,610	5.0(0[℃])	수소, 아르곤, 헬륨 중에선 용융온도 근처까지 안정. 진공 중에서는 1,700[℃]까지 안정.
텅스텐	3,380	5.5(0[℃])	수소, 아르곤, 헬륨 중에선 용융온도 근처까지 안정. 진공 중에서는 2,000[℃]까지 안정.
탄탈	2,886	12.5(20[℃])	아르곤, 헬륨 중에선 용융온도 근처까지 안정.

(다) 비금속 발열체

① 탄화규소 발열체 : 탄화규소 발열체는 탄화규소(SiC)를 주성분으로 한 발열체로서 합금 발열체보다 높은 약 1,400~1,600[℃]정도의 고온에서 사용할 수 있으며, 전열선에 비하여 소형으로 될 수 있는 장점이 있다. 그러나 저항값이 낮은 것을 얻기 곤란하고, 연약하다는 것이 단점이다. 저항률은 0.1~0.25[Ω·cm] 정도이다.

② 탄소질 발열체 : 탄소질 발열체는 탄소입자(krypton) 또는 인조흑연을 가공하여 사용한다. 탄소입자는 노에서 구운 탄소 또는 인조흑연 입자로서 지름이 약 2~8[mm]정도이다. 전기저항은 접촉저항에 의해 주로 결정되며, 그 외에 온도, 접촉압, 가스압 등에 의해 변화되지만 저항률은 약 0.5~6.0[Ω·cm]정도이다.

③ 산화물 발열체 : 산화물 발열체는 금속산화물로 내열성이 높고, 고온도에서 비교적 도전성이 좋은 것을 사용한다. 주로 주성분인 2산화지르코늄(ZrO_2)에 산화칼슘(CaO), 산화마그네슘(MgO) 및 산화이트륨(Y_2O_2)를 첨가하여 사용하고 있다. 이 발열체는 저항의 온도계수가 크고, 부특성이라 상온에서 저항이 크기 때문에 통전이 곤란한 점이 있으나, 통전의 불안정을 방지하기 위해 직렬 리액터를 사용하면 최고 2,000[℃]까지 사용할 수 있다.

④ 염욕 발열체 : 염욕 발열체(鹽浴 發熱體)는 염류를 이용하여 낮은 온도에서 용융하며, 높은 도전율을 나타내는 액체발열체로 사용하고 있다. 염류에 의해 피열물이나 노벽(爐壁)이 침식되지 않도록 해야 한다. 노내의 온도를 균일하게 할 수 있어서 금속의 열처리 등 균일하게 급속한 가열이 필요한 곳에 사용된다. 발열체의 저항 온도계수가 부(−)특성이므로 통전할 경우 미리 염류를 용융하고 직렬 리액터를 사용하여 통전해야 한다.

(라) 규화 몰리브덴 발열체

규화 몰리브덴 발열체는 규화 몰리브덴($MoSi_2$)을 주성분으로 한 규화 몰리브덴 또는 몰리브덴(Mo)과 규소(Si)의 분말을 불활성 기체 중에서 소결(燒結)하여 만든다. 대기 중에서 비금속 발열체인 탄화규소 발열체보다 고온인 약 1,700[℃]에서 사용할 수 있다. 이 발열체는 내식성은 크지만, 상온에서는 충격에 약해 부서지기 쉽고, 고온에서는 연화되기 쉬운 단점이 있다.

7.2.5 전극 재료

고온의 전기로(電氣爐)는 내열성이 우수한 전극이 필요하므로 전기로용 전극은 표 7-6과 같이 비결정질탄소, 천연흑연, 인조흑연과 같은 탄소질인 것을 사용하고 있다. 제강용 아크로와 같은 전류를 조절하기 위해 속도가 빠른 가동전극을 사용하는 곳에는 기계적 강도가 크고, 도전성이 우수한 인조 흑연(黑煙)전극을 사용한다.

전극의 구비조건은 다음과 같다.

① 전기 전도율이 클 것.
② 열의 전도율이 적을 것.
③ 불순물이 적고 산화 및 소모가 적을 것.
④ 고온에서 기계적 강도가 크고 열팽창율이 작을 것.
⑤ 피열물과 화학작용이 일어나지 않고 침식되지 않을 것.
⑥ 가공이 용이하고 가격이 저렴할 것.

인조 흑연전극은 주원료인 석유 코크스 또는 피치 코크스(pitch corkes)에 피치 타알 등의 점결제를 썩어 가압소성한 무정형 탄소전극을 흑연화한 것으로 고유저항이 가장 적으며 주로 제강, 제선용 전기로에 사용한다.

표 7-6 전극의 고유저항

종류	고유저항 [Ω · cm]
인조 흑연전극	0.0005~0.0012[Ω · cm]
고급 천연 흑연전극	0.0009~0.0033[Ω · cm]
천연 흑연전극	0.0030~0.0076[Ω · cm]
무정형 탄소전극	0.0050~0.0080[Ω · cm]

천연 흑연전극은 천연흑연을 주원료로 하고 피치 또는 타알 등을 결합제로 하여 성형소성하여 만든 것으로 제강, 제선, 페로알로이(ferroalloy ; 합금철), 카바이드 등의 직접 저항가열 전기로에 사용된다.

7.2.6 가열방식과 전기로

전기로(電氣爐)의 가열방식에는 저항가열, 아크가열, 유도가열, 유전가열 방식이 널리 사용되고 있고, 그 외에 적외선 가열, 전자빔 가열, 레이저 가열, 초음파 가열 등이 있다. 표 7-7은 전기가열방식의 분류 및 원리와 용도를 나타낸 것이다.

전기로에 사용하는 전극은 아크를 발생시키거나 대전류를 통하도록 해야 하기 때문에 다음과 같은 조건을 만족하는 재료를 사용해야 한다.

① 열전도율이 높고, 도전율이 양호하며 전류밀도를 크게 얻을 수 있어야 한다.
② 고온에서도 기계적강도가 커야하며 열팽창계수가 작아야 한다.
③ 피열물에 의한 화학작용을 일으키지 않고 침식되지 않아야 한다.
④ 불순물이 낮아 산화나 소모가 적어야 한다.
⑤ 성형이 쉽고 가격이 저렴해야 한다.

표 7-7 전기가열방식의 분류

분류	원 리	용 도
저항가열	· 주울 열 : 전류에 의한 옴손을 이용한 가열방식으로 가열물에 직접 전류를 흘리는 직접저항가열과 저항체(발열체)로부터의 열의 방사, 전도, 대류에 의해 가열하는 간접저항가열식이 있다.	직접식 : 흑연화로, 저항용접 간접식 : 저항로, 염욕로
아크가열	· 아크열 : 전극 사이에 공간에 전류가 흐를 때에 발생하는 높은 열에 의한 주울열	아크로, 아크용접기
유도가열	· 와전류손 : 도체에 자속이 발생하면 도체 속에 전압이 발생하여 유도되는 전류에 의한 주울열	용접, 용해, 담금질, 열처리 가열
유전가열	· 유전체손 : 전기적 절연물에 교번전계를 가할 때 물체 내부의 전기쌍극자의 회전에 의한 발열	목재의 건조, 접착 비닐막의 접착
적외선가열	· 빛 : 적외선램프에서 발생하는 적외선 광에 의해 에너지를 전달	도료 건조
전자빔가열	· 전자 충돌에 의한 가열 : 전계 속에서 전자가 가속되는 것을 이용하여 가속된 전자를 가열물에 충돌시켜 에너지를 전달	용해, 절단, 용접, 열처리
레이저가열	· 단일파장의 빛 : 유도방사에 의해 얻어진 단일파장의 빛을 렌즈를 이용하여 아주 작은 면적에 접합시키는 것.	절단, 담금질

7.2.7 저항식 전기로

저항가열(resistance heating)은 피가열물에 직접 전류를 흘려 피가열물 저항에 의해 내부에서 발생하는 주울열을 이용하여 가열하는 방식이다. 전류에 의한 옴손을 이용한 가열방식으로 가열물에 직접 전류를 흘리는 직접저항가열과 저항체(발열체)로부터의 열의 방사, 전도, 대류에 의해 피가열물을 가열하는 간접저항가열식이 있다. 그림 7-23과 같이 직접식과 간접식 저항가열 방식이 있다.

직접식 저항가열(抵抗加熱)은 그림 7-23 (a)와 같이 니크롬선과 같은 발열체를 이용하여 피가열물에 직접 전류를 통전시켜, 그 내부에 주울열을 발생시켜서 가열하는 방식이다.

간접식 저항가열방식은 그림 7-23 (b)와 같이 니크롬선과 같은 발열체에 주울열을 발생시켜서 피가열물을 가열시키는 방식이며, 피열물에 열을 전달하는 방법으로는 전도, 대류, 복사가 있다.

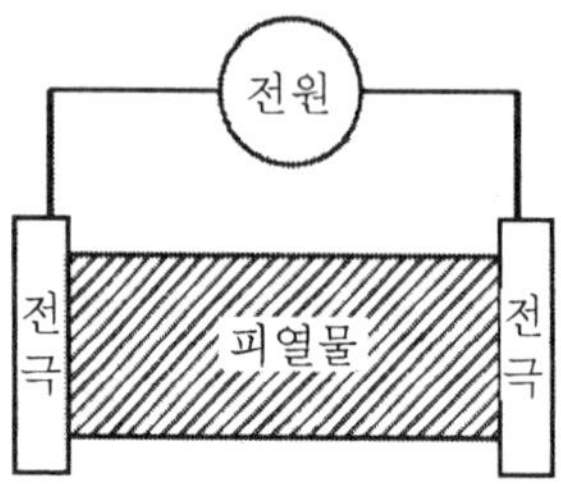

(a) 직접식

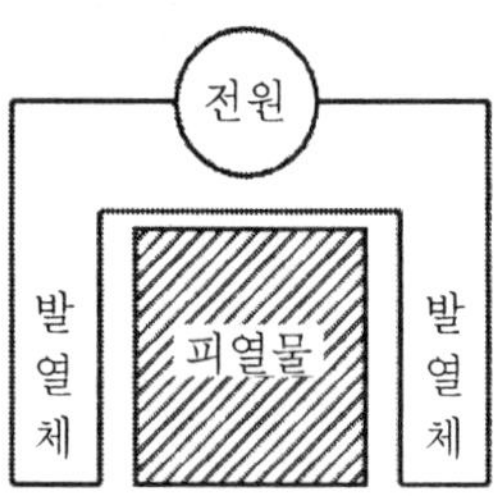

(b) 간접식

그림 7-23 저항 가열

(1) 직접식 저항로

직접식 저항로는 피가열물 자체에 직접 전류(電流)를 흘려서 가열하는 방식이다. 로(爐)의 종류로서 흑연화로(爐), 카보런덤로, 카바이드로, 알루미늄로, 지로식 전기로가 있다.

(가) 흑연화로

그림 7-24와 같이 무정형 탄소전극을 2,500[℃]의 고온으로 가열하고 이를 흑연화 시키는데 이용되는 노(爐)이다. 무정형 탄소전극의 주위에 코크스(탄소립)을 끼워 넣으면서 쌓아올리고 산화방지를 위해 윗부분은 코크스 입자로 덮는다.

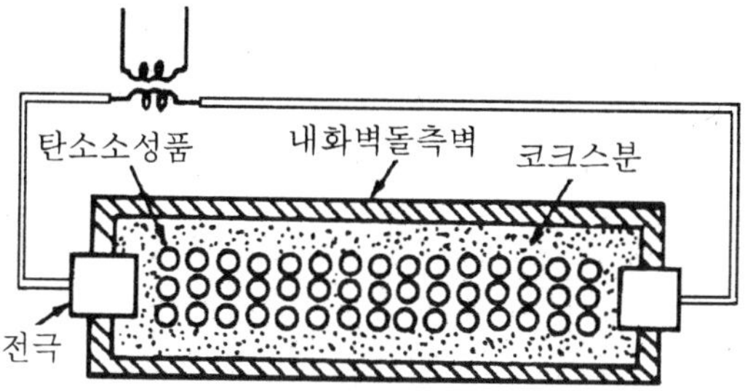

그림 7-24 흑연화로의 구조

(나) 카보런덤로

전기로 중에서 효율이 가장 좋은 카보런덤로는 그림 7-25와 같이 노 중앙에 탄소립의 축심을 넣어서 이것을 줄 발열재로 사용하지만, 전류의 일부는 주위에 있는 원료측에도 흐른다. 모래와 코크스를 혼합하여 전류를 흘려 2,000[℃] 이상 가열하여 카보런덤(탄화규소)을 만든다.

SiO_2(모래)+3C(코크스)→SiO(카보런덤)+2CO

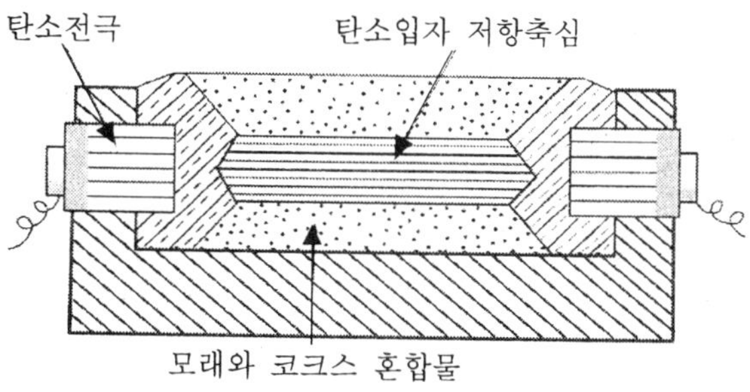

그림 7-25 카보런덤로의 구조

(다) 지로식로

지로식로는 노(爐) 바닥에 하나의 전극을 둔 단상 직접 가열식 저항로이다. 그림 7-26과 같이 B는 내화벽돌, C는 노 바닥전극으로 탄소 덩어리이다. 장진물 S는 점차 용융 정련되어 M에 모이게 되면, 출구 T로 유출하게 된다.

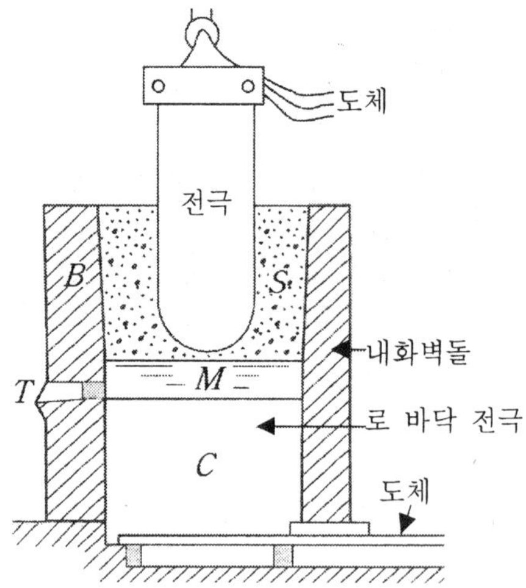

그림 7-26 지로식로의 구조

(라) 카바이드로

카바이드로는 그림 7-27과 같이 3개의 전극을 노의 상부에서 삽입하고, 용융 피가열물 속에 전극 끝을 담가 3상 교류를 피가열물에 통전하여 줄열에 의하여 가열하는 방법이다. 카바이드는 생석회와 석탄을 혼합하여 온도를 2,200[℃]까지 가열시키면 다음과 같은 반응으로 카바이드가 제조된다.

CaO(생석회+3C(코크스))→CaC_2(카바이드)+CO

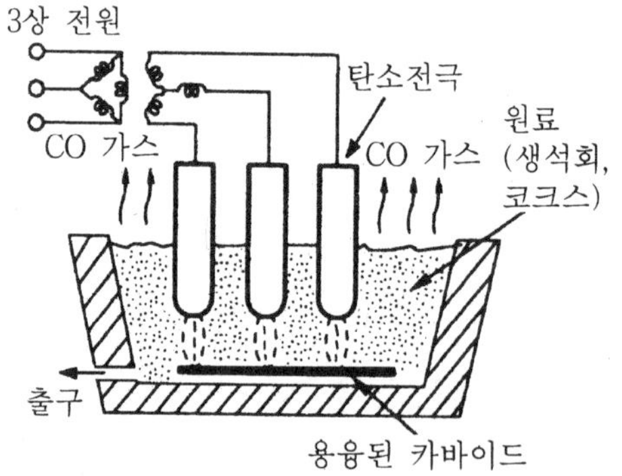

그림 7-27 카바이드로의 구조

(2) 간접식 저항로

금속 또는 비금속의 발열체에서 발생하는 열을 피열물(被熱物)에 전달하는 것으로 열은 주로 전도와 복사에 의해 전달된다. 저항로에는 철 크롬선, 니켈 크롬선 등의 전열선을 노안에 설치하고, 이것에 전류를 흘려 피가열물을 가열하는 방법이다.

(가) 발열체로

발열체로(發熱體爐)는 그림 7-28과 같이 발열체를 노벽에 설치하고, 열의 전도, 복사, 대류에 의해 피열물을 가열하는 방식이다. 발열체에는 금속 발열체와 비금속 발열체가 있다. 금속 발열체는 니크롬선, 철크롬선을 사용하여 약 1,000[℃]정도까지 가열되며, 비금속 발열체는 탄화규소를 사용하여 약 1,500[℃]정도까지 가열할 수 있다.

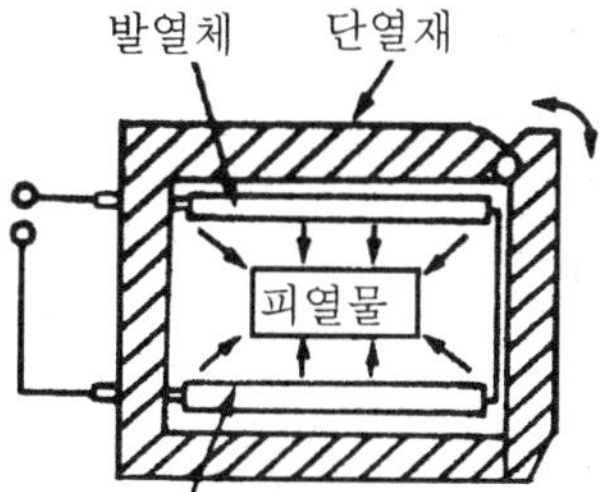

그림 7-28 발열체로의 구조

(나) 크리프톨(Cryptole furnace : 탄소립)로

크리프톨로는 그림 7-29와 같이 탄소와 점토를 혼합한 입상(粒狀), 즉 크리프톨을 전로(電路)의 일부분으로 하고 입자간의 접촉저항을 이용하여 고온을 얻는다.

탄소입자에 묻어 있는 전극으로부터 전류를 흐르게 하고 탄소입자에서 발생한 열의 전도나 복사에 의하여 시료(試料)를 가열하는 것으로서 일반적으로 15~30[V], 1000[A] 정도의 탭 변압기를 사용하며 약 1,000~2,000[℃] 범위의 온도까지 얻을 수 있다. 피열물은 탄소입자 중에 묻어 소성(燒成)하거나, 도가니 속에 넣어 용융하기도 한다.

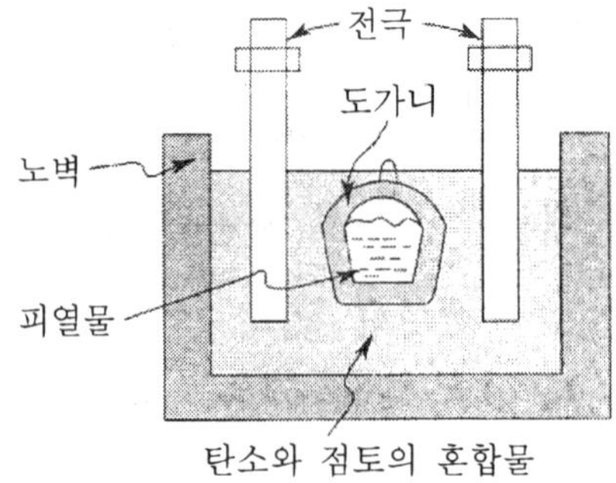

그림 7-29 크리프톨(탄소립)로의 구조

(다) 염욕로

염욕로는 그림 7 30에 나타낸 것과 같이 전극 사이에 설치한 용융염을 저항발열체로 하고 피가열물을 용융염 속에 잠기게 하여 가열하는 방식의 노이다.

이 노는 용융염 중의 가열이므로 온도가 균일하며, 급속(急速)가열이 가능하기 때문에 형태가 복잡게 생긴 금속제품을 균일하게 가열할 수 있다.

또한 가열 중에는 공기와 접촉하지 않기 때문에 강이나 경합금의 담금질, 뜨임, 가열, 항온, 급열, 급냉 등에 사용된다.

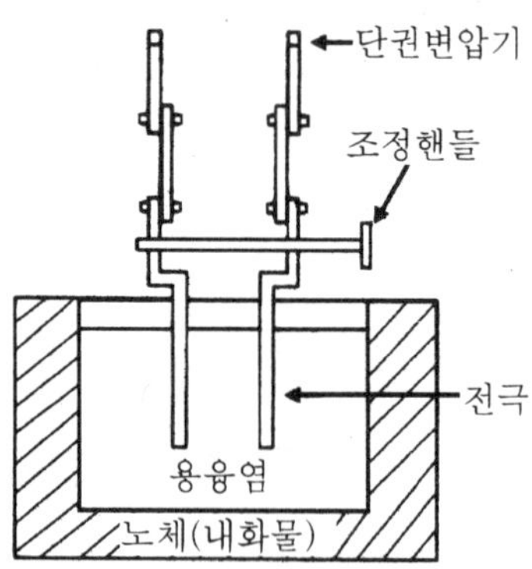

그림 7-30 염욕로의 구조

7.2.8 아크식 전기로

아크가열(arc heating)은 두 전극 사이에서 발생하는 고온의 아크열을 이용하여 피열물을 가열하는 방법으로 그림 7-31과 같이 직접식과 간접식으로 구분할 수 있다.

직접식 아크가열은 그림 7-31 (a)와 같이 전극의 한쪽이 피열물이고, 다른쪽이 노용 전극으로 구성되어 가열되는 아크열이 직접 피열물을 가열하는 방식이다. 간접식 아크가열은 그림 7-31 (b)와 같이 아크용 전극 두개로 구성되어, 전극 사이에서 발생하는 아크열을 이용하여 피열물을 가열하는 방식이다.

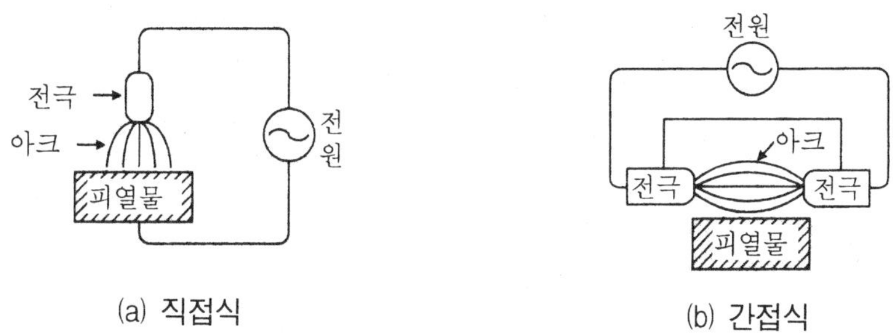

그림 7-31 아크 가열

아크로는 고온 발생에 적당하며 효율, 역률 등이 저항로, 유도로의 중간 정도로서 전극 성분이 제품에 혼입되기 쉽고, 제철, 제강, 공중 질소 고정, 합금의 용해에 사용된다.

로는 크게 직접식 아크로와 간접식 아크로로 구분하고 있다.

(1) 직접식 아크로

(가) 에르로

에르로는 그림 7-32와 같이 3상 변압기의 2차 단자를 도체(導體)로부터 노의 뚜껑을 관통해서 노 내에 설치된 3개의 전극에 접속하여 전력을 공급하면, 전극에서 피가열물을 향하여 아크를 발생시켜 발열하는 방식이다. 주로 재료의 용해나 정련에 사용된다.

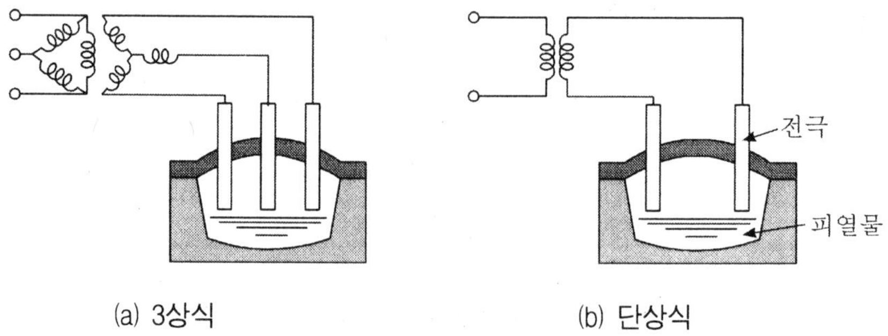

그림 7-32 에르로의 구조

(나) 센헬로

센헬로는 고압 아크로의 일종으로 그림 7-33과 같다. 그림에서 나선상으로 불어 올려가는 공기 중을 약 10[m]에 가까운 길이의 아크를 발생시키는 방식의 노(爐)이다. 이 노는 공기 중의 질소를 고정시켜서 초산을 제조하기 위해 사용된다. 산소와 질소의 혼합기체를 고온으로 가열하면 NO를 얻을 수 있으며, 산화한 NO 즉 NO_2를 물에 흡수시켜서 초산을 만든다.

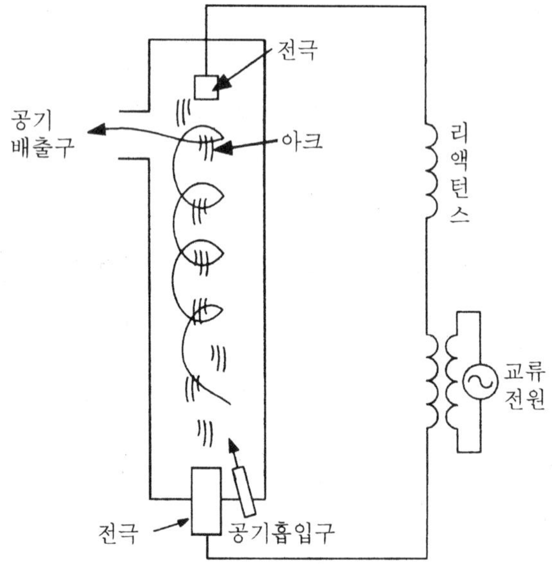

그림 7-33 센헬로의 구조

고압식 아크로는 센헬로 이외에 포링로, 비라게란드-아이데로가 있다.

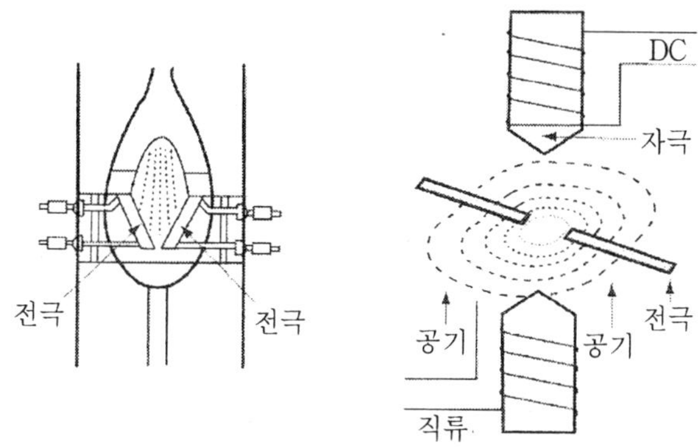

(a) 포링로 (b) 비라게란드-아이데로

그림 7-34 고압식 아크로

포링로는 그림 7-34의 (a)와 같이 전극간격에서 발생된 아크는 밑으로부터 송풍되는 공기에 의해서 V자형의 전극을 따라 부채꼴 모양으로 퍼지면서 꺼진다. 이것을 반 사이클 마다 되풀이 하게 된다.

비라게란드-아이데로는 그림 7-34의 (b)와 같다. 아크와 직각방향으로 자계를 가하여 반 사이클 마다 아크를 좌우로 넓혀서 원판형으로 아크를 점화하는 로이다.

(2) 간접식 아크로

간접식 아크로인 요동식 아크로는 그림 7-35와 같이 노실이 거의 수평 원통모양으로 되어 있다. 노 중심에 전극을 서로 마주보게 설치하여 전극간에 발생하는 아크열에 의하여 간접적으로 피가열물을 가열 용해(溶解)하는 방식이다. 원료는 원통면의 취출구로 넣으며, 용탕의 성분, 온도를 균일하게 하기 위하여 원통형의 노체는 전극을 중심으로 왕복 회전운동을 한다.

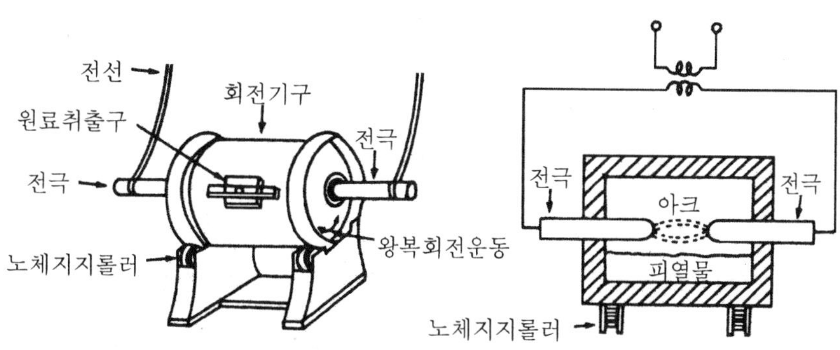

그림 7-35 요동식 아크로의 구조

7.2.9 유도가열로

유도가열(誘導加熱, induction heating)은 그림 7-36과 같이 코일에 교류전압을 가하면 코일에 흐르는 전류에 의해 도체 내에 교번자계(交番磁界)가 발생한다. 이 자속(磁束)의 변화에 따라 피열물 내에 와전류가 발생한다. 피열물은 와전류손(渦電流損)이나 히스테리시스손(hysterisis 損)에 의한 주울열 때문에 가열된다.

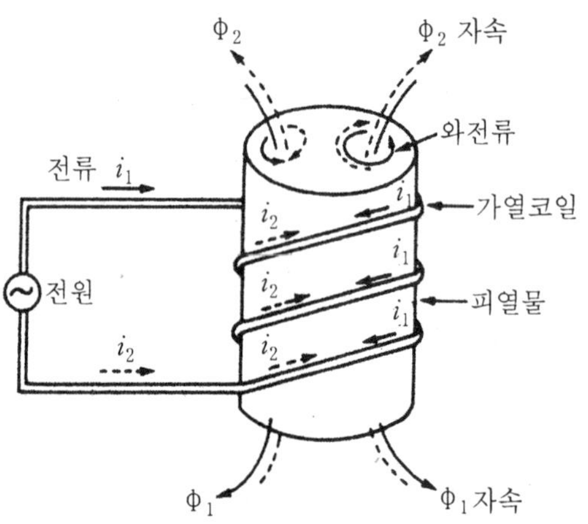

그림 7-36 유도가열의 원리

직접 유도가열은 그림 7-37 (a)와 같이 코일 내에 넣은 피열물 자체에 직접 유도 가열하는 방식으로 피열물은 반드시 도전성(導電性)을 가진 도체이여야 한다.

간접 유도가열은 그림 7-37 (b)와 같이 도전성인 용기 내에 피열물을 넣고, 용기를 유도 가열하여 그 열을 피열물에 가열하는 방식이다.

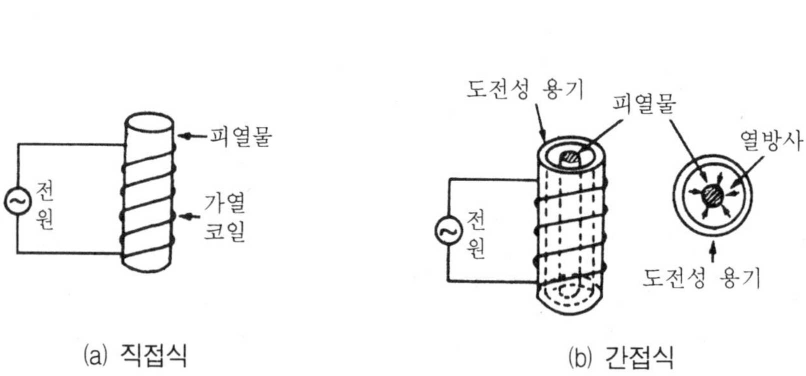

(a) 직접식 (b) 간접식

그림 7-37 유도가열

일반적으로 코일에 인가하는 전압의 주파수에 따라 60[Hz] 상용주파수의 전압을 사용하는 경우를 저주파 유도가열이라 하며, 60[Hz]~10[kHz] 사이를 중간주파 유도가열 10[kHz] 이상의 주파수의 전압을 사용하여 유도 가열하는 경우를 고주파 유도가열이라 한다.

유도가열은 전기로에 의한 금속의 열처리 및 용융, 금속변형에 의한 가열과 고강도 기계부품의 가공, 특수 포장분야, 인쇄공업, 섬유공업 등 산업현장에 많이 이용되고 있다.

전류 주파수가 높으면 높을수록 전류는 표면에만 흐르는 표피효과에 의해 표면가열이 가능하기 때문에 고주파 유도가열로는 강철표면의 열처리에 가장 적합하다.

유도로에는 50[Hz] 또는 60[Hz]용의 저주파 유도로와 1[kHz] 이상의 주파수에 사용하는 고주파 유도로가 있다. 저주파로는 철심 자기회로를 가지고 있는 구형로(철심형)와 철심 자기회로가 없는 도가니형로(무철심형)로 분류된다.

도가니형에는 누설자속에 의한 외상의 가열을 막기 위해서 1차 권선의 외측 일부분에 철심을 사용하는 것도 있으나 구조상 폐로된 철심자료가 없으므로 무철심형 유도로라고 한다.

고주파 유도로는 모두 도가니형으로서 가열방식에는 직접식과 간접식이 있고, 표준 사용 주파수는 1~10[kHz]이나 100[kHz]를 사용하는 경우도 있다.

(1) 도가니형 유도로

도가니형 유도로는 그림 7-38과 같이 도가니 속의 용해 금속은 유도전류(誘導電流)와 자계(磁界)의 전자력에 의해 용탕이 잘 교반된다. 유도코일 주위의 철심은 누설 자속을 작게 하기 위하여 사용하고 있다.

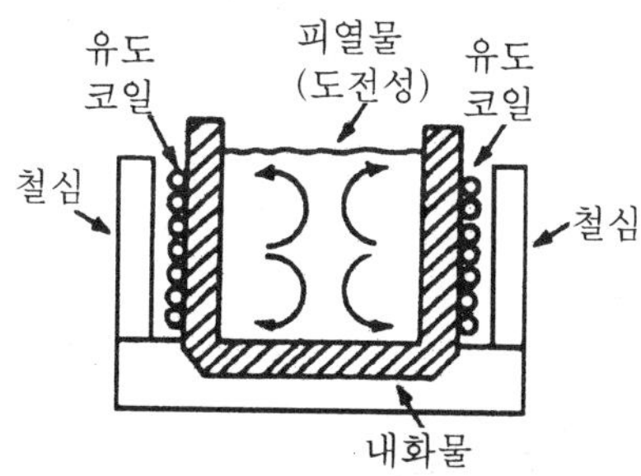

그림 7-38 도가니형 유도로

피가열물이 비도전성 재료일 때는 도가니 자신을 도전성의 흑연으로 만들지만, 일반적으로 도가니는 내화재료로 만들고 그 바깥측에 수냉식 코일을 에워싼다.

도가니 속의 용융체에 강한 전류를 통하면 전자력에 의해 인력이 커지므로 용융체가 도중에 끊어지는 핀치효과가 생긴다.

(2) V자형 유도로

V자형 유도로는 어젝스 와이어트로(Ajax-wyatt)이며 그림 7-39와 같이 폐로 철심에 1차 코일을 감고, 2차 단락회로를 용탕 자체로서 변압기(變壓器)와 같은 모양의 원리로 용탕에 전류를 흘려 가열하는 방식이다. 철심을 둘러싸는 내화물에는 V자형의 홈이 있고, 이 중에서 용탕이 교반되면서 가열되는 것으로 효율이 좋고 역률도 비교적 좋은 편이다.

V자형 유도로는 기동시 용탕이 필요하며, 항상 잔탕이 필요하기 때문에 노를 비워두면 안 된다. 고랑 내부는 용탕으로 가득 채울 필요가 있으며, 간헐 운전과 용해 때마다 피열재료가 변화하는 운전에는 적당하지 않다. 그러나 고랑이 언제나 용탕으로 가득차 있기 때문에 전기적으로 일정한 임피던스 역할을 한다. 또한 전기효율이 높아 용해온도가 낮은 비철금속(황동, 아연 등)의 용해, 주철의 보온에 이용되고 있다.

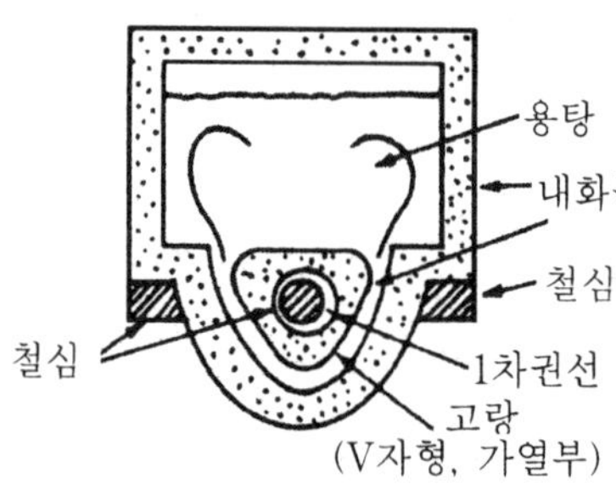

그림 7-39 V자형 유도로

7.2.10 유전가열

(1) 유전가열의 원리와 유전체손

유전체가열은 교번자계중에 있는 절연성 피열물중에 생기는 유전체손으로 가열하는 것이다.

따라서 유전가열(誘電加熱)은 유도가열과 마찬가지로 직류전압을 사용하지 않는다. 그림 7-40 (a)와 같이 평형평판 전극 사이에 고무나 목재와 같은 비유전율 ε_s, 도전율 k인 유전체(절연체)를 삽입하고 주파수 f인 고주파전압을 인가한 등가회로 (b)에서 식 (7-19)와 같은 유전체손이 생긴다.

$$P = kE^2 = \frac{5}{9} f \varepsilon_s \tan\delta E^2 \times 10^{-12} [\text{W/cm}^3] \tag{7-19}$$

이 식에서 δ는 유전체 손실각이다. 유전체손은 $\varepsilon \tan\delta E^2$에 비례함을 알 수 있다. 이것은 유전체 중의 분자가 전기적으로 +, −의 전기쌍극자로 구성되어 있으므로 교번 전계 안에서 이 유전체내에 존재하는 전기쌍극자가 회전운동을 일으키기 때문에 분자간의 마찰로 유전체내에서 발열작용이 발생한다. 이때 발생하는 열이 피열물을 가열하는데 사용하는 것이 유전가열이다.

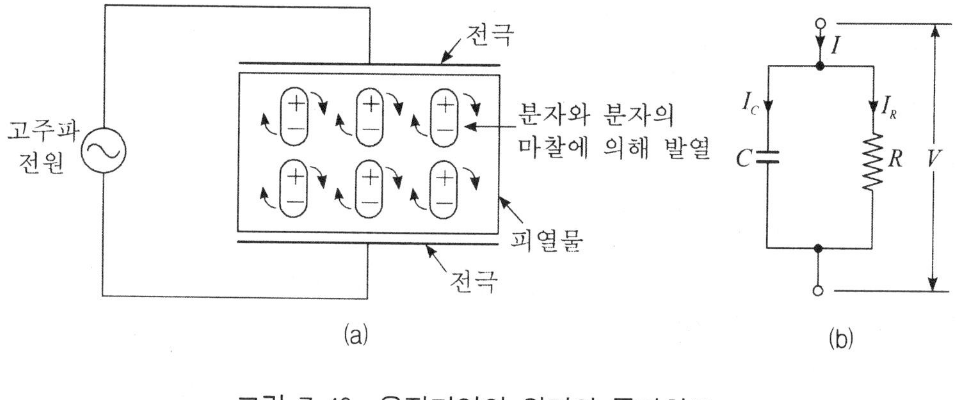

그림 7-40 유전가열의 원리와 등가회로

(2) 유전가열의 특징

유전가열의 발열량은 유전체(誘電體)의 비유전율, 주파수에 비례하고, 전계세기의 제곱에 비례한다. 유전가열에는 1~200[MHz]의 주파수를 사용하는 고주파가열(高周波加熱)로 이것을 일반적인 유전가열이라 한다. 주파수 300[MHz]~30[GHz]의 대역을 사용하는 것을 마이크로파 가열이라 한다. 전자레인지는 주파수 2,450[MHz]를 사용한다.

유전가열의 특징을 살펴보면 다음과 같다.

① 열이 유전체손에 의하여 피열물 자신에 발생하므로 가열이 균일하다.

② 표면의 소손, 균열이 없다.

③ 온도상승 속도가 빠르고 속도 제어가 가능하다.

④ 열이 피열물 내에서 발열하므로 균일한 가열이 가능하고, 표면 가열의 우려가 없다.

⑤ 전계세기, 주파수의 적절한 선택에 의해 단시간에 가열 및 피열물의 특정 부분을 선택하여 가열할 수 있다.

⑥ 효율 저하(50~60[%] 정도)

⑦ 전파의 누설에 의해 통신장해가 발생할 수 있다

(3) 유전가열 응용

(가) 비닐막 접착 및 합성 수지류의 열처리

열변화성 플라스틱의 성형가공과 염화비닐의 봉합, 접착 등에 이용되고 있다. 유전가열을 이용한 고주파 재봉틀과 고주파 용접기는 모두 열가소성이 있는 염화비닐 등의 박막을 2매 이상 포개서 접합부를 연화점 이상으로 가열하면서 압력을 주면 그 부분이 융착된다.

(나) 목제공업에 응용

유전가열은 내열가열과 선택가열 작용을 이용하여 목제의 건조(乾燥)와 접착(接着)에 응용되고 있다. 그림 7-41은 합판의 건조 접착에 유전가열을 이용하는 일례를 나타내었다. 유전가열에 사용하는 주파수는 4~27[MHz]이며, 출력은 3~30[kW]가 사용된다.

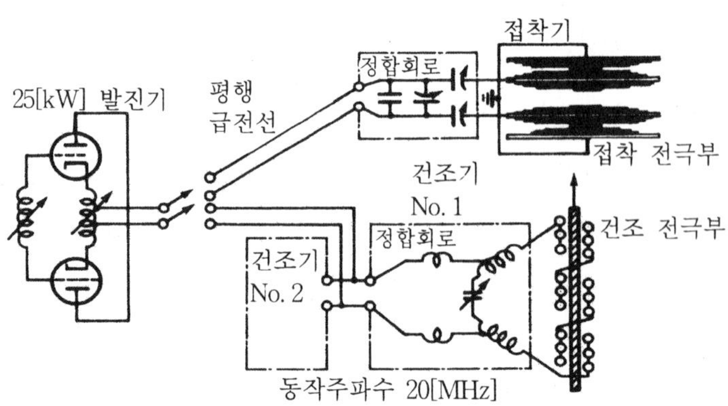

그림 7-41 합판의 건조 접착을 위한 유전가열 계통도의 일례

(4) 식품에 응용

대표적으로 이용하는 것이 냉동품의 해동(解凍)으로 2,450[MHz]의 마이크로파를 사용하는 전자레인지를 이용하여 그 속에서 식품을 가열 및 해동한다.

7.2.11 적외선 가열 및 건조

적외선 가열(赤外線 加熱)이란 그림 7-42와 같이 적외선전구를 이용하여 가열된 에너지를 복사(방사)만으로 가열물에 전달하는 방식이다. 적외선(赤外線)도 전자파의 일종으로 파장이 0.75[μm]~1[mm] 범위의 광선을 말한다. 적외선을 파장에 따라 분류하면, 파장이 4[μm] 이하는 근적외선(近赤外線), 4~25[μm]는 적외선, 파장이 25[μm] 이상을 원적외선(遠赤外線)으로 구분하고 있다.

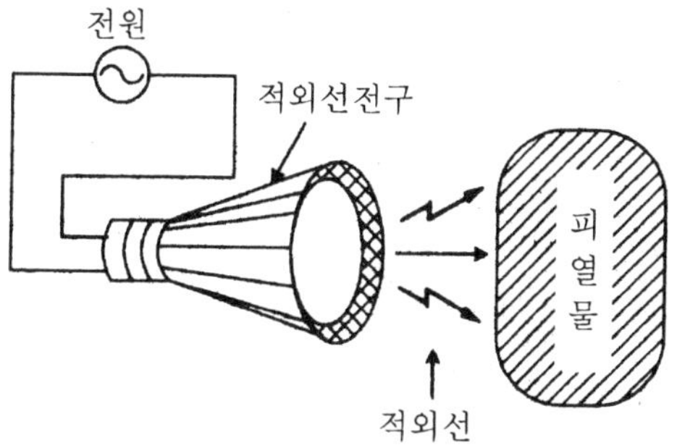

그림 7-42 적외선 가열

원적외선은 플라스틱, 식품, 유기용제 등 유기화합물의 흡수율이 높은 파장과 일치하고, 높은 가열 효율을 얻을 수 있고, 건조, 가공, 살균과정에서 식품의 색과 향기, 맛을 손상시키지 않기 때문에 플라스틱, 도료, 목재 등의 유기재료, 세라믹, 식품 등은 적외선 가열에 적합한 재료이다.

이것은 다음의 적외선 가열 특징에 기인한다.

① 표면이 균일하게 건조할 수 있다.
② 구조와 조작이 간단하다.
③ 열손실이 적으며 시간 단축이 가능하다.
④ 감시 제어가 용이하고 청결하며 안전하다.
⑤ 설비비, 유지비가 저렴하다.

(1) 적외선 전구

적외선 전구(赤外線 電球)는 복사에너지를 피가열물에 집중시키기 위해 유리구를 특수형으로 제작하고, 전구의 배면에 알루미늄을 진공 증착하여 반사면으로 사용한 것이다. 필라멘트 온도는 2,200~3,200[K] 정도이며, 건조에 유효한 파장은 1~4[μm](이 파장 이상은 원적외선으로 유리구에 흡수), 수명은 5,000~10,000[h] 정도이다. 그림 7-43은 R형과 관형 적외선 전구의 구조를 나타낸 것이다.

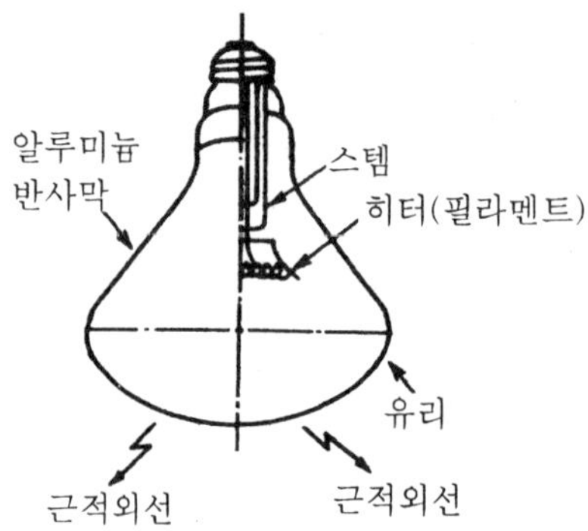

(a) R형

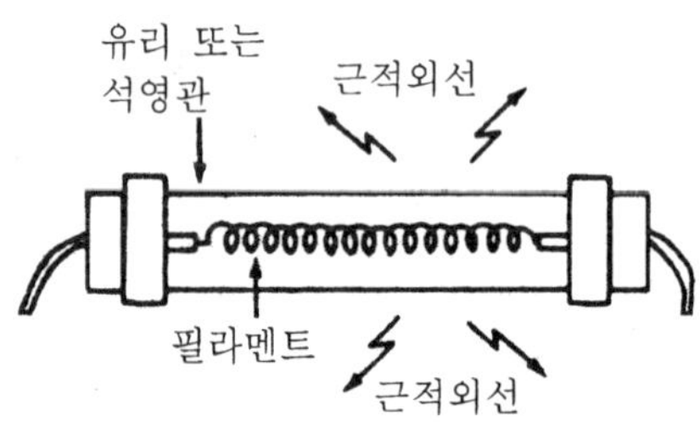

(b) 관형

그림 7-43 적외선 전구

(2) 적외선 건조로

적외선 건조에 사용되는 적외선 전구를 유닛이라 하며, 이것을 단독으로 사용하는 경우도 있지만, 몇 개의 유닛을 합쳐 한 개의 블록으로 사용한다.

그림 7-44와 같이 유닛으로 건조로 또는 가열로의 면을 형성하는 것을 뱅크(bank)라 한다. 뱅크는 사용에 따라 그림 7-44와 같이 여러 종류가 있다.

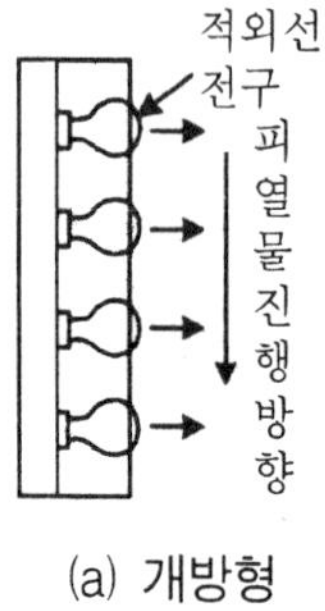

(a) 개방형

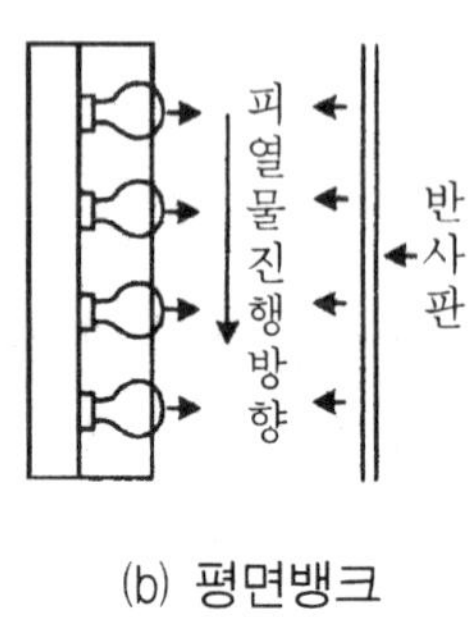

(b) 평면뱅크

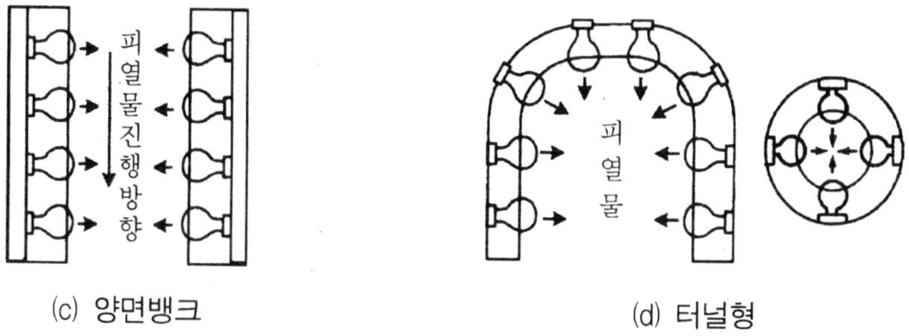

그림 7-44 적외선 가열장치의 형태

(3) 고주파 건조

고주파 건조(高周波 乾燥)는 고주파 유전가열을 이용한 것으로 주로 목재 건조, 합판의 접착 건조, 약품의 건조 등에 많이 이용된다. 그 외에 고무의 가황이나 비닐용품의 복합 또는 접착 등에 사용되기도 한다.

7.3 전기용접

녹여서 붙인다는 뜻으로 용접(鎔接, welding)이란 분리되어 있는 금속과 금속의 일부 혹은 전체를 가열 혹은 가압하든가 또는 이들 조작을 동시에 행하여 금속류를 단단히 접속시키는 공작법을 말한다.

전기용접(電氣鎔接)이란 전기 에너지를 이용하여 접합부를 가열하는 방식을 말한다. 용접법은 형태별로 용접, 압접, 납접의 세 종류로 분류되며, 가열 방식에 따라 저항용접, 유도용접, 아크용접 등으로 나눌 수 있다.

7.3.1 저항용접

저항용접(抵抗鎔接, resistance welding)이란 용접하고자 하는 금속면에 전류를 흘려보내면 접촉저항(接觸抵抗)에 의해 발생하는 줄열을 이용하여 용접에 적당한 온도로 가열하고, 접촉면을 가압(加壓)해서 용접하는 방법이다.

저항용접은 점용접, 심용접, 돌기용접인 프로제션용접, 불꽃용접 등이 있다.

(1) 스폿용접(spot welding)

그림 7-45와 같이 두 용접물을 겹쳐놓고 봉상 전극으로 가압하면서 전류를 흘려 점상(點狀)으로 용접하는 방법이다. 점용접(點鎔接)이라고도 불리며, 주로 열전대

처럼 얇은 판을 용접할 때 많이 사용한다.

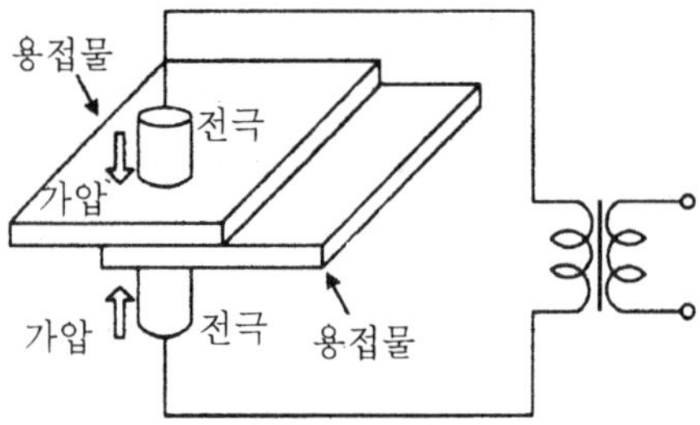

그림 7-45 스폿용접

(2) 심용접(seam welding)

그림 7-46과 같이 용접물 용접에 한 쌍의 회전원판 전극을 사용하여 연속적으로 스폿트용접하는 방법이다. 접합부를 통해 액체 또는 기체 등이 새어나오면 곤란한 기밀용접에 많이 사용되고 있다. 이음매용접 또는 봉합용접이라고 한다.

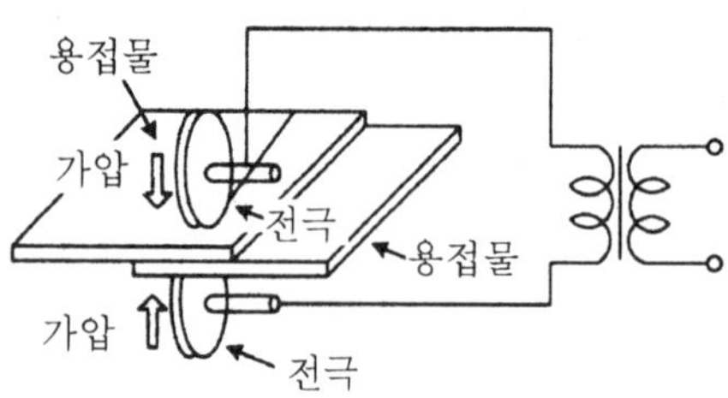

그림 7-46 심용접

(3) 프로젝션용접(projection welding)

그림 7-47은 프로젝션용접을 나타내고 있다.

프로젝션이란 돌기(突起)를 말하는데, 용접물에 돌기를 만들거나, 가공시에 만들어지는 울퉁불퉁한 부분과 에지에 전류를 집중시켜 용접하는 방법이다. 사용되는 전극은 평판 대 평판 전극을 사용하며, 다점 동시 용접이 가능하며 왜곡을 작게 할 수 있다.

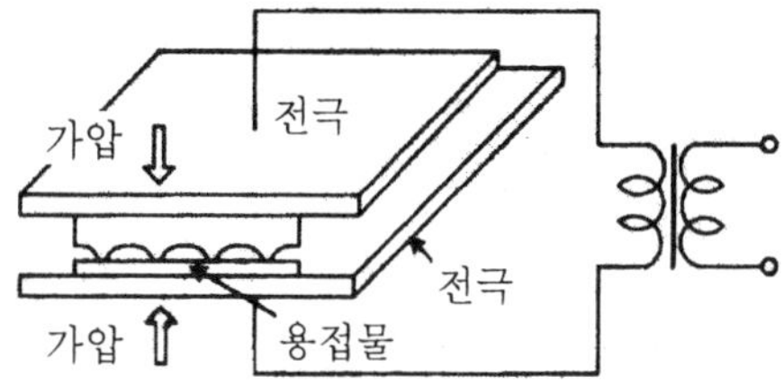

그림 7-47 프로젝션용접

7.3.2 맞대기 저항용접

(1) 버트용접(butt welding)

그림 7-48과 같이 두개의 용접물을 맞대어 가압하면서 동시에 전극으로 전류를 흘려 발생하는 줄열과 가압에 의해 용접하는 방법이다. 전선공장에서 강선과 동선 등과 같은 연속선의 가공에 많이 사용되고 있다.

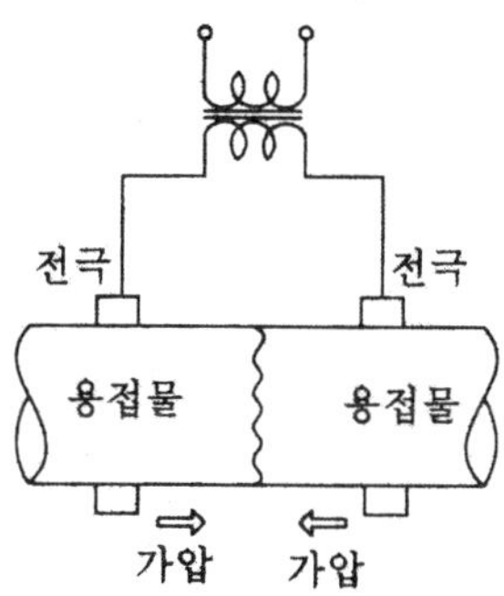

그림 7-48 버트용접

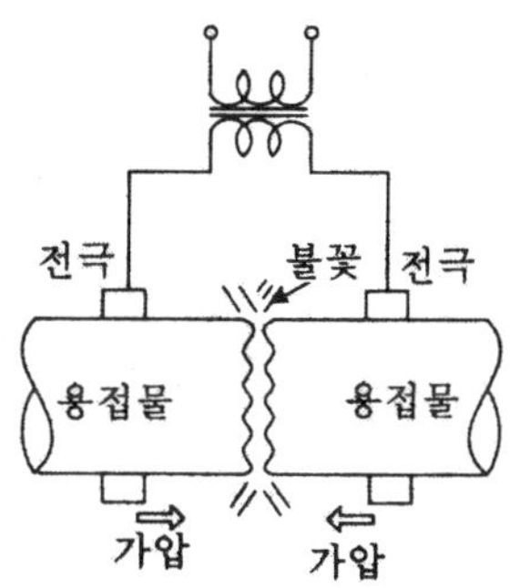

그림 7-49 플래시용접

(2) 플래시용접(flash welding)

그림 7-49와 같이 버트용접하는 두 금속면 사이에 불꽃을 발생시켜 용접하는 방법이다. 용접의 강도와 신뢰성이 높아 레일의 장대화, 자동차에서의 스티어림, 샤프트 등의 용접에 많이 이용되고 있다.

7.3.3 아크용접

아크용접은 용접해야 할 금속 모재(母材)와 용접봉인 전극 사이에서 발생하는 아크열에 의해 금속을 가열하여 용융 접합하는 것으로 아크발생 형태, 즉 용접봉 전극이 탄소나 텅스텐과 같이 대부분 녹지 않고 모재만 녹는 탄소 아크용접과 용접봉 전극이 녹아서 모재 쪽으로 흘러가서 용착되는 금속 아크용접이 있다.

(1) 아크용접의 종류

(가) 탄소 아크용접

탄소 아크용접은 그림 7-50과 같이 용접모재와 탄소 전극 사이에 아크를 발생시켜 모재의 용접부를 용융시킴과 동시에 모재와 동종(同種)의 용접봉을 용입하는 방법이다. 주로 주물의 수리와 금속의 절단에 많이 이용된다.

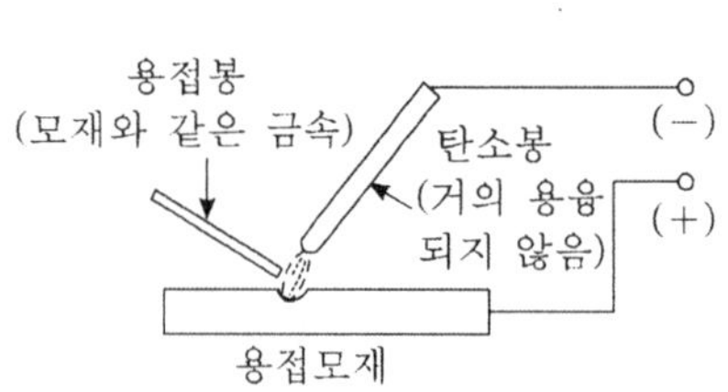

그림 7-50 탄소 아크용접그림

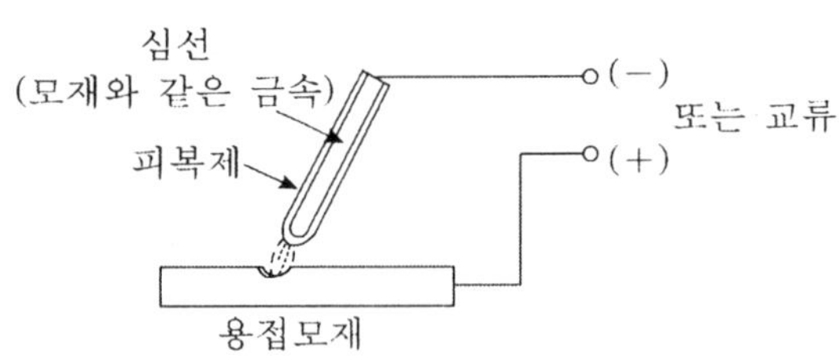

7-51 금속 아크용접

(나) 금속 아크용접

그림 7-51과 같이 용접봉 전극과 용접모재 사이에 아크를 발생시켜 용접하는 방법이다. 금속 아크용접의 용접봉에 도포된 피복제(被覆劑)는 용접시 아크를 안정시키고, 발생되는 가스 또는 슬래그에 의해 용융금속을 대기로부터 차폐하여 산화(酸化)와 질화(窒化)를 방지한다.

알루미늄이나, 마그네슘용접에 가장 적당한 불활성 가스 아크용접(inter gas welding)은 용접용 전극 주위에서 아르곤이나 헬륨과 같은 불활성기체로 아크부분을 대기로부터 차단하는 금속 아크용접이다.

(2) 아크용접용 전원장치

사용 전원은 탄소 아크용접인 경우는 직류를, 금속 아크용접의 경우에는 직류와 교류 모두 사용한다. 단, 직류전원을 사용할 경우에는 전극측을 마이너스(−)로 하여 사용해야 한다. 용접전원의 전류(電流)와 전압(電壓)의 관계를 그림 7-52에 나타내었다.

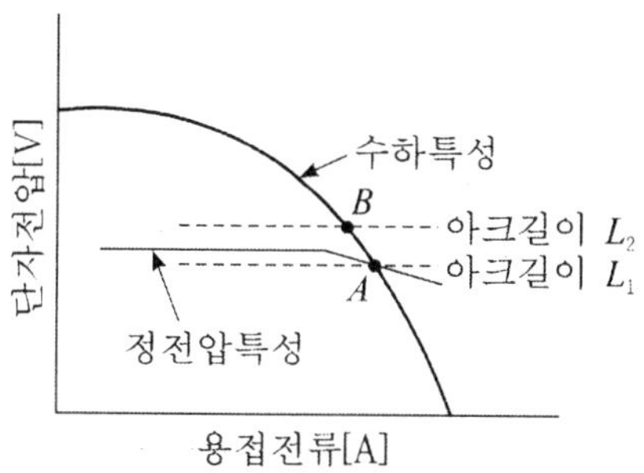

그림 7-52 용접전원의 수하 특성

아크용접에 있어서 아크길이가 작업자의 손 흔들림 등에 의해 L_1에서 L_2로 변했을 때, 동작점은 A점에서 B점으로 이동한다. 즉, 작은 전류의 변화에 의해서도 아크가 지속할 수 있도록 하기 위해서 전압과 전류는 수하특성을 가진다.

예를 들면 부하의 증가로 아크길이가 증가하면 전류가 증가하게 되므로 전압이 강하한다.

만일 정전압(定電壓) 특성의 전원이라면 아크 유지에 필요로 하는 전압이 공급되지 않으므로 소멸해 버린다.

아크용접에 사용되는 용접용 전원장치는 교류기(交流機)와 직류기(直流機) 또는 교류·직류 양용기가 사용된다. 외부 특성에 따라 수하특성, 정전압 특성, 정전류(定電流) 특성을 갖는 기기 중에서 용접법에 맞는 것을 사용한다.

(가) 교류 아크용접기

출력제어방식은 가동 철심형을 대부분 이용하고 있고, 피복 아크용접봉을 사용하는 수용접용 전원장치가 가장 많이 보급되어 있다. 변압기의 최고 무부하 2차전압이 95[V] 이하이고 정격전압이 28~40[V]이다.

1차측과 2차측 권선 간에 설치된 가동철심에 의해 자속이 누설되어 이것이 직류리액터 역할을 하여 수용접에 요구되는 수하 특성이 얻어진다. 출력 조절은 가동철심을 조정한다.

(나) 직류 아크용접기

정류기식과 회전기식으로 나누어진다. 정류기(整流器)식은 상용 교류전원에 변압기를 연결하여 아크 유지에 필요한 무부하 전압을 얻는 경우로 이것을 직류로 정류하여 각종 아크 용접법에 적당한 수하 특성, 정전압 특성, 정전류 특성 등의 외부 특성으로 바꾸어 주는 것이다. 이 방식은 대부분 반도체 제어방식으로 사이리스터, power transistor 등을 제어소자로 사용된다.

(다) 유니온 멜트(union melt)용접기

전극을 나선으로 사용한 자동용접으로 산화를 막기 위해 미리 용제(flux)의 분말을 많이 뿌려 놓고 그 속에서 전극과 모재 사이에 아크를 발생시키는 방식이다. 이때 아크는 용제(flux)로 둘러 싸여 표면에서는 보이지 않으므로 매호용접 혹은 잠호용접(submerged melt welding)이라고도 한다. 장점은

① 분말 용제(flux)로 아크가 둘러 싸여지므로 용접부의 성질이 좋고,
② 큰 전류이기 때문에 용접 속도가 빠르며,
③ 용접부의 외관이 깨끗하고,
④ 경제적으로 유리하다.

결점으로는

① 비철금속에는 적합하지 않고,
② 응용이 제한되어 있으며,
③ 장치가 비싼 점 등이다.

(3) 아크용접용 기기

(가) 전극 와이어 송급장치

소모 전극식 가스쉴드 아크용접법, 서머지드 아크용접법 등은 릴에 감긴 전극 와이어를 자동 송급하여 아크 길이를 제어한다. 전극 와이어 송급장치는 직류 전동기, 감속기 및 송급 롤러 등의 송급기구 및 송급 제어장치로 구성된다.

(나) 주행장치

주행장치는 전극 와이어 송급장치, 용접토치, 제어장치 등을 적재하여 용접선을

따라서 자동 주행하는 장치를 말하는데 대차형, 모노레일형 등이 사용된다.

7.3.4 초음파 용접

초음파 용접(超音波 鎔接)은 그림 3-9에서 보듯이 팁과 앤빌 사이에 용접하고자 하는 두 장의 금속을 넣고, 적당한 압력을 가하면서 평행하게 초음파 진동(振動)을 주면 두 장의 금속은 접합하게 된다. 초음파 용접은 고체상태 그대로 접합이 일어나며, 이 온도는 표면확산이나 표면층의 융해가 일어나는 온도와 거의 같게 된다.

초음파 용접의 특징을 살펴보면 다음과 같다.

① 냉간압접이나 전기 저항용접에 비해 표면의 전처리는 간단해서 좋다.
② 냉간압접 등에 비해 가압 하중이 적어 변형이 적다.
③ 외부 가열이 필요하지 않다.
④ 고체상태에서 용접하므로 열적 영향이 적다.
⑤ 서로 다른 금속의 용접도 가능하다.

(1) 초음파 금속용접

초음파 금속 용접장치는 그림 7-53에 나타낸 것과 같이 스폿용접, 심용접 및 링용접의 세 종류가 있다. 초음파 발진기에서 발생한 전기 진동에너지는 자기력(磁氣力) 또는 전기력(電氣力) 진동자에 의하여 기계적 진동에너지로 변환되어 코온(콘) 또는 호온(혼)에 의하여 부하와의 기계 임피던스 정합이 이루어진다.

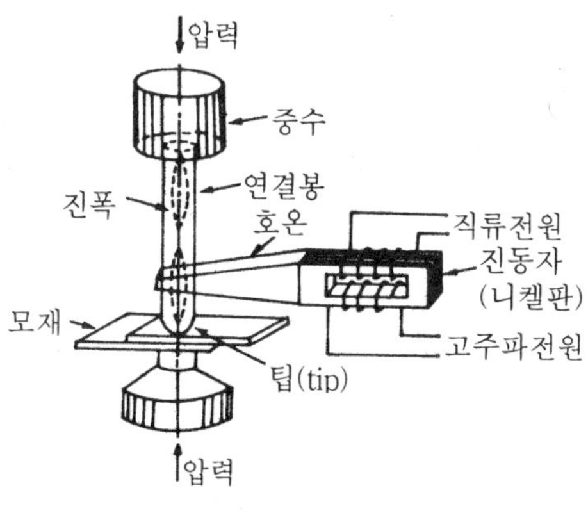

(a)

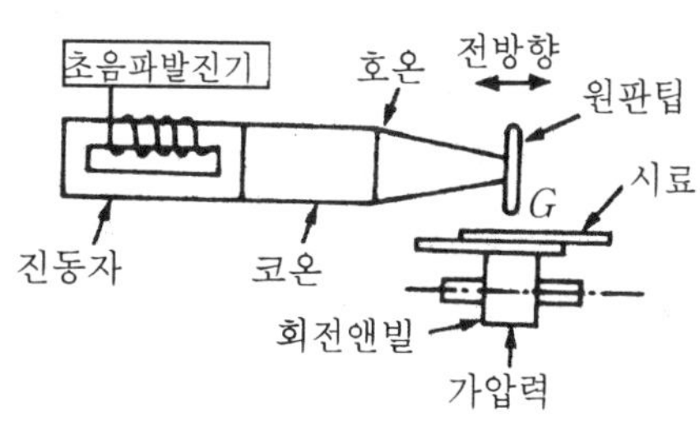

(b)

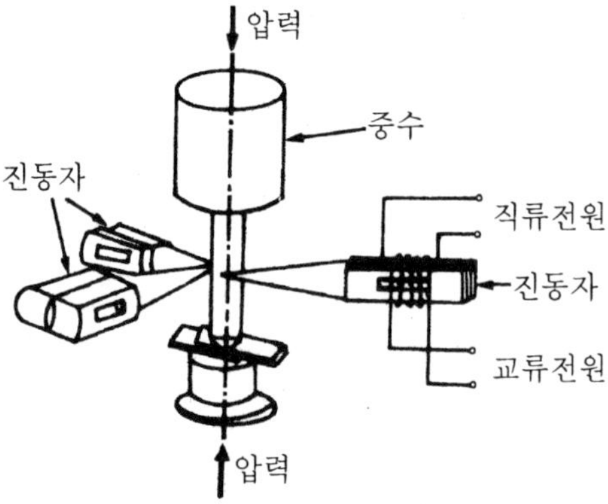

(c)

그림 7-53 초음파 용접기

초음파 출력 및 가압력은 피용접물의 재질, 두께 및 강도 등에 의하여 결정되며, 판 두께가 두껍고 단단한 재질일수록 커야 한다.

초음파 진동자의 효율을 좋게 하기 위해서는 그 단면적이 1/4파장 이상으로 크게 할 수 없기 때문에 판 두께가 두껍고, 크기가 큰 피용접물에 대해서는 초음파 주파수를 낮게 설정하여 사용한다. 그러나 접합부의 가압 흔적을 작게 하기 위해서는 허용되는 주파수 범위에서 높은 쪽을 선택하여 사용하는 것이 좋다.

(2) 초음파 플라스틱 용접

초음파 플라스틱 용접기는 그림 7-54에 나타낸 것과 같이 공구 혼의 선단(先端)을 수 [kg]에서 수 십[kg] 정도의 정압력으로 시료를 눌러 두고 초음파 진동을 시킨다. 공구혼 선단의 플라스틱 시료 중에 전달되는 초음파 진동에너지는 초음파 진동에 의하여 접합면에 융용 해리의 상호충돌로 인한 마찰 마열효과 및 접합면에 인가되는 교번정현 응력에 의한 발열효과 등의 작용으로 시료 경계면에서 대부분 열에너지로 변하며, 이 부분이 선택적으로 가열되어 접합 경계면이 순간적으로 용접된다.

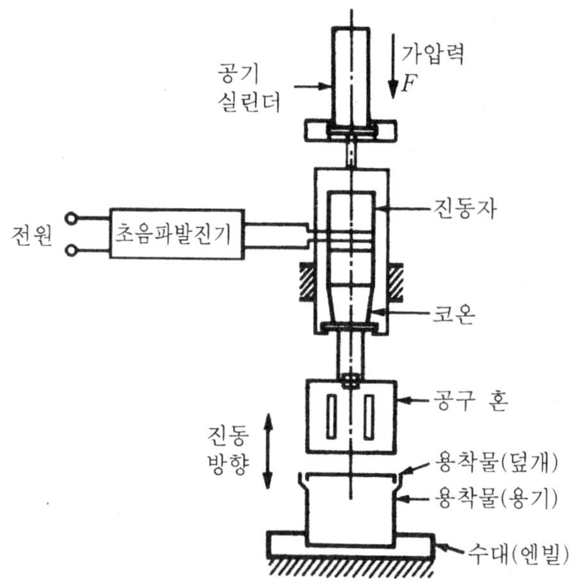

그림 7-54 초음파 플라스틱 용접기

고주파 용착법은 유전손이 큰 일부 플라스틱에만 적용되나, 초음파 진동에 의한 내부 발열을 이용하기 때문에 두꺼운 물질이나 얇은 물질에도 적용이 된다. 끝맺음의 용착에는 차이가 있지만, 불소 수지계를 제외하고 모든 열가소성 플라스틱에 대하여 용착이 가능하다. 현재 많이 사용되고 있는 플라스틱 용접기의 초음파 출력은 30[W]~3[kW], 주파수는 15~40[kHz] 범위 정도이다.

초음파를 이용한 플라스틱 용접은 다음과 같은 특징이 있다.

① 접합면에 물, 기름, 가루 및 인쇄잉크 등의 이물질이 개재하여도 초음파 진동으로 녹여 용착시킴으로 용착가공의 전처리는 필요가 없다.

② 초음파 작용으로 접합 경계면만을 용융, 용착시키므로 제품의 변형이나 내용물의 변질에 대한 염려가 없고, 외관상 아무런 이상이 발생하지 않는다.

③ 성형품의 형상이나 공구혼의 선택에 의해 완전 기밀 용착이 가능하다.

④ 통상 1초 전후의 짧은 시간으로 완전하게 용착이 가능하며, 건조나 냉각시간이 필요 없다.

⑤ 용착작업은 매우 간단하다.

7.3.5 전자빔 용접

전계에 의하여 전자에 에너지를 가하면 전자의 이동속도가 빨라지고, 이동속도가 큰 전자는 보다 큰 에너지를 가지게 된다. 이러한 큰 에너지를 가진 전자를 가열물에 충돌시켜 전자가 가지고 있던 에너지를 가열물에 방출시킨다. 이러한 방향성이 좋은 전자를 집중시킨 것을 **전자빔**(electron beam)이라 한다. 전자빔 가열은 이러한 전자빔을 이용한 가열 방식이다.

전자빔 용접은 진공도(眞空度)가 $10^{-4} \sim 10^{-5}$[mmHg] 정도의 진공 중에서 가열된 텅스텐 합금의 음극(陰極)으로부터 튀어나온 전자를 직류 고전압으로 가속하여 피용접물에 집중시켜 용접을 하는 방법이다. 그림 7-55에 그 기본 원리도를 나타내었다.

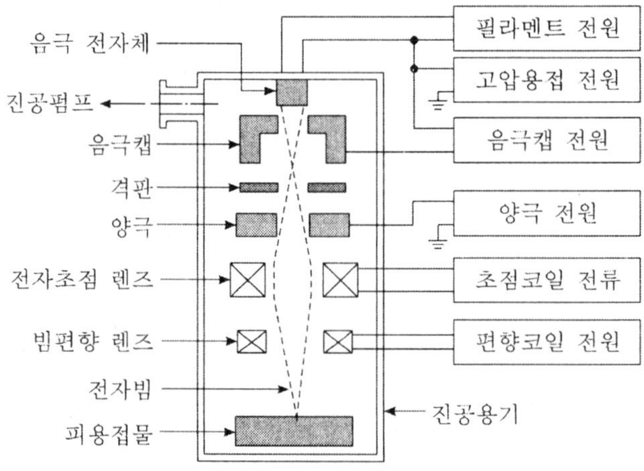

그림 7-55 전자빔 용접의 원리

그림 7-55에서 알 수 있듯이 필라멘트로부터 방사된 전자는 고전압으로 가속되어 전자렌즈에 의하여 좁혀져 피용접물의 한 점에 집중된다. 기존 장치는 인가전압(印加電壓)이 10,000 ~ 150,000[V], 전자전류는 10 ~ 1,000[mA] 정도이다. 빔의 지름은 전자렌즈를 사용하면 0.1[mm] 정도까지 좁힐 수 있다. 전자빔 용접의 특징은 다음과 같다.

① 진공 중에서 작업이 이루어지므로 활성금속, 실리콘 및 티탄이나 몰리브덴 등의 용접이 가능하다.

② 베릴륨, 우라늄과 같은 유해가스를 방출하는 특수 금속의 용접도 가능하다.

③ 전력, 열 입력의 조정이 쉬우며, 미소 정밀용접도 가능하다.

④ 용접금속은 깨끗하고 산화물을 포함하지 않는다.

7.4 전기분해

7.4.1 전기분해 원리

전해질의 수용액이나 용융염에 전극을 담그고 직류전류를 통하면 그 전해질은 두 전극에서 화학반응을 일으킨다.

즉, 전해질은 수용액이나 용융상태에서 (+), (−)이온으로 전리되고, 전리된 수용액에 담긴 전극에 직류전류를 공급하면 두 이온은 각각 반대전극으로 끌려가서 전하를 잃고 중성물질로 된다.

이를 전기분해(電氣分解 ; electrolysis)라 한다. 전극이 담긴 전해질 수용액과 같은 이온 도전체에 직류 또는 교류를 인가시켜 두 전극에서 발생하는 화학반응을 이용하여 원하는 생성물을 얻는 방법으로 전해(電解)라고도 한다.

7.4.2 화학반응의 패러데이 법칙

사용되는 이온 도전체가 수용액(水溶液)이면 수용액전해, 용융염(鎔融鹽)이면 용융염전해, 무기물 또는 유기물의 비수용액(非水溶液)이면 비수용액전해라 부른다. 이 중에서 수용액전해가 가장 흔한 방식으로 전기화학 반응속도(反應速度)는 온도, 농도, 전압, 전극 재질, 전위 등에 의해 영향을 받고, 전류로 표시되며 화학반응의 양은 패러데이의 법칙에 의해 계산되는데 식 (7-20)으로 나타낼 수 있다.

$$M = KQ = KIt \qquad (7\text{-}20)$$

여기서, M : 생성물의 양[g]

K : 전기화학당량[g/C](1[C]의 전기량에 의해 석출되는 물질의 양)

Q : 전기량

I : 패러데이 전류[A]

t : 시간[s]

7.4.3 물의 전기분해

물(H_2O)을 전기분해하면 음극(陰極)에는 수소, 양극(陽極)에는 산소가 발생한다. 그러나 물은 해리도(解離度)와 도전율이 낮기 때문에 물 전해의 전해액으로는 수산화나트륨(NaOH) 또는 가성칼리(KOH)를 20[%] 정도 첨가한 용액이 사용된다.

전해액의 전해 반응식은 $NaOH \leftrightarrow Na^+ + OH$와 $H_2O \leftrightarrow H^+ + OH^-$이므로 전해에 의해 발생하는 수소, 산소에 대응하는 수분이 소모되므로 전해조에는 이만큼의 물이 항상 보급되도록 하여야 한다.

전극(電極)은 모두 철판에 니켈 도금한 것이 사용되며, 음극에서 수소가 발생할 때는 과전압을 적게 유지하기 위해 몰리브덴, 니켈 합금을 사용하는 것이 좋다.
이 방법으로 간단하게 수소를 얻을 수 있지만, 현재 석유화학공업(石油化學工業)의 발달에 의해 수소가스가 부산물(副産物)로서 싼값으로 생산되기 때문에 그다지 이용하고 있지 않는다.

주로 산소는 용접, 산소흡입용 또는 산소제강에 사용된다.

7.4.4 식염의 전기분해

염화나트륨(NaCl)의 수용액(식염수)을 전기분해하여 염소(Cl), 수산화나트륨(NaOH) 및 수소(H)를 제조하는 것이 식염전해(食鹽電解)이다. 제조법에는 격막법과 수은법이 있다.

(1) 격막법

격막법(隔膜法 ; diaphragm process)은 양극에 인조흑연, 음극에는 스테인레스 강으로 된 망 전극이 사용되며, 전해조(電解槽) 안의 양극과 음극 사이에 석면으로 되어 있는 아스베스토스 및 이온교환수지의 격막을 설치하여 음극에서 발생하는 OH^- 이온이 양극으로 확산 이동하는 것을 방지하는 방법을 말한다.

식염수(NaCl)를 전기분해하면 양극과 음극에서는 식 (7-21)과 (7-22)로 표현된다.

$$\text{양극반응} : Cl^- \rightarrow \frac{1}{2}Cl_2 e^- \qquad (7\text{-}21)$$

$$\text{음극반응} : H^+ + e^- + OH^- \rightarrow \frac{1}{2}H_2 + OH^-$$

$$OH^- + Na^+ \rightarrow NaOH \tag{7-22}$$

양극(陽極)에서는 염소가 발생하면 음극(陰極)에서는 수소와 가성소다(NaOH)가 발생하는데 가성소다는 식염수와의 혼합용액으로서 아래쪽으로 취출된다. 격막은 식염수를 통해서 염소가스와 수소가스의 혼합을 방지하고 있다.

(2) 수은법

수은법(水銀法 ; mercury process)에서는 수은(Hg)의 수소 과전압이 가장 큰 금속이므로 식염수 중의 H^+ 이온은 방전하지 않고, Na^+ 이온이 방전하여 수은에 녹아서 나트륨 아말감을 만든다. 이 아말감은 부(−)로 대전되어 있기 때문에 주위에 물이 있어도 반응하지 않는다. 이 아말감은 전조(電槽)에서 배출되어 물과 같이 흑연조각이 가득 찬 전해조에 인도되어 전지를 형성하면서 아말감은 양극이 되어 분해되고, 음극이 된 흑연조각의 표면에서는 H_2가 발생한다. 전해조의 전해액은 NaOH이다. 그 전기반응식은 식 (7-23)과 (7-24)로 표현되지만, 현재 이 방법은 수은에 의한 환경오염 때문에 사용하지 않는다.

$$Na - Hg(\text{아말감}) \mid H_2O \mid \text{흑연}$$

$$\text{양극반응} : Na - Hg \rightarrow Na^+ + e^-$$

$$Na^+OH^- \rightarrow NaOH \tag{7-23}$$

$$\text{음극반응} : H^+ + e^- \rightarrow \frac{1}{2}H_2 \tag{7-24}$$

7.5 금속의 전해 및 기타

금속은 광석(鑛石)을 원료로 하는 것으로 광석 중에 화합물로서 소량 함유되는 것이 보통이다. 이러한 광석에서 금속을 얻으려면 불필요한 부분을 어느 정도 제거하고 정련(精錬)이 용이하도록 예비적 처리를 한 후에 물리적, 화학적 방법에 의해 환원을 하여 순도(純度)가 높은 금속을 얻는 것이다. 이 방법 중의 하나가 전기에너지를 사용하여 환원하는 방법으로 금속을 수용액 중에서 얻는 전해정련법과 금속을 용융염 중에서 얻는 용융염정련법이 있으며, 전해정련은 전해정제법과 전해채취법으로 나눈다.

7.5.1 전해정련

전기분해를 이용하여 순수한 금속만을 음극에서 석출하여 정제하는 것을 전해정련(電解精鍊 ; electrolytic refining)이라 하며, 정해정련 방법으로 구리(Cu)를 가장 많이 정제한다.

동의 주 광석은 황동광($CuFeS_2$)로서 석회석, 코크스를 첨가하여 용광로(鎔鑛爐)에서 가열하면 유화동(Cu_2S)이 식 (7-25)와 같이 만들어진다.

$$4CuFeS_2 + 9O_2 \rightarrow 2Cu_2S + 2Fe_2O_3 + 6SO_2 \tag{7-25}$$

유화동을 전로(電爐)에 넣고 산소를 가하면, 조동(粗銅)이 식 (7-26)과 같이 만들어진다.

$$Cu_2S + O_2 \rightarrow 2Cu + SO_2 \tag{7-26}$$

이 조동은 아직도 불순물을 포함하고 있기 때문에 전기분해에 의해 정련한다. 전해정련은 유산동 수용액 중에서 조동(粗銅)을 양(+)극, 순동(純銅)을 음(−)극으로 하여 시행한다. 조동 중에서 동과 그 외의 불순물인 철과 아연 등은 수용액 중에서 녹지만, 이온화 경향이 작은 금이나 은은 이온으로 되지 않고 슬라임으로서 양극 밑에 가라앉는다. 음극에서는 용해된 이온 중에서 가장 이온화 경향이 작은 Cu^{2+}와 전자가 결합하여 동만이 전착(電着)하게 된다.

동(Cu)의 전해정련은 순순한 동의 석출과 귀금속성 불순물의 회수를 목적으로 한다. 이 전해정련은 동 외에도 금, 은, 니켈, 납, 주석 등에도 사용되고 있는데 순도 99.99[%] 이상을 얻을 수 있다.

7.5.2 전기도금

전기도금(電氣鍍金 ; electroplating)은 금속표면의 장식이나 내식 및 내마모를 부여하기 위하여 어떤 금속의 표면에 다른 금속의 엷은 막을 입혀 표면처리(表面處理)하는 것을 말한다.

전기도금은 도금(鍍金)하고자 하는 금속을 양극, 도금되는 금속을 음극으로 하여 도금하고자 하는 금속이온을 함유한 수용액 속에서 전기분해하여 음극으로 금속을 석출시키는 것이다.

황산용액 속에 양극은 구리, 음극에 피도금체를 연결하여 장치한 그림 7-56은 구리 도금을 나타낸 것이며, 전기분해나 전기도금에 의해 전극에 석출되는 물질의 양은 전기량과 전해액 중의 이온의 종류에 의존한다.

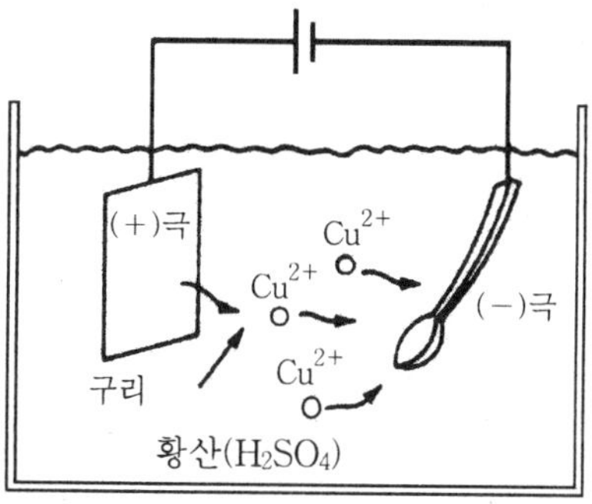

그림 7-56 구리 전기도금

본 교재는 산업통상자원부 재원으로 한국에너지기술평가원(KETEP)의 지원을 받아 수행한 연구 결과물입니다(과제명 : 공장에너지관리시스템 기초트랙, 과제번호 : 20144010100180)

에너지설비개론

2015. 5. 15 인쇄
2015. 5. 20 발행

저 자 : 김미승 · 이승요 · 이철직 공저
발행자 : 이진권
발행처 : 도서출판 **태영문화사**

주 소 : 서울특별시 강서구 초원로 38
전 화 : 2661-8751
F A X : 2661-8798
등 록 : 1998년 11월 12일 제 2-2682호

정가 20,000원

ISBN 978-89-6354-227-0